HISTOIRE VISUELLE DES SONDES SPATIALES

Direction artistique : Gianni Caccia
Direction de la production : Carole Ouimet
Infographie et traitement des images : Bruno Lamoureux

Catalogage avant publication de Bibliothèque et Archives nationales du Québec et Bibliothèque et Archives Canada

Séguéla, Philippe, 1959-

Histoire visuelle des sondes spatiales
ISBN 978-2-7621-2970-0

1. Sondes spatiales. 2. Espace extra-atmosphérique - Exploration. I. Titre.
TL795.3.S43 2009 629.43'5 C2009-941455-4

Dépôt légal : 4e trimestre 2009
Bibliothèque et Archives nationales du Québec

Les Éditions Fides reconnaissent l'aide financière du Gouvernement du Canada par l'entremise du Programme d'aide au développement de l'industrie de l'édition (PADIÉ) pour leurs activités d'édition. Les Éditions Fides remercient de leur soutien financier le Conseil des Arts du Canada et la Société de développement des entreprises culturelles du Québec (SODEC). Les Éditions Fides bénéficient du Programme de crédit d'impôt pour l'édition de livres du Gouvernement du Québec, géré par la SODEC.

IMPRIMÉ AU QUÉBEC (CANADA) EN OCTOBRE 2009

Philippe Séguéla

HISTOIRE VISUELLE DES SONDES SPATIALES

50 ANS D'EXPLORATION ▪ DE LUNA 1 À NEW HORIZONS

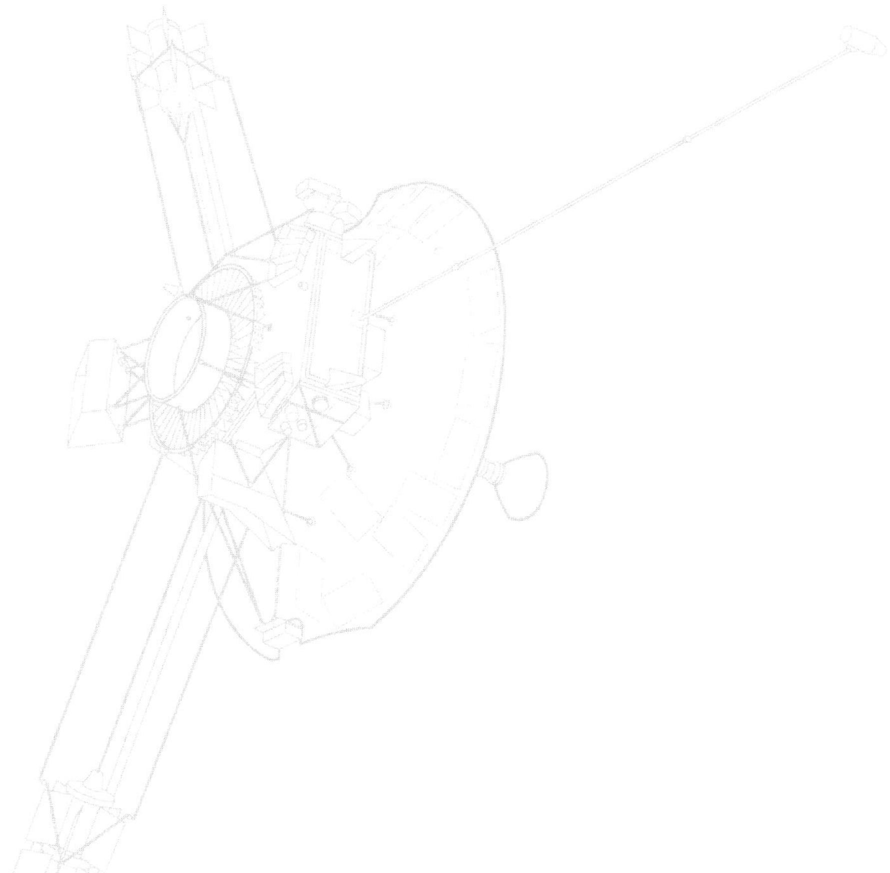

FIDES

PRÉFACE

Les enfants de ma génération n'ont pas oublié l'onde de choc qui s'est propagée à travers le monde en 1957 lorsqu'on a appris que l'Union soviétique avait réussi à lancer en orbite un objet artificiel appelé *Spoutnik*. Personne ne croyait les Soviétiques si avancés dans les fusées et les engins spatiaux; et la nouvelle frappa d'autant plus les esprits que cela survenait en pleine guerre froide.

Il pourrait paraître simpliste de porter un jugement trop positif sur ce seul événement, qui en a inquiété plusieurs à l'époque. Pourtant, le lancement réussi de ce petit astronef a donné un élan remarquable à l'exploration de l'espace. Il a galvanisé les pays qui travaillaient déjà à leur programme spatial. La preuve irréfutable avait été faite, à la vue de tous, que l'on pouvait construire un vaisseau spatial et le mettre en orbite autour de notre planète. Qu'en était-il des possibilités au-delà de l'orbite terrestre?

On a d'abord craint que la technologie spatiale se développe exclusivement à des fins militaires, mais on a aussi réalisé que l'accès à l'espace ouvrait des perspectives prodigieuses pour l'exploration du système solaire, voire de l'univers. C'est heureusement la voie qui a été suivie et c'est l'aventure que raconte ce livre.

Des grands penseurs et pionniers comme Tsiolkovsky, Goddard, Korolev et von Braun nous ont amenés au seuil de l'espace et, quelles qu'aient pu être leurs motivations personnelles, nous ont fait passer du rêve à la réalité. Ils nous ont littéralement ouvert de nouveaux mondes. Ils nous ont libérés de nos entraves terrestres et nous ont permis d'envisager des voyages interplanétaires. Ils nous ont donné l'espoir d'explorer un jour l'univers sans être limités à des observatoires terrestres qui ne pourront jamais aller «sur place», si puissants et si complexes soient-ils.

De façon très concrète, nous avons tous entrepris un voyage cosmique dans notre univers de merveilles et de mystères. La Terre est notre vaisseau. Alors que nous avançons dans le temps et dans l'espace, bien des questions demeurent sans réponse, et il reste bien des mystères à résoudre. Notre curiosité nous anime, mais il arrive un moment où nous avons besoin d'outils pour découvrir la réalité.

Ce livre parle avec éloquence de ces outils et des nombreuses portes qu'ils ont ouvertes. Il nous présente aussi les scientifiques et les ingénieurs qui ont osé rêver et dont l'ingéniosité sans bornes nous a tous inspirés.

Rêver, c'est explorer et explorer, c'est rêver. C'est donc à juste titre que Luna 1, la première sonde interplanétaire, lancée en 1959, fut plus tard rebaptisée Mechta, qui signifie rêve en russe. Aujourd'hui, cet humble vaisseau poursuit son voyage solitaire qui durera probablement jusqu'à la fin des temps, tournant autour du soleil entre les orbites de la Terre et de Mars. Il a accompli son œuvre scientifique et, bien qu'il ne se soit pas écrasé sur la Lune pour y établir une « présence soviétique » comme le voulaient ses créateurs, sa mission a posé un jalon extraordinaire dans l'exploration planétaire. Nous savions désormais que des sondes pourraient être envoyées vers d'autres planètes et peut-être un jour s'y poser.

Ce petit engin, qui ressemblait à *Spoutnik*, a été le premier à atteindre la vitesse voulue pour s'arracher à l'attraction terrestre et entreprendre un périple dans le système solaire. Il nous a fait franchir un seuil historique, ouvrant la voie au lancement de sondes interplanétaires vers nos planètes sœurs (et leurs lunes à l'occasion), les comètes qui nous visitent et les astéroïdes en orbite.

Il est très risqué de se rendre sur une autre planète. Après avoir résisté au choc du lancement et au long voyage dans le vide de l'espace, des instruments délicats doivent fonctionner sans faille une fois à destination. Frôler les planètes est une chose ; pénétrer une atmosphère planétaire et s'y poser en douceur relève d'un autre ordre de complexité. Il est difficile de transmettre des données utiles à travers l'immensité de l'espace à des distances où le temps compte, même à la vitesse de la lumière. Pour espérer rapporter un jour des échantillons d'une autre planète vers la Terre, il faudra s'attaquer à des défis encore plus complexes. Pourtant, ne nous y trompons pas : nous réaliserons cet exploit et bien d'autres encore.

Depuis un demi-siècle, nous avons résolu bien des énigmes autrefois obscures et dissipé nombre de malentendus. Nous avons suivi avec admiration les ambitieuses missions Pioneer, Mariner, Viking, Voyager, Cassini-Huygens, pour n'en citer que quelques-unes. Celles-ci nous ont fourni des images incroyables et des données scientifiques saisissantes sur l'évolution du système solaire, dont nous avons atteint l'extrémité et que nous dépassons maintenant. Nous avons réussi à nous poser sur d'autres corps célestes et fait des découvertes majeures qui ont bien entendu soulevé de nouvelles questions.

Je parle de l'espace aux enfants depuis 25 ans. Je le fais parce que j'aime voir leur regard s'illuminer. Je sens leur imagination s'emballer. Je sais qu'ils pensent aux possibilités plutôt qu'aux obstacles. Ils rêvent encore. Certains sont captivés par les vols habités dans l'espace, et *tous* sont fascinés par les planètes du système solaire et les astres plus lointains.

Philippe Séguéla n'est plus un enfant, mais il partage cette fascination. Ce chercheur scientifique qui œuvre dans le domaine du système nerveux est professeur à l'université McGill. Non seulement est-il passionné par son sujet, mais il comprend également le processus de la découverte et la façon de l'expliquer, ce qu'il fait en termes clairs et simples dans ce livre remarquable.

Ce livre ne porte pas seulement sur les découvertes scientifiques rendues possibles par l'exploration planétaire ; il aborde aussi l'effort ardu et exaltant exigé pour construire les fusées et les vaisseaux spatiaux qui permettent ces découvertes. Il parle du génie humain, des obstacles que nous avons surmontés, de l'euphorie du succès et des leçons apprises de l'échec.

Merveilleusement illustré, ce livre permettra à votre esprit de s'envoler et de contempler des possibilités qui défient encore l'imagination.

Bonne lecture.

Marc Garneau

MOT DE L'AUTEUR

PAR UN HEUREUX HASARD, je suis né en 1959, l'année du lancement de la première sonde spatiale Luna 1. Professeur à l'université McGill, je dirige actuellement une équipe de neuroscience moléculaire à l'Institut neurologique de Montréal. Quel est le lien entre les neurosciences et l'astronautique, me direz-vous? Avant tout, l'intérêt pour la découverte, de l'infiniment petit à l'infiniment grand, du microscopique à l'astronomique. Qu'il s'agisse des cellules ou des planètes, j'ai la même curiosité pour les nouvelles frontières, pour les découvertes qui nous forgent une vision cohérente de notre place dans l'univers. Il existe une autre connexion: l'évolution du «cerveau» et des «organes sensoriels» des sondes spatiales. Les minuteries primitives à bord des premières sondes soviétiques ont laissé la place à un véritable système nerveux constitué de puissants ordinateurs reliés à des rétines numériques à haute résolution ainsi qu'à des récepteurs sophistiqués.

Ma première rencontre du troisième type avec l'astronautique a eu lieu en 1977, alors que j'étais étudiant en biologie à Bordeaux. Je m'étais porté volontaire dans un cours d'audiovisuel pour réaliser un film d'animation sur la mission Viking et ses premières tentatives de recherche de vie extraterrestre (exobiologie) sur Mars. Pour illustrer les plans d'introduction, le professeur de physique qui dirigeait ce cours nous avait fourni, avec maintes instructions de précautions, des photographies originales de la planète Mars transmises par la sonde Mariner 9. Il les avait obtenues d'un de ses collègues du Jet Propulsion Laboratory, en Californie, la mecque des missions robotisées. Tenir dans mes mains des photographies originales d'un autre monde, prises à 150 millions de kilomètres de la Terre, a été une expérience marquante. Depuis cette époque, je me suis tenu informé sur les avancées dans le domaine des sondes spatiales. Ne trouvant pas d'équivalent dans les bibliothèques, publiques ou universitaires, j'ai décidé d'écrire une histoire de l'astronautique d'exploration pour partager ma passion.

Ce livre est une invitation au voyage. Un voyage dans le temps qui commence à la fin des années 1950 avec les premières incursions dans l'espace interplanétaire. Depuis les débuts de l'aventure spatiale, la technologie a considérablement évolué et les moyens de communication ont été révolutionnés par l'essor de la télévision puis par l'expansion d'Internet. Les informations disponibles sur les sites de la NASA et de l'ESA sont reprises par les agences de presse et les chaînes de télévision. Qui n'a jamais entendu parler de Voyager ou de Pathfinder? Grâce aux réseaux mondiaux d'information, nous pouvons obtenir «en direct» des images transmises par les sondes actuellement en opération dans différentes régions du système solaire.

Je vous propose aussi un voyage dans l'espace, au sens propre, de la Lune à Pluton. Il reste encore beaucoup à découvrir pour comprendre la formation et l'évolution du système solaire et les sondes spatiales continuent à nous rapporter une foison d'informations. Comme l'a si bien dit un membre de la mission Voyager, nous en avons plus appris sur Saturne en une semaine qu'au cours de toute l'histoire de l'humanité. Pour le grand public comme pour les scientifiques, les photographies de paysages extraterrestres resteront les résultats les plus spectaculaires de ces missions. Souvent d'une grande beauté graphique, elles nous font rêver et stimulent notre imaginaire collectif.

Par la qualité des images transmises, le lecteur pourra apprécier les progrès technologiques qui ont été accomplis depuis 1959. Ce livre veut rendre hommage à tous ceux qui ont participé à la réalisation de ces missions. Il faut garder à l'esprit que les sondes spatiales sont des machines lancées dans le vide à des vitesses vertigineuses, soumises à des écarts de température extrêmes et bombardées de radiations, vers des objets inhospitaliers en mouvement situés à des distances « astronomiques », avec tous les risques que ce défi comporte. Dans l'espace, les erreurs ne pardonnent pas et un grand nombre de sondes ont été perdues malgré des années de préparation intensive. J'ai donc accordé une place significative à des schémas techniques représentant les principaux éléments des sondes, ainsi que leurs trajectoires, pour rendre justice à l'ingéniosité et à l'expertise des concepteurs.

En équilibrant les aspects techniques et visuels, j'ai conçu ce livre avant tout pour le plaisir de tous les curieux de ce monde, jeunes et moins jeunes, qui veulent parcourir à leur rythme les premiers 50 ans d'exploration du système solaire.

En rendant hommage à l'immense chemin parcouru dans l'exploration du système solaire pendant un demi-siècle que l'on peut qualifier de pionnier, ce livre souhaite inspirer des vocations de carrière en astronautique et en astronomie. Son but serait alors atteint et son auteur comblé.

Philippe Séguéla
Outremont, le 27 août 2009

TABLE DES MATIÈRES

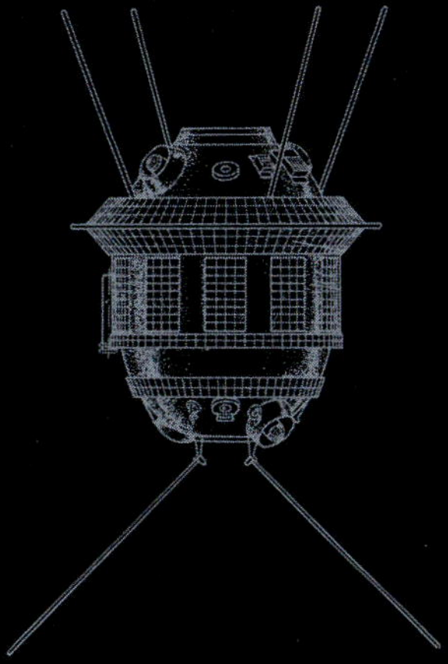

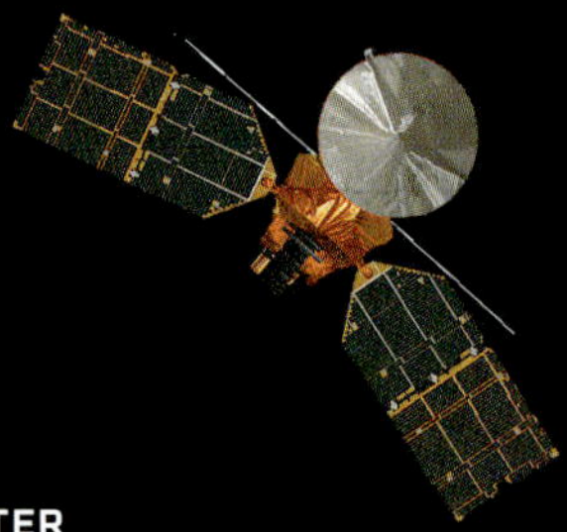

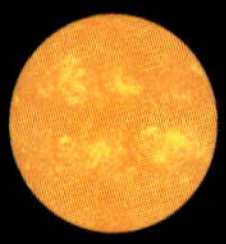

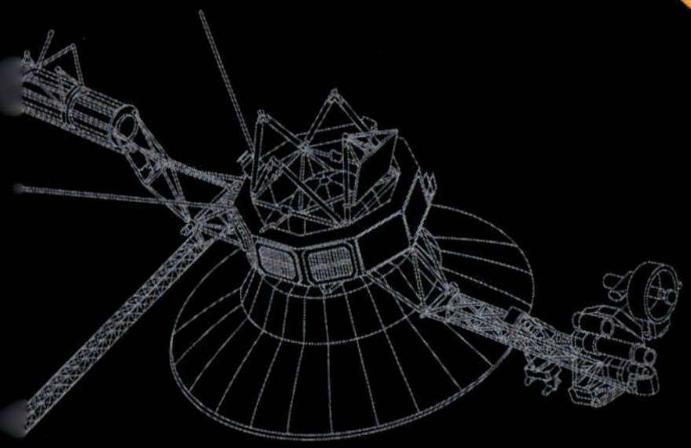

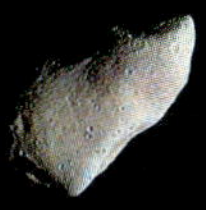

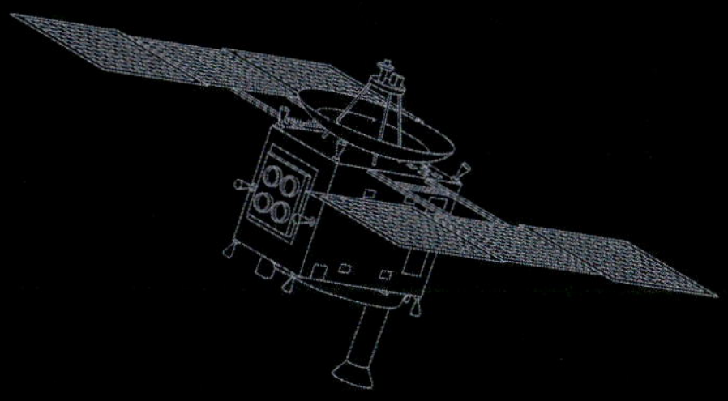

INTRODUCTION

Prologue à l'exploration du système solaire

Définition d'une sonde spatiale : vaisseau spatial non habité et libéré de la gravité terrestre, qui est destiné à étudier un ou des objets du système solaire.

En 2009, l'arrivée d'une sonde sur Mars est considérée comme un événement presque banal par le grand public. En fait, celui-ci s'attend à suivre le déroulement des opérations en direct à la télévision ou dans Internet. Que de chemin parcouru depuis le lancement de Luna 1, il y a 50 ans ! Pourtant, les apparences sont trompeuses. Les missions d'exploration planétaire restent des aventures de longue haleine, coûteuses et risquées. Elles requièrent une grande expertise, patiemment acquise et sans cesse remise en question, tant sur le plan technique et scientifique que de la coordination des opérations. Le XXe siècle sera reconnu comme celui de la conquête de l'espace. Toutefois, un nombre encore restreint de nations peut se targuer de pouvoir lancer une sonde spatiale, un accomplissement astronautique encore plus exigeant que le placement d'un satellite en orbite. L'histoire des missions spatiales est une suite ininterrompue de luttes d'influence entre scientifiques et politiques, afin d'obtenir le financement nécessaire à leurs réalisations. En effet, même pour une nation riche, l'attribution de ressources budgétaires importantes à des projets d'exploration du système solaire, plutôt qu'à des activités plus concrètes ou plus urgentes ici sur Terre, demande réflexion de la part des décideurs et du grand public.

Pourquoi explorer le système solaire ?

À l'échelle cosmique, le système solaire représente notre village natal. Nous avons maintenant les moyens de nous aventurer toujours plus loin de notre maison la Terre, au moins par robots interposés. La curiosité est grande et les objectifs scientifiques sont nombreux. Les missions spatiales d'exploration tentent de répondre à des questions d'une grande importance sur notre place dans l'univers. Elles s'inscrivent donc parfaitement dans la démarche scientifique qui caractérise notre civilisation, de la biologie à l'astronomie. Quelles sont les origines du système solaire et comment évolue-t-il ? Quelles sont les conditions qui ont mené à l'émergence de la vie sur Terre ? La vie est-elle apparue ailleurs dans le système solaire ? Quelles sont les ressources et les dangers qui peuvent avoir des répercussions sur l'expansion de notre espèce ? Les 50 premières années d'exploration planétaire que nous venons de vivre ont été riches en surprises. Le système solaire présente une étonnante variété de paysages planétaires et lunaires. Nul n'aurait pu imaginer, par exemple, que les robots voyageurs découvriraient un canyon géant sur Mars, des lacs de méthane sur Titan, des volcans de soufre sur Io et un océan prisonnier des glaces sur Europe. Malgré cette grande diversité géologique, aucune trace de vie n'est encore décelable. Quand la mission New Horizons aura atteint Pluton en 2015, le tour du village sera achevé. Nous avons visité nos voisines Vénus et Mars, et nous y avons appris que notre planète Terre bénéficie de conditions absolument uniques dans le système solaire, propices à l'apparition de la vie et à son évolution continuelle depuis quatre milliards d'années. Une deuxième phase d'exploration, plus orientée sur l'analyse approfondie des mondes qui ont pu héberger une forme de vie, passée ou présente, rendra le prochain demi-siècle astronautique tout aussi passionnant que le précédent. La découverte d'une forme de vie extraterrestre serait un exploit extraordinaire, aux implications philosophiques profondes et imprévisibles.

La curiosité intellectuelle mise à part, l'activité spatiale génère plusieurs retombées positives difficiles à chiffrer mais néanmoins réelles. Les erreurs sont souvent fatales dans l'espace, où il n'y a pas de deuxième chance. Le moindre boulon d'une sonde robotisée ou de son lanceur doit être construit avec la plus grande précision et dans les meilleurs matériaux, puis testé avec la plus grande rigueur, afin de garantir sa fonction dans des conditions extrêmes. Ce niveau très élevé d'exigence était inconnu avant l'ère spatiale. Les nombreux laboratoires et sous-contracteurs qui participent aux différentes phases de réalisation d'une mission doivent satisfaire à ces critères. Cela a pour résultat de rehausser la qualité du tissu industriel et universitaire, pour le bénéfice de la société en général. À plus long terme, l'exploration spatiale permet de dresser l'inventaire des ressources en matières premières et en énergie, ce qui nous prépare à intégrer le système solaire dans notre sphère d'influence économique. Les bénéfices matériels pourraient donc être immenses pour les générations futures. Ce qui n'a pas échappé aux pays émergents comme la Chine et l'Inde qui acquièrent actuellement une expertise nationale dans le domaine des voyages interplanétaires.

Mais il existe aussi des raisons non rationnelles à l'exploration spatiale, et ce ne sont pas les moindres. Le goût du surpassement et du défi, le sentiment de fierté nationale, voire le patriotisme pendant la guerre froide, sont des éléments qui ont joué et qui continueront à jouer un rôle important. Il faut mentionner aussi notre désir profond de laisser une trace durable en tant que civilisation technologiquement avancée. Comme les pyramides ou les cathédrales, les sondes spatiales que nous essaimons dans le système solaire resteront des monuments à la gloire du XXe siècle. Nul doute que ces premiers pas seront perçus comme des sources d'inspiration. Il se trouve que ce sont les seules réalisations qui nous survivraient en cas d'anéantissement, témoins immuables de notre passage.

Comment lancer une sonde spatiale ?

Pour accomplir leur mission, les sondes spatiales doivent se libérer de l'attraction terrestre pour pouvoir atteindre leur objectif. Depuis la nuit des temps, l'humanité a rêvé d'échapper à la gravitation. Des fictions de toutes origines décrivent l'emploi de ballons, de voiles, d'attelages d'oiseaux, et autres pouvoirs magiques pour atteindre les cieux. Mais les lois de la mécanique newtonienne, contenues dans une simple équation, imposent des contraintes à la mise en pratique de ces rêveries :

$$V_e = \sqrt{\frac{2GM}{r}}$$

avec v_e : vitesse d'échappement, appelée aussi vitesse de libération, G : constante gravitationnelle universelle, M : masse de la planète, r : rayon de la planète.

Pour la Terre, la vitesse d'échappement est de 11,2 km/seconde, c'est-à-dire 34 fois la vitesse du son (Mach 34) ou 10 fois la vitesse d'une balle de fusil !

La Terre tourne sur elle-même à la vitesse de 465 mètres/seconde à l'équateur. Donc une fusée lancée vers l'est tangentiellement à l'équateur ne requiert qu'une vitesse de 10,735 (= 11,2 – 0,465) km/seconde pour atteindre la libération alors qu'une fusée lancée tangentiellement vers l'ouest doit atteindre 11,665 (= 11,2 + 0,465) km/seconde. La vitesse de rotation à la surface de la Terre variant avec le cosinus de la latitude, la localisation du

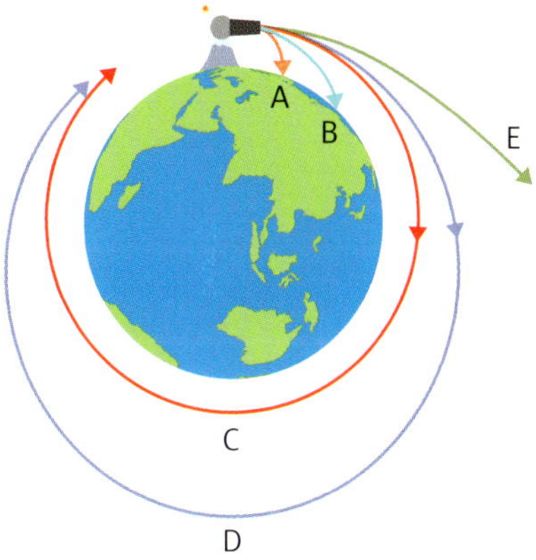

Isaac Newton (1643-1727) imagina un canon lançant des projectiles (A-E) avec des puissances croissantes du sommet d'une très haute montagne. Les projectiles A et B retombent sur Terre. Le projectile C se place en orbite circulaire, D en orbite elliptique. Seul E est lancé avec assez de puissance pour atteindre la vitesse de libération et échapper à la gravitation terrestre.

pas de tir des lanceurs spatiaux le plus près possible de l'équateur a son importance. Le centre spatial américain Cap Canaveral en Floride est situé à une latitude de 28°28' Nord et le centre spatial européen de Kourou en Guyane française est situé à une latitude de 5°14' Nord.

Il faut attendre la vogue scientifique de la fin du XIXe siècle, avec des auteurs comme Jules Verne et Herbert G. Wells, pour populariser l'idée de voyages dans l'espace sur des bases rationnelles. Rationnelles, mais pas réalistes... Jules Verne propose dans *De la Terre à la Lune* l'emploi d'un obus aménagé en vaisseau spatial, tiré par un canon gigantesque. En réalité, deux problèmes insurmontables excluent cette méthode. La poussée initiale très forte ferait subir au projectile une accélération gigantesque qui broierait toute machine et, *a fortiori*, tout humain. De surcroît, la vitesse maximale d'un obus (2 km/seconde) n'est pas suffisante pour le libérer de l'attraction terrestre. De son côté, dans son roman *Les premiers hommes dans la Lune*, Herbert G. Wells contourna le problème en imaginant un nouveau métal, la cavorite, qui annule la force de gravitation et avec lequel la coque de son astronef est construite.

Au tournant du XXe siècle, germait l'idée que le principe de la fusée pourrait être la clé du rêve de voyage dans l'espace. Les premiers écrits relatant clairement l'emploi de fusées datent de la Chine du XIIe siècle, où elles sont utilisées comme armes contre les Mongols. L'apparition des fusées suit celle de la poudre à canon, inventée en Chine aussi, l'ingrédient explosif nécessaire à leur propulsion. La technologie fut importée en Occident à l'époque où Genghis Khan conquit certaines régions de la Russie et de l'Europe centrale. L'officier et inventeur britannique Sir William Congreve (1772-1828) perfectionna les fusées d'artillerie, qui furent utilisées pendant les guerres napoléoniennes. Armes psychologiques avant tout, les fusées manquaient trop de précision pour influer vraiment sur l'issue d'une bataille.

Les trois pères fondateurs du vol spatial

Les fusées n'étaient encore que des armes approximatives ou des vecteurs de feux d'artifice quand un autodidacte solitaire, le russe Konstantin Edouardovitch Tsiolkovsky (1857-1935), publia, en 1903, le premier ouvrage sur la théorie du voyage spatial intitulé *L'exploration de l'espace cosmique par des engins à réaction.* Il y décrit le principe et le plan d'une fusée à combustible liquide assez puissante pour atteindre la vitesse de libération de 11,2 km/seconde. La technique de combustion liquide avec un mélange oxygène/hydrogène, de guidage de la trajectoire par des éléments mobiles placés dans le jet de gaz et celle de stabilisation gyroscopique sont aussi abordées dans ce livre en avance sur son temps. Plus tard, le génial Tsiolkovsky, reconnu sur le tard à l'âge de 60 ans, introduira le principe des fusées à étages, des missions spatiales habitées et des stations orbitales pour compléter une œuvre véritablement visionnaire.

De l'autre côté de l'océan Atlantique et de manière indépendante, le physicien américain Robert H. Goddard (1882-1945) était convaincu lui aussi qu'une fusée à propergol pourrait atteindre la haute atmosphère et l'espace. Contrairement au théoricien Tsiolkovsky, Goddard était un expérimentateur, et,

Robert H. Goddard

Konstantin Tsiolkovsky

Hermann Oberth

le 16 mars 1926, la première fusée à propulsion liquide s'élevait dans les airs à une altitude de... 13 mètres, assez pour prouver la validité du concept. Malheureusement, la portée des travaux pionniers de Goddard ne fut reconnue à sa juste valeur qu'après sa mort.

À la même époque, influencé dans sa jeunesse par les romans de science-fiction de Jules Verne et de H. G. Wells, l'étudiant allemand Hermann Oberth (1894-1989) formula, à lui tout seul, l'équation fondamentale de la propulsion à réaction, dite de Tsiolkovsky :

$$\Delta v = v_e \ln \frac{m_0}{m_1}$$

Avec Δv: variation de vitesse, v_e : vitesse d'éjection des gaz, ln : logarithme népérien, m_0 : masse totale de l'astronef au début de la phase de propulsion, m_1 : masse totale de l'astronef à l'issue de la phase de propulsion. Oberth bénéficia d'une grande popularité à la suite de l'édition de sa thèse *Des fusées dans l'espace interplanétaire* en 1923, considérée comme révolutionnaire. En 1928, il agit comme consultant auprès du cinéaste Fritz Lang pour la réalisation de *La femme sur la Lune.* En 1929, une fusée devait être lancée pour la première du film, mais Oberth échoua. Néanmoins, son concept de fusée à combustible liquide, qu'il testa avec succès en 1935 pour l'armée roumaine, fut repris par les Allemands qui l'embauchèrent pour travailler sur les missiles V2.

Des concepts à la réalité

Les travaux de Tsiolkovsky, de Goddard et d'Oberth démontrent que, par rapport aux autres types de vecteurs, le moteur fusée présente trois caractéristiques particulièrement bien adaptées au voyage spatial : 1) l'éjection des gaz génère une accélération croissante, car la masse de la fusée diminue pendant la phase de propulsion ; 2) le principe de déplacement par réaction reste valide dans le vide ; 3) la combustion étant interne, elle peut avoir lieu dans l'espace interplanétaire, sans oxygène ambiant. Des clubs de jeunes passionnés se forment dans plusieurs pays dont la VfR *(Verein für Raumschiffahrt,* Société pour les voyages spatiaux) en Allemagne, fondée en 1927, et le GIRD *(Grouppa Izoutcheniïa Reaktivnovo Dvijeniïa,* Groupe d'étude de la propulsion par réaction) en Union soviétique, fondé en 1931. Hermann Oberth et Wernher von Braun (voir biographie page 23) testaient des

La trajectoire de Hohmann

Dès 1925, les principes de mécanique céleste d'un voyage interplanétaire furent énoncés par l'ingénieur allemand Walter Hohmann (1880-1945) dans son livre *Die Erreichbarkeit der Himmelskörper* (*L'atteignabilité des corps célestes*). Ils sont appliqués encore aujourd'hui pour calculer les transferts d'orbite des sondes spatiales en consommant le moins de carburant possible.

La trajectoire de Hohmann correspond exactement à l'ellipse (2) tangente à l'orbite initiale (1) et à l'orbite cible (3). Deux impulsions de transfert (ΔV et $\Delta V'$) sont nécessaires et suffisantes pour modifier la trajectoire de l'engin spatial.

En suivant une trajectoire de Hohmann, le transfert d'un satellite d'une orbite basse à une orbite géosynchrone prend 5 heures, le transfert d'une orbite géosynchrone à une orbite lunaire prend 5 jours et celui d'une sonde allant de la Terre à Mars prend 259 jours. Pour gagner du temps, une trajectoire avec assistance gravitationnelle est préférée pour atteindre les planètes extérieures.

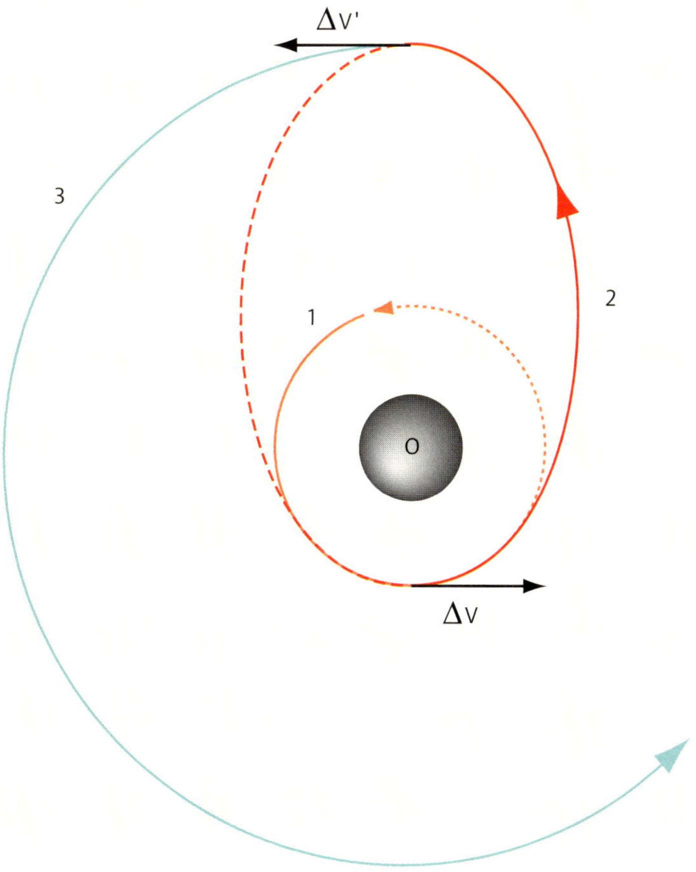

prototypes de fusées à la VfR, tandis que Sergueï Korolev (voir biographie page 21) dirigeait le GIRD. Les militaires découvrirent rapidement les possibilités offertes par un nouveau moyen de lancer des bombes, et prirent le contrôle des opérations. Le Parti nazi, une fois au pouvoir en 1933, interdit aux civils les expériences sur les fusées ; de son côté, le GIRD fut rapidement absorbé par l'Armée rouge pour la construction de réacteurs d'avion. L'armée allemande construisit une base d'expérimentation des fusées à usage militaire à Peenemünde, au bord de la mer Baltique, qui conduisit à la production des

STRUCTURE DU MISSILE V2 ET RÉPLIQUE EN GRANDEUR RÉELLE

1. Ogive
2. Gyroscopes
3. Guidage et commande radio
4. Réservoir d'alcool
5. Fuselage
6. Réservoir d'oxygène liquide
7. Réservoir de peroxyde d'hydrogène
8. Azote presssurisé
9. Chambre de réaction du peroxyde d'hydrogène
10. Turbine et pompe
11. Buse de combustion alcool/oxygène
12. Châssis moteur
13. Chambre de combustion et venturi
14. Plans de stabilisation
15. Arrivées d'alcool
16. Gouvernails internes
17. Gouvernails externes

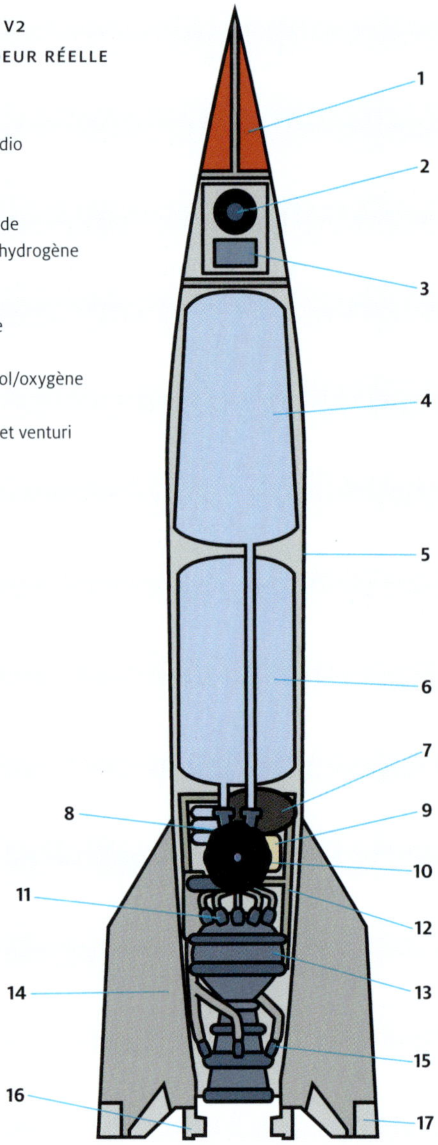

SERGUEÏ PAVLOVITCH KOROLEV

(1907-1966)

Ingénieur aéronautique de formation, Korolev, né à Jytomir en Ukraine, fut le concepteur en chef du programme spatial soviétique pendant les années 1950 et 1960. On lui doit la réalisation de la fusée R-7 « Semiorka », le lancement des Spoutnik (ci-dessous) et des premières sondes spatiales Luna, Mars et Venera, ainsi que les programmes de vols habités Vostok (le premier homme dans l'espace) et Voskhod (premier équipage, première sortie extravéhiculaire). Victime des purges staliniennes, il fut emprisonné en 1938, passa plusieurs mois dans un goulag en Sibérie avant d'être interné dans un camp pour travailler sous les ordres du célèbre constructeur aéronautique Andreï Tupolev. Enfin relâché, il fut nommé colonel de l'Armée rouge en 1945 pour son travail remarquable sur les avions de combat à réacteurs, puis il participa au développement des missiles nucléaires à longue portée à partir des plans de la fusée V2 allemande. Les mauvais traitements subis dans les camps lui occasionnèrent une santé fragile et il mourut prématurément des suites d'une opération chirurgicale à 59 ans. Pour des raisons de sécurité d'État pendant la guerre froide, son vrai nom n'était jamais prononcé officiellement. Il vécut dans l'ombre du pouvoir malgré ses nombreux succès. Ce n'est que plusieurs décennies après sa mort que les autorités soviétiques reconnurent publiquement l'influence majeure de Korolev dans l'histoire de l'astronautique.

« La route des étoiles est ouverte. »

« armes de vengeance » (*Vergeltungswaffe*), les missiles V1 et V2. Les purges staliniennes décimèrent les membres du GIRD en 1938, mais Korolev survécut par miracle. Après la guerre, il conçut les premiers missiles balistiques intercontinentaux. La fusée R-7 Semiorka lancée avec succès en août 1957 et capable de porter une bombe nucléaire de plusieurs tonnes sur une distance de 7 000 kilomètres, changea la donne de la guerre froide. Avec le véhicule R-7, les rêves de voyage spatial de Korolev pouvaient enfin se réaliser. Il obtint carte blanche pour bâtir, avec Valentin Glouchko et Mikhail Tikhonravov, le programme spatial soviétique. Le lancement de Spoutnik, mis au point en quelques semaines, de peur d'être coiffé au poteau par les Américains, prit le monde entier par surprise le 4 octobre 1957. Un mois plus tard, le lancement de Spoutnik 2 inaugura la première mise en orbite d'un être vivant, la chienne Laïka. De leur côté, les Américains, avec l'aide de Wernher von Braun et son équipe de transfuges, se consolèrent avec leur premier satellite, Explorer 1, mis en orbite en février 1958. Du satellite en orbite terrestre à une sonde d'exploration spatiale, il n'y avait qu'un pas que les Soviétiques franchirent les premiers en 1959 avec la sonde lunaire Luna 1 (voir page 27). Les Américains durent attendre quelques mois de plus pour participer à leur tour à l'exploration spatiale, avec la fusée Juno et la modeste sonde Pioneer 4 (voir page 30).

De gauche à droite, William H. Pickering, directeur du Jet Propulsion Laboratory, James A. Van Allen, concepteur, et Wernher von Braun célèbrent le lancement réussi du premier satellite américain, Explorer 1, le 1er février 1958.

WERNHER VON BRAUN

(1912-1977)

Cet ingénieur et physicien allemand est une figure marquante du XXe siècle pour son rôle crucial dans la maîtrise technologique des fusées, en Allemagne puis aux États-Unis. Dans les années 1920 et 1930, von Braun dirigea un programme de fusées à usage militaire pour l'armée allemande. Pendant la Seconde Guerre mondiale, il intégra les rangs du Parti nazi et dirigea, entre 1939 et 1942, le centre d'essais de Peenemünde dédié principalement au développement du premier missile de croisière, le V1, et du premier missile balistique, le V2. En 1943, la production intensive des V2 exigée par Hitler fait appel au travail forcé de prisonniers des camps de Dora-Mittelbau et Buchenwald. Leur fabrication dans des conditions inhumaines causa plus de morts que leur utilisation. La participation de von Braun à ce système restera controversée et entachera sa réputation. En 1945, à l'approche de l'armée soviétique, il se rendit aux Américains avec une grande partie de ses collaborateurs. Au cours de l'opération secrète Paperclip, il fut transféré aux États-Unis où il aida à la mise au point de missiles guidés basés sur les plans du V2. En 1960, il occupa le poste de directeur du Marshall Space Flight Center de la NASA; il fut l'architecte en chef de la conception des fusées Saturn. La construction du lanceur titanesque Saturn V qui propulsa les missions Apollo fut un de ses grands accomplissements. À ce titre, il est considéré comme le père du programme spatial américain et un élément clé de la victoire américaine dans la course à la Lune.

Von Braun déclara, consterné par les effets dévastateurs du premier V2 qui atteignit Londres: « La fusée a fonctionné parfaitement, mais elle a atterri sur la mauvaise planète. »

Premier Objectif : la Lune

La lune est le seul satellite naturel de la Terre. Elle est aussi le seul astre visité par les humains. Son aspect changeant et sa luminosité variable ont toujours suscité la curiosité et inspiré de nombreux artistes. Elle a la particularité de tourner sur elle-même exactement dans le même temps (27,32 jours) qu'elle effectue une révolution autour de la Terre. Elle présente donc toujours la même face, la face visible, à un observateur terrestre. La face cachée de la Lune a été photographiée pour la première fois par la sonde spatiale soviétique Luna 3 en 1959. La surface lunaire est recouverte d'une couche poussiéreuse appelée régolithe d'une épaisseur variable, allant de 3 mètres dans les bassins à 20 mètres sur les hauts plateaux.

Le couple Terre-Lune : une planète double

La Lune est un des plus gros satellites du système solaire et le couple Terre-Lune est considéré comme une planète double. L'origine de la Lune fait encore l'objet de débats scientifiques. L'hypothèse la mieux acceptée actuellement est celle d'un impact géant entre la jeune Terre et la petite planète Théia qui aurait eu lieu il y a 4,45 milliards d'années, donc peu après la naissance du système solaire. La collision aurait éjecté dans l'espace une masse colossale de matière qui forma la Lune par accrétion.

Diamètre : **3 475 km**
Masse : **0,012 (Terre = 1)**
Distance moyenne de la Terre : **384 400 km**
Période de rotation : **27, 32 jours**
Période de révolution : **27, 32 jours**
Durée du jour : **29,53 jours**
Température moyenne diurne : **107 °C**
Température moyenne nocturne : **-153 °C**
Gravité à la surface : **0,166 G**
Vitesse de libération : **2,37 km/s**

Le nautile et la Lune

Le champ de gravitation produit par la Lune explique le phénomène des marées sur Terre. L'onde de marée est en retard par rapport au mouvement de la Lune en raison du frottement des masses d'eau sur les fonds océaniques. La perte d'énergie qui en découle a deux conséquences : la rotation de la Terre ralentit et la Lune s'éloigne très lentement de la Terre à la vitesse de 4 cm par année. Le nautile est un mollusque céphalopode à coquillage en spirale qui peuple les mers du globe depuis des centaines de millions d'années. À chaque pleine lune, il monte à la surface et forme une nouvelle cloison intérieure. On a observé sur les coquilles de nautiles fossilisés que plus elles sont anciennes, plus elles contiennent un grand nombre de cloisons intérieures, confirmant indirectement l'éloignement progressif de la Lune et l'allongement du mois lunaire.

La Lune et l'exploration spatiale

Du fait de sa proximité, la Lune était et demeure la cible idéale pour toutes les nations qui veulent tester leur compétence technique en matière d'exploration spatiale. Dès 1958, les Américains lancent le bal en tentant, les premiers, de réaliser un survol de la Lune. Malheureusement, les missions des sondes Pioneer 1 (lancée le 11 octobre), Pioneer 2 (8 novembre) et Pioneer 3 (6 décembre) se soldent par des échecs. Ce sont les Soviétiques qui, en lançant Luna 1 le 2 janvier 1959, inaugurent véritablement l'exploration de la Lune au moyen de sondes spatiales. La course à la Lune entre les Américains et les Soviétiques dans les années 1960 a abouti au lancement de nombreuses sondes d'observation et au premier pas sur la Lune de l'Américain Neil Armstrong, le 20 juillet 1969, au cours de la mission Apollo 11. Au total, 12 hommes ont foulé le sol lunaire. La NASA a dévoilé en 2008 son nouveau programme d'exploration lunaire avec la construction d'une base permanente. Cette base servira à faciliter les décollages de missions habitées vers Mars, et plus loin encore. La question de l'existence d'eau sous forme de glace (d'origine cométaire) reste ouverte parce qu'elle pourrait avoir été conservée dans certains cratères polaires jamais exposés aux rayons du Soleil. Cette question de l'eau sur la Lune garde toute son importance pour l'établissement de futures colonies.

Luna 1 et 2

1959

Le 2 janvier 1959 à partir du cosmodrome de Baïkonour, au Kazakhstan, une version plus puissante de la fusée soviétique R-7, la Vostok 8K72, emportait Luna 1 vers la Lune. La sonde Luna 1 avait la forme d'une sphère de 62 cm de diamètre, d'un poids de 361 kg et était dotée de cinq instruments scientifiques. En atteignant la vitesse de libération, Luna 1 est devenue le premier objet artificiel à s'affranchir de l'attraction terrestre et la première sonde spatiale de l'histoire. Le 3 janvier 1959, à 113 000 km de la Terre, Luna 1 libéra un nuage de sodium gazeux pour créer la première comète artificielle. Visible au-dessus de l'océan Indien par sa traînée orange brillante, sa trajectoire put être suivie par les observatoires astronomiques.

Le 4 janvier 1959, Luna 1 est passée à 5 995 km de la surface de la Lune après 34 heures de vol. La présence à son bord d'emblèmes sur des sphères en métal indique qu'elle était destinée initialement à s'écraser sur la Lune. En manquant sa cible, elle est devenue le premier objet artificiel en orbite solaire, qui tourne encore à l'heure actuelle entre la Terre et Mars. Les instruments scientifiques à bord ont permis de mesurer la faible densité des particules de haute énergie dans la ceinture de radiation extérieure de Van Allen, l'absence de champ magnétique lunaire et, pour la première fois, la présence de vent solaire.

La fusée R-7, dérivée du premier missile intercontinental soviétique, a lancé dans l'espace les satellites Spoutnik ainsi que les sondes Luna. Le carburant utilisé était un mélange de kérosène et d'oxygène liquide.

La sonde Luna 1 sous sa coiffe protectrice, en configuration de lancement.

PAGE SUIVANTE EN HAUT
Réplique de Luna 1 arrimée au troisième étage de la fusée R-7. Suite à son survol de la Lune, la sonde Luna 1 devint le premier objet artificiel placé en orbite héliocentrique.

PAGE SUIVANTE EN BAS
Réplique de Luna 2, le premier objet artificiel à toucher la Lune. La structure sphérique hérissée d'antennes contenait les instruments scientifiques, l'alimentation électrique et plusieurs fanions avec les armoiries soviétiques pour marquer l'événement.

Avec les sondes Luna, le rêve de la conquête de l'espace devenait réalité

Luna 2 a été lancée avec succès par une fusée R-7 8K72 le 12 septembre 1959, dans le but de toucher la Lune pour la première fois. La deuxième sonde du programme lunaire soviétique, d'un poids de 390 kg, avait une structure identique à celle de Luna 1. Elle ne disposait pas non plus de son propre système de propulsion. Afin de faciliter son observation depuis la Terre et continuer à étudier le comportement d'un gaz dans le vide interplanétaire, Luna 2 fut programmée pour libérer un nuage de sodium gazeux. En plus des instruments de Luna 1, Luna 2 emportait un ingénieux piège à ions conçu par Konstantin Gringauz qui a permis de démontrer sans ambiguïté l'existence du vent solaire. Elle a aussi confirmé l'absence de ceintures de radiations autour de la Lune. Luna 2 s'est écrasée sur la Lune, dans la mer des Pluies, le 13 septembre 1959 après un peu plus de 33 heures de vol, le troisième étage de la fusée l'ayant suivi 30 minutes plus tard. Comme Luna 1, elle emportait des fanions sphériques avec les armoiries soviétiques qui devaient être disséminés sur la surface lunaire. La vitesse de l'impact a été estimée à plus de 3 km/seconde, ce qui fait que la sonde et le troisième étage se sont probablement volatilisés sous le choc.

TRAJECTOIRE DE LUNA 2

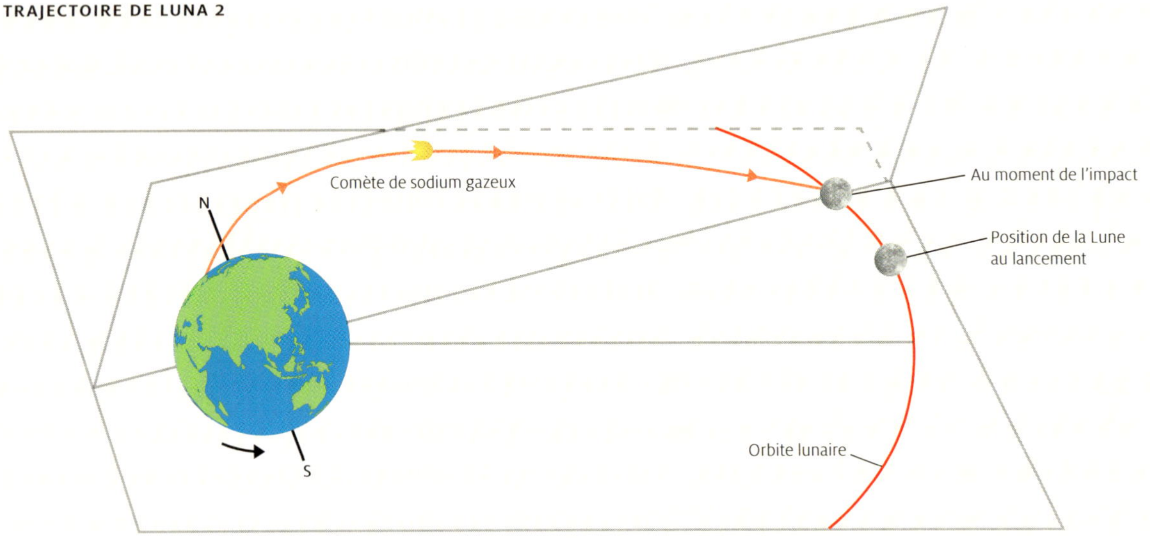

1959 Pioneer 4

Pioneer 4, lancée par une fusée Juno II le 3 mars 1959 depuis Cap Canaveral en Floride, est la première sonde américaine à se libérer de l'attraction terrestre. Sa mission s'est résumée à s'approcher à 60 000 km de la surface lunaire, le 4 mars 1959, puis à se placer en orbite solaire. L'équipement scientifique, une charge utile de quelques kilogrammes seulement, comprenait un compteur de radioactivité de type Geiger-Müller et un appareil photographique qui n'a pu être utilisé. La sonde n'a pas détecté de radiations émanant de la Lune.

Des techniciens de la NASA en tenue stérile inspectent la sonde Pioneer 3 avant son expédition au centre de lancement à Cap Canaveral. Un problème de propulsion du lanceur Juno II a provoqué son retour fatal sur Terre.

CI-CONTRE À GAUCHE

Le lanceur Juno II des missions Pioneer 3 et 4 était une version civile modifiée du missile nucléaire intercontinental Jupiter.

CI-CONTRE À DROITE

Pioneer 4 ne disposait que d'une petite charge utile de quelques kilogrammes.

Luna 3

1959

La sonde Luna 3 était le premier engin spatial équipé de panneaux solaires. D'un poids de 279 kg, cette troisième sonde lunaire soviétique, plus sophistiquée que les précédentes, était entre autres dotée d'un nouveau système de contrôle d'attitude, d'une alimentation électrique améliorée ainsi que d'un système complexe de transmission des photographies. Justement, elle était conçue spécifiquement pour la photographie lunaire.

Lancée le 4 octobre 1959 de Baïkonour grâce à une fusée R-7 8K72, sa mission consistait à photographier la face cachée de la Lune pour la première fois. Après avoir frôlé la Lune d'une distance de 6 000 km, la sonde spatiale a contourné notre satellite naturel sur une trajectoire qui la renverrait éventuellement vers la Terre. Le 7 octobre 1959, Luna 3 entrait dans l'histoire. Pendant 40 minutes, d'une altitude de quelque 60 000 km, la sonde soviétique prit 29 photographies couvrant 70 % de la face cachée de la Lune. Le déclenchement de la série de photographies historiques était commandé par une

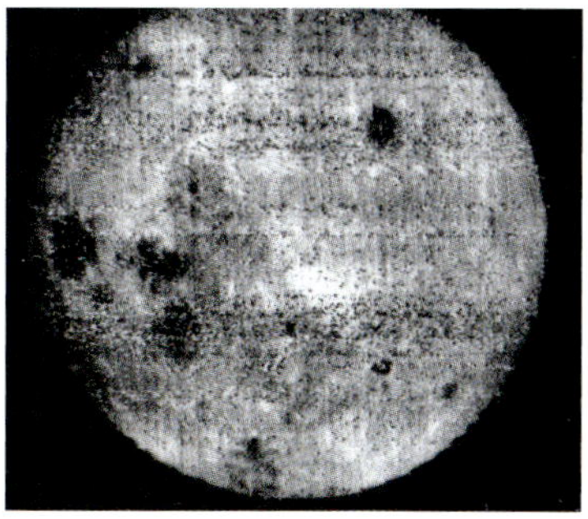

Première photographie de la face cachée de la Lune transmise en 1959.

TRAJECTOIRE DE LUNA 3

La vitesse de propulsion de la sonde spatiale était de 10,85 km/seconde.

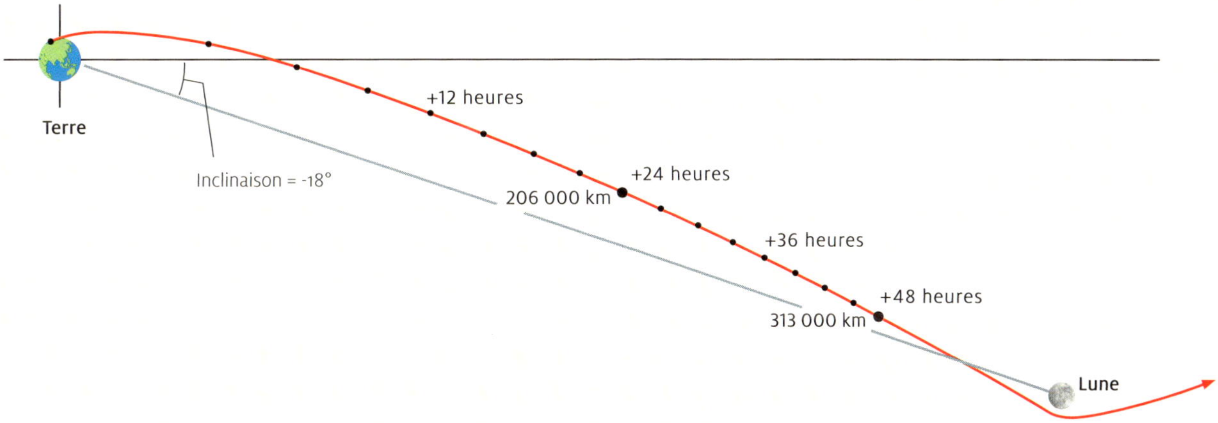

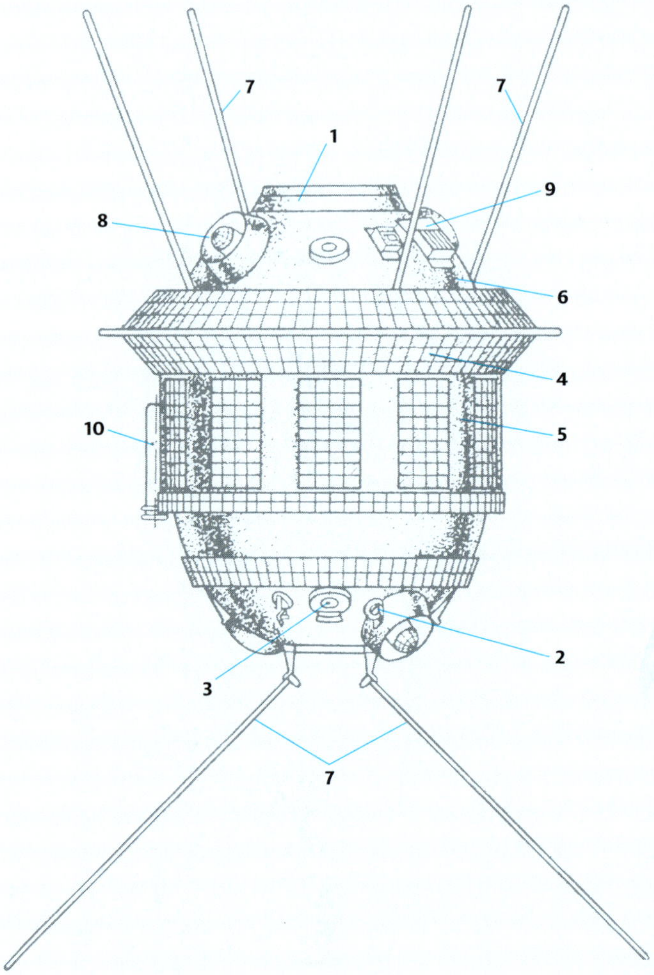

Luna 3 est la première sonde spatiale équipée de panneaux solaires.

CI-CONTRE

Le remarquable système de phototélévision Yenisey-2 à bord de Luna 3.

PRINCIPAUX ÉLÉMENTS DE LUNA 3

1. Compartiment de la caméra (couvercle fermé)
2. Buse de contrôle d'attitude
3. Suiveur solaire directionnel
4. Panneaux solaires
5. Panneaux solaires
6. Caisson hermétique
7. Antennes radio
8. Piège à ions
9. Compteur de micrométéorites
10. Spectromètre de masse

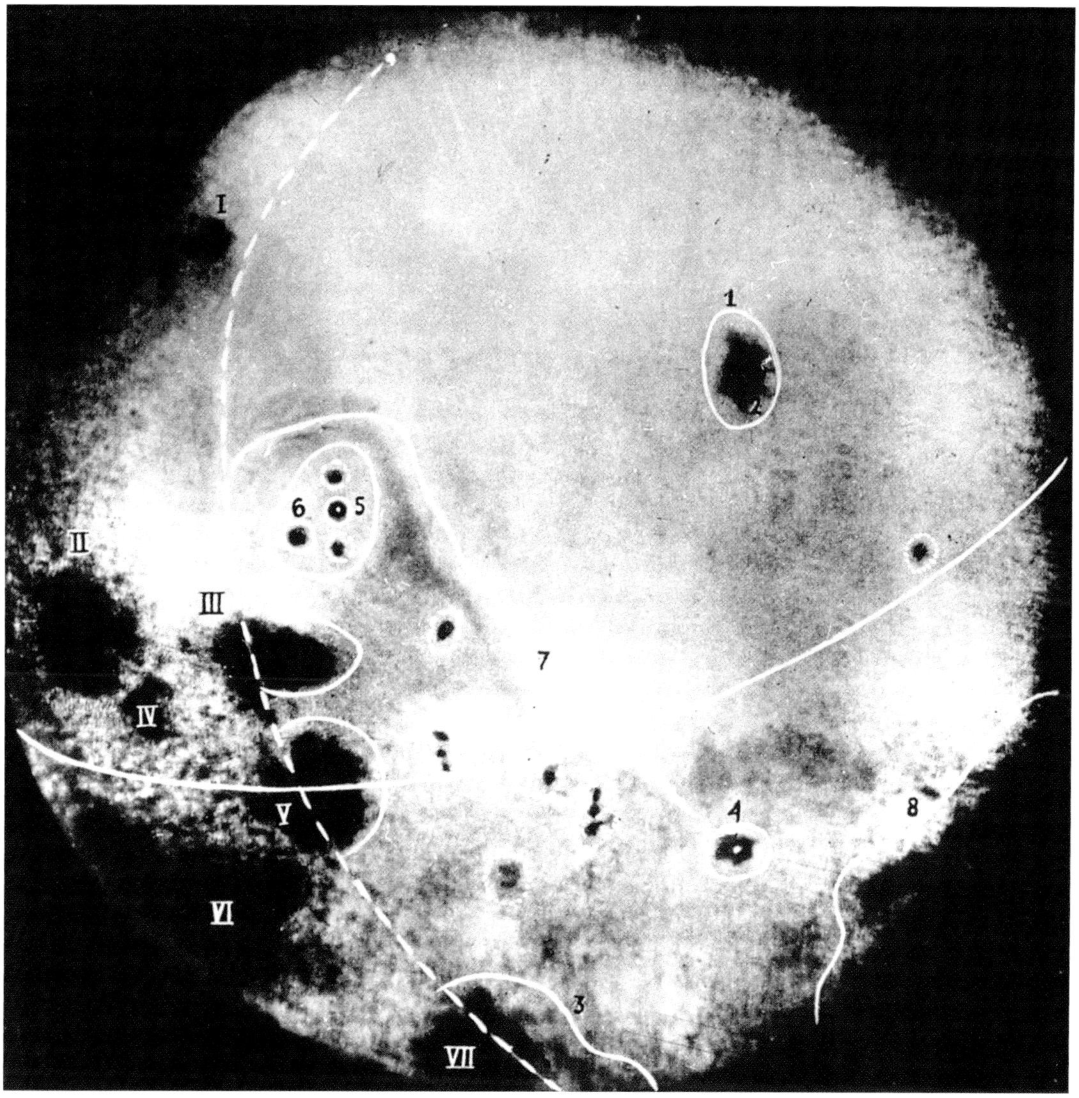

Premier atlas sommaire de la face cachée de la Lune à partir des clichés de Luna 3, où sont visibles, entre autres, la Mer de Moscou (1), les cratères Tsiolkovsky (4), Lomonosov (5) et Joliot-Curie (6) ainsi que Mare Crisium (II) et la Mer de la Fertilité (VI). La ligne pleine indique l'équateur, la ligne brisée indique la limite entre la face visible et la face cachée.

cellule photoélectrique sensible à la lumière du Soleil reflétée par la Lune. Le système d'imagerie de Luna 3, baptisé le Yenisey-2, se composait d'une caméra 35 mm à deux lentilles, un objectif de 200 mm f/5,6 et un objectif de 500 mm f/9,5. L'objectif de 200 mm pouvait prendre des clichés du disque lunaire complet, alors que celui de 500 mm pouvait prendre des détails d'une région à la surface. Le système de déroulement du film était couplé à un numériseur optique avec photomultiplicateur. Une image était numérisée avec une résolution de 1 000 lignes horizontales. Bien que fortement bruitées, 17 images exploitables ont pu être transmises par communication radio pendant le retour de la sonde en direction de la Terre. Tout contact avec Luna 3 fut perdu le 22 octobre 1959.

1961

Programme Ranger

Première photographie de la surface lunaire transmise par une sonde américaine.

CI-CONTRE
Le centre de contrôle des missions robotisées du Jet Propulsion Laboratory en 1964.

PAGE SUIVANTE EN HAUT
La sonde Ranger 6.

Le programme américain Ranger, dont le développement a commencé en 1959, avait pour but de fournir les premières images rapprochées de la surface lunaire en vue d'un alunissage. Les sondes Ranger étaient conçues pour prendre des séries de photographies jusqu'au moment de leur impact sur la Lune. Les échecs répétés de la phase I (Ranger 1 et 2) et de la phase II (Ranger 3, 4 et 5) furent embarrassants pour la NASA dans le contexte de la course à la Lune engagée avec les Soviétiques. Il fallut attendre la phase III (Ranger 6, 7, 8 et 9) pour que les objectifs soient atteints. Parmi les innovations technologiques des sondes Ranger figurait un système de propulsion autonome pour assurer une meilleure précision à la trajectoire, accompagné d'un système de stabilisation d'attitude à trois axes permettant une orientation fixe de la sonde. Cette capacité de stabilisation offrait l'avantage de pouvoir constamment orienter les panneaux solaires vers le Soleil et l'antenne radio vers la Terre,

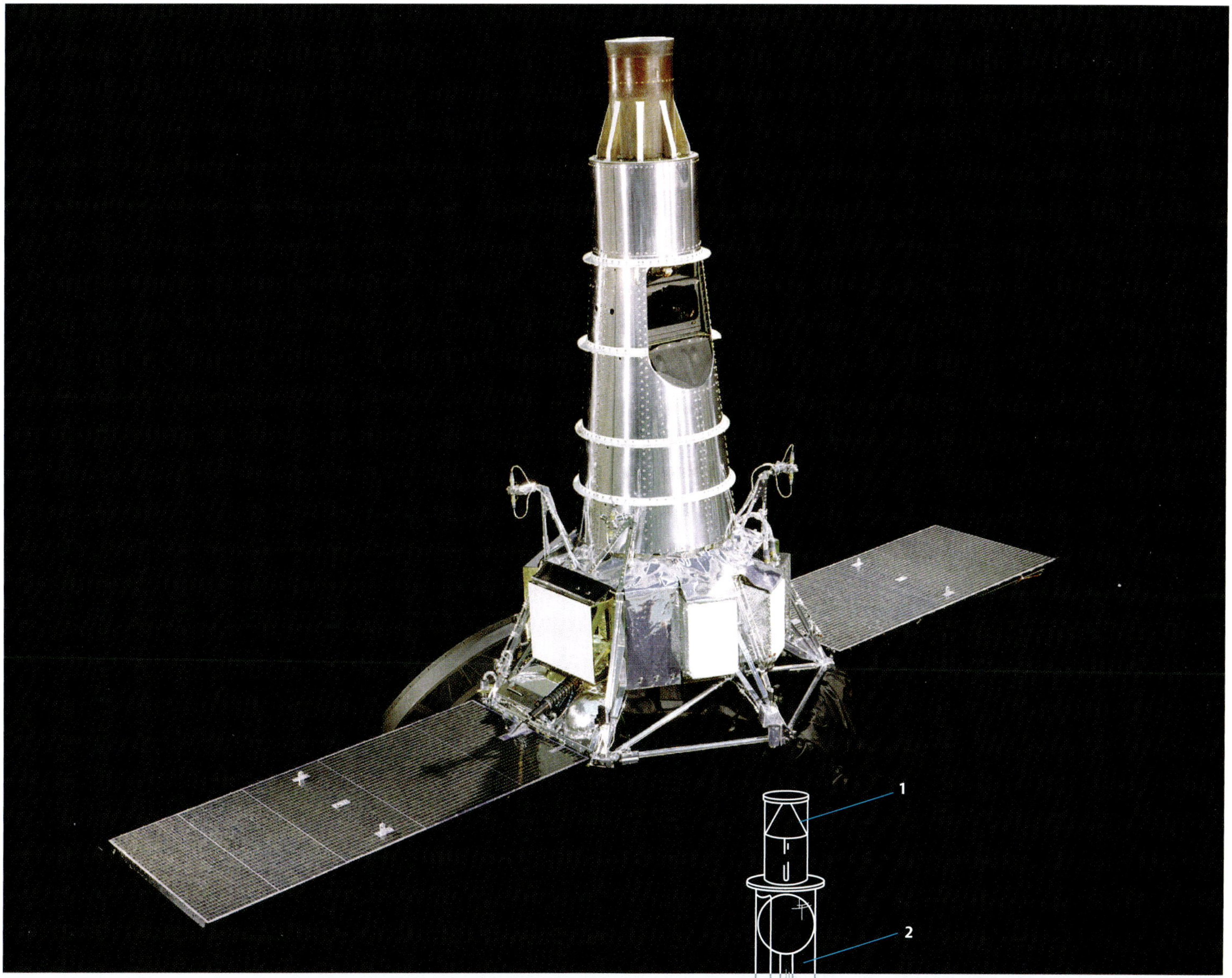

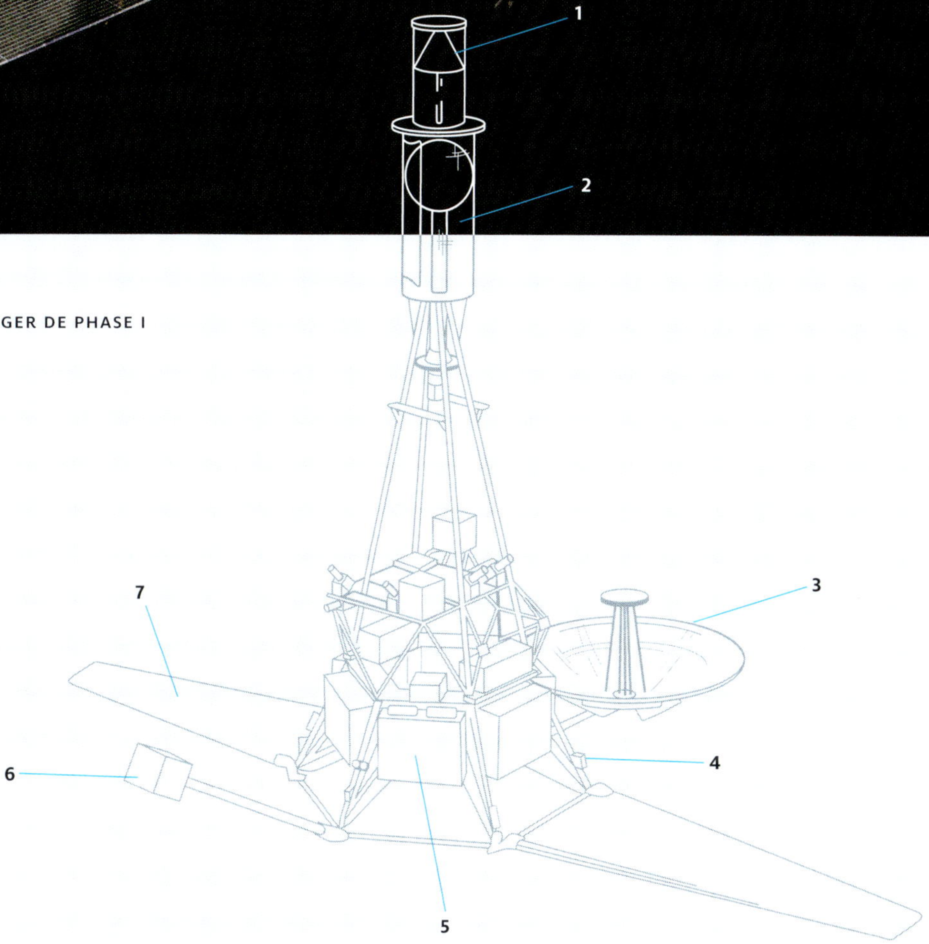

PRINCIPAUX ÉLÉMENTS D'UNE SONDE RANGER DE PHASE I

1. Antenne radio omnidirectionnelle
2. Magnétomètre
3. Antenne radio à haut gain
4. Suiveur solaire directionnel
5. Module électronique
6. Analyseur électrostatique
7. Panneau solaire

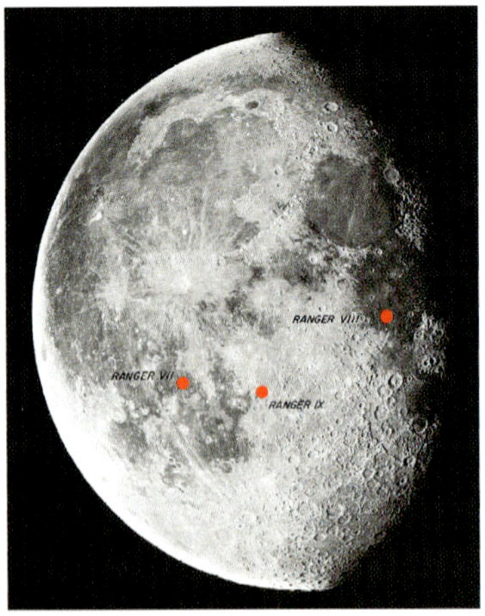

Localisation des points d'impact des différentes sondes Ranger sur la Lune.

tout en gardant les caméras dirigées vers leurs cibles. Les sondes Ranger de la phase III étaient équipées de six caméras de télévision (quatre téléobjectifs et deux grands angles) capables d'une cadence de prise de vues de 300 images par minute. La trajectoire de Ranger 6, lancée le 30 janvier 1964 à bord d'une fusée Atlas-Agena B, fut parfaite, mais son système de télévision ne s'alluma pas comme prévu. La mission Ranger 7, lancée le 28 juillet 1964, fut un succès complet. Ranger 7 transmit 4 316 images avant de s'écraser le 31 juillet dans une région entre *Mare Cognitum* et *Oceanus Procellarum*. Ranger 8 suivit, décollant le 17 février 1965. Après avoir transmis 7 137 photographies de bonne qualité de la surface lunaire, elle s'écrasa le 20 février dans la région de *Mare Tranquillitatis*. La dernière image avait une définition de 1,5 mètre. Ranger 9, lancée le 21 mars 1965, ferma la marche de ce programme d'observation en rapportant 5 814 images bien contrastées du cratère Alphonsus. La haute résolution des images finales a permis de discerner des objets de 30 cm juste avant l'impact final à la vitesse de 2,67 km/seconde. Il s'agissait d'une résolution 1 000 fois supérieure à ce qu'il était possible d'obtenir depuis la Terre avec les télescopes. Les nouvelles images révélèrent que d'innombrables cratères d'impact de toutes les tailles ont façonné la surface de la Lune depuis sa formation.

Les six caméras de télévision des sondes Ranger 6, 7, 8 et 9 étaient programmées pour prendre des clichés en rafales continues jusqu'au moment de leur impact sur le sol lunaire.

Programme Zond

1964

Transport d'un puissant lanceur Proton. Ce type de fusée était utilisé pour lancer les vaisseaux Zond sur une trajectoire circumlunaire.

Les vaisseaux spatiaux Zond (Sonde en russe) étaient les premiers engins soviétiques destinés à des voyages interplanétaires. Le programme soviétique Zond prévoyait des engins spatiaux utilisés pour la mise au point de sondes destinées à l'exploration de Vénus et de Mars ainsi que de vaisseaux habités pour des voyages autour de la Lune. La sonde vénusienne Zond 1 lancée le 8 avril 1964 n'a pu atteindre ses objectifs en raison d'un problème de communication radio pendant son transfert. Zond 2, lancée le 30 novembre 1964 vers Mars, a été perdue par interruption de contact radio en mai 1965. Zond 3 avait été préparée pour accompagner Zond 2. Ayant manqué la fenêtre de tir pour Mars, les responsables de Zond 3 ont tout de même décidé de tirer profit d'un survol de la face cachée de la Lune en cours de route pour obtenir des résultats scientifiques et tester leur système de communication à très longue distance. Le 18 juillet 1965, Zond 3 décollait de Baïkonour, propulsée par une fusée R-7, sur une trajectoire interplanétaire. Le vaisseau, imposant avec ses 960 kg, était équipé d'une batterie d'instruments scientifiques (spectrographes dans l'ultraviolet et l'infrarouge, magnétomètre, détecteurs de radiations, compteur de micrométéorites), d'un moteur ionique expérimental et d'une caméra avec un objectif de 106 mm. Un mécanisme de développement automatique du film était couplé à un système de télévision pour la transmission des images par communication radio. Le 20 juillet 1965, Zond 3 survolait la face cachée de la Lune à une altitude de 9 200 km. Sur une période de 68 minutes, la sonde prit 25 images de très bonne qualité de la surface lunaire, qu'elle transmit

Réplique d'un vaisseau Zond.

Une des premières vues de la Lune par Zond 3.

Zond 7 pouvait transmettre des photographies en couleurs de la Lune et de la Terre.

La caméra de phototélévision embarquée à bord de Zond 3 est une merveille de miniaturisation pour l'époque.

par la suite d'une distance de 2 200 000 km puis à nouveau d'une distance de 31 500 000 km. Des signaux radio captés en provenance de l'orbite de Mars (mais la planète était absente) ont confirmé les capacités de communication radio à très longue distance du programme spatial soviétique. Les missions Zond qui ont suivi (de Zond 4 en 1968 à Zond 8 en 1970) ont surtout servi à tester les trajectoires de vols circumlunaires avec retour de capsule sur Terre en préparation des missions habitées.

CI-CONTRE

Les capsules de rentrée des vaisseaux Zond 5 (à gauche) et Soyouz 3 (à droite) sont exposées actuellement au musée Energia à Moscou.

PAGE SUIVANTE

Lever de Terre capté par Zond 7 en 1969.

1966

Luna 9

CI-DESSOUS
Le vaisseau Luna 9 et son alunisseur.

PAGE SUIVANTE EN HAUT
Réplique du premier alunisseur en mode opérationnel avec ses pétales déployés.

PROPULSÉE PAR UNE FUSÉE Molniya (Éclair en russe), une version de la R-7 à quatre étages, Luna 9 s'élança vers la Lune le 31 janvier 1966 depuis le cosmodrome de Baïkonour. Le 3 février 1966, Luna 9 devint la première sonde spatiale de l'histoire à atterrir en douceur sur un autre objet céleste, la Lune. Au contact du sol, le module d'alunissage activa le mécanisme d'éjection de l'atterrisseur de 99 kg de forme sphérique. Protégée par un sac gonflable externe, Luna 9 se stabilisa sur le sol après l'ouverture de ses quatre pétales et se mit en mode opérationnel. Les images transmises par Luna 9 furent les premières en provenance d'une surface extraterrestre. Au matin du 4 février, la caméra à miroir rotatif fournit une vue panoramique du site d'alunissage situé dans *Oceanus Procellarum*, depuis les roches avoisinantes jusqu'à la ligne d'horizon à 1,4 km. La sonde lunaire continua de transmettre des photos et des données jusqu'à l'épuisement des batteries, trois jours plus tard. La mission réussie de Luna 9 fut une source de fierté pour le programme spatial soviétique qui en était à sa douzième tentative d'alunissage. Elle fournit aussi une information de la plus haute importance : il était possible de se poser sur la Lune sans s'enfoncer dans la poussière.

PRINCIPAUX ÉLÉMENTS DE LUNA 9

1. Caméra panoramique
2. Miroir
3. Antenne
4. Cible de calibration optique
5. Détecteur de radiations
6. Pétale stabilisateur

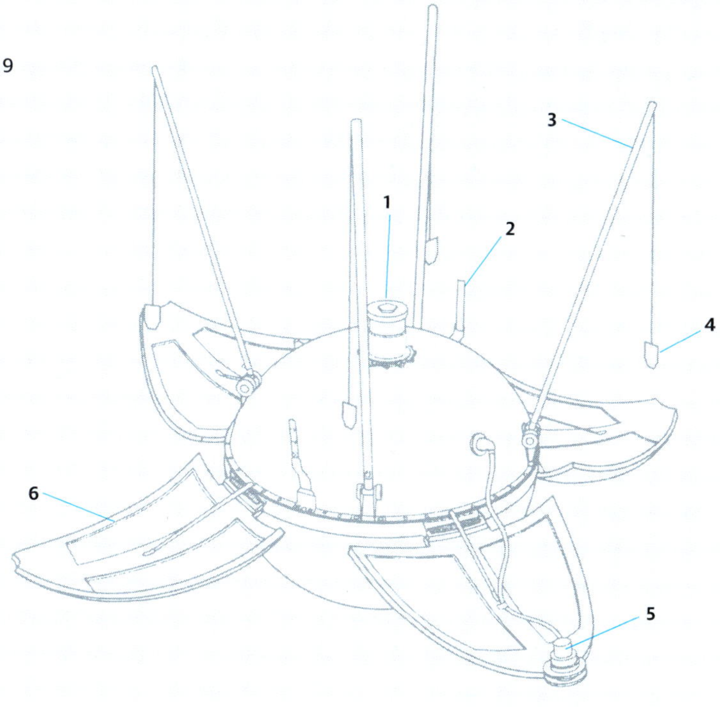

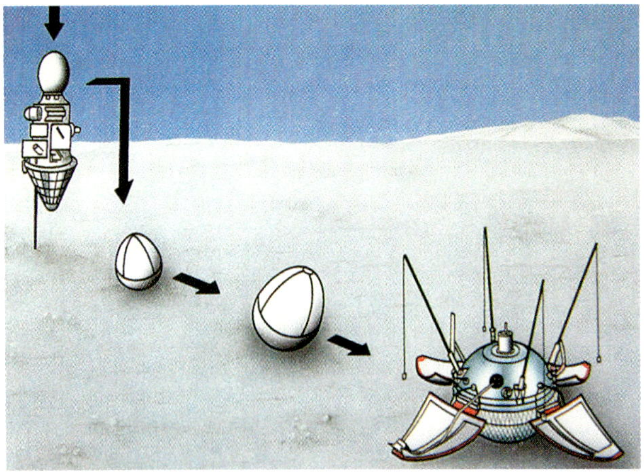

Diagramme décrivant la séquence de déploiement de l'alunisseur sur la surface lunaire.

CI-CONTRE

Panorama tel que photographié initialement par Luna 9 en vue polaire et le même panorama après reconstruction en vue horizontale ci-dessous.

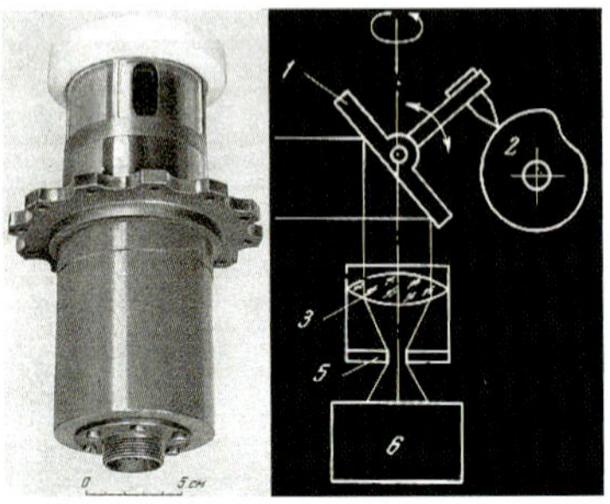

La caméra panoramique miniature de Luna 9 disposait d'un ingénieux système optomécanique qui lui permettait de couvrir le paysage par balayage photographique.

CI-CONTRE

Première image transmise du site d'alunissage de Luna 9.

Scoop sur Luna 9 !

Il se trouve que les communications radio de Luna 9 étaient compatibles avec le protocole standard international utilisé par les journaux pour transmettre les images en fac-similé. Les signaux radio de Luna 9 captés par le puissant radiotélescope de Jodrell Bank en Angleterre purent donc être convertis en images, avec l'aide d'un télécopieur prêté pour l'occasion par le journal *Daily Express*. Comme les autorités soviétiques tardaient à diffuser les images transmises par Luna 9, le premier alunissage de l'histoire bénéficia d'une couverture médiatique rapide et internationale avant son annonce officielle. Une situation embarrassante pour les responsables du programme spatial soviétique, qui s'évertuèrent par la suite à brouiller les signaux radio pour éviter un autre scoop des Occidentaux.

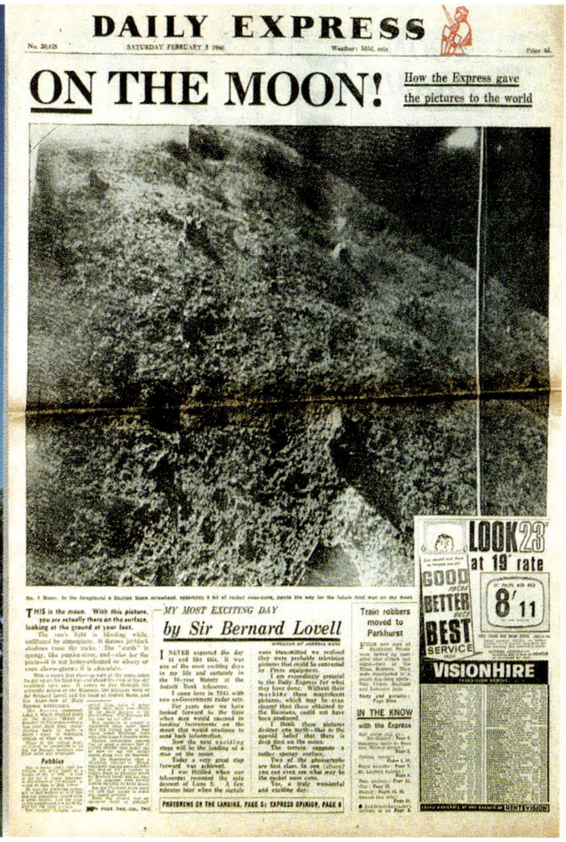

DAILY EXPRESS

SATURDAY FEBRUARY 5 1966 — Weather: Mild, rain — Price 4d.

ON THE MOON!

How the Express gave the pictures to the world

THIS is the moon. With this picture, you are actually there on the surface, looking at the ground at your feet.

—MY MOST EXCITING DAY

by Sir Bernard Lovell

I NEVER expected the day to end like this. It was one of the most exciting days in my life and certainly in the 36-year history at the Jodrell Bank telescope.

I came here in 1945 with two ex-Government radar sets.

For years now we have looked forward to the time when man would succeed in landing instruments on the moon that would continue to send back information.

Now the next exciting stage will be the landing of a man on the moon.

Today a very great step forward was achieved.

I was thrilled when our telescopes recorded the safe descent of Luna 9. A few minutes later when the signals were transmitted we realised they were probably television pictures that could be converted by Press equipment.

I am exceedingly grateful to the Daily Express for what they have done. Without their machine these magnificent pictures, which may be even clearer than those obtained by the Russians, could not have been produced.

I think these pictures destroy one myth—that is the agreed belief that there is deep dust on the moon.

The terrain suggests a rather spongy surface.

Two of the photographs are first class. In one (above) you can even see what may be the rocket nose cone.

Yes, a truly wonderful and exciting day.

PHOTONEWS ON THE LANDING, PAGE 5: EXPRESS OPINION, PAGE 6

Train robbers moved to Parkhurst

IN THE KNOW with the Express

LOOK 23" at 19" rate

GOOD BETTER BEST SERVICE

VISIONHIRE

1966

Luna 10

Timbre soviétique commémoratif de la mission Luna 10. La mise en orbite autour d'un objet céleste était une première historique.

PAGE SUIVANTE
Luna 10 fut placée en orbite autour de la Lune le 3 avril 1966.

Le 3 avril 1966, la sonde Luna 10 devint le premier satellite artificiel en orbite autour de la Lune, et, de ce fait aussi, le premier objet satellisé autour d'un objet céleste. Lancée le 31 mars 1966 par une fusée Molniya, Luna 10 emportait une batterie d'instruments de mesures scientifiques incluant entre autres un spectromètre dans la bande des rayons gamma, un magnétomètre et un capteur de micrométéorite, mais pas de caméra. Trois jours plus tard, le satellite pesant 245 kg a décéléré puis est entré en orbite autour de la Lune, s'approchant à 350 km de la surface toutes les 2 heures 58 minutes. Les déviations de la trajectoire de Luna 10 ont permis de détecter des anomalies de gravitation dues à des concentrations de masse (mascons, contraction de *mass concentrations*) dans les bassins lunaires. La présence de ces mascons a été confirmée par la mission Lunar Orbiter 5 (voir page 50) un an plus tard.

Luna 10 joue « L'Internationale »

La sonde Luna 10 était programmée pour transmettre en direct la musique de l'Internationale pendant le 23e congrès du Parti communiste. La répétition se déroula comme prévu, mais un problème technique le jour de l'événement, le 4 avril 1966, contraignit les ingénieurs à passer une bande magnétique préenregistrée en prétendant qu'il s'agissait d'une transmission en direct depuis la Lune.

1966

Programme Surveyor

Le programme Surveyor consistait à expérimenter pour la première fois pour la NASA les procédures d'alunissage controlé de sondes robotisées en vue des futures missions habitées du programme Apollo. Les principaux objectifs du programme se résumaient à étudier les propriétés de résistance du sol lunaire et à documenter en images l'environnement géologique des sites d'alunissage. La sonde Surveyor 1, construite par Hughes Aircraft et lancée le 30 mai 1966 à bord d'une fusée Atlas-Centaur de Cap Canaveral, atterrit avec succès sur la Lune le 2 juin 1966, près du cratère Flamsteed au sud-ouest de *Oceanus Procellarum*, quatre mois après Luna 9. En dépit de ce retard, cette première américaine rassura la NASA sur ses capacités à rester dans la course engagée avec les Soviétiques. La trajectoire de lancement visait un impact direct sur la Lune, amorti par des rétrofusées en phase d'approche finale. Les rétrofusées étaient programmées avec grande précision pour immobiliser la sonde Surveyor à une hauteur de 3 m au-dessus du sol avant de la laisser tomber en chute libre. La surface lunaire s'avéra assez résistante pour supporter l'impact d'un engin de 300 kg. Au cours des 65 heures prévues pour la mission, la caméra de télévision, avec ses deux modes de résolution, 200 lignes ou 600 lignes horizontales, capta 11 237 images du site dont les premières en couleur. La sonde Surveyor 2 lancée le 20 septembre de la même année eut moins de chance. Elle s'écrasa sur la Lune en raison d'un problème technique survenu dans un moteur vernier pendant une manœuvre de correction de trajectoire. Surveyor 3 décolla le 17 avril 1967 et atterrit le 20 avril sur la partie *Mare Cognitum* d'*Oceanus Procellarum*, d'où elle transmit

Décollage de nuit réussi de la fusée Atlas Centaur pour la mission Surveyor 6 en novembre 1967.

6 315 images. L'alunissage de Surveyor 3 fut mouvementé. Le radar de descente, trompé par la réflectivité de certaines roches, ne commanda pas l'arrêt des rétrofusées au bon moment. La sonde rebondit à 10 mètres de haut, puis fit un autre saut de 3 mètres avant de s'immobiliser. Cette mission fut la première à emporter une pelle placée au bout d'un bras télescopique pour creuser des tranchées et échantillonner le sol en vue d'étudier ses propriétés mécaniques. Le site d'alunissage de Surveyor 3 fut visité en 1969 par la mission Apollo 12. Le module lunaire Intrepid atterrit à moins de 200 mètres de Surveyor 3. Les astronautes Alan L. Bean et Pete Conrad purent ramener sur Terre plusieurs pièces de la sonde, dont la caméra de télévision, pour analyse. Le 17 juillet 1967, Surveyor 4 s'apprêtait à alunir quand le contact radio de télémétrie fut perdu définitivement, probablement à la suite d'une explosion. Surveyor 5 fut le troisième alunisseur américain. Il toucha le sol le 11 septembre 1967. La mission fut un succès complet et la sonde transmit plus de 19 000 images de *Mare Tranquillitatis*. Son bras

PRINCIPAUX ÉLÉMENTS DE SURVEYOR

1. Antenne à haut gain
2. Antenne omnidirectionnelle
3. Caméra de télévision
4. Module électronique
5. Moteur vernier
6. Antenne d'altimètre
7. Antenne omnidirectionnelle
8. Panneau solaire

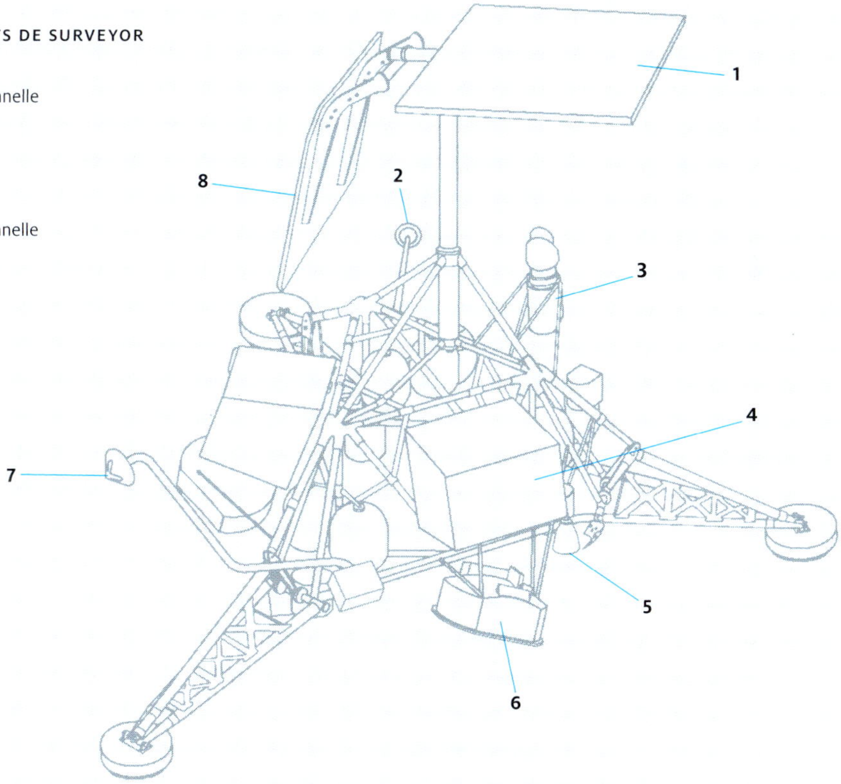

articulé était équipé d'un spectromètre à rayons X semblable à celui du rover martien Sojourner (voir page 166) afin d'analyser pour la première fois la composition en éléments chimiques du sol lunaire. Les résultats obtenus ont permis de déterminer la présence de roches basaltiques. Surveyor 6, qui alunit le 7 novembre 1967, ressemblait en tous points à Surveyor 5 et transmit plus de 30 000 images de *Sinus Medii*. Les moteurs de Surveyor 6 furent allumés à nouveau le 17 novembre pour lui faire effectuer un saut de 4 mètres de haut et le faire alunir quelques mètres plus loin. Ce test n'affecta pas son fonctionnement. La dernière mission de la série consistait à faire alunir Surveyor 7 à proximité de Tycho, un immense cratère visible à l'œil nu de la Terre. Surveyor 7 alunit le 10 janvier 1968 à moins de 3 km de sa cible. La sonde transmit plus de 21 000 images, mais le spectromètre à rayons X ne put être déployé correctement et les communications radio devinrent sporadiques après une panne de batterie qui se déclara pendant la première nuit. Le programme Surveyor terminé, la NASA possédait désormais toute une expertise dans le domaine des alunissages.

Après que la sonde se fut posée, les moteurs de Surveyor 6 ont été allumés pour lui faire effectuer un saut et documenter la résistance mécanique du sol en prévision des alunissages des missions habitées.

La mission Apollo 12 peut rendre visite à Surveyor 3 le 19 novembre 1969 grâce à un nouveau système radar qui confère une grande précision à la manœuvre d'alunissage. L'astronaute Alan Bean récupère plusieurs pièces de la sonde pour analyser les effets d'un séjour prolongé (2 ans) sur la Lune. Le module lunaire Intrepid se profile à l'horizon.

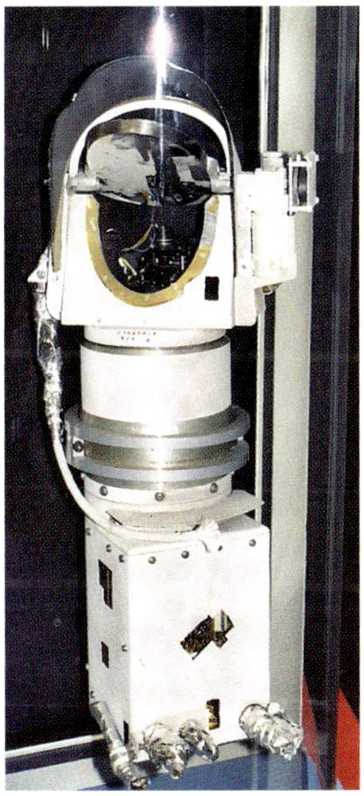

Des bactéries ultra-résistantes ?

L'inspection de la caméra de Surveyor 3 révéla la présence de bactéries communes *Streptococcus mitis*. À l'époque, la NASA conclut que la sonde n'avait pas été stérilisée adéquatement avant le décollage et que ces bactéries avaient pu survivre aux conditions extrêmes de l'environnement lunaire. Cependant, l'interprétation actuelle favorise une explication plus simple : plusieurs brèches dans les procédures stériles ont été repérées dans la capsule de retour de la mission Apollo 12 et pendant l'analyse microbiologique sur Terre. Il reste que, depuis cet « incident », la NASA soumet toutes ses sondes spatiales à des procédures de stérilisation draconiennes pour éviter tout risque de contamination des autres planètes par des microbes terrestres.

1966

Programme Lunar Orbiter

Le décollage de Lunar Orbiter 1 inaugura une série de missions fructueuses entre août 1966 et août 1967 qui ont fourni une couverture photographique complète de la Lune, dont l'exceptionnelle qualité reste inégalée jusqu'à ce jour.

PAGE SUIVANTE
Assemblage de la sonde Lunar Orbiter.

Le programme Lunar Orbiter de la NASA avait pour but de placer une série de sondes en orbite basse (entre 40 km et 1 850 km d'altitude) autour de la Lune et ainsi de cartographier avec précision les 20 sites d'alunissage envisagés pour les futures missions Apollo. Les cinq sondes Lunar Orbiter, lancées entre le 10 août 1966 et le 1er août 1967 par des fusées Atlas-Agena D, ont pleinement atteint leurs objectifs. Leurs caméras comportaient deux lentilles, un téléobjectif de 610 mm et un objectif grand-angle de 80 mm. Le film de 70 mm était développé chimiquement, séché et numérisé avant d'être converti en signaux radio et transmis vers la Terre par une antenne directionnelle à haut gain. Le programme Lunar Orbiter a permis d'étudier 2 180 photographies à haute résolution et 882 photographies à plus basse résolution, couvrant 99 % de la surface de la Lune. Lunar Orbiter 1 prit les premières photographies de la planète Terre vue de la Lune, dont un premier lever de Terre. Certaines images de Lunar Orbiter 3 étaient tellement précises (jusqu'à un mètre de résolution !) que la sonde Surveyor 1 a pu être repérée au sol. Lunar Orbiter 5, lancée le 1er août 1967, confirme le phénomène des anomalies gravitationnelles appelées mascons, détecté par la sonde soviétique Luna 10 (voir page 44). La gestion simultanée de plusieurs sondes en orbite autour de la Lune s'avéra un excellent test des capacités de communication du programme spatial américain. Finalement, tous les orbiteurs reçurent l'instruction de s'écraser sur la Lune pour ne pas interférer avec les missions Apollo.

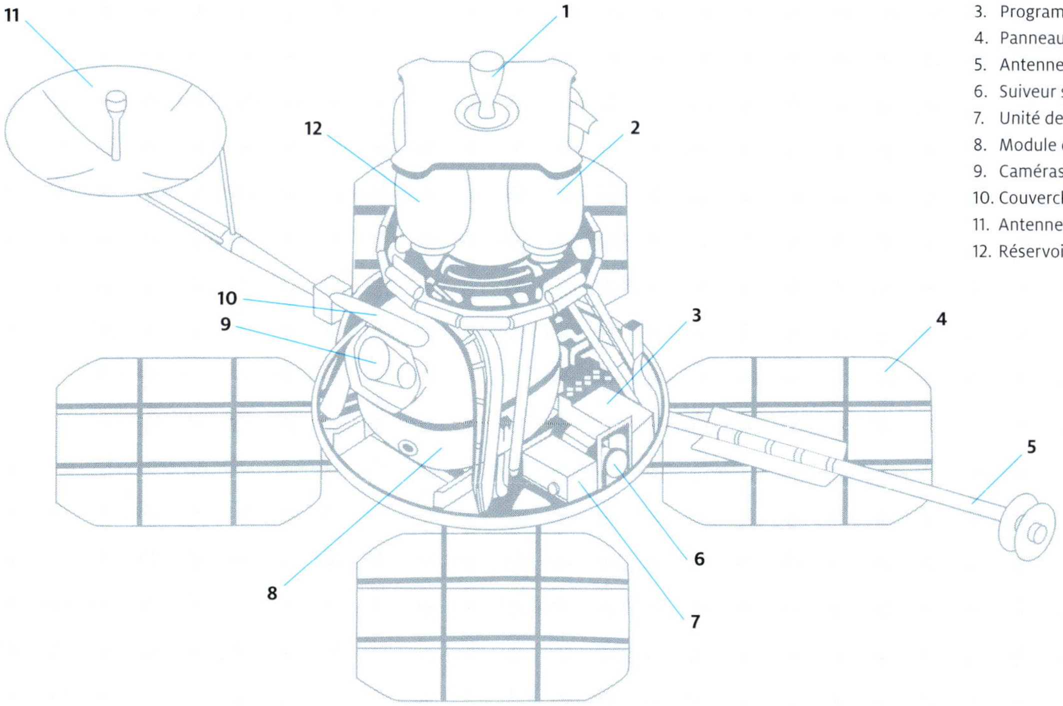

PRINCIPAUX ÉLÉMENTS
DE LUNAR ORBITER

1. Moteur de propulsion
2. Réservoir de comburant (oxydant)
3. Programmeur de vol
4. Panneau solaire
5. Antenne omnidirectionnelle
6. Suiveur stellaire
7. Unité de référence inertielle
8. Module de traitement photographique
9. Caméras
10. Couvercle protecteur des objectifs
11. Antenne à haut gain
12. Réservoir de carburant

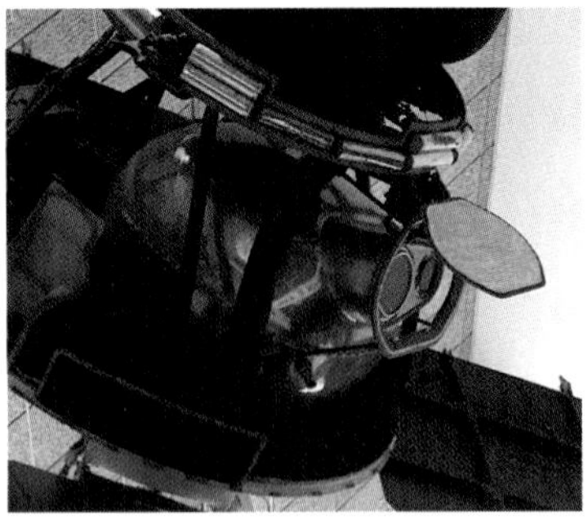

Les caméras de Lunar Orbiter ont permis d'obtenir des images à haute résolution de la surface lunaire.

CI-CONTRE

La première photographie de la Terre vue de la Lune, transmise par Lunar Orbiter 1. Cette image a été remastérisée par des techniques digitales modernes.

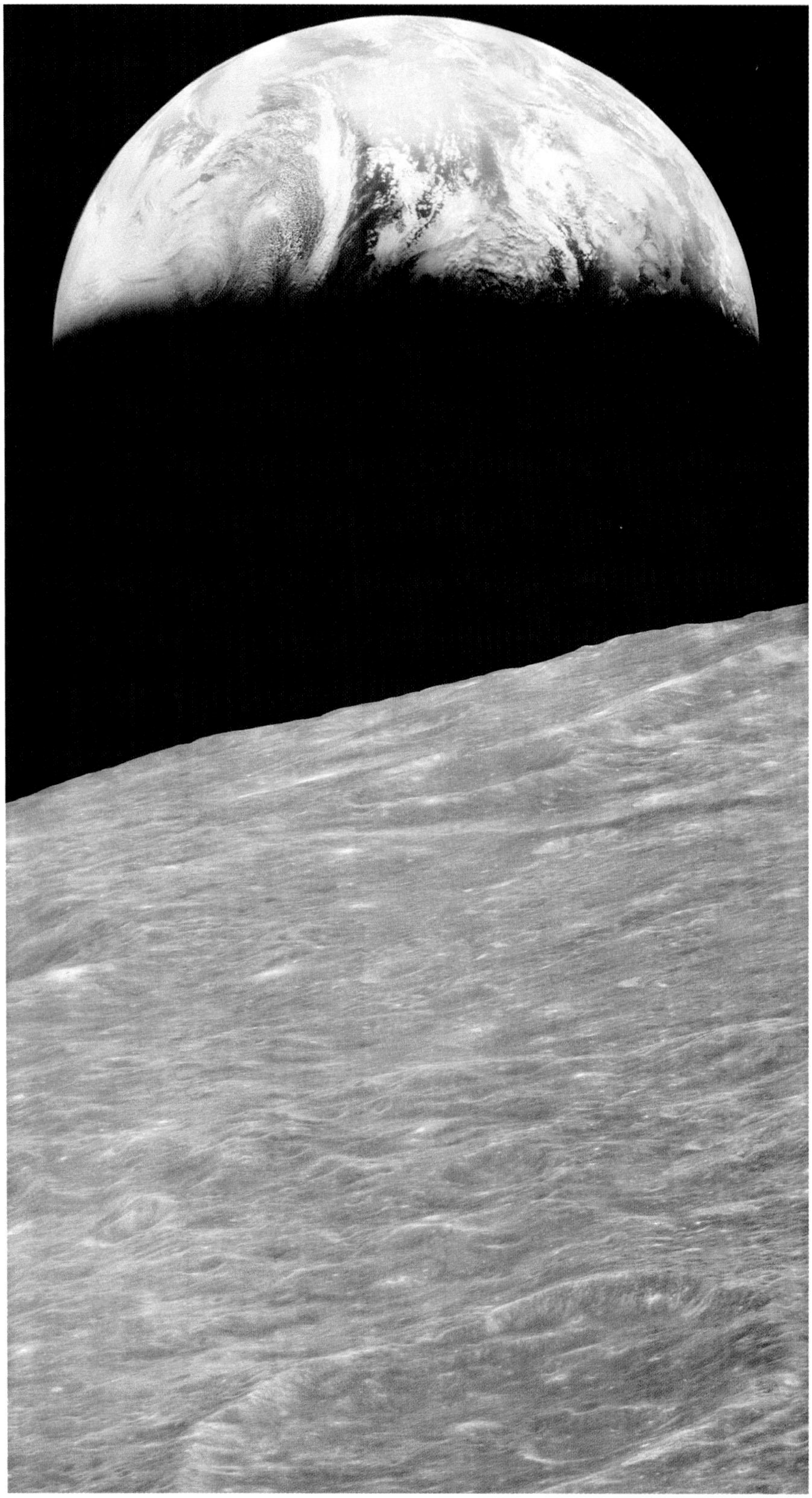

PAGE SUIVANTE EN HAUT

Vue oblique de la région du cratère Copernicus captée par Lunar Orbiter 2.

PAGE SUIVANTE EN BAS

Une vue rapprochée du cratère Copernicus, d'un diamètre de 96 km et d'une profondeur de 3 km, permet de détailler une chaîne de montagnes au centre. Ce devait être la destination de la mission Apollo 20, laquelle a été annulée. Cette image a été sacrée « Image du siècle » par les médias de l'époque.

Luna 11, 12 et 14

Après son placement le 24 août 1966 sur une orbite intermédiaire de transfert autour de la Terre, la sonde Luna 11 fut placée sur orbite lunaire le 28 août 1966, une orbite lunaire inclinée à seulement 27° (comparés à l'inclinaison orbitale de 72° pour la sonde précédente Luna 10), ceci, afin de permettre à la sonde de se concentrer sur l'analyse des secteurs équatoriaux de la Lune, là où se trouveraient les sites potentiels d'atterrisage prévus par le programme soviétique de vols lunaires habités. Les principaux objectifs de la mission consistaient, d'une part, à étudier la composition chimique de la Lune en mesurant les émissions de rayons X et gamma, et, d'autre part, à détecter des anomalies gravitationnelles. Aucun système d'imagerie n'était embarqué sur la plate-forme de Luna 11, contrairement à sa jumelle Luna 12 qui, elle, était équipée en outre d'une caméra de phototélévision semblable à celle des Zond pour effectuer les premières vues rapprochées de la surface lunaire depuis une position orbitale. Luna 12 fut lancée le 22 octobre 1966, puis insérée en orbite lunaire équatoriale le 25 octobre après avoir été transitoirement placée en orbite terrestre. Ses caméras pouvaient observer une région de 25 km² avec une résolution capable de détecter des cratères de 20 mètres de diamètre. La mission Luna 12 fut considérée comme un succès technique en dépit du fait que le nombre de photographies prises n'ait jamais été révélé et que très peu de ces images aient été montrées. Le contact avec Luna 12 a été perdu le 19 janvier 1967 après 602 révolutions et épuisement des batteries. Depuis 1967, elle s'est probablement écrasée sur la Lune en raison des mascons qui déforment progressivement les trajectoires orbitales par attraction gravitationnelle. De même, très peu d'informations ont filtré sur les résultats de la mission similaire Luna 14 lancée le 7 avril 1968, sinon que la sonde orbitale avait la même structure que Luna 12.

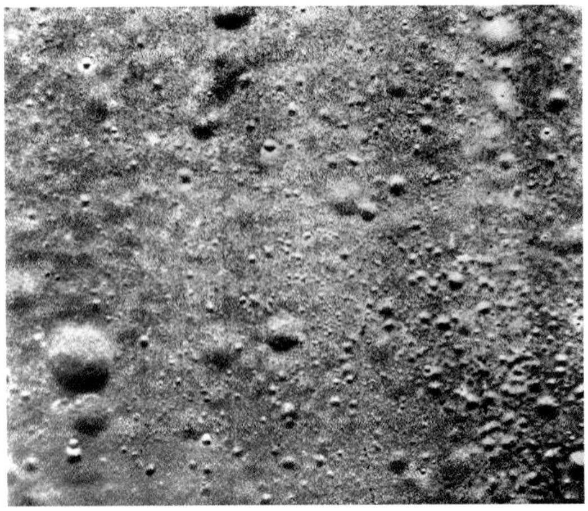

Une image de la surface lunaire parmi les rares disponibles des missions Luna 11 et Luna 12.

PAGE SUIVANTE
Module orbital de Luna 12.

1966 Luna 13

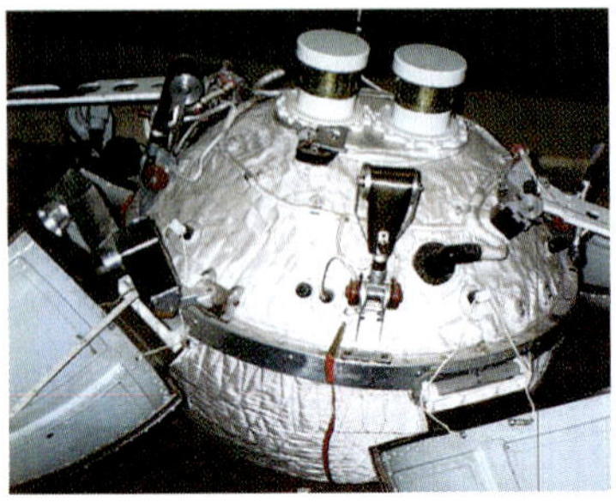

Vue rapprochée de l'alunisseur Luna 13 en configuration opérationnelle.

CI-DESSOUS ET PAGE SUIVANTE
Panoramas de la surface lunaire transmis par Luna 13.

L'ANNÉE 1966 fut particulièrement productive au cosmodrome soviétique de Baïkonour. Cette année-là s'acheva, le 21 décembre, avec le lancement de la sonde Luna 13 sur une fusée Molniya. Luna 13 se plaça en orbite de stationnement autour de la Terre avant d'entamer la phase de transfert vers la Lune suivie d'un alunissage. Le 24 décembre 1966, Luna 13 devint le troisième alunisseur de l'histoire, après Luna 9 et Surveyor 1. Quelques minutes après son contact avec le sol lunaire, au nord-est d'*Oceanus Procellarum,* Luna 13 commença à établir des communications radio et à fournir des renseignements sur son environnement. Plusieurs panoramas du site furent photographiés sous différents angles de la lumière solaire. Chaque panorama prenait 100 minutes à transmettre. Une deuxième caméra aurait dû fournir des informations stéréoscopiques, mais elle ne put fonctionner. Les cinq panoramas produits, riches en détails, montrent un terrain moins accidenté que celui du site de Luna 9. Luna 13 était équipée aussi d'un pénétromètre en vue de mesurer les forces requises pour pénétrer le régolithe lunaire. Ayant accompli sa mission avec succès, la sonde rendit l'âme le 28 décembre 1966 pour cause d'épuisement des batteries.

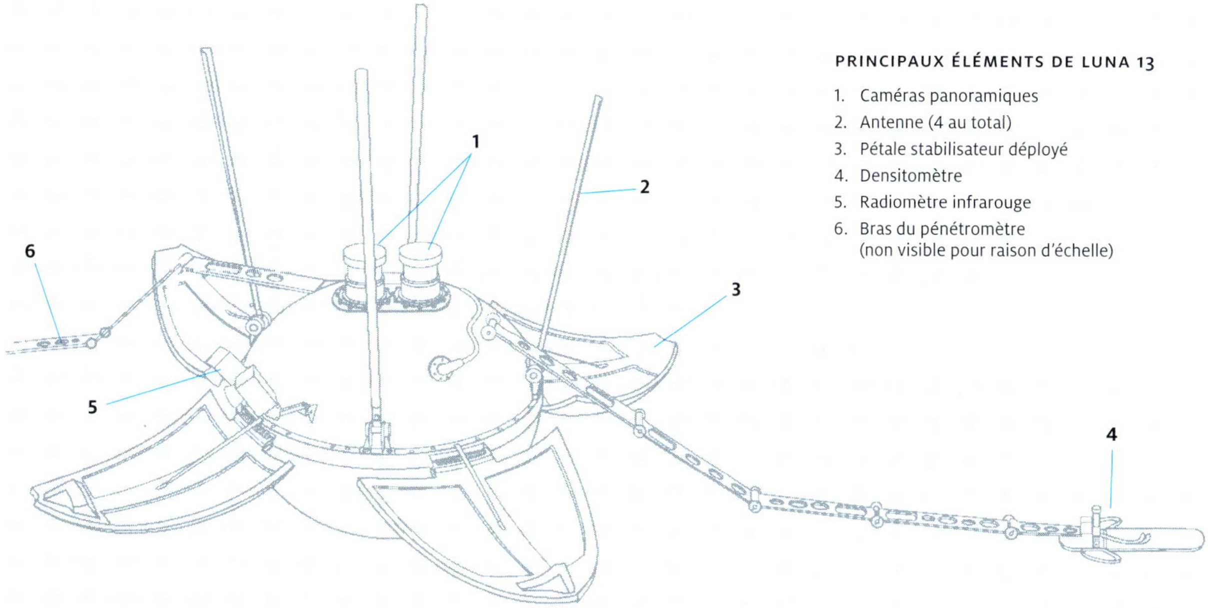

PRINCIPAUX ÉLÉMENTS DE LUNA 13

1. Caméras panoramiques
2. Antenne (4 au total)
3. Pétale stabilisateur déployé
4. Densitomètre
5. Radiomètre infrarouge
6. Bras du pénétromètre
(non visible pour raison d'échelle)

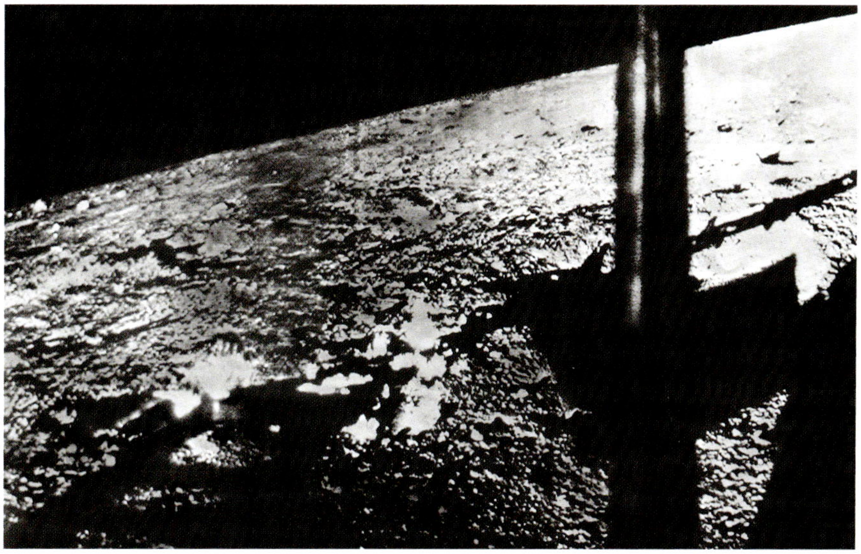

1970

Luna 16, 20 et 24

La fusée Proton, qui a lancé, durant les années 1970, Luna 16, Luna 20 et Luna 24 sur une trajectoire Terre-Lune, est encore utilisée en 2009, ce qui en fait un des véhicules spatiaux les plus fiables jamais construits.

PAGE SUIVANTE
Assemblage final du module de retour de Luna 16.

La mission soviétique robotisée Luna 15 lancée le 13 juillet 1969 avait comme objectif de ramener pour la première fois sur Terre des échantillons du sol lunaire. Elle est interprétée aujourd'hui comme une tentative malheureuse pour attirer l'attention du monde et contrer les succès du programme américain Apollo. En effet, le module lunaire Eagle de la mission Apollo 11 allait se poser sur la Lune le 20 juillet 1969 et les deux astronautes à bord, fouler le sol lunaire. Luna 15 s'écrasa au sol pendant les manœuvres finales de descente. Les Soviétiques avaient définitivement perdu la course à la Lune. Néanmoins, Luna 15 marqua une étape importante dans la collaboration internationale : ses plans de vol avaient été dévoilés au préalable pour éviter une collision avec Apollo 11.

Une mission similaire avec retour d'échantillons, Luna 16, fut lancée le 12 septembre 1970 du cosmodrome de Baïkonour. La masse du vaisseau spatial robotisé, plus de 5 tonnes, nécessita une puissante fusée Proton K (ce type de fusée est encore utilisée en 2009). L'alunissage de Luna 16 eut lieu le 20 septembre 1970 dans la Mer de la Fertilité, à l'est du cratère Webb. Le système d'échantillonnage consistait en un bras articulé muni d'un outil de forage qui pouvait pénétrer jusqu'à 35 cm de profondeur dans le sol. Un mouvement semi-circulaire du bras articulé permettait de transférer la récolte de régolithe dans une capsule sphérique située au sommet du module de retour. Le 21 septembre, l'étage supérieur de Luna 16 alluma ses moteurs et décolla en direction de la Terre. Trois jours plus tard, le 24 septembre, la capsule avec ses précieux 105 grammes de sol lunaire ouvrait son parachute de descente pour atterrir dans le Kazakhstan. L'analyse minéralogique confirmait l'origine basaltique de cet échantillon de sol, presque identique

à celui ramené par l'équipage de la mission Apollo 12. En dépit de sa complexité technique, l'ambitieuse expédition Luna 16 fut un succès complet. Les responsables du programme spatial soviétique avaient bien besoin de réussite pendant cette période de domination américaine.

La mission Luna 20 lancée le 14 février 1972 réitéra l'exploit d'un alunissage avec retour de 55 grammes de sol lunaire le 25 février. Cette fois, le sol prélevé dans la région des plateaux située à 160 km du site de Luna 16 était principalement composé d'anorthosite plutôt que de basalte.

La mission Luna 24 qui décolla le 9 août 1976 de Baïkonour fut la dernière mission lunaire soviétique. En fait, elle constitua la dernière tentative pour prélever des échantillons de *Mare Crisium*, la mission précédente Luna 23 ayant avorté en raison d'une défaillance technique pendant le décollage.

CI-DESSOUS
Vérification technique des systèmes de télécommunication de Luna 16.

TRAJECTOIRE DE LA MISSION LUNA 16

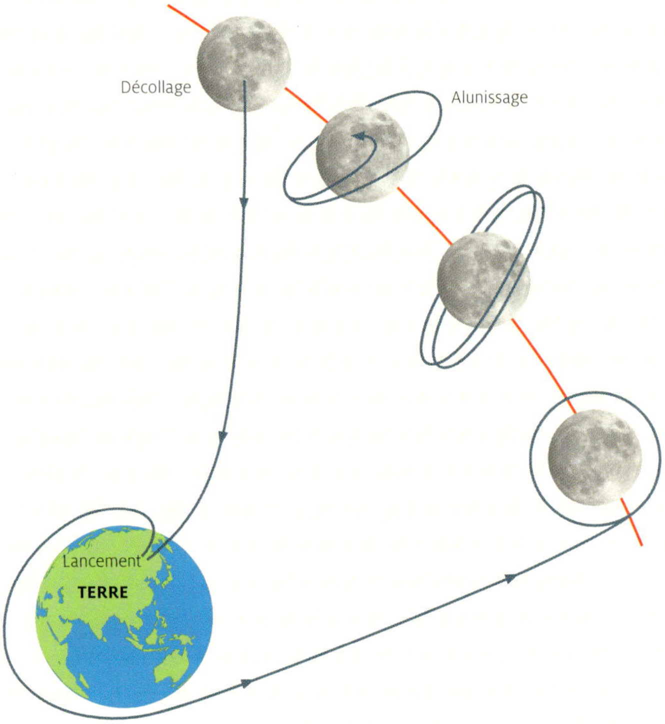

Luna 24 différait principalement des autres missions « aller-retour » par le système de collecte du sol lunaire. Luna 24 pouvait ramener des échantillons collectés jusqu'à une profondeur de 2,5 mètres grâce à un système de forage sur rails. Les fragments de sol étaient entreposés dans un tube cylindrique qui était enroulé en spirale dans un conteneur hermétique. Le 22 août 1976, la capsule de Luna 24 avec ses 170 grammes de sol en provenance de *Mare Crisium* atterrit intacte dans la région de Surgut en Sibérie. L'analyse des minéraux prélevés à différentes profondeurs a permis de mieux comprendre les origines et la formation du régolithe. Comme les échantillons de sol ramenés par Luna 16 et Luna 20, ceux de Luna 24 ont été partagés avec les scientifiques du monde entier dans un esprit de collaboration. Luna 24 reste aujourd'hui la dernière mission avec alunissage, tous pays confondus.

Capsule de retour d'échantillons de Luna 20, peu de temps après son atterrissage le 25 février 1972 dans une plaine du Kazakhstan.

PRINCIPAUX ÉLÉMENTS DE LUNA 16

1. Capsule de récupération des échantillons lunaires
2. Antenne omnidirectionnelle
3. Étage propulseur de retour sur Terre
4. Antenne à faible gain (4 au total)
5. Moteur de contrôle d'attitude
6. Réservoir de propergol
7. Bras du collecteur d'échantillon
8. Tête foreuse du collecteur et conteneur hermétique

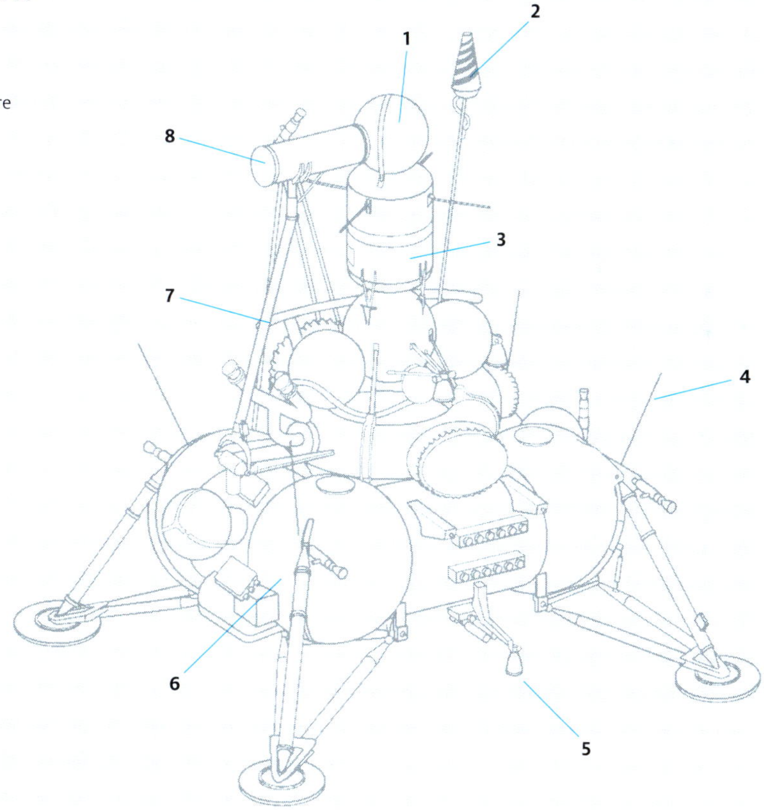

1970

Luna 17 et 21

Une autre mission soviétique ambitieuse, Luna 17, décolla le 10 novembre 1970 de Baïkonour. Il s'agissait cette fois de faire alunir un robot motorisé ou rover, télécommandé depuis la Terre. Propulsée par une fusée Proton K, Luna 17 se plaça en orbite terrestre de stationnement avant d'être transférée sur une trajectoire orbitale lunaire qu'elle occupa le 15 novembre. L'alunissage s'effectua sans encombre le 17 novembre dans *Mare Imbrium*, une immense plaine basaltique. Quelques heures plus tard, le rover Lunokhod 1 descendit de son vaisseau-mère pour poser ses huit roues motrices et indépendantes sur le sol lunaire. Équipé de nombreuses caméras pour documenter son *road trip*, le rover en question avait pour tâche d'analyser le sol avec un pénétromètre et un spectromètre à rayons X. Il avait une durée de vie opérationnelle estimée à trois jours lunaires, mais il survécut 11 jours lunaires (322 jours terrestres). Pendant ces 11 jours, il parcourut plus de 10 kilomètres et transmit plus de 20 000 images de télévision et de nombreux panoramas photographiques à haute résolution. Pouvant se déplacer à une vitesse maximale de 100 mètres/heure, il était

CI-CONTRE
Vue d'ensemble de l'alunisseur Luna 17 avec son rover Lunokhod 1 et ses rampes de descente déployées.

PAGE SUIVANTE
Réplique du rover Lunokhod 1 en configuration mobile, avec son panneau solaire et son réflecteur laser ouverts.

PRINCIPAUX ÉLÉMENTS DE LUNOKHOD 1

1. Antenne omnidirectionnelle
2. Antenne directionnelle à haut gain
3. Panneau solaire (non déployé)
4. Caméra panoramique (4 au total)
5. Spectromètre à rayons X
6. Caméras de télévision
7. Réflecteur laser

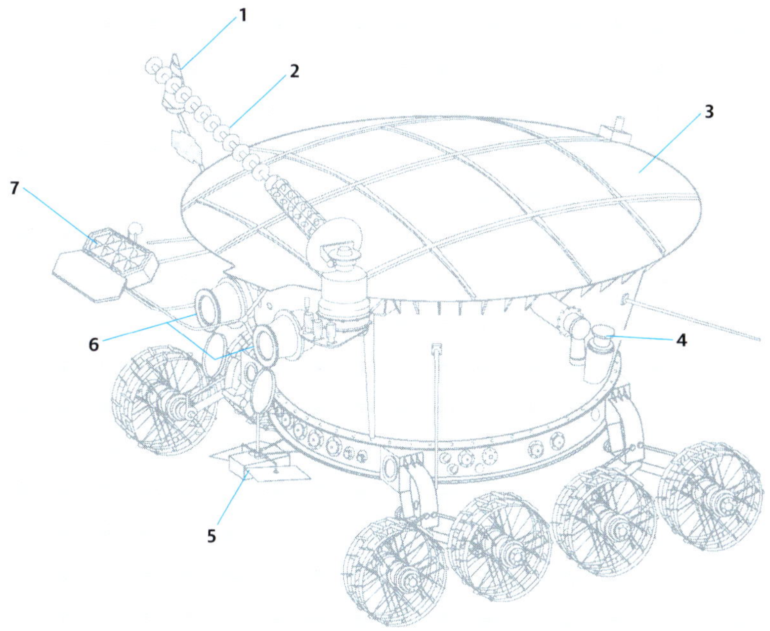

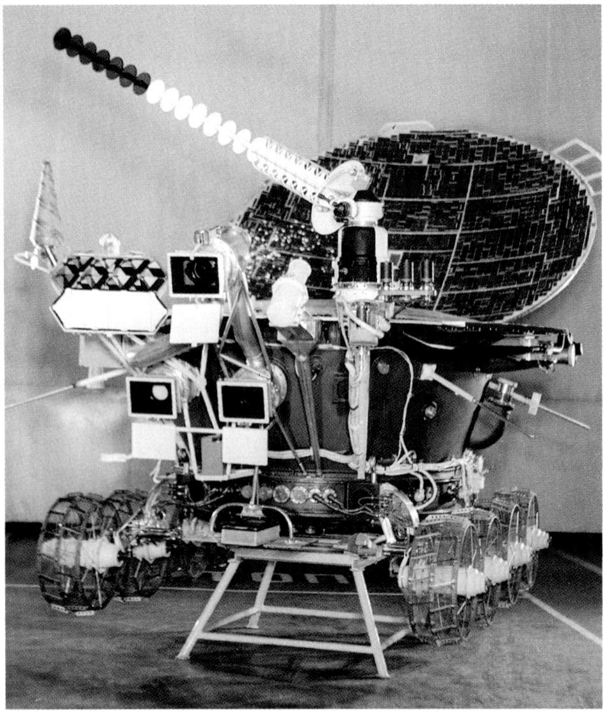

Le rover Lunokhod 2 se différenciait principalement de son prédecesseur par ses trois caméras de télévision et par son système de traction à huit roues plus efficace.

CI-DESSOUS
Mosaïque photographique du panorama du site d'alunissage de Lunokhod 2.

piloté par une équipe de cinq personnes qui devaient tenir compte d'un délai de cinq secondes imposé par la distance entre la Terre et la Lune. Après les succès de Luna 16 et Zond 8, Luna 17 et son Lunokhod 1 bouclèrent une année 1970 glorieuse pour les ingénieurs soviétiques.

Confiants, les Soviétiques décidèrent d'envoyer la deuxième génération du rover quelques années plus tard. La mission Luna 21, avec à son bord le Lunokhod 2, décolla le 8 janvier 1973, donc moins d'un mois après la dernière mission Apollo. Luna 21 alunit comme prévu, le 15 janvier 1973, dans le cratère LeMonnier. Le Lunokhod 2 bénéficiait de plusieurs améliorations par rapport à Lunokhod 1 dont un ensemble de caméras de télévision plus modernes et un système amélioré de traction à huit roues. Plus mobile que son prédécesseur, il aura finalement parcouru plus de 37 km, transmis plus de 80 000 images de télévision et photographié plus de 80 panoramas lunaires. Le réflecteur laser de Lunokhod 2, construit par une équipe française, a permis de mesurer la distance Terre-Lune avec une précision de 20 cm. Le 9 mai 1973, Lunokhod 2 tomba par accident dans un petit cratère et ne put en ressortir. La poussière accumulée sur ses panneaux solaires et sur son radiateur dérégla son mécanisme de contrôle de température interne et celle-ci devint irrémédiablement trop basse. Le 3 juin, les responsables soviétiques annoncèrent la perte de contact radio, donc la fin de la mission.

Plusieurs projets de rovers sont ébauchés actuellement, mais il reste que, depuis Lunokhod 2, c'est-à-dire depuis plus de 30 ans, aucun mouvement ne perturbe la surface de la Lune.

Luna 19 et 22

1971

LES SONDES ORBITALES Luna 19 et Luna 22 étaient des vaisseaux d'observation massifs et sophistiqués, conçus pour des analyses scientifiques prolongées de l'environnement lunaire. Leur construction s'appuyait sur la même structure que celle de Luna 17, le rover Lunokhod étant remplacé dans ce cas par un caisson pressurisé qui contenait l'instrumentation scientifique.

Luna 19 quitta la Terre le 28 septembre 1971 sur une fusée Proton K et se plaça sur une orbite circulaire d'opération à 140 km d'altitude, le 1er octobre 1971. Sa jumelle Luna 22 décolla le 29 mai 1974 et se positionna en orbite lunaire quasi circulaire (219 km × 222 km), le 2 juin 1974.

En plus des couvertures photographiques des zones survolées grâce à plusieurs caméras dont une caméra panoramique, Luna 19 et Luna 22 ont rapporté des données sur les anomalies gravitationnelles (mascons, voir page 44), sur le champ magnétique lunaire et sur la composition minéralogique de la surface. La mission Luna 19 ne se termina qu'en octobre 1972, après plus de 4 000 révolutions. La mission Luna 22 qui dura 15 mois jusqu'en novembre 1975 fut aussi un succès complet. Elle reste, jusqu'à ce jour, la dernière mission lunaire orbitale du programme spatial russe.

Réplique de la sonde orbitale d'observation Luna 19.

CI-DESSOUS

Panorama du globe lunaire construit à partir des données photographiques de Luna 22.

1990

Hiten-Hagoromo

La sonde Hiten avec son passager, la sonde miniature Hagoromo.

La mission japonaise Hiten avait comme objectif de placer en orbite terrestre un satellite pour tester la technologie des missions lunaires orbitales. Le satellite Hiten (« ange musicien ») portait la petite sonde Hagoromo (le nom d'un manteau de plumes légendaire) qu'elle devait larguer au voisinage de la Lune. Embarqués sur une fusée M-3S, la sonde Hiten et son passager décollèrent du complexe spatial de Kagoshima le 24 janvier 1990. Hiten avait une trajectoire géocentrique très elliptique qui la faisait survoler la Lune à chaque révolution. Le largage d'Hagoromo eut lieu comme prévu, mais son transmetteur radio tomba en panne, de telle sorte qu'il n'existe aucune preuve qu'elle fut correctement placée sur orbite lunaire. Les responsables japonais proposèrent de sauver la mission en plaçant Hiten elle-même en orbite lunaire. Toutefois, la sonde ne disposait plus que de 10 % de son carburant. Le mathématicien américain Edward Belbruno, spécialiste des orbites spatiales, calcula une trajectoire originale de transfert ne requérant que très peu d'énergie. Le 2 octobre 1991, Hiten atteignait l'orbite en boucle de Belbruno passant par la Lune et par les points de Lagrange L4 et L5 du système Terre-Lune. Hiten n'était dotée que d'un instrument scientifique, un compteur de poussière cosmique ; celui-ci ne détecta pas d'accumulation aux points de Lagrange. Pour ajuster sa trajectoire avec précision, Hiten procéda à des manœuvres d'aérofreinage dans l'atmosphère terrestre, une première historique pour une technique de navigation utilisée maintes fois depuis. Le 15 février 1993, lors d'un passage à 422 km au-dessus de la Lune, le reste de carburant dans le réservoir de Hiten fut utilisé pour placer la sonde en orbite lunaire. Après deux mois en orbite, les dernières gouttes de carburant furent réquisitionnées pour faire plonger Hiten sur la Lune, où elle s'écrasa le 10 avril 1993 au sud du cratère Petavius. Depuis la course que s'étaient livrés les Soviétiques et les Américains dans les années 1960, le Japon devenait la troisième nation à disposer d'un programme spatial assez sophistiqué pour lancer une sonde lunaire.

Clementine

1994

La petite sonde Clementine représenta le premier retour vers la Lune des Américains depuis le programme Apollo. Produit d'une coopération entre la NASA et la SDIO (*Strategic Defense Initiative Organization* – devenue en 1977 la *Ballistic Missile Defense Organization*) du département américain de la Défense, cette opération correspondait à une des activités de la fameuse « Guerre des étoiles » des années Reagan. La partie militaire de la mission avait pour objectif de tester l'usure des capteurs miniatures et des différentes composantes légères d'une sonde exposés au vide et aux variations extrêmes de température de l'espace interplanétaire. La partie scientifique de la mission visait à enrichir nos connaissances sur plusieurs aspects de la géologie de la Lune (sélénologie) et à s'approcher de l'astéroïde Geographos. Clementine décolla, le 25 janvier 1994, de la base militaire de Vandenberg en Californie à bord d'une fusée Titan 23G. Cette fusée faisait

CI-DESSOUS À GAUCHE
Dernières inspections de la sonde Clementine en vue du lancement.

CI-DESSOUS
Vue d'ensemble de Clementine en opération avec ses panneaux solaires déployés.

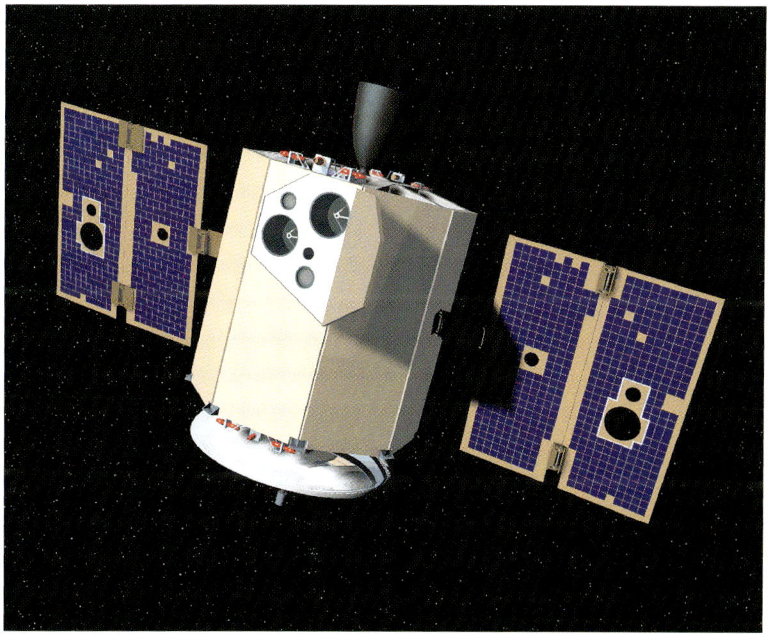

partie d'un groupe de 14 missiles nucléaires balistiques reconvertis en lanceurs civils. Après deux survols de la Terre, la sonde Clementine fut satellisée sur une orbite lunaire le 19 février 1994. Elle était équipée de plusieurs types de caméras et capteurs ainsi que d'un LIDAR (*Laser Image Detection and Ranging*) pour mener à bien une cartographie précise. Clementine a capté plus de 25 000 images par jour (grâce à un compresseur d'images fourni par l'agence spatiale française CNES), constituant un atlas complet de la Lune de 1 800 000 photos avec une résolution de 100 mètres à 200 mètres. Pour la première fois, on a obtenu des images détaillées des régions polaires avec une résolution au sol de 15 mètres à 40 mètres.

Cette partie de la mission fut un succès complet, en particulier avec la découverte de dépôts de glace dans certains cratères du pôle Sud lunaire qui ne sont jamais exposés aux rayons du soleil. La trajectoire de la sonde fut modifiée pour être dirigée vers l'astéroïde Geographos. Malencontreusement, une défaillance d'un moteur, causée par une erreur de l'ordinateur de bord, lui fit consommer tout son carburant, ce qui l'empêcha d'atteindre son but. La sonde était bloquée sur orbite géocentrique. Dès lors, les responsables mirent fin à la mission en juin 1994. La NASA annonça officiellement le 5 mars 1998 que les données obtenues par Clementine indiquaient la présence d'eau sous forme de glace dans certains cratères lunaires, en quantité suffisante pour prévoir l'établissement de colonies permanentes. Il était envisagé que l'électrolyse de cette eau pourrait produire assez d'oxygène et d'hydrogène pour alimenter les fusées en carburant.

Image célèbre (colorisée) d'une « pleine Terre » prise par Clementine le 13 mars 1994 pendant son passage au-dessus du pôle Nord de la Lune. On peut distinguer à l'avant-plan le cratère Plaskett.

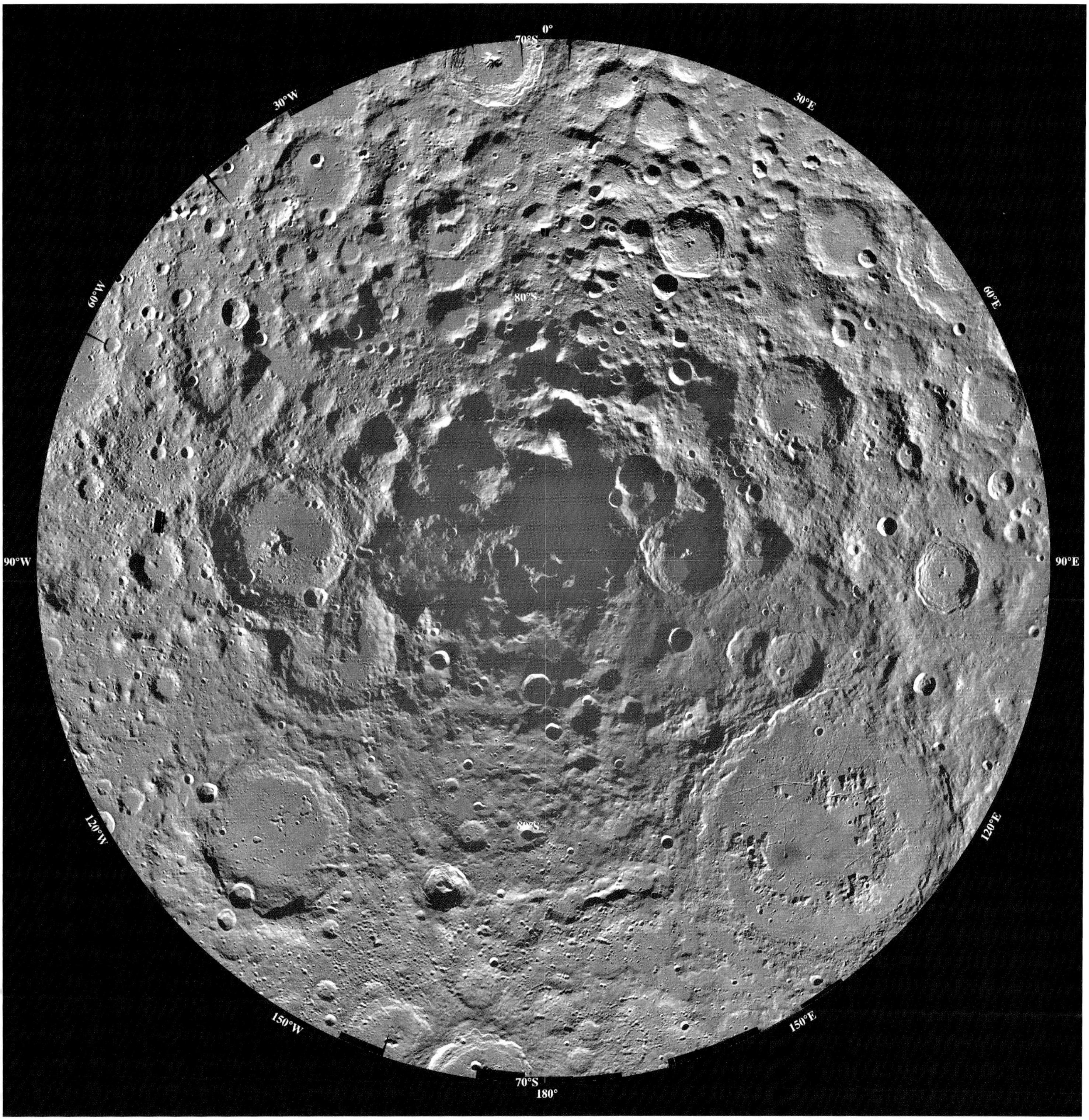

Mosaïque de 1 500 images transmises par Clementine détaillant le pôle Sud de la Lune. Plusieurs cratères proches du pôle Sud pourraient se trouver dans l'ombre en permanence. Ces régions seraient suffisamment froides pour piéger l'eau d'origine cométaire sous forme de glace.

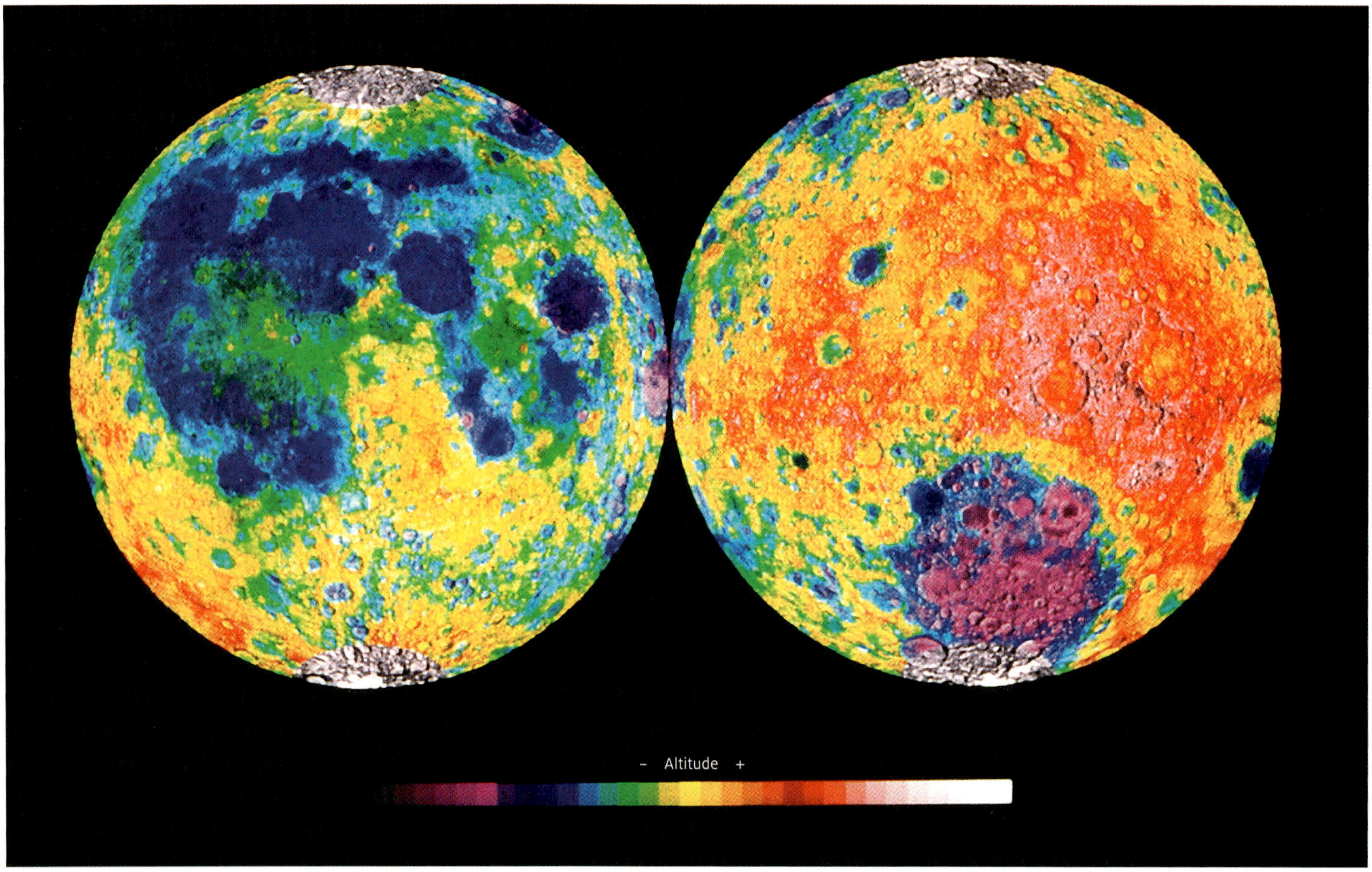

Carte topographique globale de la Lune d'après les données radar de Clementine. La vaste dépression (2 500 km de diamètre) visible au pôle Sud de la face cachée correspond au bassin Aitken.

« Oh My Darling, Clementine »

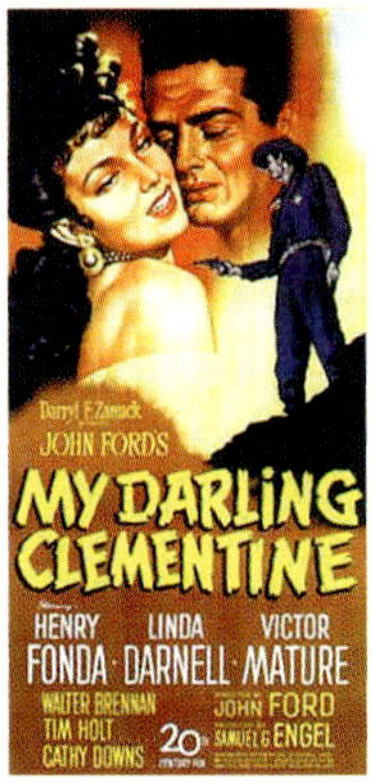

Le nom de cette sonde est tiré de la chanson « Oh My Darling, Clementine ». Cette vieille chanson populaire, que tous les Américains connaissent, raconte la complainte d'un vieux mineur qui pleure sa bien-aimée disparue, qu'il n'a pas pu sauver de la noyade parce qu'il ne sait pas nager. La sonde Clementine sera perdue à jamais une fois sa mission terminée, et rien ne pourra être tenté pour la sauver.

Lunar Prospector

1998

Un technicien qui s'affaire à inspecter la sonde Lunar Prospector donne une échelle de ses dimensions.

La mission lunar Prospector de la nasa relevait du programme Discovery dont la maxime « Faster, Cheaper, Better » avait été vivement critiquée après la perte consécutive des sondes Mars Polar Lander et Mars Observer. Lunar Prospector, une petite sonde cylindrique d'à peine 300 kg avec le carburant, décolla le 6 janvier 1998 de Cap Canaveral, propulsée par un lanceur Athena 2. En orbite polaire basse autour de la Lune, Lunar Prospector devait cartographier sa composition élémentaire, principalement à la recherche de dépôts de glace, et mesurer les variations de son champ magnétique et gravitationnel. Aucune caméra n'avait été embarquée. Les divers instruments de mesure (plusieurs spectromètres, un magnétomètre, un réflectomètre et un émetteur radio Doppler) étaient disposés sur trois longues poutres radiales déployées en orbite pour réduire les interférences en provenance du corps central de la sonde. L'expérience de mesure du champ gravitationnel par décalage Doppler permit d'augmenter d'un facteur 10 la résolution des cartes de gravitation rapportées préalablement par la mission Clementine. Ces mesures ont permis de déterminer la présence d'un noyau riche en fer d'un diamètre de 600 km au centre de la Lune. De plus, une meilleure stabilité des orbites et une économie de carburant constituent les retombées pratiques de ce type d'information pour les futures missions lunaires. Lunar Prospector confirma les résultats de Clementine sur la présence de fortes concentrations d'hydrogène, présumément dans des molécules d'eau, accumulées dans

Le lancement de Lunar Prospector le 6 janvier 1998 inaugurait la nouvelle fusée Athena II de Lockheed Martin.

CI-DESSOUS

Vue d'ensemble de Lunar Prospector avec ses bras instrumentaux déployés.

plusieurs cratères polaires. Pour démontrer hors de tout doute que de l'eau est piégée sur la Lune, les responsables de la mission décidèrent de lancer la sonde dans le cratère Shoemaker situé près du pôle Sud, dans l'espoir de provoquer un impact suffisant pour libérer un nuage de vapeur d'eau détectable par des spectromètres sur Terre. Lunar Prospector s'écrasa le 31 juillet 1999 dans sa région cible. Malheureusement, aucun signal spectral caractéristique de la vapeur d'eau ne fut détecté par les télescopes. À vrai dire, les experts estimaient les probabilités de succès de cette opération audacieuse à moins de 10 %. Néanmoins, la question de l'eau sur la Lune reste ouverte tant que le lien entre la présence d'hydrogène et la présence de glace ne sera pas établi avec certitude.

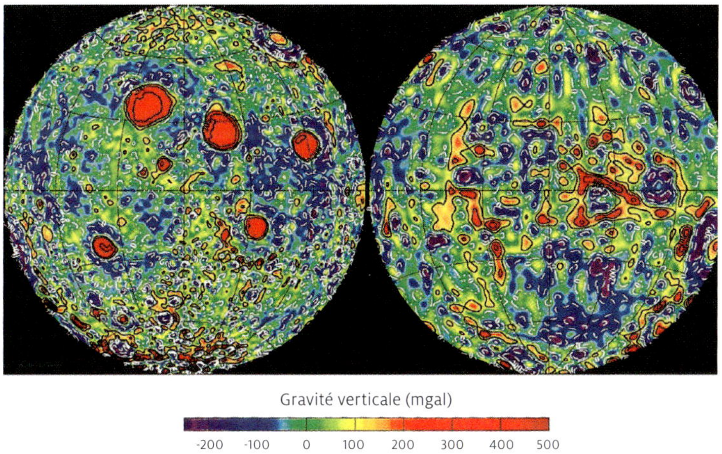

Cartes des accélérations verticales modifiant l'orbite de Lunar Prospector en fonction des masses lunaires.

CI-DESSOUS

Les mesures gravitationnelles et magnétiques de Lunar Prospector ont permis de déterminer la présence d'un noyau riche en fer au centre de la Lune.

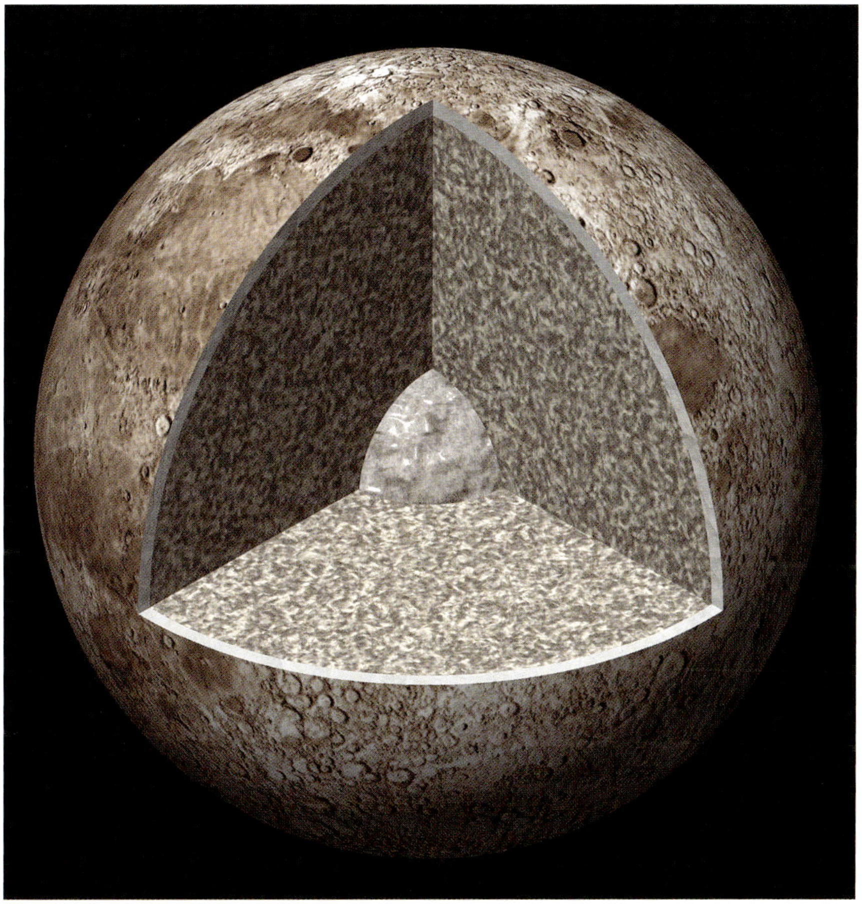

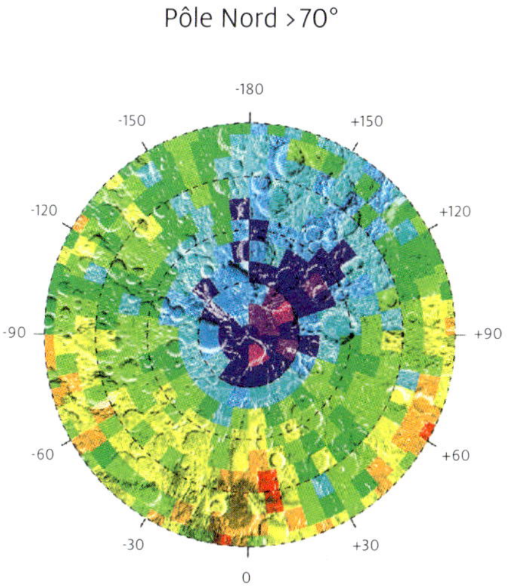

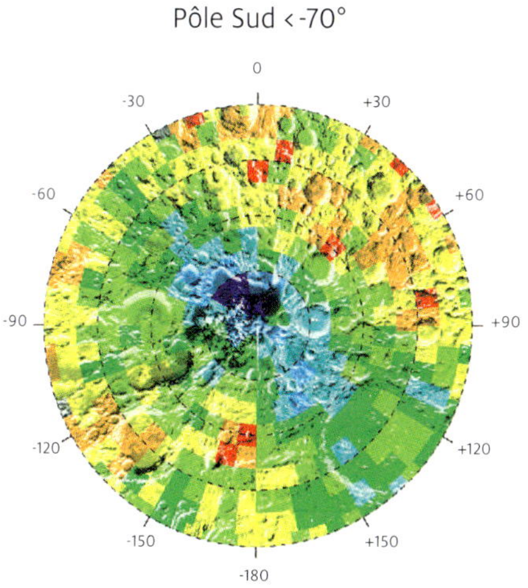

Cartes des émissions de neutrons mesurées par le spectromètre de Lunar Prospector laissant deviner la présence de glace (en bleu) dans des zones constamment à l'ombre situées au pôle Nord et au pôle Sud.

2003

SMART-1

Préparation de la sonde SMART-1 en chambre blanche (*clean room*).

CI-CONTRE À GAUCHE

Le 27 septembre 2003, une fusée Ariane 5 lança la mission SMART-1 sur sa trajectoire Terre-Lune, depuis la base de lancement de l'Agence spatiale européenne de Kourou en Guyane française.

CI-CONTRE À DROITE

Vue d'ensemble de SMART-1 en orbite.

SMART-1 représente la première mission européenne vers la Lune. Les principaux objectifs étaient d'ordre technologique : tester un propulseur ionique à énergie solaire et valider des circuits électroniques miniaturisés conçus pour les conditions extrêmes du vide spatial. SMART est l'acronyme de *Small Missions for Advanced Research in Technology* (Petites Missions de Recherches Avancées en Technologie). Le lanceur lourd Ariane 5 de l'Agence spatiale européenne a été choisi pour placer directement SMART-1, le 27 septembre 2003, sur une orbite géostationnaire de transfert depuis le port spatial de Kourou en Guyane française.

La première partie de la mission, qui a duré 16 mois, consistait à vérifier l'efficacité du moteur ionique dans le contrôle de la trajectoire de transfert vers l'orbite lunaire. Après avoir suivi une longue trajectoire en spirale autour de la Terre, qui a couvert 84 millions de kilomètres, la sonde européenne est finalement entrée en orbite lunaire le 15 novembre 2004. Une fois la sonde mise en orbite, la deuxième partie de la mission consistait à étudier les

Détails du moteur ionique qui propulsait la sonde SMART-1. Ce type de moteur au xénon fournit jusqu'à 10 fois plus de poussée par kilogramme de carburant que les fusées chimiques. Contrairement à la propulsion chimique, puissante mais brève, la propulsion ionique peut opérer en continu pendant des mois, voire des années.

CI-DESSOUS

Trajectoire d'approche circumlunaire de la mission SMART-1. Plus de 16 mois ont été nécessaires pour que la sonde atteigne son orbite finale.

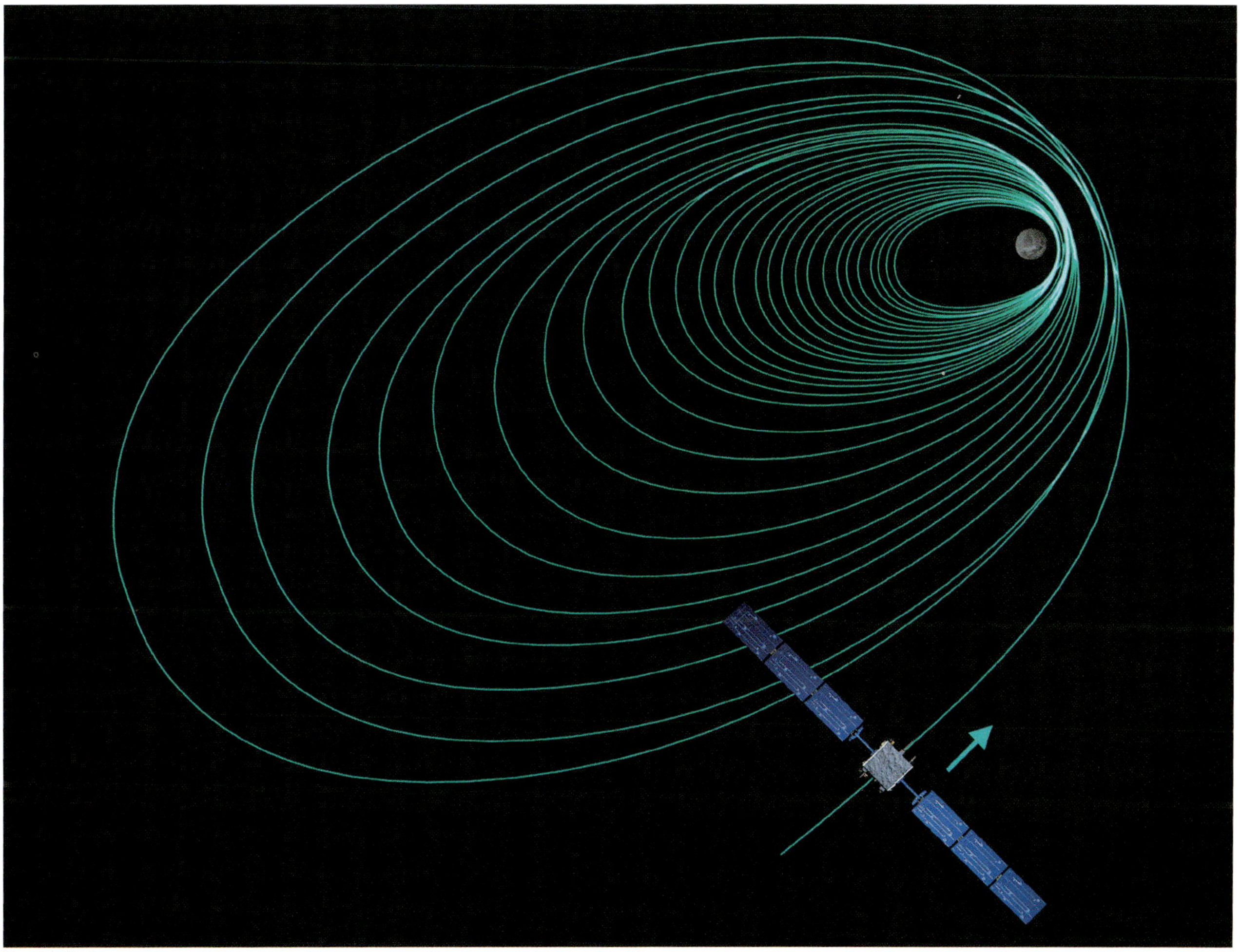

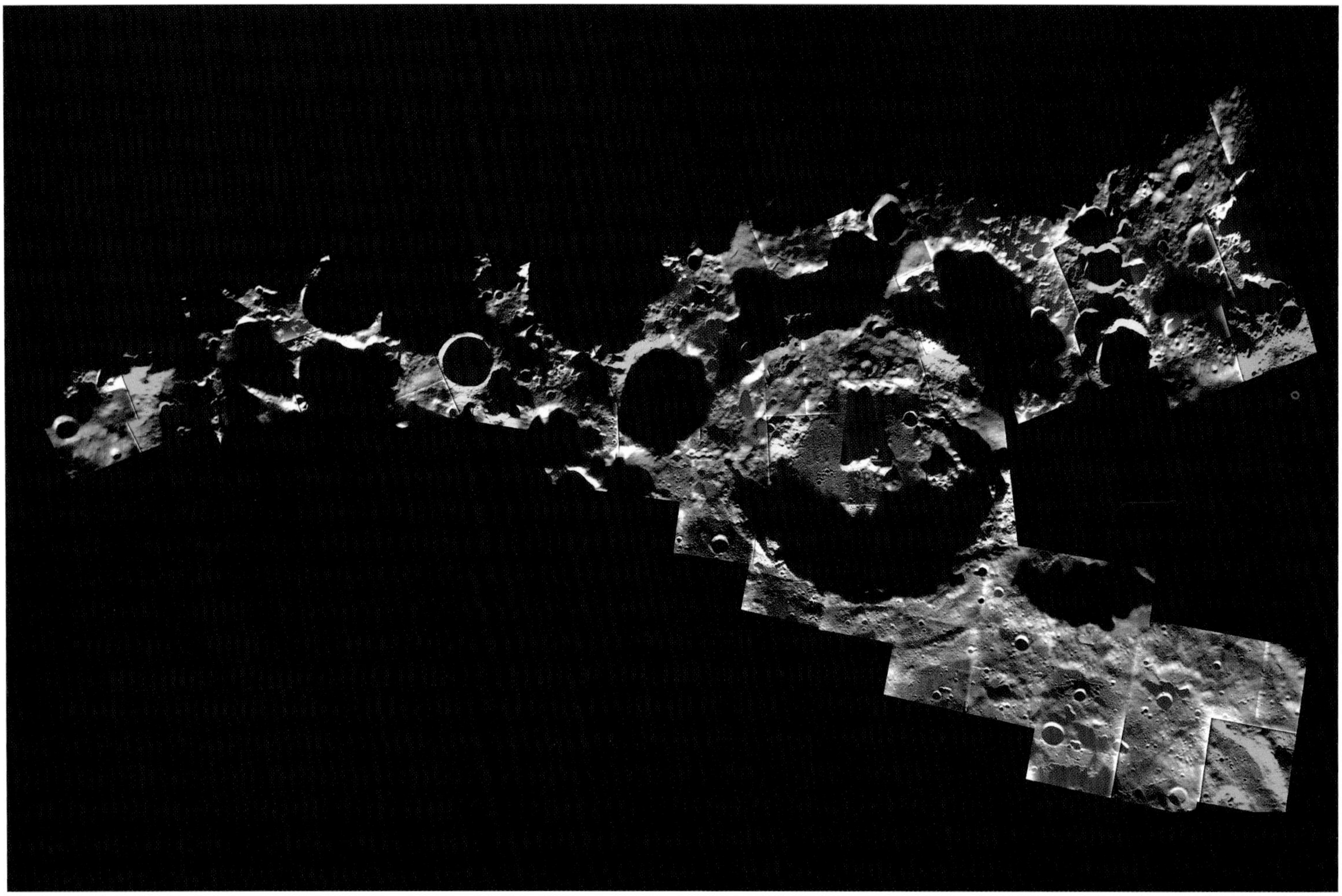

Mosaïque photographique d'une région du pôle Sud lunaire transmise par SMART-1. Le plus grand cratère visible, Shakelton, situé en bordure du bassin Aitken, a un diamètre de 19 km.

montagnes polaires toujours exposées au Soleil surnommées par l'astronome français Camille Flammarion « les Pics de lumière éternelle », ainsi que les zones les plus sombres des pôles qui pourraient contenir de la glace. SMART-1 pouvait compter sur une caméra numérique miniaturisée, un télescope dans le rayonnement X, un spectromètre dans l'infrarouge et un moniteur d'activité solaire. L'expédition lunaire de SMART-1 s'est terminée le 3 septembre 2006 par l'écrasement délibéré de la sonde sur le sol d'un cratère sombre du pôle Sud dans la région de *Lacus Excellentiae*. L'impact violent, à la vitesse de 2 km/seconde, a produit un éclair qui a été photographié de la Terre par plusieurs télescopes, grâce à une campagne d'observation organisée en prévision de l'événement. Le succès complet de SMART-1, tant sur le plan technique que scientifique, augurait bien pour les futures aventures spatiales européennes.

Kaguya (SELENE)

2007

2007 est une année charnière dans l'histoire de l'astronautique asiatique avec le lancement de deux missions lunaires par le Japon et par la Chine. La sonde spatiale SELENE (pour *Selenological and Engineering Explorer* [Explorateur Technologique et Sélénologique] – Séléné est aussi une déesse lunaire dans la mythologie grecque) décolla, le 14 septembre 2007, à bord d'une fusée H2A, du centre spatial de Tanegashima de l'agence japonaise d'exploration aérospatiale JAXA. JAXA se plaît à souligner que SELENE, surnommée Kaguya comme la princesse de la Lune par le public japonais, accompagnée de ses deux petits satellites radio Okina et Ouna, représente la mission lunaire la plus sophistiquée depuis le programme Apollo. Le 19 octobre 2007, Kaguya se plaçait sur une orbite lunaire quasi circulaire à 100 km d'altitude après avoir largué ses deux satellites. Okina sert de relais radio dans les situations où Kaguya passe « derrière » la Lune, alors que le rôle d'Ouna consiste à mesurer le champ gravitationnel lunaire avec haute précision par interférométrie à très longue base. L'équipement scientifique de Kaguya inclut des imageurs, un radar qui peut pénétrer jusqu'à 50 km sous la surface lunaire, un altimètre et des spectromètres.

Avec ses 5 mètres de haut et sa masse de 3 tonnes, Kaguya est une sonde lunaire impressionnante.

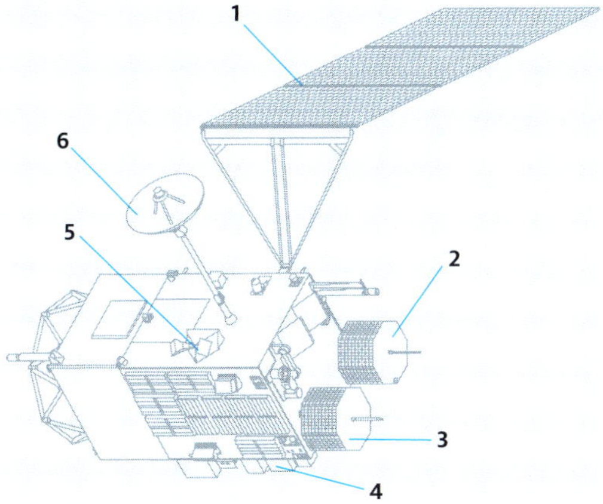

PRINCIPAUX ÉLÉMENTS DE KAGUYA

1. Panneau solaire
2. Satellite relais Okina
3. Satellite VLBI Ouna
4. Instruments d'observation (dont caméra HDTV)
5. Suiveur stellaire
6. Antenne à haut gain

Une caméra de format HDTV enregistre de courtes vidéos pour des opérations de relations publiques. La mission scientifique s'acheva en février 2009. Les navigateurs baissèrent alors progressivement l'altitude orbitale de Kaguya à 50 km puis à 20 km; enfin une collision dirigée fut commandée et l'impact eut lieu le 10 juin 2009. Les principaux objectifs de la mission ont été atteints avec succès. Comme les autres puissances spatiales, le Japon utilise ses sondes pour se positionner favorablement en vue des vols habités vers la Lune ou des bases lunaires qui sont envisagées vers 2020.

Le modèle de lanceur H2A-2022 a été choisi pour le lancement de Kaguya effectué le 14 septembre 2007 depuis le centre spatial de Tanegashima situé dans le sud du Japon.

Vue rapprochée des deux satellites Okina et Ouna placés en orbite lunaire polaire pour relayer les signaux de Kaguya quand elle passe derrière la Lune.

Vision d'artiste de Kaguya accompagnée des satellites Okina et Ouna dans l'espace interplanétaire entre la Terre et la Lune.

La vision stéréoscopique de la caméra numérique à bord de Kaguya permet de détailler la topographie du massif montagneux (altitude = 2 km) au centre du cratère Tycho.

La caméra de télévision de Kaguya a enregistré un spectaculaire lever de Terre en format HDTV.

2007

Chang'e 1

Le 24 octobre 2007, le lanceur chinois Longue Marche-3A avec la sonde Chang'e 1 à son bord attendait le feu vert des contrôleurs pour l'allumage des moteurs. Le centre de lancement de Xichang est surtout utilisé pour placer des satellites en orbite géosynchrone.

CI-CONTRE

Représentation schématique de la sonde lunaire Chang'e 1.

CHANG'E 1 a le grand honneur d'être la première sonde spatiale chinoise. Le nom Chang'e fait référence à une ancienne légende dans laquelle une divinité féminine s'envole vers la Lune et y demeure éternellement. La sonde Chang'e 1, conçue sur la base du satellite de communication DFH-3, quitta la Terre, le 24 octobre 2007, sous l'impulsion d'une fusée Longue Marche CZ-3A, depuis le centre de lancement Xichang. Elle effectua trois révolutions en orbite terrestre, puis une trajectoire translunaire la transféra vers sa destination. Chang'e 1 est entrée en orbite lunaire finale de 127 minutes à 200 kilomètres d'altitude le 5 novembre 2007. Cette première pour la technologie chinoise fut célébrée par la transmission radio de 30 chansons du répertoire folklorique par Chang'e 1 elle-même. Les premières images de la Lune furent disponibles quelques semaines plus tard. Pour supporter leurs besoins en télémétrie, poursuite et contrôle, les Chinois ont construit deux énormes antennes paraboliques dans les années récentes, une de 50 mètres de diamètre près de Beijing,

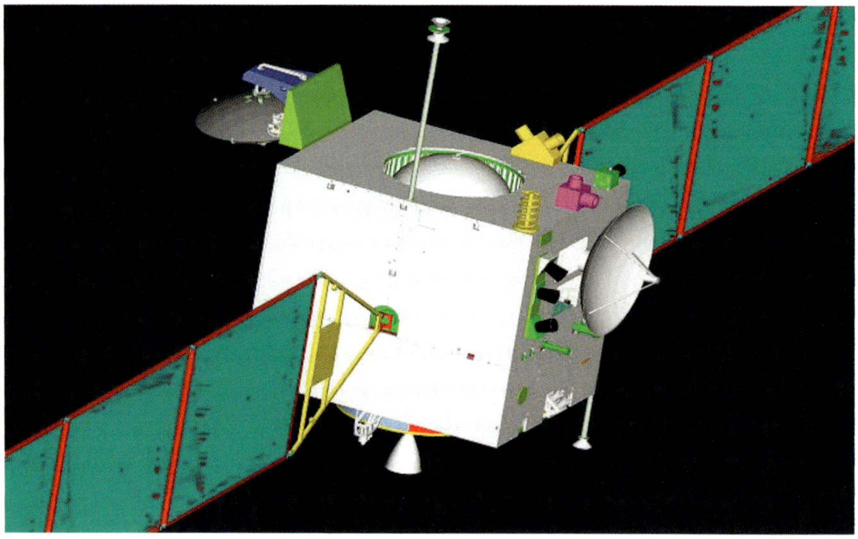

l'autre de 40 mètres près de Kunming, dans le sud du pays. La Chine ne disposant pas d'un réseau mondial de stations télémétriques, les antennes paraboliques de l'ESA furent mises aussi à contribution pour recevoir les signaux radio de la sonde, calculer ses coordonnées et même la télécommander. Chang'e 1 emportait une caméra CCD stéréoscopique et une panoplie d'instruments de mesure dont un altimètre laser et un spectromètre dans le rayonnement gamma et X pour mesurer l'abondance dans le sol lunaire de certains éléments chimiques utiles. Les données acquises par Chang'e 1 vont permettre d'évaluer les ressources en Hélium-3. Cet élément rare sur Terre est recherché pour la fusion nucléaire. Un autre des objectifs principaux, l'établissement d'une carte topographique complète de la surface lunaire, a été réalisé en novembre 2008. Sa mission initialement programmée sur un an, la sonde fut volontairement désorbitée le 1er mars 2009 pour s'écraser sur la Lune. Chang'e 1 confirme l'expertise de l'agence spatiale chinoise (CNSA), dont l'ambition est l'envoi de la sonde orbitale Chang'e 2 en 2011 et l'alunissage de robots motorisés avant 2020.

Rendu 3D de la première photographie de terrain lunaire transmise par Chang'e 1.

CI-DESSOUS
Carte complète de la surface lunaire obtenue au cours de la première année d'opération de la mission Chang'e 1.

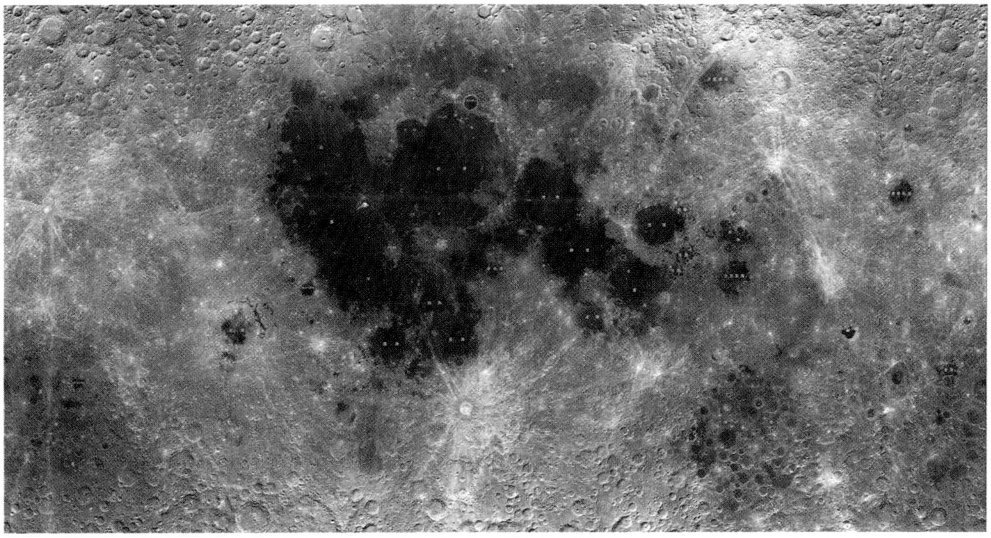

2008

Chandrayaan-1

La fin de la première décennie 2000 connaît un regain d'intérêt pour l'exploration de la Lune. Cet engouement se confirme avec la première mission lunaire indienne, Chandrayaan-1 (« Voyage vers la Lune » en hindi), lancée, le 22 octobre 2008, du centre spatial Satish Dhawan situé sur l'île de Sriharicota, dans la baie du Bengale. La fusée utilisée est une version améliorée du lanceur de satellites en orbite polaire PSLV (*Polar Satellite Launch Vehicle* [Lanceur de Satellites Polaires]), un véhicule à quatre étages très fiable mis au point par l'agence spatiale indienne ISRO. La sonde Chandrayaan-1 fut transférée le 12 novembre 2008 sur son orbite lunaire polaire de mission à 100 kilomètres d'altitude. La charge utile comprend une caméra numérique (TMC pour *Terrain Mapping Camera*) et un altimètre laser qui vont permettre de dresser une carte topographique avec une définition de 5-10 mètres en surface et en altitude. Plusieurs instruments de Chandrayaan-1 ont été mis au point par des équipes étrangères. La sonde lunaire indienne emporte 11 instruments scientifiques dont deux fournis

Manœuvre d'arrimage de l'impacteur lunaire sur la sonde Chandrayaan-1.

PAGE SUIVANTE
Décollage du lanceur PSLV indien.

PRINCIPAUX ÉLÉMENTS DE CHANDRAYAAN-1

1. Impacteur
2. Suiveur stellaire
3. Altimètre laser
4. Caméra
5. Imageur spectrométrique
6. Spectromètre infrarouge
7. Radar à ouverture de synthèse
8. Spectromètre à rayons X
9. Spectromètre à rayons X et rayons gamma de haute énergie
10. Imageur spectral
11. Panneau solaire

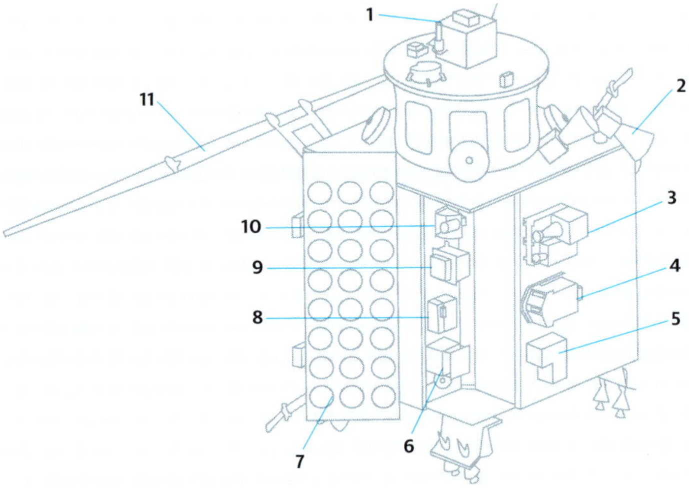

Vision d'artiste montrant l'orbiteur Chandrayaan-1 cartographiant les ressources minéralogiques de la surface lunaire.

par la NASA : un spectromètre à visée minéralogique (*Moon Mineralogy Mapper*) et un miniradar à ouverture synthétique (Mini-SAR) pour détecter des dépôts de glace polaire. La contribution de l'ESA consiste en deux spectromètres à haute résolution (C1XS et SIR-2) et un analyseur de réflexion atomique (SARA). Un compteur de radioactivité construit par l'Académie des sciences de Bulgarie pour cartographier les niveaux de radiations à proximité de la Lune fait aussi partie de l'équipement. Le 14 novembre 2008, une petite sonde détachable (MIP pour *Moon Impact Probe* [Sonde Impacteur Lunaire]) fut larguée de Chandrayaan-1 et dirigée vers son point d'impact situé près du cratère Shackleton au pôle Sud. Le nuage de débris libéré par le choc sera analysé en spectrométrie pour tenter de détecter de la vapeur d'eau. MIP a pu photographier quelques images rapprochées du sol pendant les dernières secondes de sa descente.

Le succès de Chandrayaan-1 démontre que l'Inde a acquis de l'assurance en technologie spatiale depuis son premier satellite en 1975. Au point de prévoir envoyer, en 2012, en collaboration avec la Russie, une mission Chandrayaan-2 sophistiquée déployant un orbiteur et un rover lunaire.

ÉTAPES DE LA MISE EN ORBITE POLAIRE DE CHANDRAYAAN-1

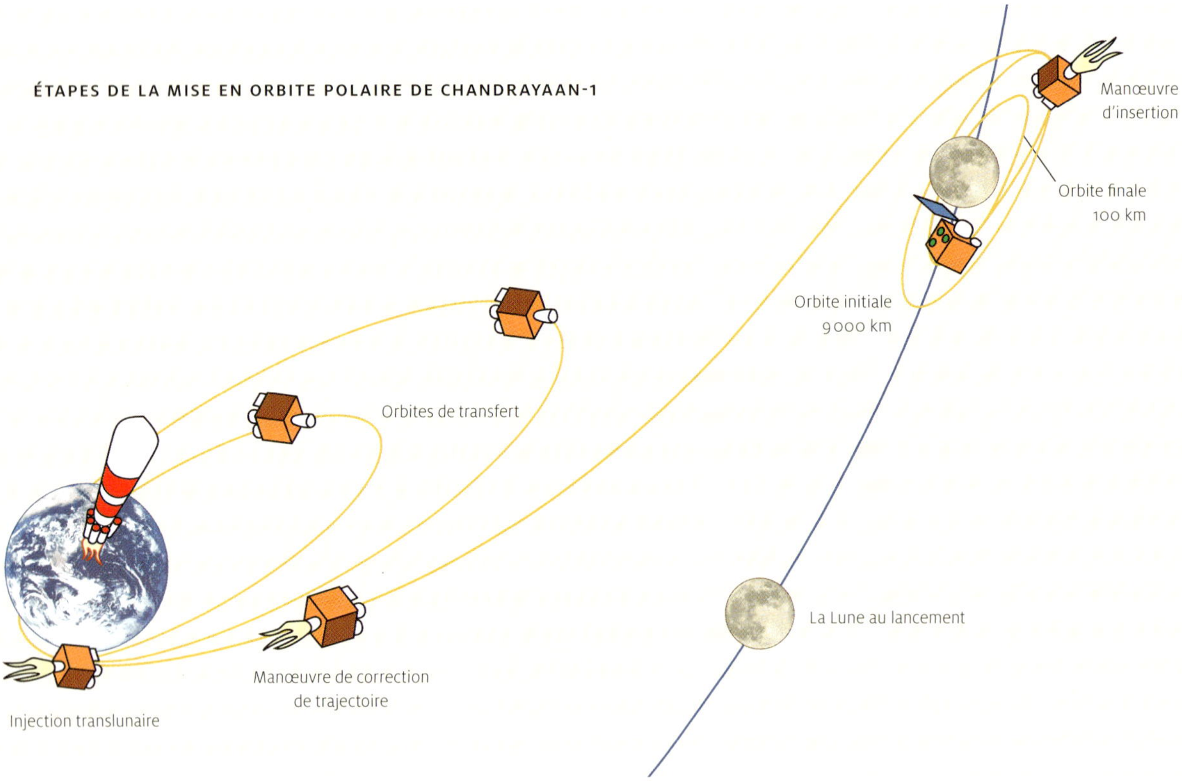

La caméra haute définition de Chandrayaan-1 a démontré ses capacités sur ces images de la Terre (à gauche) et de la surface lunaire (en haut), l'impacteur a photographié le sol au cours des dernières secondes de sa descente contrôlée.

2009

Lunar Reconnaissance Orbiter et LCROSS

Positionnement des sondes LRO et LCROSS dans la coiffe de la fusée Atlas V.

PAGE SUIVANTE
Vision d'artiste de la sonde Lunar Reconnaissance Orbiter en orbite, avec lever de Terre.

La première mission du programme *Vision for Space Exploration* de la NASA, Lunar Reconnaissance Orbiter-LCROSS, propulsée par une fusée Atlas V, a vu le jour le 18 juin 2009. La sonde, placée dans un premier temps en orbite polaire, est équipée de capteurs multiples pour cartographier avec précision la topographie de la Lune. L'objectif principal consiste à repérer les meilleurs sites pour les futurs alunissages habités, prévus vers 2020. La haute définition des images numériques transmises au cours de cette mission orbitale permet de discerner des objets de 50 cm et ainsi de localiser les modules LEM et les rovers laissés sur les sites d'alunissage des missions Apollo. L'orbiteur est accompagné de la sonde LCROSS (*Luna Crater Observation and Sensing Satellite*). Celle-ci devait guider l'étage de propulsion Centaur afin qu'il s'écrase dans un cratère polaire en permanence dans l'ombre. En suivant l'étage Centaur quatre minutes plus tard, elle devait pénétrer le nuage de débris créé par l'impact pour tenter de déceler la présence d'eau suggérée par les données de Clementine (voir page 67) et Lunar Prospector (voir page 71), avant de s'écraser à son tour. Cette mission marque le retour de la NASA sur la Lune après une absence de 10 ans, depuis Lunar Prospector.

PRINCIPAUX ÉLÉMENTS DE LUNAR RECONNAISSANCE ORBITER

1. Détecteur de rayons cosmiques
2. Radiomètre infrarouge
3. Radar miniature
4. Panneau solaire déployé
5. Détecteur de neutrons
6. Propulseurs de contrôle d'attitude
7. Caméras stéréoscopiques
8. Détecteur d'hydrogène
9. Altimètre laser
10. Caméra grand angle
11. Suiveur stellaire
12. Antenne à haut gain

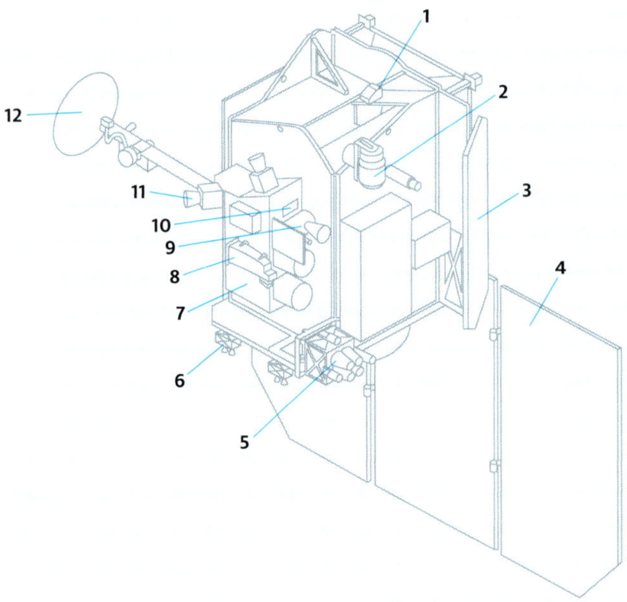

La haute définition des images captées par la caméra de Lunar Reconnaissance Orbiter permet de discerner les modules lunaires (ML) de plusieurs missions Apollo ainsi que la sonde Surveyor 3 (S) visitée au cours de la mission Apollo 12.

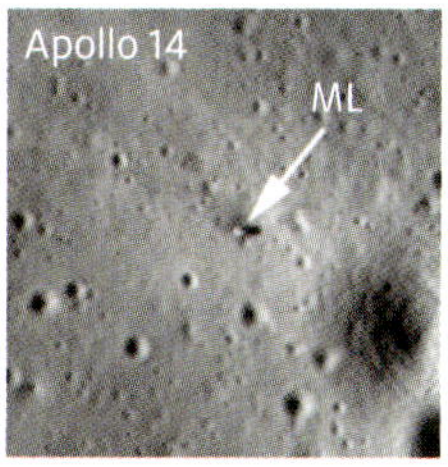

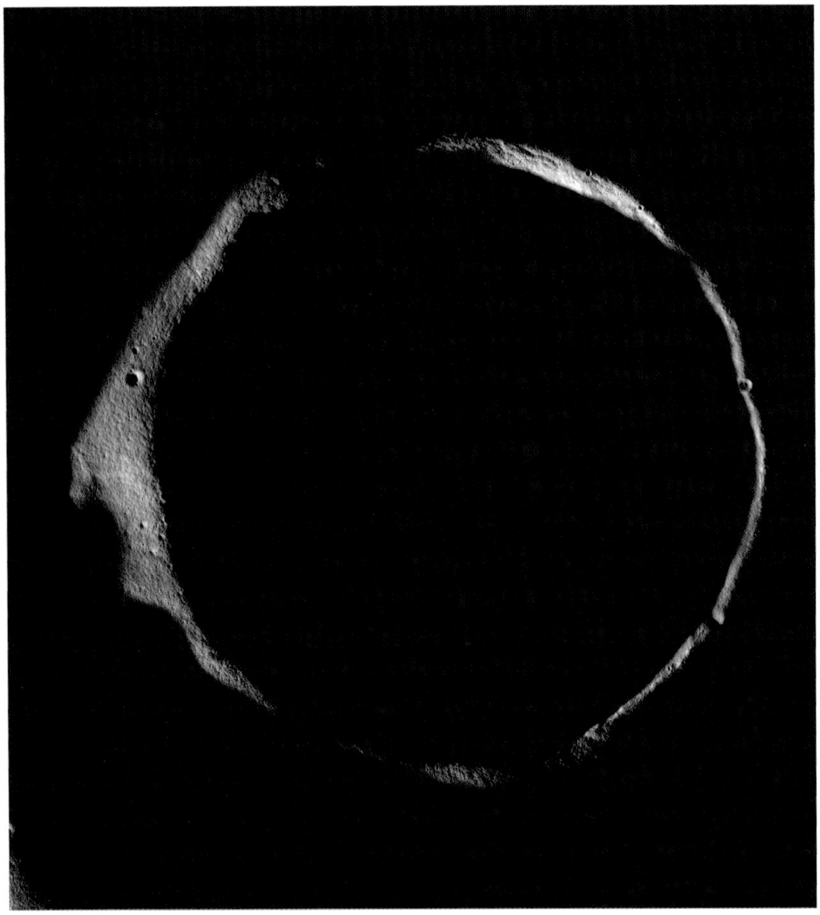

Quelques exemples de la capacité de cartographie à haute résolution de la surface lunaire fournie par les caméras de la mission Lunar Reconnaissance Orbiter. Le cratère Erlanger (à gauche), situé à proximité du pôle Nord, est la cible idéale pour des observations radar à la recherche de glace piégée dans l'ombre.

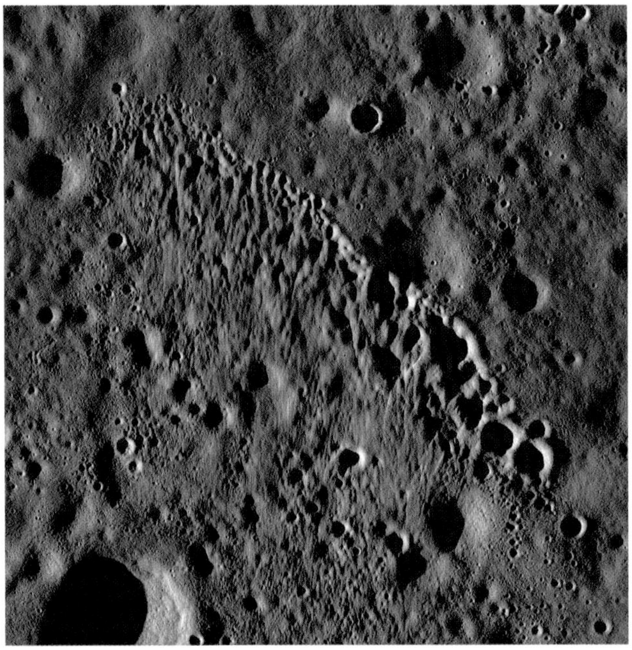

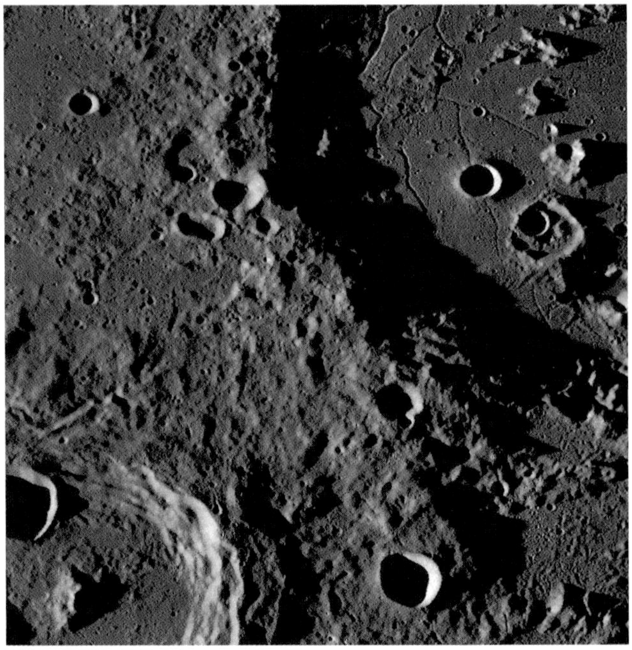

L'impact à haute vitesse sur la surface de la Lune de l'étage Centaur, suivi quatre minutes plus tard de celui de la sonde LCROSS, se produisit le 9 octobre 2009 dans le cratère Cabeus, un cratère ombragé en permanence situé dans la région du pôle Sud. L'analyse des résultats de la mission LCROSS permettra peut-être de déterminer hors de tout doute la présence d'eau sur notre satellite naturel.

Notre Planète Sœur Vénus ♀

La seconde planète du système solaire et la plus proche de la Terre, « l'étoile du Berger » est l'objet le plus brillant dans le ciel après le Soleil et la Lune. Autrefois baptisée Hesperus, étoile du matin, et Phosphorus, étoile du soir, elle porte maintenant le nom de la déesse romaine de la Beauté et de l'Amour. Son éclat vient du fait que les nuages denses qui la recouvrent ont un albédo élevé, c'est-à-dire qu'ils réfléchissent plus (70 %) la lumière solaire qu'ils ne l'absorbent (30 %). Par comparaison, la Lune ne réfléchit que 10 % de la lumière qu'elle reçoit du Soleil. Vue de la Terre, Vénus présente des phases comme la Lune et Mercure. Le diamètre apparent de la planète change selon la phase, car la distance Terre-Vénus varie considérablement, de 41 à 258 millions de kilomètres.

Vénus ressemble à la Terre par ses dimensions, sa densité, et probablement sa composition interne, ce qui fait qu'elle mérite son statut de planète sœur. Mais le nom de Vénus ne convient pas, *a posteriori*, à une planète où règnent des conditions infernales de hautes pressions et de hautes températures qui la rendent inhabitable. Son atmosphère dense exerce une pression au sol près de 100 fois supérieure à celle que nous connaissons sur Terre et elle est principalement composée de dioxyde de carbone, d'azote et d'acide sulfurique.

Diamètre équatorial : **12 104 km**
Masse : **0,81** (Terre = 1)
Distance moyenne du Soleil : **0,72 UA** (Terre = 1)
Période de rotation : **243 jours**
Période de révolution : **224,7 jours**
Température moyenne au sol : **464 °C**
Gravité à la surface : **0,9 G**
Vitesse de libération : **10,4 km/s**
Pression atmosphérique au sol : **92 bars** (Terre = 1 bar)
Composition atmosphérique : **95 % CO_2 • 5 % azote**
Lunes : **0**

CI-CONTRE
Variations du diamètre apparent de Vénus au cours de ses différentes phases, comme dans le cas de Mercure, et schéma explicatif (en bas).

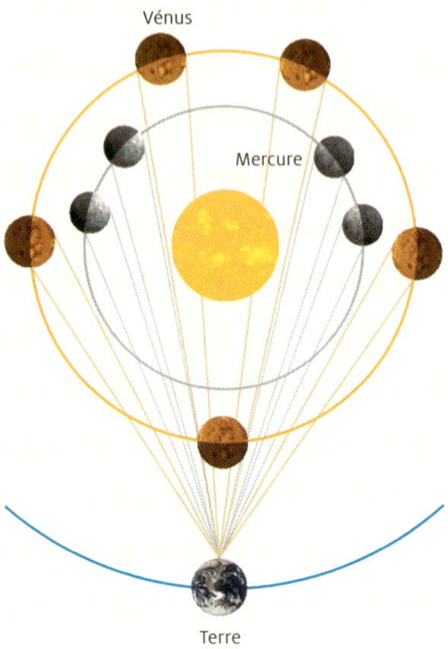

Par un mécanisme d'effet de serre, la chaleur des rayons solaires reste piégée par la forte concentration de dioxyde de carbone et par les nuages. Des températures moyennes au sol avoisinant les 500 °C ont été mesurées par les sondes soviétiques qui ont pu y résister, ce qui en fait l'objet le plus chaud du système solaire. Vénus étant cachée en permanence par une épaisse couche de nuages en mouvement, seules des images radars ont permis de connaître sa topographie. Le faible nombre de cratères d'impact témoigne d'une activité géologique qui a remodelé le relief depuis moins de 800 millions d'années. Les résultats de la mission Magellan (voir page 118) indiquent que la surface de Vénus est recouverte en grande partie de structures volcaniques. L'Union astronomique internationale a décrété que la cartographie vénusienne devait employer des noms de déesses ou de femmes célèbres. Une exception cependant : le plus haut sommet de Vénus, qui culmine à 12 000 mètres, fait partie des monts James Maxwell.

Le 12 février 1961, l'URSS a lancé Venera 1, la première sonde interplanétaire de l'histoire, qui devait passer à 100 000 km de Vénus. Malheureusement, en raison du mauvais fonctionnement de son système d'orientation, le contact radio avec l'engin a été perdu quelques semaines plus tard. Depuis cette première tentative ratée, une vingtaine de sondes spatiales américaines, soviétiques et européennes ont réussi à survoler Vénus, à se mettre en orbite autour, à pénétrer son atmosphère, ou même à s'y poser. C'est sans compter les trois sondes qui, en vue de bénéficier d'une assistance gravitationnelle, ont effectué des survols de Vénus, souvent à moins de 500 km d'altitude : Galileo (voir page 229) en février 1990 ; Cassini (voir page 238) en avril 1998 et en juin 1999 ; Messenger (voir page 262) en décembre 2005 et en juin 2007. ♀

Mariner 2

1962

En 1962, les États-Unis accusaient un retard certain sur les Soviétiques dans la conquête de l'espace. Mais aucune sonde en bon état de marche n'avait encore visité une autre planète. Les tentatives soviétiques de missions vers Mars s'étaient soldées à deux reprises par des échecs, et les sondes vénusiennes Venera n'avaient pu atteindre leur objectif. Les Américains voyaient enfin une occasion de démontrer leur savoir-faire. Les vaisseaux Mariner 1 et 2 à destination de Vénus étaient des versions simplifiées des premières sondes lunaires Ranger (voir page 34). D'un poids de 203 kg, ils consistaient en un chassis hexagonal sur lesquels les panneaux solaires, les instruments et les antennes s'attachaient. L'équipement scientifique incluait deux radiomètres (micro-onde et infrarouge) montés sur une plate-forme pivotante, un détecteur de micrométéorites, un détecteur de vent solaire, un détecteur de plasma solaire, un détecteur de particules chargées et un magnétomètre. Du fait que la planète est recouverte d'une couche épaisse de nuages, il ne fut pas jugé utile d'embarquer une caméra.

Décollage réussi de Mariner 2 vers Vénus sur une fusée Atlas-Agena B, le 22 juillet 1962. Mariner 1 a eu moins de chance, une défaillance du système de guidage du lanceur a nécessité sa destruction quelques minutes après le décollage pour des raisons de sécurité.

CI-CONTRE

William Pickering (au centre à gauche), le directeur du Jet Propulsion Laboratory, et James Webb (au centre à droite), l'administrateur de la NASA, présentent un modèle de la sonde Mariner au président John F. Kennedy en janvier 1961.

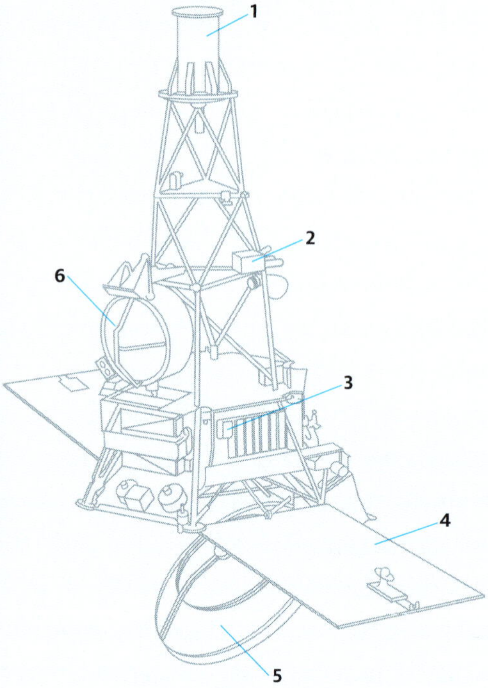

PRINCIPAUX ÉLÉMENTS DE MARINER 2

1. Antenne omnidirectionnelle
2. Détecteurs de flux de particules
3. Détecteur de poussière cosmique
4. Panneau solaire
5. Antenne à haut gain
6. Radiomètre à micro-ondes

CI-CONTRE

Vue artistique de Mariner 2 en configuration opérationnelle avec ses panneaux solaires déployés.

TRAJECTOIRE EMPRUNTÉE PAR MARINER 2 POUR SON TRANSFERT DE LA TERRE À VÉNUS

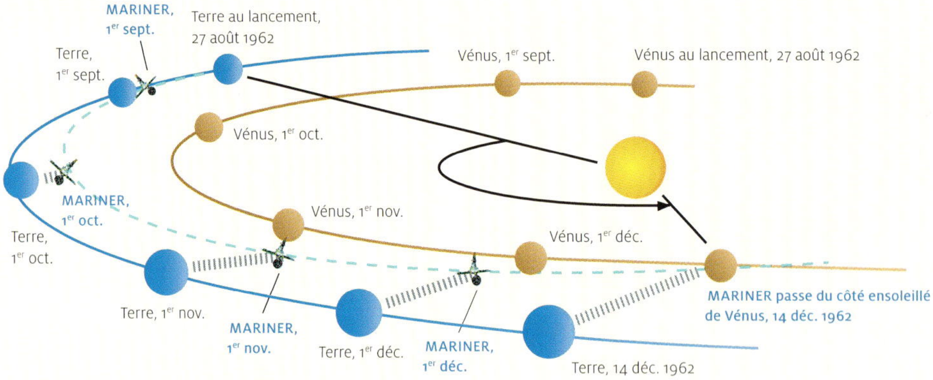

Le 22 juillet 1962, la fusée Atlas-Agena qui lançait Mariner 1 connut une défaillance technique et s'éloigna de sa trajectoire nominale. Les responsables de la sécurité décidèrent de la détruire en vol moins de cinq minutes après le décollage pour ne pas qu'elle tombe dans une zone habitée. La sonde de remplacement Mariner 2 eut plus de chance un mois plus tard. Son lancement réussi, le 27 août 1962, la propulsa pour un voyage de trois mois et demi vers Vénus. Pendant le trajet, elle confirma la présence du vent solaire qu'elle mesura comme un flux constant de particules chargées en provenance du Soleil. Mariner 2 détecta aussi de brèves éruptions solaires avec leurs bouffées de particules à haute énergie ainsi que des rayons cosmiques provenant de sources situées en dehors du système solaire. Le 8 septembre, la sonde perdit son orientation qu'elle put rétablir quelques minutes plus tard grâce à ses gyroscopes. Une collision avec un petit objet fut probablement la cause de cet incident qui aurait pu être fatal à la mission. Le 15 novembre, un des deux panneaux solaires cessa de fonctionner abruptement. Heureusement, la sonde se trouvait assez proche du Soleil pour qu'un seul panneau suffise à alimenter ses systèmes. Après une correction de trajectoire, Mariner 2 survola Vénus le 14 décembre 1962. Elle s'en rapprocha à une distance de 34 830 km. Pendant le survol, les radiomètres révélèrent pour la première fois que, sur Vénus, les nuages en altitude restent froids, alors que le sol atteint des hautes températures de jour comme de nuit (> 200 °C). La sonde ne détecta pas de champ magnétique notable à proximité de Vénus. Mariner 2 devint la première sonde interplanétaire de l'histoire et la première à survoler une autre planète. Le contact radio avec Mariner 2 fut perdu le 3 janvier 1963, mais la sonde continuera d'orbiter autour du Soleil encore quelques milliers d'années… ♀

Derniers préparatifs avant le lancement de Mariner 2, la première sonde interplanétaire de l'histoire.

Des ouvriers inspectent le réflecteur parabolique géant (70 mètres de diamètre) du radiotélescope du centre de communication de Goldstone dans le désert des Mojaves en Californie. Cette antenne fait partie du réseau de communications spatiales longue distance (Deep Space Network) de la NASA présent sur trois continents. Ce réseau permet de recevoir les signaux radio (*downlink*) des sondes interplanétaires et de communiquer avec elles (*uplink*) en tout temps.

Venera 4, 5 et 6

Du côté soviétique, les missions interplanétaires à destination de la planète Vénus faisaient partie du vaste programme Venera (Vénus en russe) inauguré le 12 février 1961 avec le lancement de Venera 1. Venera 1 peut être considérée comme la première mission interplanétaire, mais son échec l'a relégué dans l'oubli. Le contact radio fut perdu pendant le trajet, à 7 millions de kilomètres de la Terre. Toutefois, Venera 1 put confirmer la présence de vent solaire découvert auparavant par les sondes Luna. En revanche, aucune nouvelle donnée sur Vénus ne fut transmise par Venera et Venera 3 lancées en 1965, en raison de problèmes de communications radio. Le 1er mars 1966, Venera 3, qui avait été lancée le 16 novembre 1965,

Réplique de l'atterrisseur Venera 4.

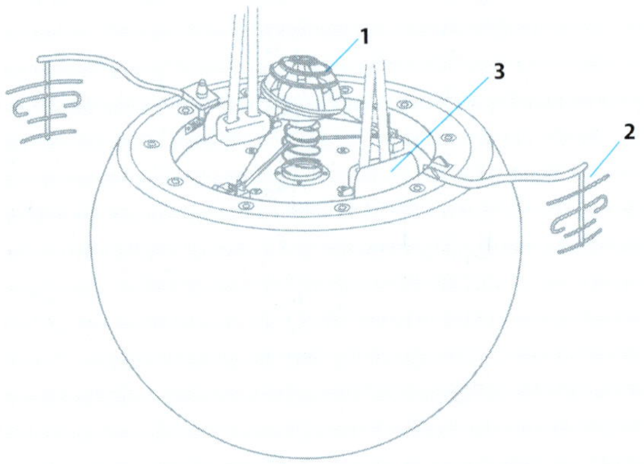

PRINCIPAUX ÉLÉMENTS DE L'ATTERRISSEUR VENERA 4

1. Antenne omnidirectionnelle
2. Antenne de l'altimètre radar (2 au total)
3. Attache du parachute

s'écrasa sur Vénus, devenant alors le premier engin spatial à atteindre la surface d'une autre planète. Malheureusement, la sonde ne transmit aucune donnée. Venera 4 tenta sa chance le 12 juin 1967 à bord d'une fusée Molniya, un lanceur à quatre étages dérivé du lanceur R-7 des missions Luna. Les Soviétiques démontrèrent encore leur expertise astronautique en plaçant Venera 4 sur une orbite terrestre d'attente avant d'allumer le 4e étage au moment propice pour la propulser à la rencontre de Vénus. L'objectif de la mission reposait sur une nouvelle technique : l'entrée dans l'atmosphère vénusienne d'une capsule robotisée, accompagnée de mesures de pression, de mesures de températures et d'analyses de composition chimique des gaz pendant la descente freinée par un parachute. L'objectif fut atteint le 18 octobre 1967 : pour la première fois, une sonde pénétrait dans l'atmosphère d'une autre planète en vue d'étudier ses propriétés. Le module de descente de Venera 4, une capsule ovoïde pesant 384 kg, a fonctionné pendant les 94 minutes qu'a duré la descente ralentie par un parachute, transmettant des données sur l'atmosphère et le champ magnétique de la planète. Si on se fie aux signaux radio et aux mesures barométriques, la sonde a dû cesser de fonctionner à 25 km d'altitude. Grâce à Venera 4, on a appris que le dioxyde de carbone est le principal constituant de l'air vénusien, à la fois toxique et brûlant.

Le vaisseau soviétique Venera 4 en configuration de croisière, avant le largage du module de descente.

La capsule de pénétration de la sonde Venera 5 lancée le 5 janvier 1969, et celle de sa jumelle Venera 6 lancée le 10 janvier 1969, étaient construites plus solidement que celle de Venera 4, afin de pouvoir résister à la pression atmosphérique pendant leur descente vers le sol. Venera 5 et Venera 6 percèrent les nuages de Vénus les 16 et 17 mai respectivement, après avoir pris une série de mesures des conditions atmosphériques pendant un peu plus de 50 minutes. Mais aucune image de la surface de Vénus n'était encore disponible. ♀

1967

Mariner 5

Assemblage final de Mariner 5 dans les locaux du Jet Propulsion Laboratory à Pasadena, en Californie.

MARINER 5 était la doublure de la sonde martienne Mariner 4 (voir page 132). Mariner 4 ayant accompli sa mission avec succès, Mariner 5 fut modifiée pour survoler Vénus. À cette fin, son orientation fut inversée, la Terre se trouvant du côté opposé au Soleil, contrairement à Mariner 4. Son isolation thermique fut renforcée et ses panneaux solaires réduits. La sonde de 245 kg emportait un photomètre ultraviolet, un magnétomètre, un détecteur de plasma et un détecteur de radiations. Un des objectifs majeurs de la mission était, pendant le passage progressif de la sonde derrière la planète, une expérience d'occultation radio destinée à mieux connaître l'épaisseur et la densité de l'atmosphère vénusienne. Mariner 5 quitta le sol de Cap Canaveral le 14 juin 1967 sur une fusée Atlas-Agena. Elle survola Vénus le 19 octobre 1967 à 4 000 km d'altitude à la vitesse de 30 000 km/h. Les résultats des mesures étaient enregistrés pendant le survol, puis transmises en différé. Les données de Mariner 5 ont permis de conclure que l'atmosphère vénusienne est constituée à 85-99 % de CO_2; elles ont également permis d'estimer la pression au sol à 100 bars et la température à 430 °C. Une expérience de mesure du vent solaire a été coordonnée entre Mariner 5 et Mariner 4, toujours opérationnelle deux ans après son lancement, en orbite héliocentrique entre la Terre et Mars. Un gradient de vent solaire a ainsi été mis en évidence pour la première fois. La communication radio avec Mariner 5 fut perdue définitivement le 5 novembre 1968. ♀

Lancement de Mariner 5, le 14 juin 1967, de Cap Canaveral sur une fusée Atlas-Agena.

La sonde Mariner 5, initialement la doublure de la sonde martienne Mariner 4, était adaptée pour l'environnement spatial autour de Vénus.

Venera 7 et 8

1970

LA SONDE VENERA 7 devint, le 15 décembre 1970, le premier objet à atterrir en douceur sur la surface d'une autre planète, d'où elle a transmis des données vers la Terre. La mission Venera 7 décolla de Baïkonour le 17 août 1970 grâce à une fusée Molniya, pour un voyage de quatre mois. L'atterrisseur Venera 7 était logé dans une capsule de pénétration similaire à Venera 4 mais surdimensionnée pour survivre aux conditions extrêmes de Vénus. Sa descente controlée dura 35 minutes, pendant lesquelles la sonde mesura par effet Doppler que les nuages se déplacent à 400 km/h! La mission Venera 7 faillit tourner au désastre. En effet, le parachute se déchira, heureusement à quelques mètres du sol. La sonde tomba en chute libre, frappa durement le sol à la vitesse de 17 mètres/seconde, rebondit une fois puis bascula sur le côté. L'antenne ne put se déployer correctement vers la Terre, la qualité des signaux radio étant dès lors diminuée. Le choc violent avait endommagé des mécanismes internes; la sonde ne put mesurer que la température. Néanmoins, Venera 7 put envoyer des signaux détectables pendant 23 minutes, malgré les 470 °C et la pression de 90 bars.

Inspection technique du vaisseau spatial Venera 7.

La mission Venera 8 qui avait bénéficié de la fenêtre de lancement vers Vénus de 1972 (décollage le 27 mars), suivait les traces de Venera 7. Cette fois, cependant, le vaisseau-bus qui portait la capsule pendant le trajet était équipé d'un système de réfrigération lui permettant de prolonger sa vie

Détails de l'atterrisseur de Venera 8.

CI-DESSOUS

L'atterrisseur de Venera 8 sur la surface vénusienne.

1. Antenne secondaire après éjection
2. Capteurs de pression et de température atmosphérique
3. Photomètres
4. Antenne principale
5. Antenne secondaire avant éjection
6. Parachute

après son entrée dans l'atmosphère. Le 22 juillet 1972, arrivé à proximité de Vénus, le bus largua la capsule, qui pénétra l'atmosphère à la vitesse de 42 000 km/h. L'aérofreinage atmosphérique, très efficace sur Vénus, la ralentit à 900 km/h. Un parachute s'ouvrit à 60 km d'altitude. Pour la première fois dans le programme Venera, la capsule disposait d'un photomètre pour mesurer la luminosité ambiante. Celle-ci présenta une baisse soudaine à 30-35 km du sol, indiquant qu'une épaisse couche nuageuse se situait à cette altitude. Venera 8 atterrit sans encombre du côté ensoleillé de la planète dans *Vasilisa Regio*. D'après les données photométriques transmises pendant 50 minutes depuis la surface, le niveau d'éclairement correspondait à celui d'une journée couverte sur Terre avec une visibilité de 1 km. Donc Vénus semblait photographiable en dessous des nuages. De plus, le spectromètre gamma de Venera 8 a mesuré une composition rocheuse similaire à celle du granite terrestre. Les exploits des sondes Venera 4 à 8 ont dévoilé un tableau plus précis de l'enfer vénusien. Mais toujours aucune image de la surface... ♀

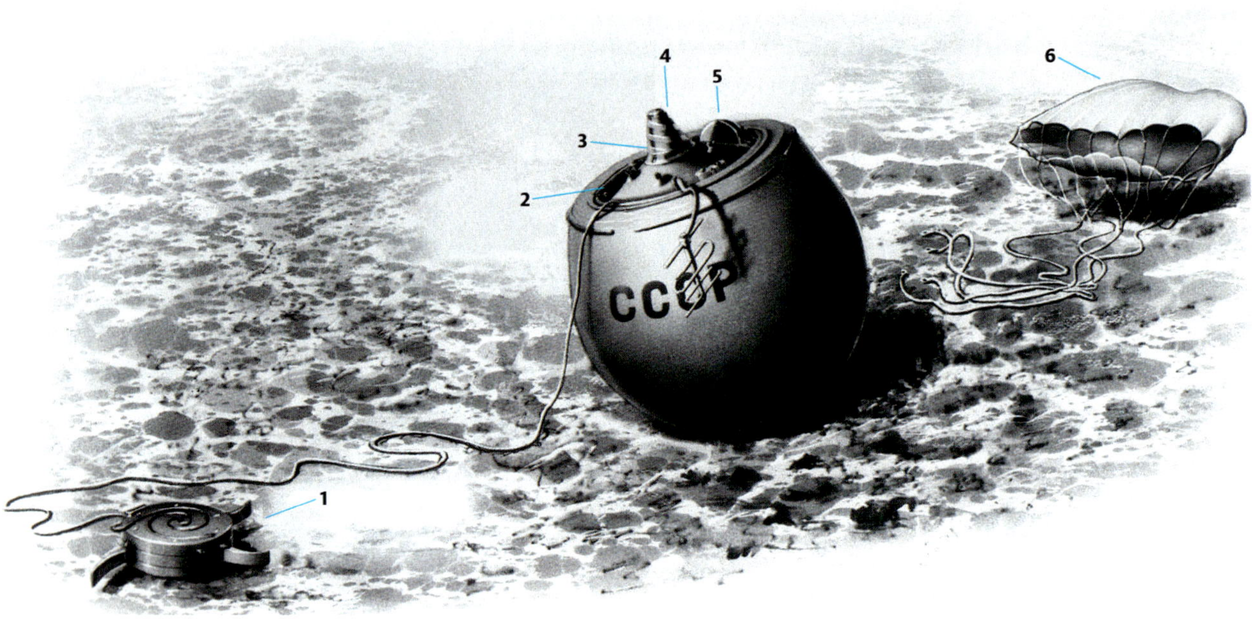

Mariner 10

1973

La dernière mission Mariner, Mariner 10, avait pour objectif le survol et l'observation de Vénus puis de Mercure. Cette mission réussit à cumuler une série impressionnante de premières techniques : première à survoler deux planètes différentes, première à utiliser un effet de fronde gravitationnelle pour changer de trajectoire, première à retourner sur son objectif après un survol, et première à exploiter la pression du vent solaire comme moyen de propulsion. La sonde Mariner 10 décolla le 3 novembre 1973 de Cap Canaveral sur une fusée Atlas-Centaur en direction du Soleil. Basée sur le chassis octogonal de la génération des Mariner, la sonde était équipée de plusieurs caméras et d'un système d'enregistrement numérique sur bande magnétique pour pouvoir enregistrer les images pendant les survols planétaires et les transmettre en différé. Les caméras furent calibrées avec succès en visant la Terre et la Lune pendant la première semaine du trajet Terre-Vénus. Un spectromètre dans l'ultraviolet, un radiomètre dans l'infrarouge et un magnétomètre faisaient aussi partie de la charge utile. L'objectif premier de Mariner 10 était la première étude rapprochée de Mercure. Le scientifique italien Giuseppe « Bepi » Colombo calcula une manœuvre ingénieuse exploitant le champ de gravitation de Vénus pour courber la trajectoire de la sonde spatiale vers Mercure, dans une version sophistiquée de l'expression « une pierre, deux coups ». De plus, cette trajectoire permettait l'économie d'un lanceur plus lourd qui aurait été nécessaire pour suivre une trajectoire directe Terre-Mercure. Le voyage de Mariner 10 vers Vénus connut son lot de problèmes. Des écailles de peinture brillante qui se détachaient de la sonde perturbèrent

Dernières étapes d'assemblage de la sonde Mariner 10 avant de la transporter vers le site de lancement.

les capteurs très sensibles orientés vers l'étoile Canopée, ce qui dérégla l'orientation à plusieurs reprises. De plus, l'ordinateur de bord connut des ratés, nécessitant plusieurs reconfigurations du programme de vol. Le passage de Mariner 10 à proximité de Vénus le 5 février 1974, à 5 746 km d'altitude, lui permit d'observer la planète en lumière visible et ultraviolette. À la surprise générale, les images de Vénus obtenues avec un filtre ultraviolet révélèrent que différentes bandes nuageuses tournent autour de la planète. Sa mission vénusienne accomplie en chemin, Mariner 10 poursuivit sa route vers Mercure (voir page 259). ♀

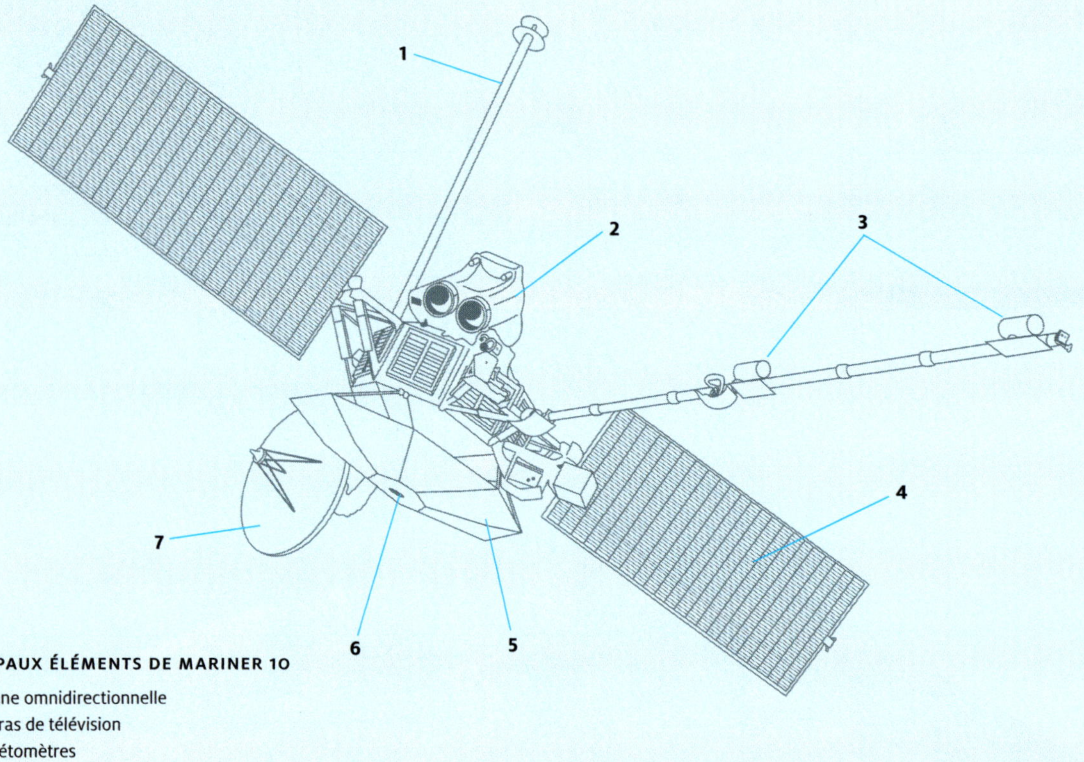

PRINCIPAUX ÉLÉMENTS DE MARINER 10

1. Antenne omnidirectionnelle
2. Caméras de télévision
3. Magnétomètres
4. Panneau solaire orientable
5. Écran solaire
6. Tuyère du moteur de contrôle d'attitude
7. Antenne orientable à haut gain

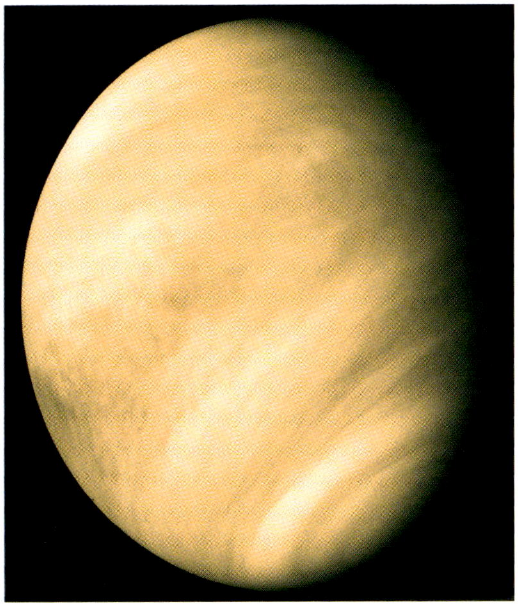

Deux visions de Vénus : en lumière visible (à gauche) et en lumière ultraviolette (à droite), telles que transmises par Mariner 10.

CI-CONTRE

Trajectoire de Mariner 10 vers Vénus et Mercure telle que calculée par l'astronome italien Giuseppe « Beppi » Colombo pour permettre plusieurs survols de Mercure.

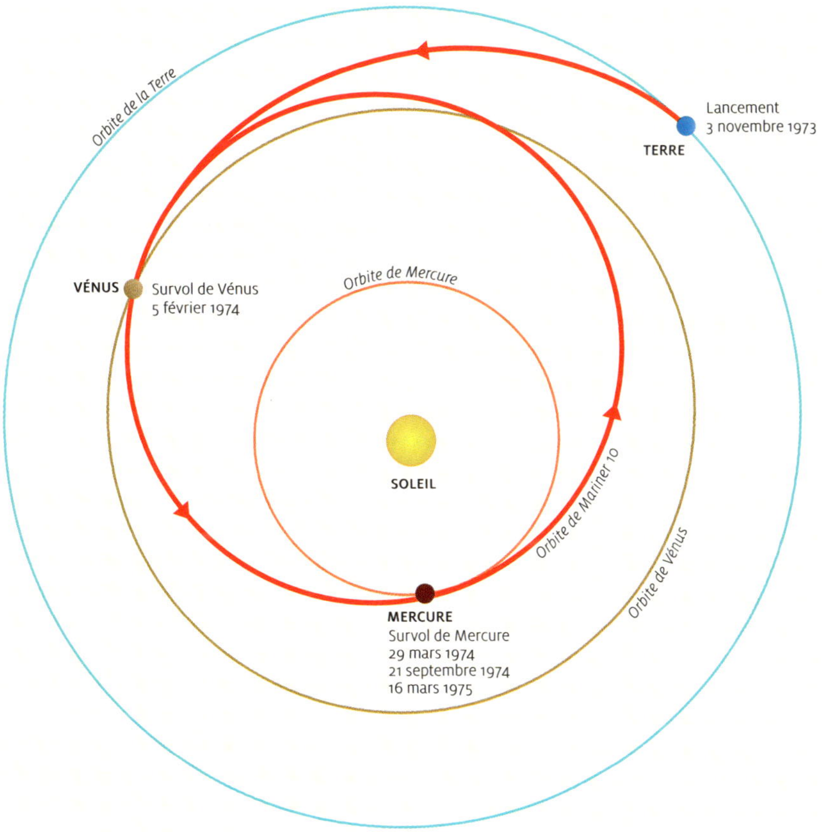

1975

Venera 9 à 14

Réplique d'un atterrisseur typique des missions Venera 9 à 14.

CI-CONTRE

Vue d'ensemble de la sonde Venera 9 en configuration orbitale, avant le largage de l'atterrisseur dans sa sphère protectrice.

PAGE SUIVANTE (LES DEUX PHOTOS DU HAUT)

Premières photographies du sol d'une autre planète par un atterrisseur. Les sondes soviétiques Venera 9 et Venera 10 ont accompli cet exploit historique sur Vénus en octobre 1975, malgré les conditions extrêmes de l'opération.

PAGE SUIVANTE

Reconstitution des sites d'atterrissage photographiés par les caméras panoramiques de Venera 13 (en couleur) et Venera 14 (deux photos du bas). Certaines roches vénusiennes rappellent les basaltes terrestres par leur forme et leur composition chimique. Aucun signe d'érosion n'est évident sur ces clichés.

AYANT ACQUIS une expertise certaine dans les missions vénusiennes, les Soviétiques décidèrent d'envoyer sur Vénus des atterrisseurs qui rapporteraient pour la première fois des photographies de la surface. Les missions jumelles Venera 9 et 10 de la fenêtre de tir de 1975 consistaient à envoyer un vaisseau spatial constitué d'un orbiteur (une première sur Vénus) et d'un atterrisseur. En plus de ses capacités d'observation atmosphérique propres, chaque orbiteur servait de relais radio pour transmettre les données de son atterrisseur vers la Terre. La masse considérable des vaisseaux, autour de cinq tonnes, nécessitait l'emploi de lanceurs puissants, dans ce cas des fusées Proton. Venera 10, d'une masse totale de 5 033 kg, quitta la Terre le 14 mai 1975 ; Venera 9, d'une masse totale de 4 936 kg, la suivit le 8 juin. Pour des raisons de trajectoires, Venera 9 fut la première à rencontrer Vénus le 20 octobre. Le 22 octobre, la descente sur la planète fut enclenchée. L'atterrisseur de 1 560 kg était ralenti au cours de sa descente successivement

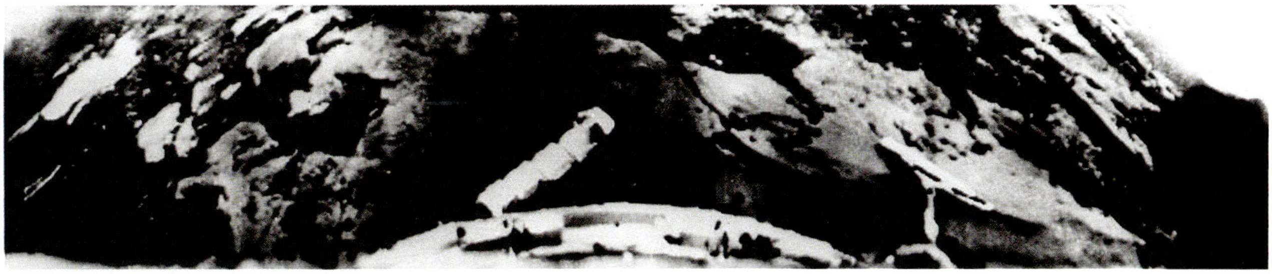

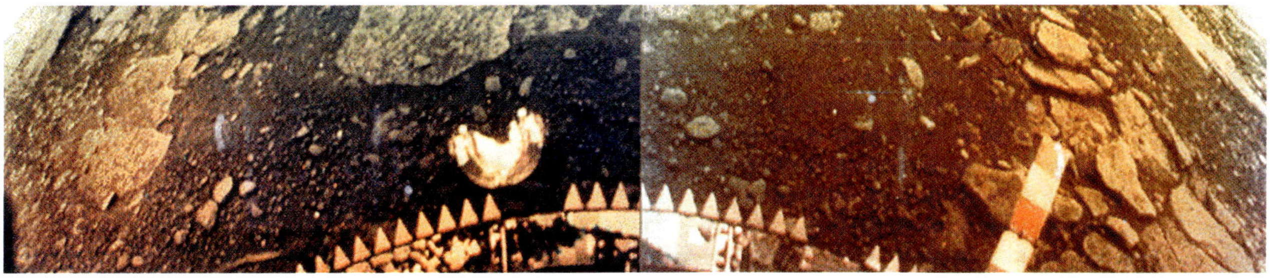

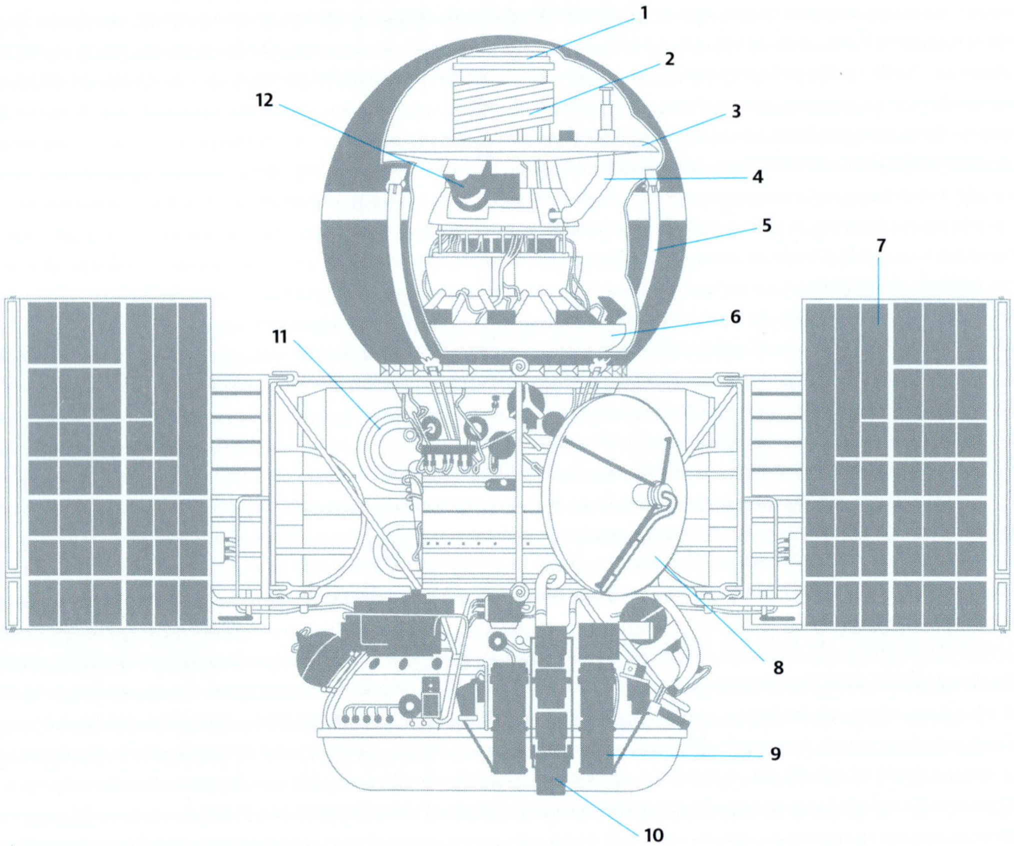

PRINCIPAUX ÉLÉMENTS DE VENERA 9

1. Compartiment du parachute de l'atterrisseur
2. Antenne hélicoïdale de communication entre atterrisseur et orbiteur
3. Frein aérodynamique
4. Système de dissipation thermique
5. Sangle
6. Anneau amortisseur
7. Panneau solaire
8. Antenne à gain élevé
9. Suiveur stellaire
10. Suiveur solaire
11. Radiateur
12. Caméra photométrique (2 au total)

par un aérofreinage grâce à une coque de protection thermique en début de pénétration, puis par l'ouverture de trois parachutes aidés par un frein de trainée de forme annulaire. Finalement, l'amortissement de l'impact avec le sol était effectué par un coussin en métal compressible. Venera 9 atterrit dans la vallée *Aikhulu Chasma* sur une pente inclinée à 20 degrés et transmit sa vision du site. Venera 9 est donc devenue la première sonde de l'histoire à transmettre des images de la surface d'une autre planète. Le paysage de Venera 9 montre des roches de 30 cm à 40 cm sans traces d'érosion ni poussière.

Venera 10 atterrit trois jours plus tard à 2 200 km de Venera 9 dans la partie sud-est de *Beta Regio*. Du côté de Venera 10, les roches apparaissent plates et basaltiques. Dans les deux missions, le couvercle d'une des deux caméras est resté bloqué en position fermée, ce qui a empêché de photographier un panorama complet du site à 360 degrés. Un système de tubulures permettait la circulation d'un liquide réfrigérant pour maintenir les atterrisseurs en opération le plus longtemps possible. Venera 9 put tenir 53 minutes, Venera 10 résistant 65 minutes.

Les quatre missions Venera suivantes, de Venera 11 (lancement le 9 septembre 1978) à Venera 14 (lancement le 4 novembre 1981), conservèrent la même structure de vaisseau, mais avec un survol de Vénus après le largage de l'atterrisseur plutôt qu'une mise en orbite. Venera 11 et 12 ont pu enregistrer des éclairs et du tonnerre pendant leur descente. Les ingénieurs soviétiques s'étaient attelés au problème du couvercle des caméras ; hélas ! le nouveau design fut pire que le premier. Les atterrisseurs de Venera 11 et 12 ne purent transmettre aucune image. Une solution définitive au problème fut trouvée enfin, et Venera 13 et 14 rapportèrent les premières images en couleur de leur site d'atterrisage. Rien n'étant parfait, le couvercle d'une des caméras de Venera 14, en tombant, bloqua par malchance un appareil de mesure de compression du sol !

Vision artistique de la surface de Vénus avec ses éclairs fréquents détectés par les instruments de plusieurs sondes Venera.

Ces missions ont confirmé qu'une couche épaisse de nuages de 30-40 km tourne autour de notre planète sœur à 30-35 km d'altitude. La visibilité au sol est excellente en l'absence de poussière. Les roches vénusiennes semblent avoir une composition proche des roches volcaniques terrestres, faites de granit et de basalte. Les analyseurs chimiques ont aussi détecté de l'acide chlorhydrique, de l'acide hydrofluorique, du brome et de l'iode dans une atmosphère décidément peu hospitalière.

Le programme spatial soviétique a connu beaucoup plus de réussite avec les atterrisseurs sur Vénus qu'avec ceux sur Mars (aucun succès jusqu'en 2009). Il est vrai que la procédure de descente dans l'atmosphère très dense de Vénus nécessite moins d'étapes critiques que dans l'atmosphère ténue de Mars. ♀

1978

Pioneer Venus Orbiter

Vérification finale de Pioneer Venus Orbiter.

Vue artistique de la sonde en orbite autour de Vénus.

Depuis le court survol de Mariner 10 en 1973, les Américains avaient quelque peu délaissé Vénus. Les sondes soviétiques y avaient atterri plusieurs fois, mais une cartographie de la surface manquait toujours. Pour cartographier Vénus, il est nécessaire de pouvoir percer ses nuages opaques si l'on veut visualiser sa surface. Or, un radar, par réflexion des ondes radio émises, est capable de détecter la présence d'objets et de mesurer leur distance ou leur vitesse malgré le brouillard ou les nuages. La première mission de cartographie de Vénus avec un radar fut celle de la sonde orbitale Pioneer Venus Orbiter. Elle quitta la Terre en direction de Vénus

PRINCIPAUX ÉLÉMENTS DE PIONEER VENUS ORBITER

1. Antenne omnidirectionnelle
2. Antenne rotative à haut gain
3. Antenne dipôle
4. Détecteurs de champ électrique
5. Analyseur de plasma
6. Panneau solaire
7. Moteur de mise en orbite
8. Radar de cartographie
9. Suiveur stellaire
10. Spectromètre de masse à ions
11. Magnétomètre

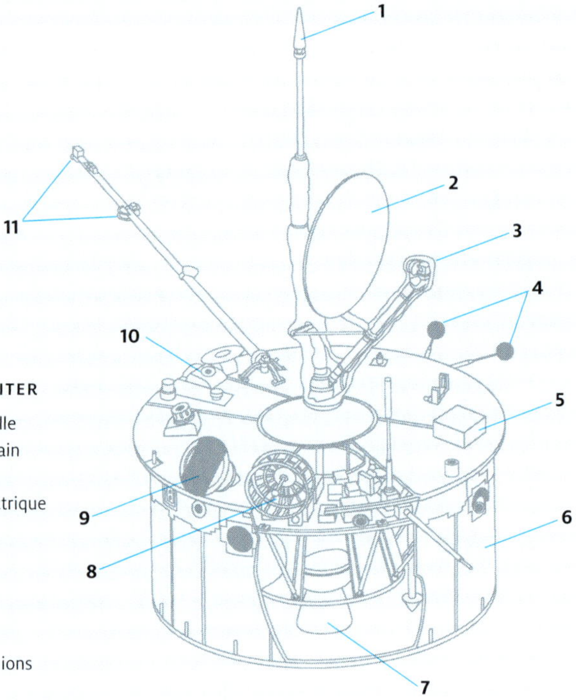

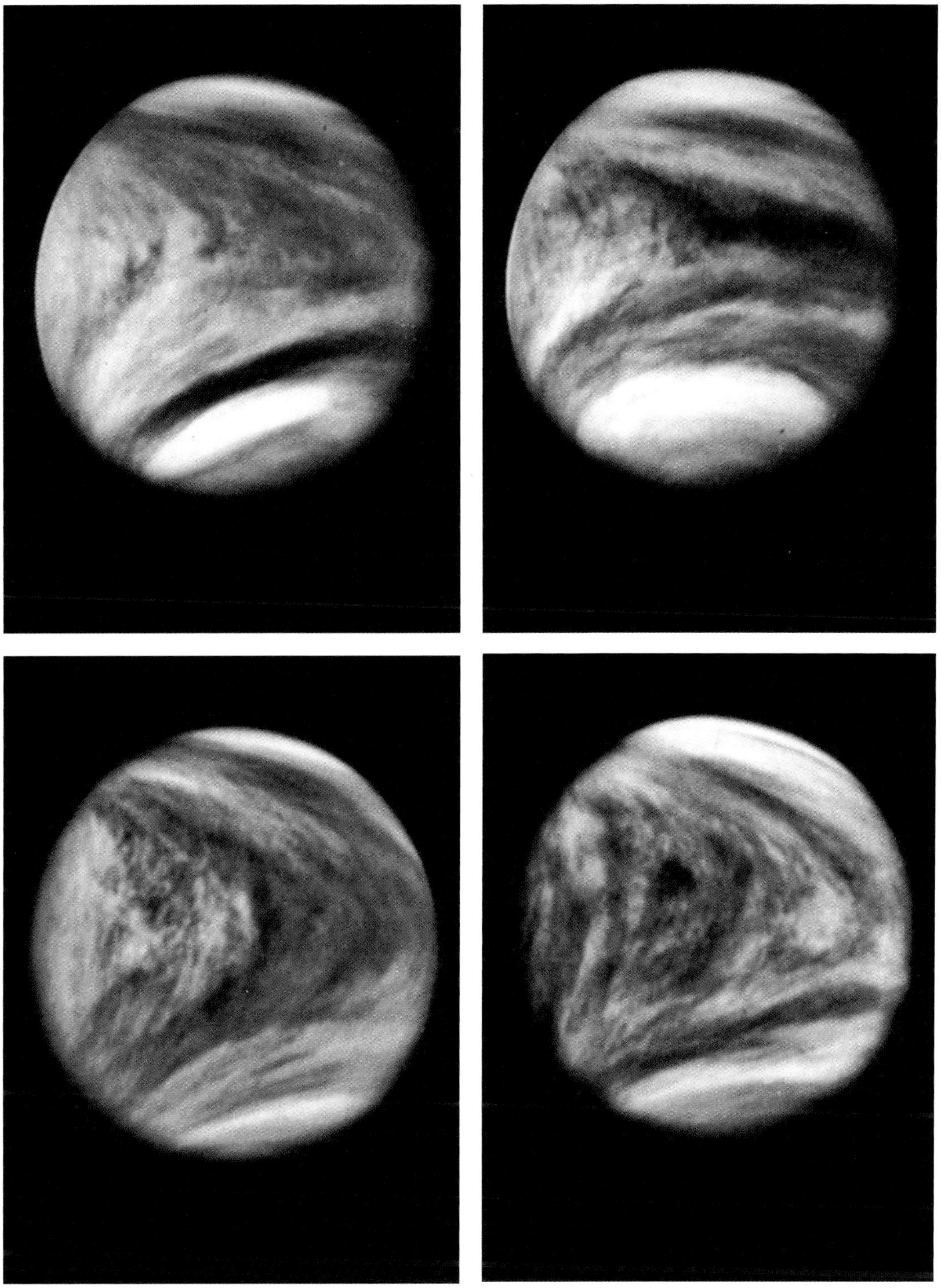

L'observation des couches supérieures de l'atmosphère vénusienne avec un filtre ultraviolet dévoile une rotation rapide («super-rotation») des nuages autour de la planète sur une période de quatre jours. Les nuages se déplacent donc à la vitesse étonnante de 100 mètres/seconde!

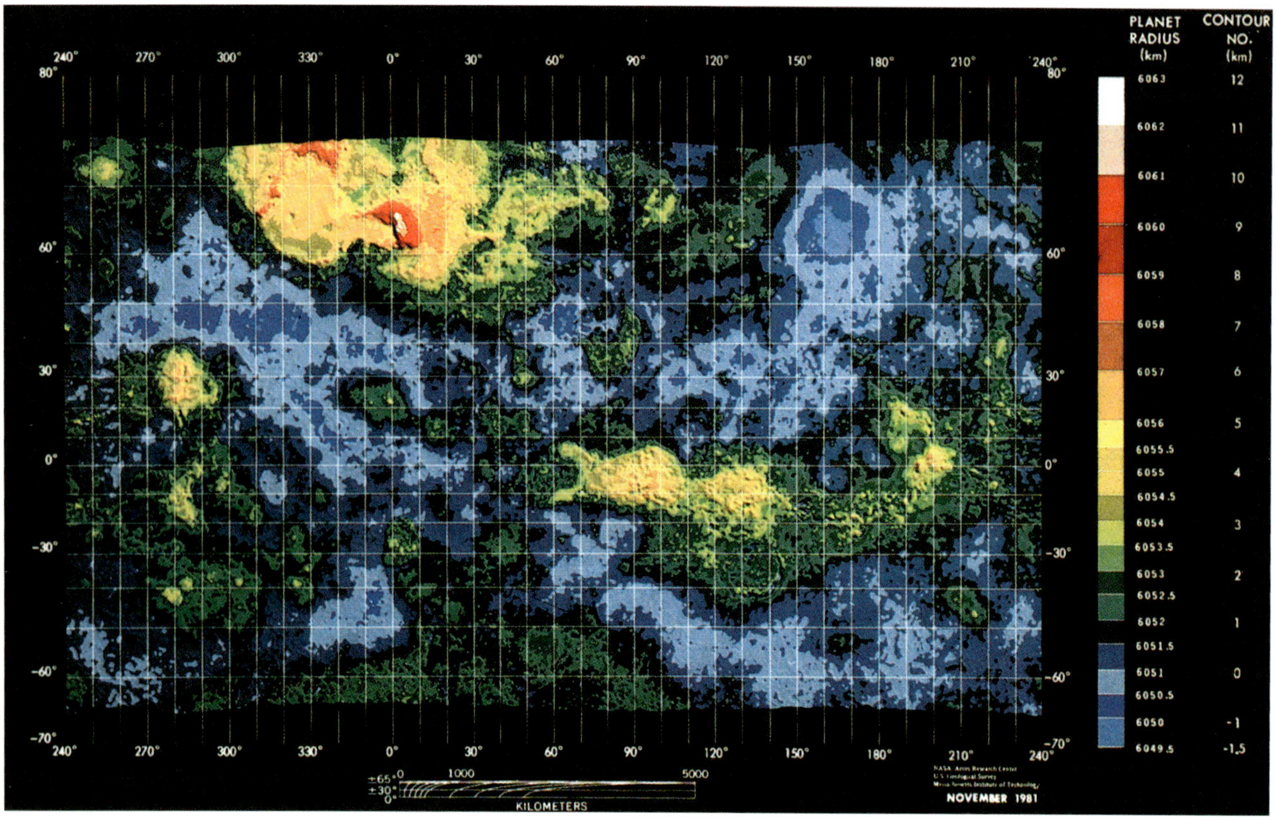

Première topographie globale de la planète Vénus. De vastes plaines couvrent 60 % de sa surface. Aphrodite Terra au nord et Ishtar Terra au niveau équatorial forment deux continents. La résolution de cette carte est de 75 km (taille du plus petit élément).

le 20 mai 1978 sur une fusée Atlas-Centaur depuis Cap Canaveral. Pioneer Venus Orbiter s'est insérée sur son orbite elliptique opérationnelle le 4 décembre, avec un périapside (altitude minimale) compris entre 142 km et 253 km et un apoapside (altitude maximale) de 66 900 km. Elle était conçue pour orbiter assez longtemps autour de Vénus, afin de couvrir presque entièrement la surface vénusienne, ce qui fut réalisé en juillet 1980. En plus du radar qui servait aussi d'altimètre, la sonde était équipée d'une batterie d'instruments de mesure (17 expériences ont été réalisées), dont plusieurs pour caractériser spécifiquement les propriétés de l'atmosphère. La distribution des nuages était évaluée avec un photopolarimètre, l'émission des rayons infrarouges par les nuages étant mesurée avec un radiomètre et la composition chimique de la haute atmosphère étant analysée avec un spectromètre de masse. La première phase de la mission de Mariner 10 s'acheva lorsque l'orbiteur fut « remonté » sur un périapside de 2 290 km d'altitude en attendant une remise en fonction. Son radar fut réactivé en 1991 pour travailler en tandem avec la mission Magellan (voir page 118). En mai 1992, l'orbiteur fut « redescendu » sur un périapside bas (150-250 km d'altitude) et s'y maintint jusqu'à épuisement du carburant au mois d'août suivant. ♀

Pioneer Venus Multiprobe

1978

Pour optimiser la fenêtre de tir de 1978 vers Vénus, la sonde Pioneer Venus Orbiter était accompagnée dans son expédition par la sonde Pioneer Venus Multiprobe, lancée quelques mois plus tard le 8 août. Pioneer Venus Multiprobe devait pénétrer l'atmosphère avec plusieurs capsules de pénétration réparties sur différentes zones de Vénus. Du point de vue de sa structure, la mission Multiprobe se résumait à cinq éléments : un vaisseau bus porteur et quatre sondes atmosphériques (une grande et trois petites identiques). Les sondes emportaient une série d'instruments de mesure (de même que le bus qui brûla par friction dans l'atmosphère) et elles étaient pressurisées pour résister aux hautes pressions vénusiennes. Ces sondes n'étaient pas destinées à atterrir et n'emportaient donc ni caméras ni instruments d'analyse du sol. Leur survie à la surface, optionnelle, était vue comme une prime. Seule la grande sonde disposait d'un parachute et

Inspection du vaisseau spatial Pioneer Venus Multiprobe.

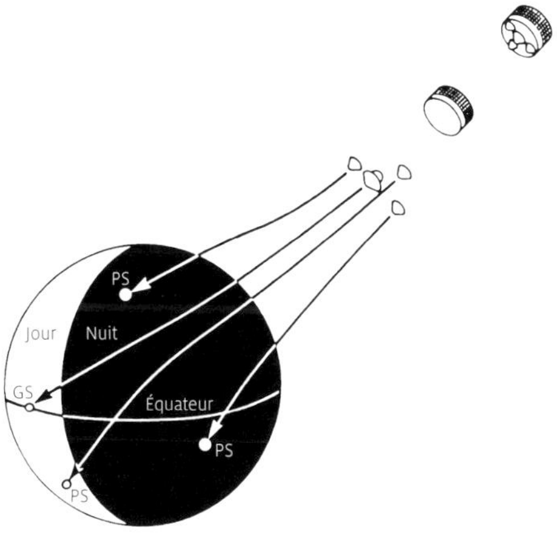

Schéma des trajectoires d'entrée dans l'atmosphère de Vénus des trois petites sondes, de la grande sonde et du bus de la mission Pioneer Venus Multiprobe.

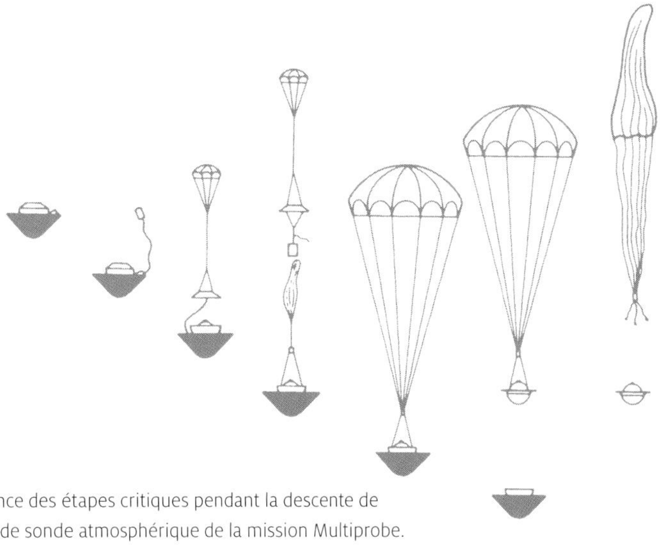

Séquence des étapes critiques pendant la descente de la grande sonde atmosphérique de la mission Multiprobe.

d'un bouclier thermique détachable. Le 16 novembre 1978, le bus largua la grande sonde, puis, le 20 novembre, les trois petites sondes. Les quatre projectiles pénétrèrent dans l'atmosphère de Vénus le 9 décembre, soit cinq jours après que Pioneer Venus Orbiter fut placée en orbite. Selon la zone de la planète qu'elles visaient, les trois petites sondes furent nommées Nord, Jour et Nuit. La sonde Jour résista à l'impact et transmit des signaux pendant plus d'une heure depuis la surface de Vénus, tandis que les autres s'écrasèrent. En tout et pour tout, la descente avait duré autour de 50 minutes. La connaissance de la planète a fait un bond quantitatif et qualitatif énorme en 1978 grâce aux deux missions Pioneer Venus. ♀

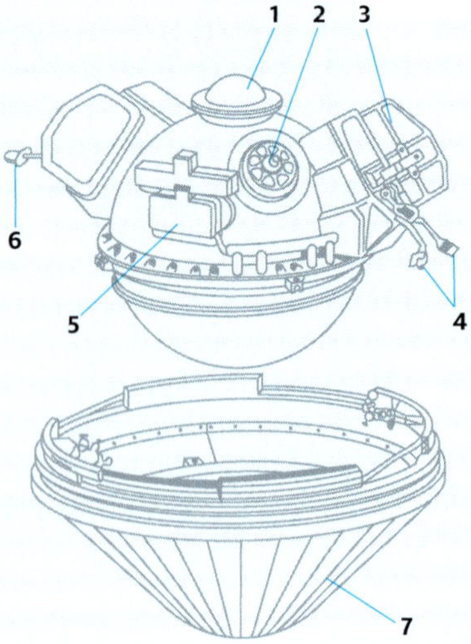

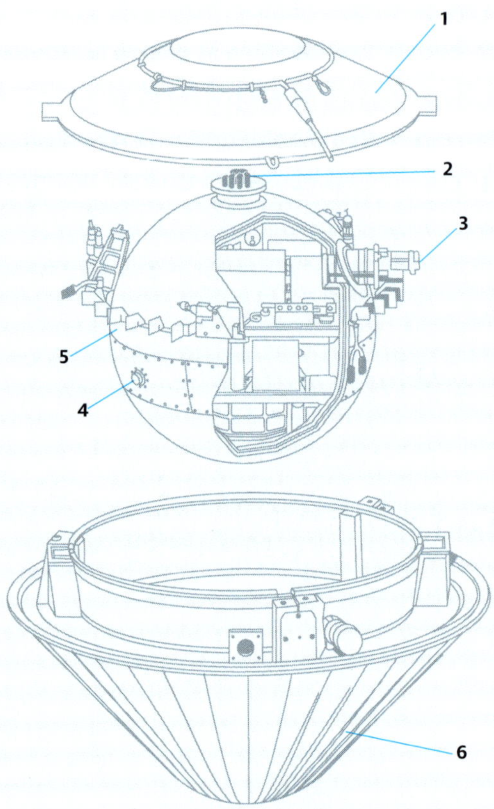

PRINCIPAUX ÉLÉMENTS DES SONDES ATMOSPHÉRIQUES MULTIPROBE

PETITE SONDE

1. Antenne
2. Accès au réservoir de liquide réfrigérant
3. Porte du compartiment d'analyse atmosphérique
4. Capteurs de température et de pression
5. Néphélomètre
6. Radiomètre
7. Module de décélération

GRANDE SONDE

1. Couvercle de protection détachable
2. Antenne
3. Néphélomètre
4. Entrée du spectromètre de masse
5. Ailerons stabilisateurs
6. Module de décélération

Venera 15 et 16

1983

L'objectif de la mission double Venera 15 et 16 consistait à utiliser un radar pour cartographier Vénus depuis une position orbitale, avec une meilleure résolution que Pioneer Venus Orbiter. La capsule de descente dans l'atmosphère des missions Venera précédentes était remplacée sur Venera 15 et 16 par une antenne radar à synthèse d'ouverture. La synthèse d'ouverture est une technique de balayage radar qui accroît considérablement la précision du relevé topographique. Une antenne parabolique, pointant dans la même direction que l'antenne radar, servait d'altimètre radio pour

Venera 15 pendant le lancement avec son réflecteur radar replié (à gauche) et en configuration de cartographie avec son réflecteur radar ouvert (à droite).

La combinaison des données altimétriques et des images radar des missions Venera 15-16 améliore la qualité de l'information topographique, ici dans la région d'*Ishtar Terra*.

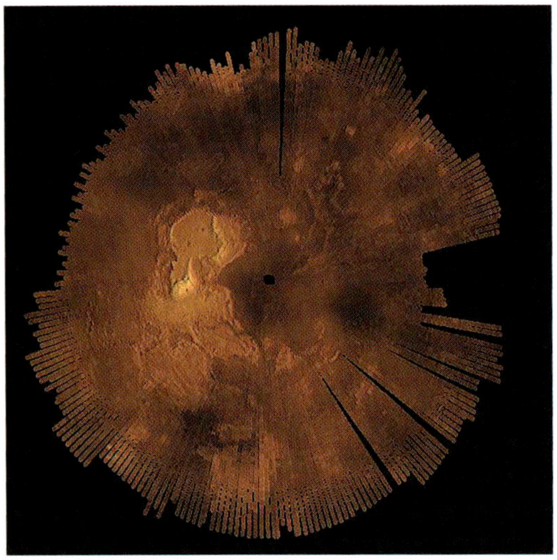

PRINCIPAUX ÉLÉMENTS DE VENERA 15

1. Antenne radar
2. Antenne de l'altimètre radar
3. Radar
4. Antenne de communication à haut gain
5. Panneau solaire
6. Radiateur
7. Suiveur stellaire
8. Réservoir d'azote pour le contrôle d'attitude
9. Circuit de réfrigération

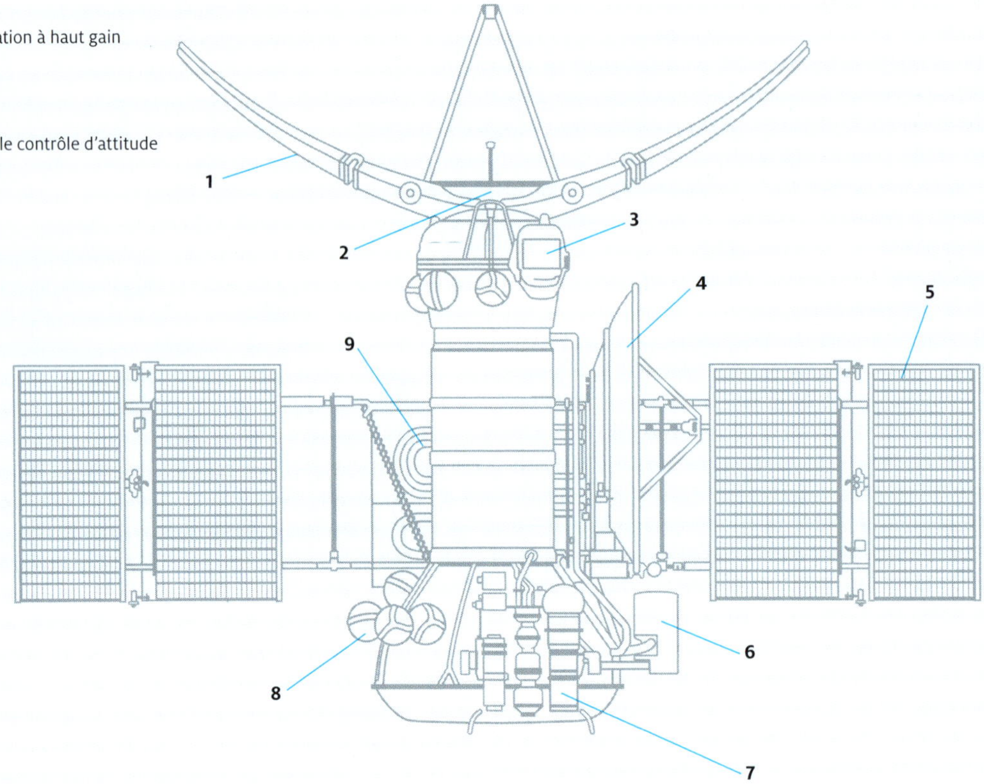

mesurer les élévations. Venera 15 décolla de Baïkonour le 2 juin 1983 sur une fusée Proton, Venera 16 décollant le 7 juin 1983. Venera 15 et Venera 16 se placèrent en orbite polaire elliptique (1 000 km × 65 000 km), respectivement le 10 et le 14 octobre 1983, pour survoler les zones comprises entre le pôle nord et 30 °N de latitude, ce qui couvre 25 % de la surface de Vénus. Les deux sondes occupant des orbites proches, la même région pouvait être couverte deux fois en cas de besoin. Chaque sonde disposait d'ordinateurs de bord puissants pour effectuer le traitement des données radar avant de transmettre les images obtenues. Chaque image radar, d'une résolution de l'ordre du kilomètre, couvrait une bande étroite de 120 km par 7 500 km et prenait 16 minutes à compléter. En juin 1984, Vénus se trouva en conjonction supérieure, c'est-à-dire derrière le Soleil par rapport à la Terre, ce qui empêchait toute communication. L'orbite de Venera 16 fut donc modifiée pour qu'elle repasse au-dessus des zones manquées pendant la conjonction. La mission se prolongea jusqu'en juillet 1984. Dans les zones couvertes par Venera 15 et 16, la planète s'avéra plus dynamique géologiquement que Mars, mais sans plaques tectoniques comme on en trouve sur Terre. ♀

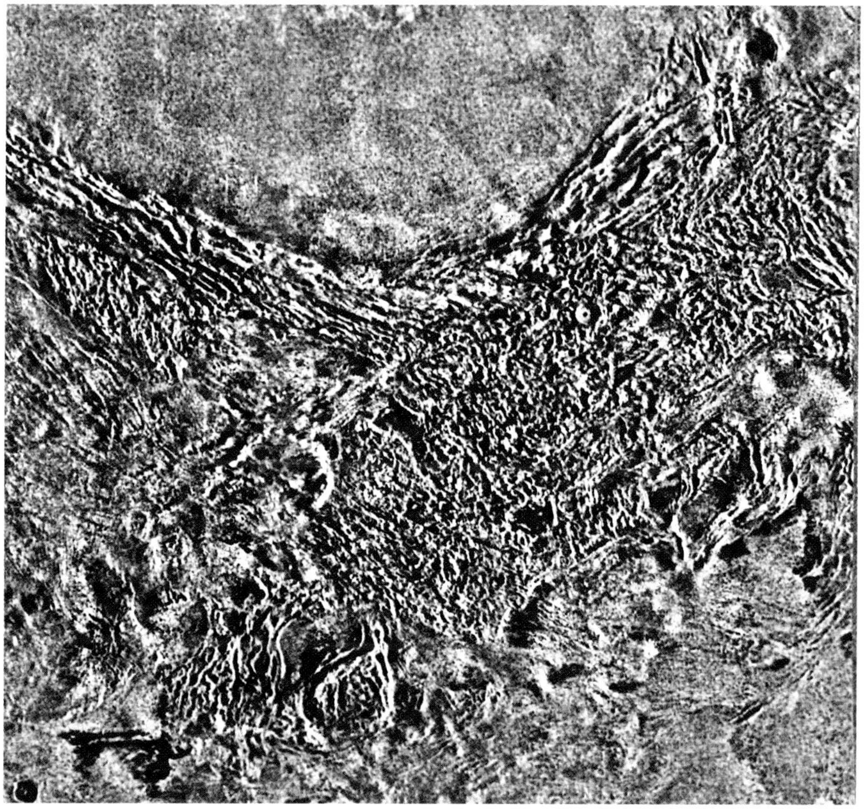

En dépit de la faible résolution des images radar transmises, il est possible de détecter une activité géologique intense à la surface de Vénus.

1984

Vega 1 et 2

Le programme soviétique Vega avait pour mission l'étude de la planète Vénus en tirant avantage du passage de la comète de Halley à son périhélie en 1986. Le nom de cette expédition ambitieuse vient de la contraction des mots VEnera et GAllei (Halley en russe). Deux vaisseaux spatiaux identiques de la génération Venera, les massives Vega 1 et Vega 2 (4 tonnes), devaient survoler Vénus, larguer un atterrisseur, puis se diriger vers la comète de Halley. Vega 1 fut propulsée vers Vénus sur un lanceur Proton le 15 décembre 1984, Vega 2 s'élançant à son tour le 21 décembre.

Transport de l'atterrisseur vénusien de Vega 1.

Les deux sondes sont passées au voisinage de Vénus en juin 1985. Le 11 juin 1985, Vega 1 libéra son module de descente de 750 kg comprenant un atterrisseur identique à celui des missions Venera précédentes et un ballon avec une nacelle d'instruments pour étudier l'atmosphère, conçu en collaboration avec une équipe française du CNES. L'ensemble pénétra dans l'atmosphère à 11 km/seconde. En raison probablement d'une forte rafale de vent qui avait déclenché, par erreur, les capteurs d'impact, l'atterrisseur déploya ses instruments pendant la descente. Il s'écrasa sans transmettre de données. Le module contenant le ballon et sa nacelle fut séparé de l'atterrisseur par l'ouverture d'un parachute à 61 km d'altitude soit 40 secondes après l'entrée dans l'atmosphère. L'ouverture d'un second parachute libéra le ballon qui se stabilisa à une altitude autour de 54 km, une zone mouvementée où la pression est de 535 mbar et où la température avoisine les 40 °C. La vitesse de déplacement horizontal du ballon-sonde fut estimée à 69 mètres/seconde et le 12 juin, il passa la zone du terminateur dans le sens nuit-jour. La sonde atmosphérique dériva sur une distance de 11 600 km, puis cessa de communiquer le 13 juin 1984.

De son côté, le vaisseau Vega 2 libéra son module de descente le 15 juin 1985. Son atterrisseur se posa sans encombre dans la partie nord de la région Aphrodite Terra. L'échantillon de surface analysé indique la présence de roches de type anorthosite-troctolite rarement observées sur Terre mais présentes dans les plateaux lunaires, ce qui laisse supposer que le site d'atterrissage de Vega 2 est le plus ancien jamais visité sur Vénus. L'atterrisseur succomba aux conditions infernales de Vénus après 56 minutes d'opération. Les données sur le comportement du ballon-sonde de Vega 2 et sur les conditions atmosphériques confirmèrent celles de Vega 1. La phase vénusienne du programme Vega s'acheva le 17 juin 1985.

Une nouvelle phase, désormais, commençait, à savoir l'étude de la comète de Halley. Le champ gravitationnel de la planète courba les trajectoires des sondes Vega 1 et Vega 2 en direction de la comète (voir page 298). ♀

Le concept de ballon-sonde a de nombreux avantages dans le cadre de l'exploration de Vénus, notamment sa grande vitesse de déplacement dans l'atmosphère. Un prototype de ballon en kevlar est soumis à des tests techniques dans les locaux du Jet Propulsion Laboratory à Pasadena, en vue d'une future mission.

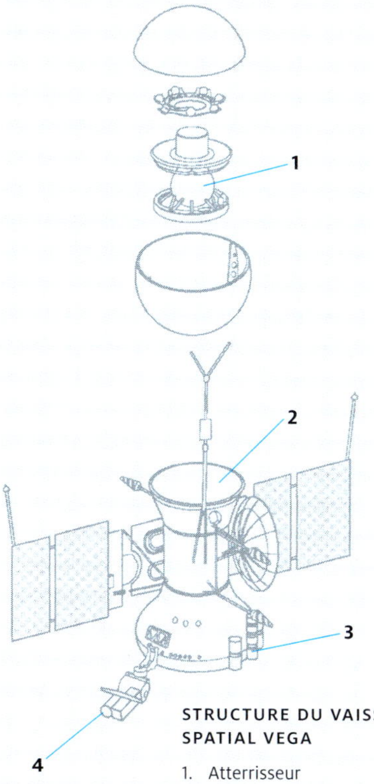

STRUCTURE DU VAISSEAU SPATIAL VEGA

1. Atterrisseur
2. Module de croisière
3. Suiveur stellaire et suiveur solaire
4. Caméras de télévision

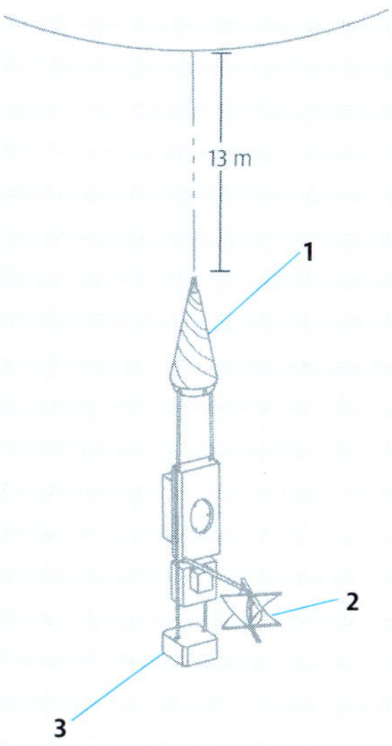

PRINCIPAUX ÉLÉMENTS DE LA NACELLE DE VEGA

1. Antenne omnidirectionnelle
2. Anémomètre
3. Néphélomètre et batterie

1989

Magellan

CI-DESSOUS À GAUCHE
Préparation de la sonde Magellan dans les locaux de Martin Marietta Astronautics à Denver, au Colorado.

CI-DESSOUS À DROITE
Décollage de la navette spatiale Atlantis, le 4 mai 1989, pour la mission STS-30, dont l'objectif principal était de placer Magellan en orbite basse à 296 km d'altitude avant sa propulsion vers Vénus par une fusée IUS à deux étages.

En 1989, la mission Magellan, nommée en l'honneur du célèbre explorateur portugais, était la première mission interplanétaire américaine depuis Voyager en 1977 (voir page 219). Elle était destinée à établir une cartographie complète et détaillée de la planète Vénus. La sonde orbitale Magellan ne fut pas lancée vers Vénus par une fusée conventionnelle. Elle fut la première de trois sondes spatiales transportées en orbite terrestre par une navette spatiale avant d'être propulsées sur leurs trajectoires (voir Galileo page 229 et Ulysse page 278). La navette Atlantis décolla le 4 mai 1989 de Cap Canaveral avec Magellan dans sa soute. Les astronautes

Déploiement de Magellan dans la soute de la navette Atlantis en orbite.

ORBITE DE CARTOGRAPHIE RADAR DE MAGELLAN AUTOUR DE VÉNUS

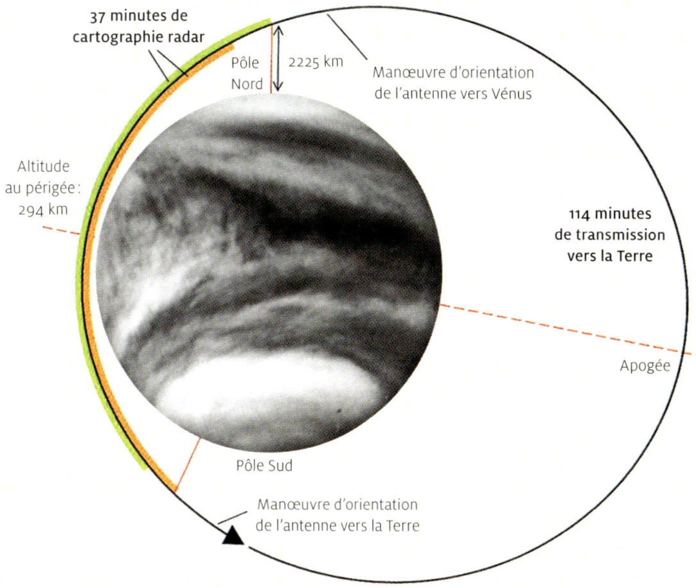

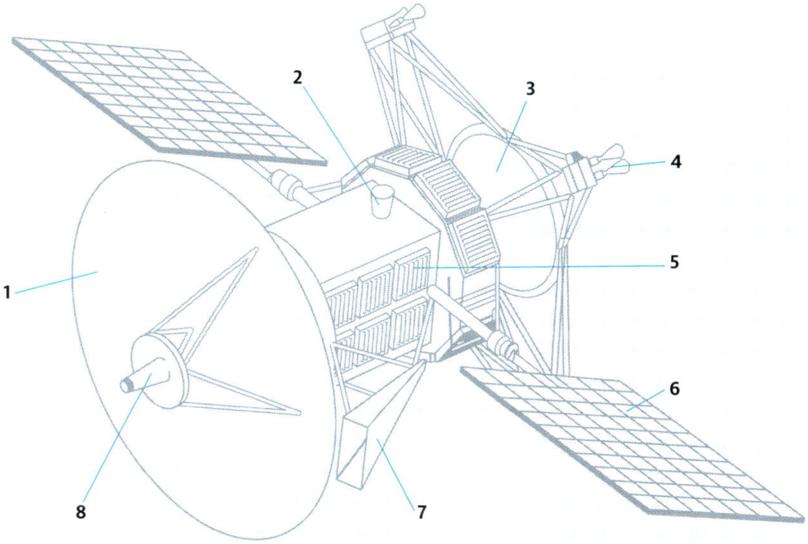

PRINCIPAUX ÉLÉMENTS DE MAGELLAN

1. Antenne à haut gain
2. Suiveur stellaire
3. Module de propulsion
4. Moteur de mise en orbite
5. Volets de contrôle thermique
6. Panneau solaire
7. Antenne de l'altimètre
8. Antenne à faible gain

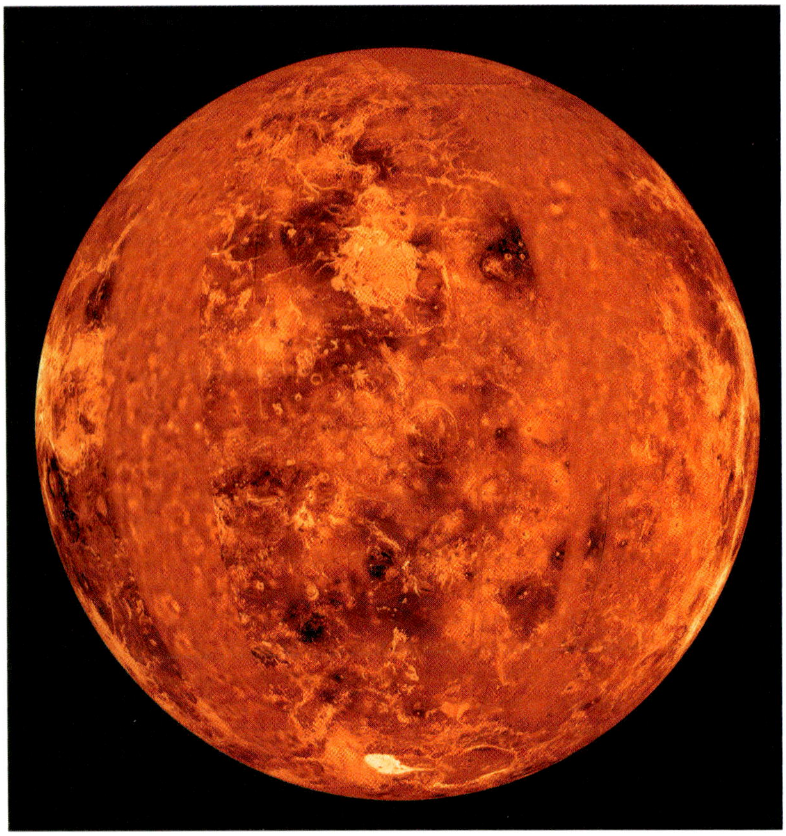

Vue globale de la surface de Vénus d'après les données altimétriques et radar de Magellan. La vue est centrée sur l'équateur. La couleur est basée sur les observations au sol des missions Venera 13 et 14.

de la mission STS-30 dégagèrent délicatement la sonde de la soute et la lâchèrent en orbite basse (300 km d'altitude). Ensuite, son étage de propulsion IUS (*Inertial Upper Stage*) à carburant solide fut allumé pour la placer sur une longue trajectoire qui lui fit faire presque deux fois le tour du Soleil avant de s'approcher de Vénus. Une plus grande poussée aurait raccourci la durée du trajet de Magellan, mais, pour des raisons de sécurité, la taille du moteur IUS avait été réduite. Les responsables de la navette spatiale, en effet, étaient nerveux à l'idée de transporter de grandes quantités de carburant dans la soute. Magellan se plaça sur une orbite polaire autour de Vénus, à une altitude variant entre 250 km et 8 070 km à partir du 10 août 1990. Pour limiter les coûts de mise au point, la sonde était composée de certains éléments recyclés de missions précédentes dont Voyager (l'antenne radio à haut gain et les rétrofusées), Galileo (les ordinateurs de bord et le système d'alimentation électrique) et même Mariner 9 (l'antenne radio à gain modéré). L'antenne à haut gain servait à la fois pour l'imagerie radar et pour les communications avec la Terre. Comme dans les missions Venera 15 et 16 (voir page 113), la technique radar dite à synthèse d'ouverture était utilisée pour la cartographie et la gravimétrie, mais avec une précision supérieure et de façon plus systématique pour

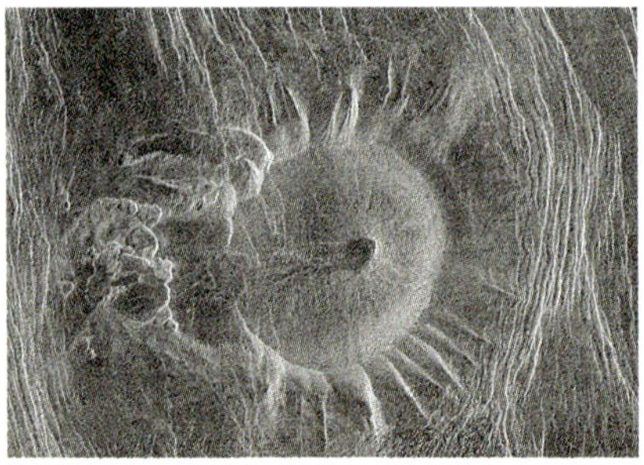

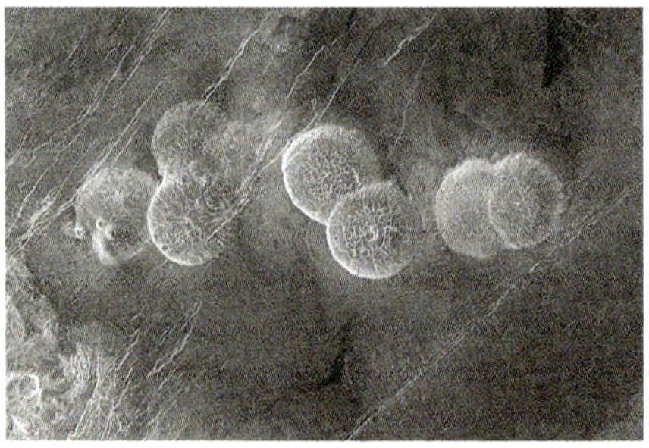

CI-DESSOUS À GAUCHE
Cette structure volcanique particulière, surnommée « tique », correspond à une caldera avec des épanchements radiaux de lave. La caldera de ce volcan situé dans la zone nord-est d'*Alpha Regio* a un diamètre de 30 km.

CI-DESSOUS À DROITE
Ces dômes volcaniques en forme de crêpes dans *Alpha Regio* ont probablement été formés par extrusion de lave à haute viscosité, ce qui expliquerait leurs bords francs.

couvrir la presque totalité de la planète. La mission était divisée en plusieurs phases ou cycles d'imagerie de 243 jours (la période de révolution de Vénus) ; elle fut réalisée entre 1990 et 1994. La technique de changement d'orbite par aérofreinage fit ses preuves pour la première fois quand il fallut descendre Magellan à 180 km d'altitude pour une phase de cartographie gravimétrique.

Le 11 octobre 1994, après avoir effectué quelque 15 000 révolutions autour de Vénus, les responsables de la mission commandèrent à la sonde de pénétrer dans les hautes couches atmosphériques, où elle se désintégra rapidement. Pendant ces quatre années, la mission Magellan fut un succès complet, technique et scientifique. Les images radar obtenues, spectaculaires, rivalisent avec des photographies classiques. Les cartes de Vénus ont une résolution de 100 mètres environ, sur 98 % de la surface, dont 22 % en données stéréoscopiques, ce qui en fait une ressource inégalée pour comprendre la géologie de cette planète. L'absence de plaques tectoniques sur Vénus contraste avec la Terre. La chaleur interne ne peut se libérer que dans un volcanisme destructeur qui remodèle la surface en permanence. ♀

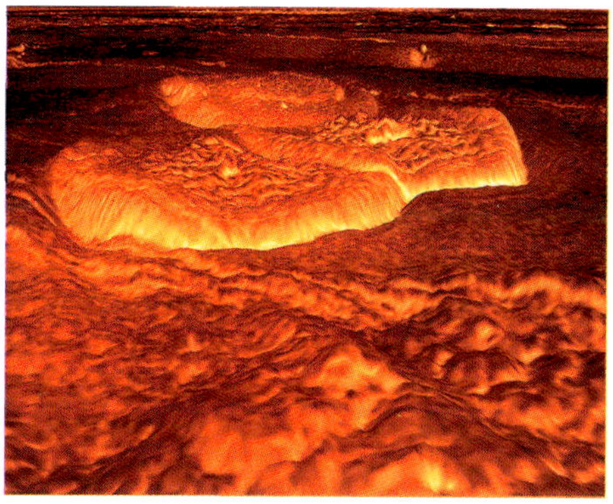

Reconstitution numérique en 3-D de plusieurs dômes-crêpes caractéristiques de Vénus. Exagération verticale de 23 fois.

CI-DESSOUS

La carte du relief de Vénus, la plus complète à ce jour, établie grâce aux données de la mission Magellan. En l'absence d'océans pour définir le niveau 0, les altitudes indiquées correspondent aux altitudes mesurées par rapport au rayon minimum de la planète (6 048 km).

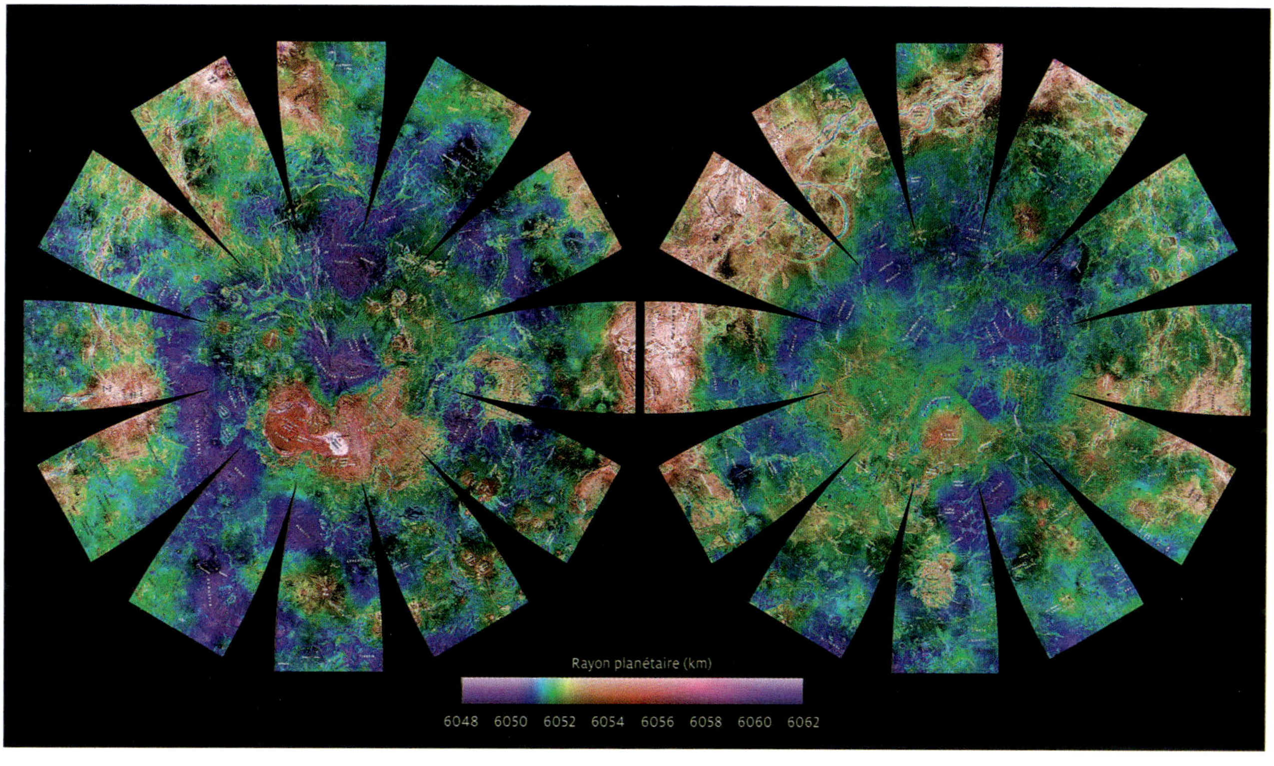

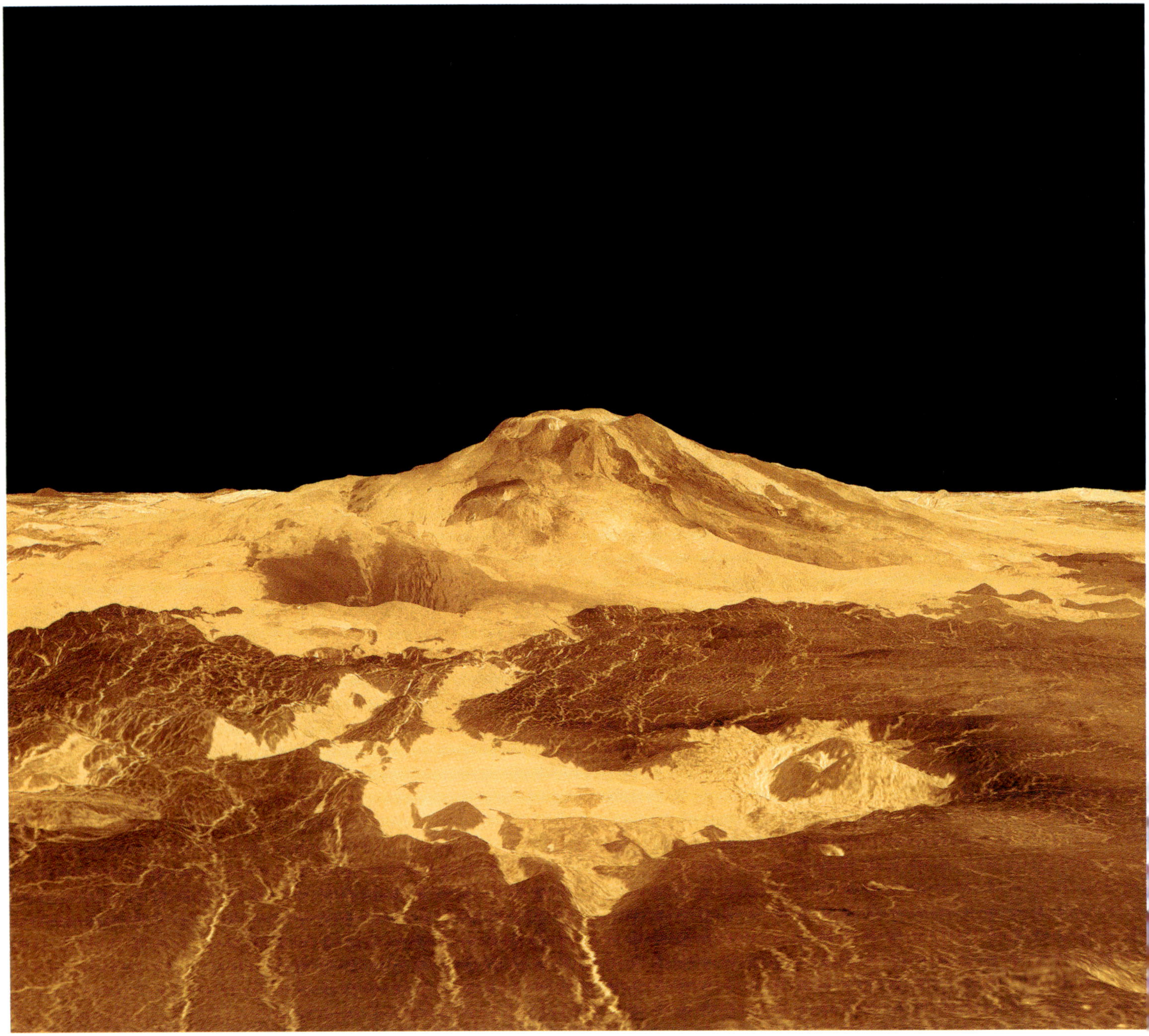

Image de synthèse en 3-D de la région du volcan *Maat Mons*, qui culmine à 5 000 mètres au-dessus des plaines de lave avoisinantes.

FERNAND DE MAGELLAN

(1480- 1521)

Fernand de Magellan (Fernão de Magalhães) était un navigateur et explorateur portugais. Il est connu pour avoir été l'organisateur et le commandant de la première expédition de circumnavigation de l'histoire (1519-1522). Ce voyage était commandité par la Couronne d'Espagne pour ouvrir une nouvelle route des épices vers l'Ouest, entre les îles Moluques, d'où provenait en exclusivité le girofle, et l'Europe. L'expédition, comptant au départ cinq navires, dura trois années pleines de péripéties, dont une mutinerie, un épisode de scorbut, un naufrage et un arraisonnement. Magellan périt en 1521 dans une bataille menée contre une tribu indigène sur l'île de Mactan, aux Philippines. Un seul navire, la *Victoria*, put regagner son port d'origine en 1522. Durant ce voyage, Magellan découvrit le détroit entre l'océan Atlantique et l'océan Pacifique, qui porte son nom en son honneur. Sir Francis Drake ne réussira le deuxième tour du monde que 58 ans plus tard. Pendant plusieurs siècles, la voie de passage vers le Pacifique par le détroit de Magellan sera abandonnée en raison des mauvaises conditions de navigation qui y règnent.

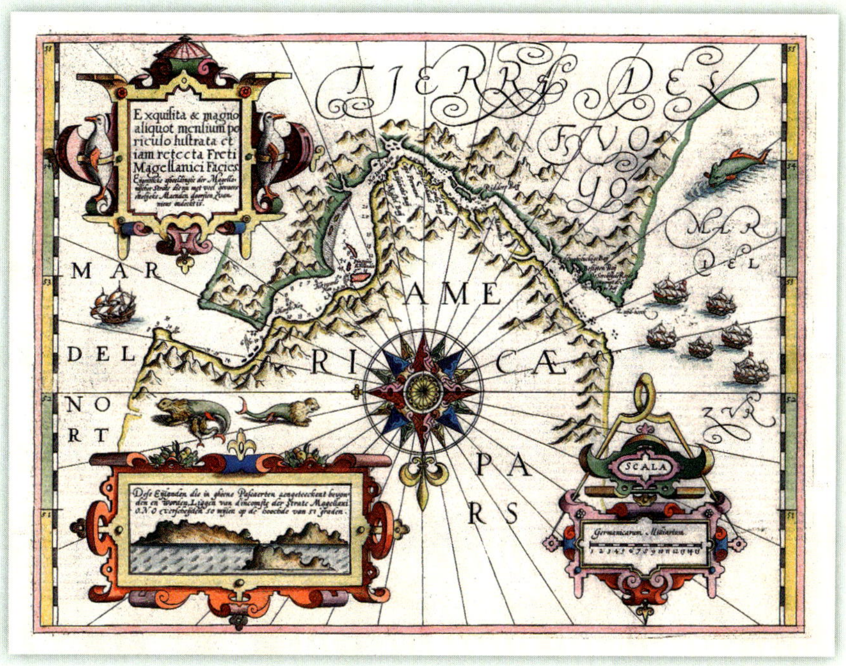

2005 Venus Express

VENUS EXPRESS est la première mission d'exploration de Vénus tentée par l'Agence spatiale européenne. Cette mission fut proposée en 2001 pour tirer avantage du développement préalable de la sonde Mars Express (voir page 184) avec laquelle elle partage beaucoup d'éléments. Quelques changements structurels durent être apportés pour tenir compte des environnements planétaires très différents entre Mars et Vénus : plus de protection thermique et plus de protection contre les radiations ionisantes. Par contre, la luminosité du Soleil étant quatre fois plus forte sur Vénus que sur Mars, la même surface de panneaux solaires photovoltaïques fournit plus d'énergie à la sonde. L'objectif principal de la mission était l'étude détaillée des caractéristiques physiques et chimiques de l'atmosphère et des nuages vénusiens, ainsi que la cartographie des températures à la surface. La caméra digitale de Venus Express, à canaux multiples, était dérivée des

Vue d'artiste de Venus Express en orbite de travail.

Érection de la fusée Soyouz-Fregat, avec la sonde Venus Express à son bord, sur le cosmodrome russe de Baïkonour au Kazakhstan. La fusée Soyouz, avec plus de 1 700 tirs à son actif, est la plus utilisée au monde.

CI-CONTRE

Assemblage de Venus Express dans les locaux d'EADS Astrium à Toulouse en France.

CI-DESSOUS

Installation de la sonde orbitale Venus Express, arrimée à son étage Fregat, dans la coiffe du lanceur.

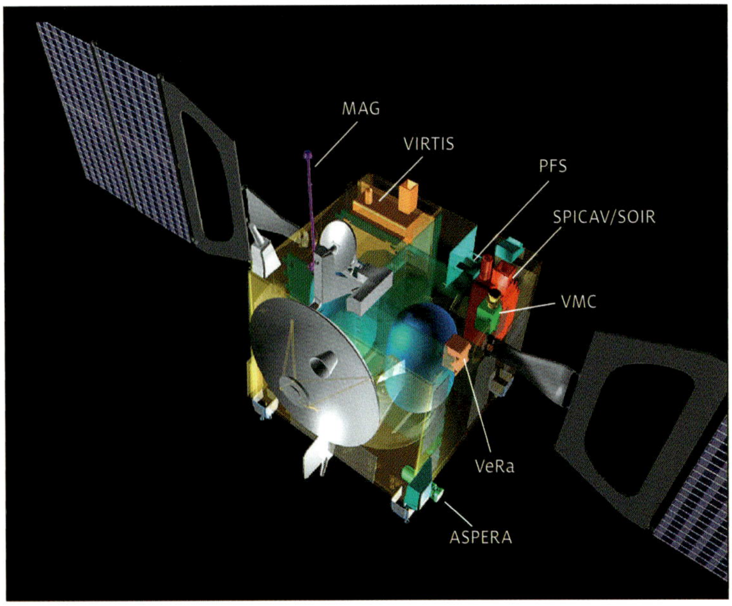

Venus Express dispose d'une batterie d'instruments scientifiques pour caractériser la planète Vénus : magnétomètre (MAG) ; imageur spectrométrique (VIRTIS) ; spectromètres (PFS et SPICAV/SOIR) ; caméra (VMC) ; instrument de radioscience (VeRA) ; analyseur de plasma (ASPERA).

caméras à haute résolution installées à bord des sondes Mars Express et Rosetta (voir page 313). Un processeur numérique fut ajouté au système d'imagerie pour traiter les données brutes avant de les envoyer, cela afin d'économiser la bande passante des communications radio avec la Terre. Plusieurs instruments mis au point pour d'autres missions de l'ESA dont les spectromètres PSF (*Planet Fourier Spectrometer*) et SPICAV/SOIR (*Spectrometre for the Analysis of the Venus Atmosphere/Solar Occultation at Infrared*), le sondeur radio VeRA et le magnétomètre MAG complétaient l'équipement scientifique. S'ajoutent à la charge utile l'analyseur de plasma spatial ASPERA (*Analyser of Space Plasmas & Energetic Neutral Atoms*) ainsi que l'imageur VMC (*Venus Monitoring Camera*). Venus Express décolla de Baïkonour sur une fusée soviétique Soyouz-Fregat, le 9 novembre 2005, pour se placer sur une orbite terrestre de stationnement. Puis le moteur de l'étage Fregat arrimé à la sonde fut allumé et propulsa la sonde sur une trajectoire de transfert vers Vénus qui dura 153 jours. Le 11 avril 2006, Venus Express fut captée par le champ de gravitation de Vénus. Plusieurs manœuvres furent nécessaires pour placer la sonde sur son orbite finale de

CI-CONTRE

Deux faces de Vénus. Cette image représente la planète vue de nuit en lumière infrarouge (rouge-orange) et vue de jour en lumière ultraviolette (bleu) par le spectromètre VIRTIS de Venus Express. Les radiations infrarouges renseignent sur la structure des couches nuageuses profondes, tandis que les radiations dans le spectre ultraviolet indiquent la répartition des nuages dans la haute atmosphère de Vénus.

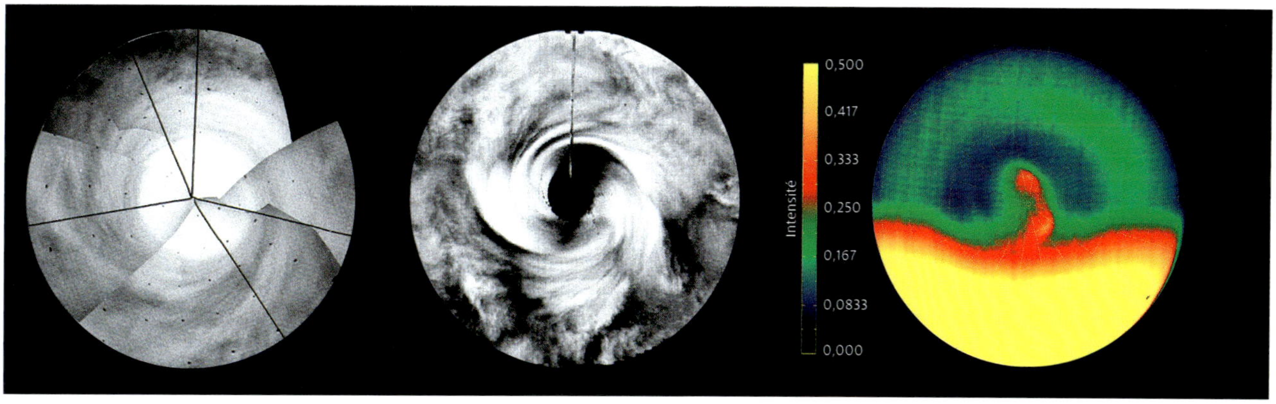

Images du pôle Sud de Vénus par les trois sondes orbitales Mariner 10, Pioneer Venus Orbiter et Venus Express. Seule la précision des images de Venus Express a permis la découverte d'un double vortex atmosphérique.

travail, une orbite polaire elliptique de 249 km × 66 582 km décrite en 24 heures, travail mené à terme le 18 mai 2006. Le 13 avril 2006, Venus Express transmit ses premières images. Les résultats obtenus suggèrent la présence d'océans dans un passé lointain de la planète. Les observations du pôle Sud avec le spectromètre VIRTIS (pour *Visible and Infared Thermal Imaging Spectrometer*) ont permis la découverte d'un vortex atmosphérique double de grandes dimensions, qui rappelle les cyclones sur Terre. La détection de dioxyde de soufre dans l'atmosphère pose la question d'un volcanisme actif sur Vénus. Les données de Venus Express ont confirmé aussi que les éclairs sont plus fréquents sur Vénus que sur Terre. Ayant accompli avec brio sa phase nominale de deux jours vénusiens (500 jours terrestres), la mission Venus Express a été prolongée jusqu'en décembre 2009. ♀

De la vie sur Terre ?

Les organismes vivants modifient la composition atmosphérique de leur planète. Pour tester des nouvelles méthodes de détection à longue distance de la vie sur des exoplanètes (situées en dehors du système solaire), la caméra du spectromètre VIRTIS de Venus Express a été braquée sur la Terre à plusieurs reprises en 2007 depuis sa position en orbite autour de Vénus. L'analyse de la faible lumière reflétée par la Terre a permis d'identifier les signatures spectrales de plusieurs molécules présentes dans l'atmosphère, dont le dioxyde de carbone (CO_2), le méthane (CH_4), l'ozone (O_3) et l'oxyde nitreux (N_2O). Au cours de cette expérience, aucun détail n'était visible à la surface de la Terre, éloignée de 46 millions de kilomètres.
Et pour cause, notre planète n'occupait alors qu'un pixel sur l'image...

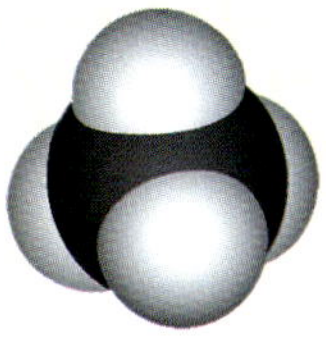

Mars la Rouge ♂

MARS EST LA QUATRIÈME PLANÈTE du système solaire. Après le Soleil, la Lune et Vénus, elle est l'objet le plus brillant dans le ciel. Cette planète observable à l'œil nu est surnommée « la planète rouge » en référence à sa couleur orange-rougeâtre qui provient de son sol riche en poussière d'oxyde de fer. Son atmosphère est composée principalement de dioxyde de carbone.

Mars est une planète tellurique au relief volcanique très accentué. Elle accueille la plus haute montagne du système solaire, Olympus Mons, un volcan éteint dont le sommet culmine à 26 km d'altitude. Avec une longueur de 4 000 km et une profondeur de 7 km, son canyon Valles Marineris remporte le titre de plus grand canyon connu. En comparaison, le Grand Canyon, en Arizona, ne fait que 446 km de long et de 2 km de profondeur !

Notre conception d'un monde planétaire habitable, c'est-à-dire capable d'abriter la vie, implique la présence d'eau liquide. Selon nos connaissances actuelles, Mars est la seule planète, avec la Terre, à présenter des indices géologiques qui laissent croire que la planète aurait pu, par le passé, présenter de grandes quantités d'eau liquide à sa surface. Elle reste donc une planète essentielle pour comprendre l'émergence de la vie.

Diamètre équatorial : **6 804 km**
Masse : **0,11** (Terre = 1)
Distance moyenne du Soleil : **1,52 UA** (Terre = 1)
Période de rotation : **24 h 37 min**
Période de révolution : **687 jours**
Température moyenne au sol : **-63 °C**
Gravité à la surface : **0,38 G**
Vitesse de libération : **5 km/s**
Pression atmosphérique au sol : **0.007 bar** (Terre = 1 bar)
Composition atmosphérique : **95 % CO_2 • 3 % azote • 3 % argon**
Lunes : **2** (Phobos et Déimos)

À la fin du 19e siècle, l'astronome italien Giovanni Schiaparelli, directeur de l'observatoire de Milan, cartographie toute la surface de Mars avec précision et il décrit pour la première fois ce qu'il croit être un réseau de canaux d'irrigation (*canali* en italien) qui acheminent l'eau des pôles glacés à l'équateur.

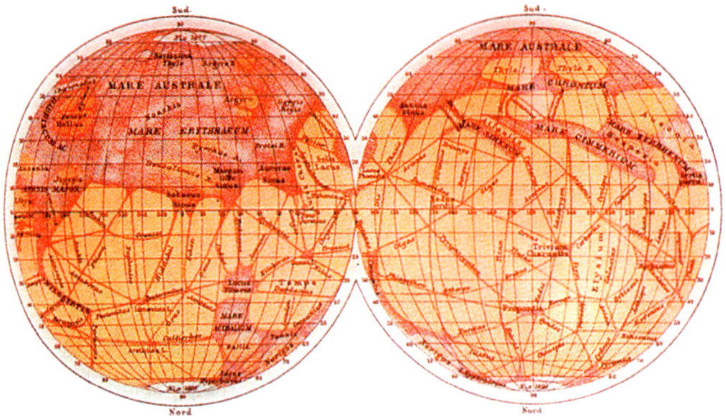

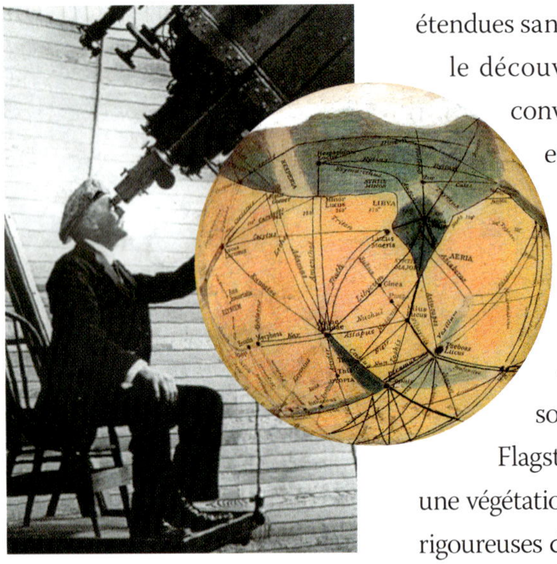

De son côté, l'américain Percival Lowell confirme la présence de canaux artificiels et imagine même une végétation abondante et une atmosphère respirable depuis son superbe observatoire situé à Flagstaff en Arizona.

Un peu d'histoire

La couleur de la planète Mars rappelant celle du sang, elle porte le nom de *Nergal*, le dieu de la guerre, du feu et de la destruction dans la culture babylonienne. Puis les Romains la nomment *Stella Martis*, l'étoile de Mars, puis simplement *Mars*, en hommage à leur dieu de la guerre.

En 1600, le mathématicien allemand Johannes Kepler est engagé par le célèbre astronome Tycho Brahé qui venait de construire son observatoire près de Prague pour calculer l'orbite précise de Mars. Il découvre que les planètes ont des orbites elliptiques et non circulaires : la première loi de Kepler était démontrée.

Le néerlandais Christiaan Huygens (voir page 253) observe sur Mars des étendues sans relief qui suggéraient des mers. William Herschel (1738-1822), le découvreur d'Uranus, était captivé par la planète rouge. Il était convaincu que Mars ressemblait beaucoup à la Terre par son climat et sa géographie. Huygens et Herschel ont été parmi les premiers à envisager que la planète Mars pouvait être habitée.

À la fin du XIXe siècle, l'astronome italien Giovanni Schiaparelli (1835-1910) cartographie la surface de Mars avec précision et décrit ce qu'il croit être un réseau de canaux d'irrigation (*canali*) qui achemineraient l'eau glacée des pôles vers l'équateur aride. De son côté, Percival Lowell (1855-1916), depuis son observatoire situé à Flagstaff en Arizona, confirme la présence de canaux et imagine même une végétation abondante et une atmosphère respirable. Les observations plus rigoureuses d'Edward E. Barnard (1857-1923) réfuteront la présence de mers et de canaux à la surface de Mars, qui n'étaient que des illusions optiques alimentées par l'imagination fertile de Schiaparelli et de Lowell.

La planète rouge possède deux satellites naturels. Ces lunes ont été découvertes par Asaph Hall en 1877 qui les a nommées Phobos (peur en grec) et Déimos (terreur), les deux fils d'Ares, dieu de la guerre dans la Grèce antique.

Mars et la science-fiction

L'idée d'une civilisation extraterrestre avancée, capable de creuser des canaux d'irrigation sur une échelle planétaire, a fait naître de nombreux thèmes de science-fiction qui ont marqué la culture populaire. Le premier grand classique de la science-fiction, le roman *La Guerre des mondes* de H. G. Wells (1897), raconte l'invasion de la Terre par une armée de créatures martiennes. En l'adaptant pour la radio sous la forme d'un reportage en direct très réaliste, Orson Welles créera en 1938 un mouvement de panique historique sur la côte est des États-Unis. Plusieurs films ont été tirés de cet ouvrage, les deux plus célèbres étant celui de Byron Haskin, en 1953, et surtout celui de Steven Spielberg en 2005, pour le plus grand plaisir des amateurs d'émotions fortes.

Mars et les sondes spatiales

Depuis les années 1960, plusieurs dizaines de sondes spatiales, incluant des orbiteurs et des atterrisseurs, ont été envoyées en missions d'exploration vers Mars par l'Union soviétique, les États-Unis, l'Europe et le Japon. Un grand nombre de ces missions ont échoué près du but par perte de contact radio, écrasement ou autres raisons techniques mystérieuses, ce qui laisse planer dans la communauté astronautique la rumeur d'un mauvais sort… Il faut souligner qu'un lancement vers Mars doit réunir des conditions complexes pour réussir. Après son lancement, la sonde sera injectée sur une orbite de transfert d'Hohmann (voir page 19), une orbite dont le périhélie est son point de départ, la Terre, et l'aphélie son point d'arrivée, Mars. La sonde doit être accélérée dans la même direction que le mouvement orbital de la Terre autour du Soleil, de manière à élever l'aphélie de sa trajectoire d'Hohmann à la distance souhaitée pour atteindre la planète Mars. Il faut donc que le jour de l'année et même l'heure du lancement soient choisis soigneusement en fonction des positions de la Terre et de Mars sur leur orbite respective, de façon à ce que Mars se trouve exactement à la bonne position sur son orbite lorsque la sonde arrivera à son aphélie. Entre octobre 1960 et novembre 1962, les Soviétiques ont essayé à cinq reprises de lancer un engin à destination de la planète rouge. Seule Mars 1, une sonde de 890 kg lancée le 1er novembre 1962, réussit à s'échapper de l'orbite terrestre. Mais son système d'attitude étant tombé en panne, la communication avec la sonde fut perdue alors qu'elle se trouvait à 106 millions de kilomètres de la Terre. Il faudra attendre deux ans avant que l'on connaisse un premier succès avec la sonde américaine Mariner 4. ♂

Une attaque martienne illustrée par Alvim Corrêa pour le roman *La Guerre des mondes*.

1964

Mariner 4

Décollage réussi de Mariner 4 sur une fusée Atlas-Agena en direction de Mars.

CI-CONTRE
Derniers préparatifs en vue du lancement.

BASÉE sur la structure octagonale éprouvée de Mariner 2, les sondes martiennes Mariner 3 et 4 ont été conçues principalement pour survoler Mars et capter les premières images de sa surface. Propulsée par une fusée Atlas-Agena D, la sonde Mariner 3, lancée le 5 novembre 1964, ne put atteindre sa destination à cause d'un problème de largage de sa coiffe protectrice, mais sa jumelle Mariner 4 décolla avec succès du complexe spatial Kennedy à Cap Canaveral en direction de Mars le 28 novembre 1964. Après plus de 7 mois de voyage interplanétaire sans encombre, Mariner 4 survola Mars les 14 et 15 juillet 1965 et transmit 22 images historiques de la surface de Mars grâce à sa caméra de télévision. Elle a pu se rapprocher à une altitude de 9 846 km de la planète. Les communications avec la sonde ont cessé le 21 décembre 1967, mais Mariner 3 et Mariner 4 sont toujours en orbite autour du Soleil. Entre-temps, les Soviétiques avaient lancé Zond 2 le 30 novembre 1964. Frôlant Mars par 1 609 km le 6 août 1965, la sonde n'a pu transmettre les photos prévues suite à une panne du système de communications. Zond 2 est la première sonde spatiale ayant eu recours à des moteurs ioniques pour contrôler son attitude. ♂

PRINCIPAUX ÉLÉMENTS DE MARINER 4

1. Antenne à faible gain
2. Magnétomètre
3. Détecteur de flux de particules
4. Panneau solaire
5. Volets de contrôle thermique
6. Suiveur stellaire
7. Suiveur solaire
8. Caméra de télévision
9. Spectromètre infrarouge
10. Voile solaire orientable
11. Tuyère de propulsion du moteur
12. Antenne à haut gain

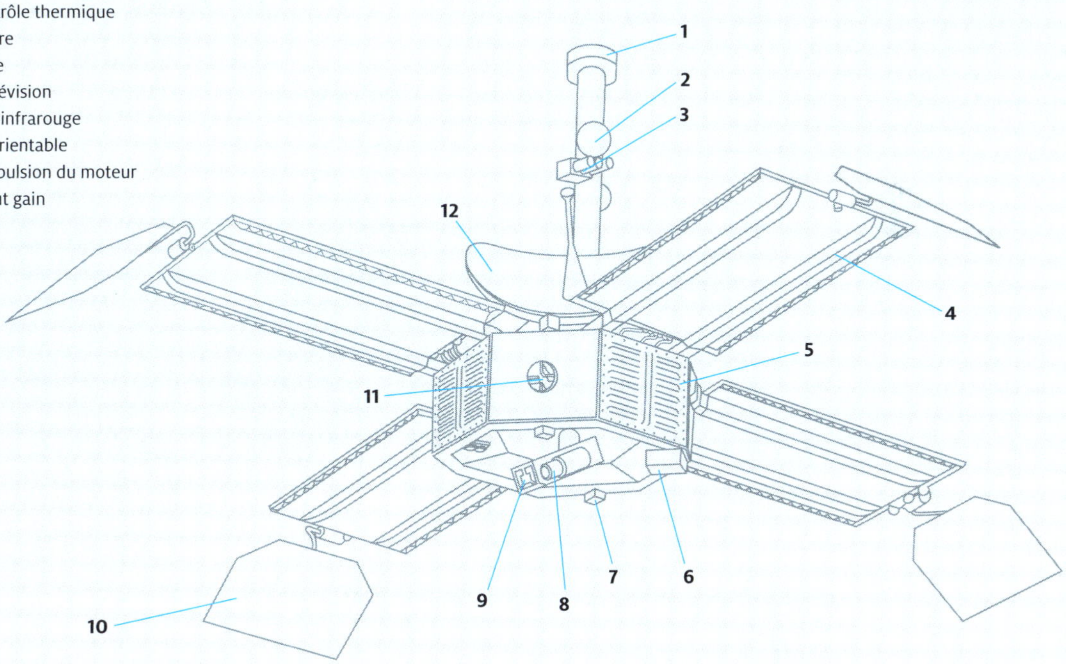

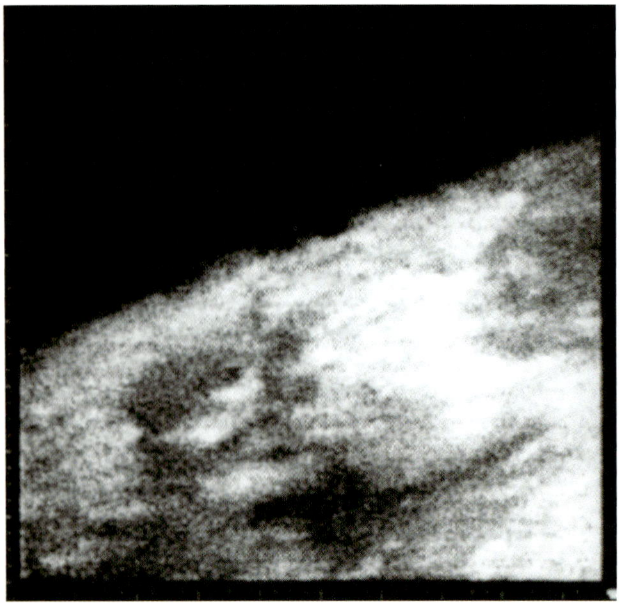

Première image de Mars transmise par une sonde spatiale.

Premières preuves de cratères à la surface de Mars.

Impatients de découvrir les images transmises depuis Mars avant le traitement informatique, les employés de la section des télécommunications décodent manuellement les rangées de chiffres reçus en temps réel en composant une sorte de peinture à numéros.

La caméra de télévision de type Vidicon embarquée sur la sonde Mariner 4.

Les dirigeants de la NASA et du JPL remettent une image de Mars transmise par Mariner 4 au président des États-Unis Lyndon Johnson au cours d'une cérémonie officielle en 1965.

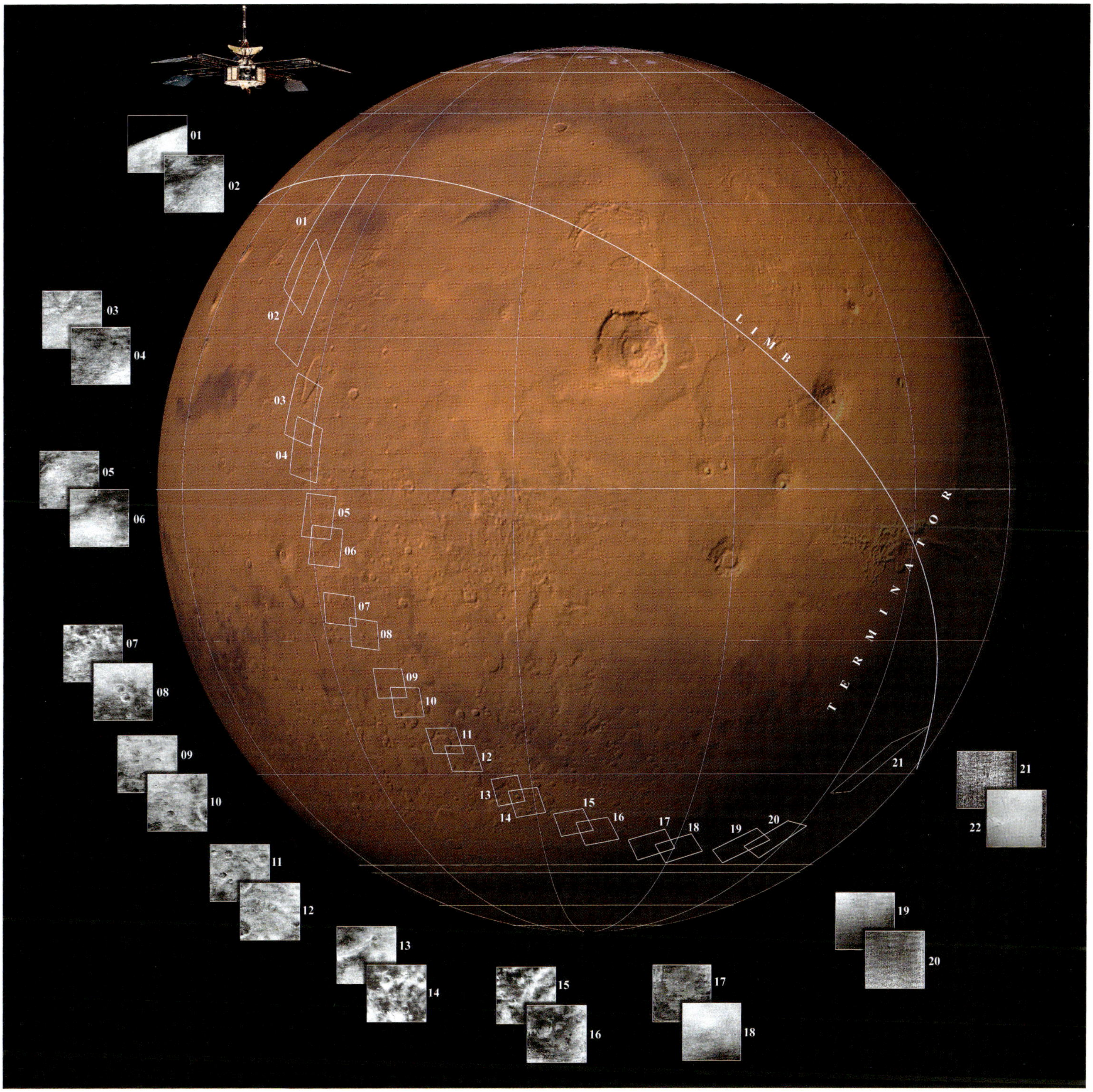

Trajectoire de survol de Mariner 4 et position géographique des 22 images transmises.

1969

Mariner 6 et 7

Décollage de la fusée Atlas-Centaur qui emporte Mariner 7 vers Mars le 27 mars 1969.

PAGE SUIVANTE EN HAUT

Préparation de la sonde Mariner 6. Les techniciens effectuent un test d'équilibrage pour vérifier son centre de gravité.

PAGE SUIVANTE EN BAS

La sonde Mariner 6.

LE 24 FÉVRIER 1969, la sonde Mariner 6 s'élançait du complexe de tir 36B de Cap Canaveral en Floride pour un voyage de cinq mois vers Mars. Propulsée par une puissante fusée Atlas-Centaur nouvellement conçue, Mariner 6 avait pour mission principale de rapporter des images de la surface de Mars et des données sur son atmosphère pendant un bref survol, tout en traçant la voie à sa jumelle Mariner 7 lancée le 27 mars 1969. Le lancement de Mariner 6 a frôlé le désastre. À cause d'une fuite dans une valve, la fusée d'une hauteur de 12 étages s'affaissait sous son poids. Mais deux techniciens de la NASA parvinrent à sauver la situation, au risque de leur vie, et le précieux chargement put être transféré à temps sur un nouveau lanceur. La mission Mariner 7 a failli avorter elle aussi quand une batterie explosa à bord quelques jours avant la phase du survol de Mars, causant une perte de contact radio. Contact qui ne sera rétabli que sept heures avant le début de la mission !

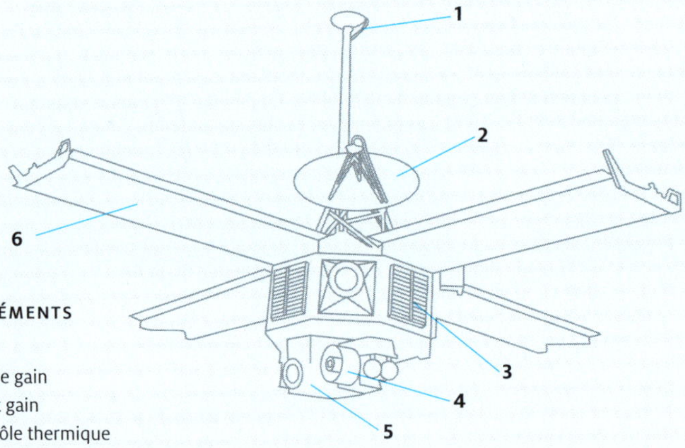

PRINCIPAUX ÉLÉMENTS DE MARINER 6

1. Antenne à faible gain
2. Antenne à haut gain
3. Volets de contrôle thermique
4. Spectromètre infrarouge
5. Plate-forme scientifique orientable avec système d'imagerie
6. Panneau solaire

Placement des images à grand angle transmises par Mariner 6 et 7 sur Mars telle qu'observée depuis la Terre. Celles de Mariner 6 correspondent aux deux rangées horizontales dans l'hémisphère Nord, celles de Mariner 7 aux deux rangées diagonales dans l'hémisphère Sud.

CI-DESSUS À DROITE

En 1967, les ordinateurs n'étaient pas répandus comme aujourd'hui. Pendant la préparation de la mission Mariner 6 et 7, les techniciens de la NASA utilisaient un tourne-disque pour simuler la rotation de Mars et programmer les temps d'opération des caméras et des différents instruments pendant le survol.

En juillet 1969, quand les deux sondes se rapprochaient de leur objectif, le monde entier portait son attention sur la mission Apollo 11. En effet, le premier pas sur la Lune, le célèbre « Un petit pas pour un homme, un bond de géant pour l'humanité », fut effectué par Neil Armstrong le 20 juillet 1969. Le survol de Mars par Mariner 6 et 7 a donc été occulté par cet événement historique malgré l'indéniable réussite de cette double mission. Chaque sonde emportait deux caméras de télévision, une à grand angle (50 mm) pour les vues d'ensemble et une à longue focale (500 mm) pour les vues détaillées, placées sur une tourelle orientable. Se trouvaient aussi sur la tourelle plusieurs instruments scientifiques d'exploration : un radiomètre infrarouge pour mesurer la température au sol, un spectromètre ultraviolet pour étudier la composition de la haute atmosphère ainsi qu'un spectromètre infrarouge pour caractériser la composition de la basse atmosphère. Témoin des progrès techniques spectaculaires accomplis en quelques années dans le domaine de l'électronique, la capacité d'observation et de communication de cette nouvelle génération de sondes Mariner dépassait de beaucoup celle des sondes précédentes. Il fallait plus de huit heures à Mariner 4 pour transmettre à la Terre une seule image de qualité médiocre (200 × 200 pixels, 64 niveaux de gris), alors qu'une image plus précise (800 × 700 pixels, 128 niveaux de gris) était transmise par Mariner 6 en cinq minutes seulement. De plus, grâce à un nouveau type d'ordinateur de bord reprogrammable en vol, les ingénieurs ont pu modifier la trajectoire de Mariner 7 en tenant compte des informations obtenues par Mariner 6 et ils ont pu compenser les effets de l'explosion de la batterie sur le système d'imagerie.

Plus de 200 images vidéo de la surface de Mars (76 par Mariner 6, 159 par Mariner 7), principalement des régions équatoriales et de l'hémisphère Sud, ont été prises à une altitude minimale comprise entre 3 330 et 3 518 km. Les deux sondes seront utilisées aussi pour confirmer la théorie de la relativité générale d'Einstein en mesurant le retard (dans ce cas précis cinq nanosecondes) pris par un signal électromagnétique passant à proximité d'un objet massif comme le Soleil.

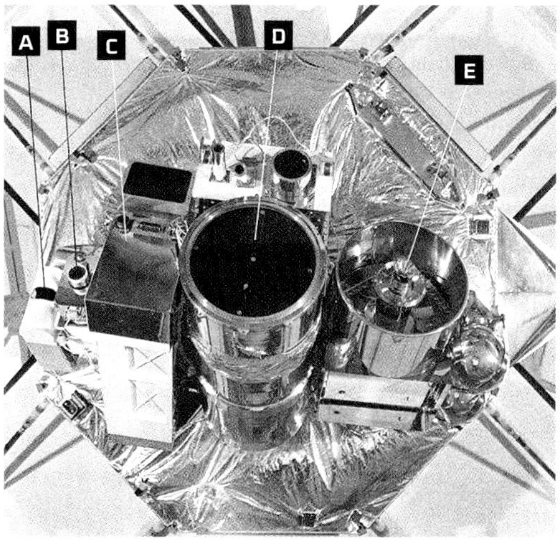

Gros plan sur la plate-forme scientifique avec le système d'imagerie :

A Radiomètre infrarouge
B Caméra de télévision à grand angle
C Spectromètre ultraviolet
D Caméra de télévision à longue focale
E Spectromètre infrarouge

Les images transmises par Mariner 6 et 7 confirment l'absence des canaux de Lowell. Ainsi que le suggèrent les observations préliminaires de Mariner 4, la planète Mars, par certains côtés, ressemble à la Lune avec ses nombreux cratères. Toutefois, son relief diversifié, son atmosphère, la présence d'une calotte glaciaire au pôle Sud composée de dioxyde de carbone solide la différencie nettement de tous les objets célestes connus. Le défi technique suivant consistera à passer du survol rapide à un séjour prolongé en orbite pour en apprendre plus sur Mars. Son hémisphère Nord nous a réservé des surprises de taille... ♂

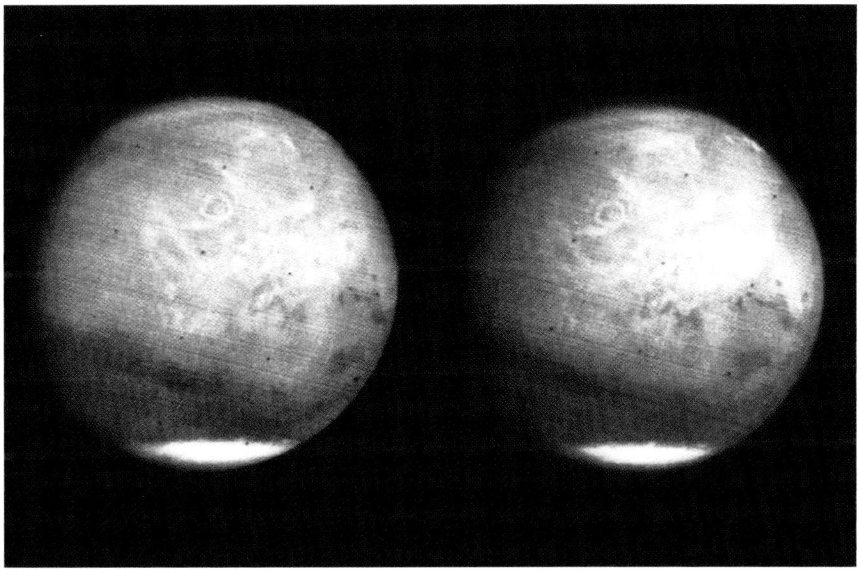

Vues globales de Mars prises par Mariner 7 pendant la phase d'approche.

1971

Mariner 9

CI-DESSOUS À GAUCHE
Les techniciens s'affairent à préparer Mariner 9 pour l'encapsulation en préparation du lancement.

CI-DESSOUS À DROITE
Mariner 8 ne s'est pas rendue à destination à cause d'un problème pendant le lancement, mais Mariner 9 s'élance avec succès vers Mars le 30 mai 1971 de Cap Canaveral.

PAGE SUIVANTE
La sonde Mariner 9.

LA FENÊTRE DE TIR DE 1971 a vu une flottille de sondes orbitales, trois russes et deux américaines, s'envoler vers Mars. Dans cette ambiance de rivalités internationales teintées de guerre froide, une seule mission parviendra à atteindre son but en dépit de difficultés multiples. Le 8 mai, la sonde américaine Mariner 8 s'abîmera dans l'océan Atlantique quelques minutes seulement après son décollage de Cap Canaveral. L'étage supérieur du lanceur Atlas-Centaur commençait à dévier dangereusement de sa trajectoire suite à une défaillance de son système de guidage quand le responsable de la sécurité ordonna sa destruction. Un bien mauvais départ pour le programme planétaire américain le plus ambitieux jamais réalisé !

PRINCIPAUX ÉLÉMENTS DE MARINER 9

1. Antenne à faible gain
2. Moteur de propulsion
3. Réservoir de propergol
4. Suiveur stellaire
5. Réservoir de pressurisation
6. Panneau solaire
7. Caméra de télévision à longue focale
8. Spectromètre UV
9. Caméra de télévision à grand angle
10. Radiomètre infrarouge
11. Antenne à gain moyen
12. Antenne à haut gain

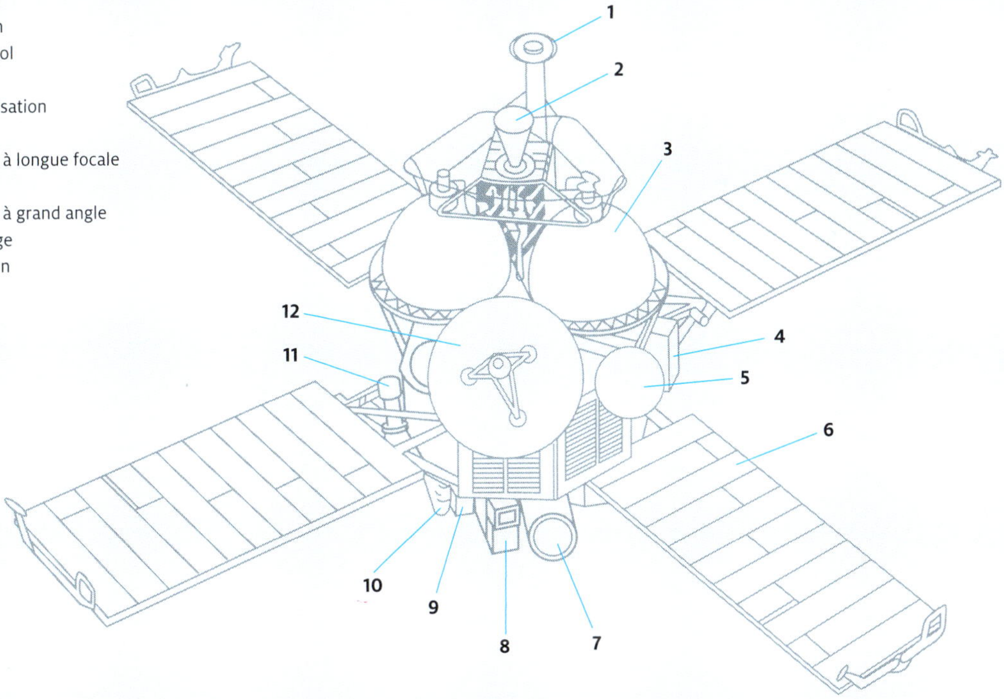

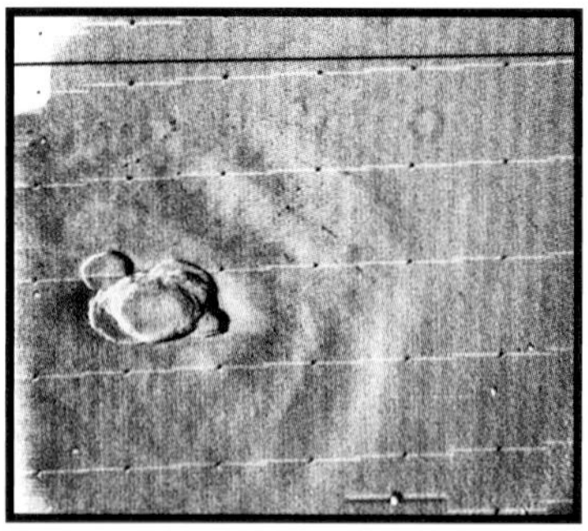

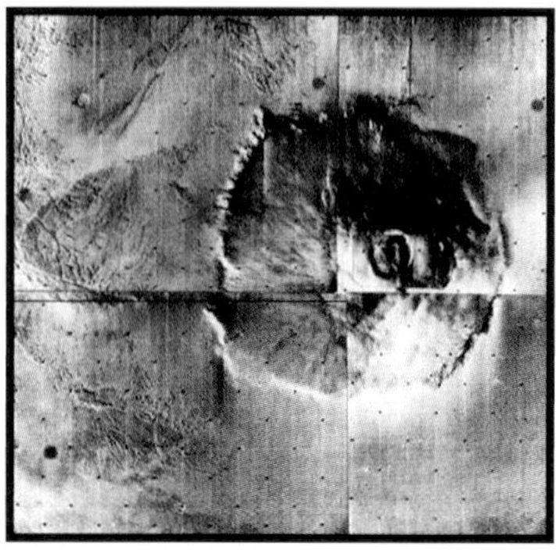

CI-DESSUS EN HAUT
Une tempête de poussière planétaire ne dévoile à Mariner 9 en orbite que le sommet du volcan Olympus Mons.

CI-DESSUS EN BAS
Quelques semaines plus tard, la poussière est retombée. Le plus grand volcan du système solaire Olympus Mons est visible dans toute sa splendeur.

Mariner 8 et Mariner 9 devaient se partager l'exploration de Mars avec des missions complémentaires. Les 22 jours de délai entre les deux lancements ont été frénétiques pour les ingénieurs et les scientifiques qui ont dû repenser et reprogrammer complètement la mission de Mariner 9. Le 30 mai, Mariner 9 quittait la Terre en direction de Mars sans encombres, au grand soulagement de la NASA. Le 13 novembre 1971, après un voyage de six mois, elle se plaçait en orbite autour de Mars comme prévu, devenant le premier satellite artificiel en orbite à 1 390 km d'altitude autour d'une autre planète, coiffant ainsi au poteau la sonde soviétique Mars 2. Mais ses premières images s'avérèrent bien décevantes : Mars ressemble à une boule grise sans détails et sans relief, avec quatre taches sombres inexpliquées ! Coup du sort, une tempête de poussière globale recouvrait toute la planète. Ce phénomène martien avait été observé à plusieurs reprises par les astronomes, qui l'avaient même prévu en février 1971, mais qui n'avaient pas été consultés par les responsables de la mission. Il ne restait plus qu'à attendre. Il fallut plus d'un mois pour que la poussière retombe et que Mars dévoile enfin ses secrets.

Les taches sombres correspondaient en fait aux sommets des trois volcans géants de la région tharsienne et au sommet de l'immense Olympus Mons dont la caldera atteint 27 km de hauteur, ce qui en fait la plus haute montagne dans le système solaire. Une des découvertes les plus importantes de Mariner 9 a été aussi l'observation de nombreuses vallées fluviales, dont le canyon géant Valles Marineris, visiblement formés à une époque où l'eau coulait à profusion.

Finalement, au cours d'une année de bons et loyaux services, Mariner 9 a transmis 7 329 images qui cartographient la planète Mars au complet, en plus des innombrables données collectées sur son atmosphère, sa géologie et sa météorologie. Elle a aussi rapporté pour la première fois des images rapprochées de ses lunes Phobos et Déimos. Cette mission restera dans l'histoire de l'astronautique comme un succès éclatant. Grâce à Mariner 9, Mars retrouve son rang de planète active digne d'un grand intérêt scientifique. Mais surtout, l'influence marquée et évidente de l'eau comme facteur majeur d'érosion fait naître à nouveau l'espoir d'y trouver la vie, présente ou sous forme fossile. La mission américaine Viking qui suivra, avec ses atterrisseurs, s'est penchée sur cette question fascinante. ♂

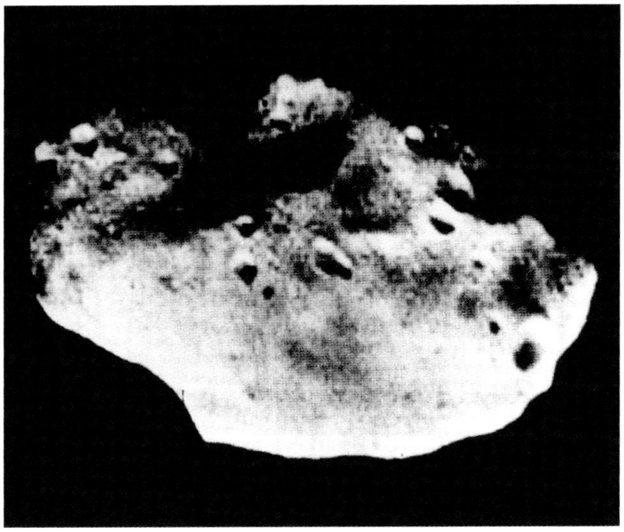

Première image de la lune Phobos transmise par Mariner 9 à une distance de 5760 km. La lune mesure environ 26 km de long et de nombreux cratères sont visibles sur sa surface.

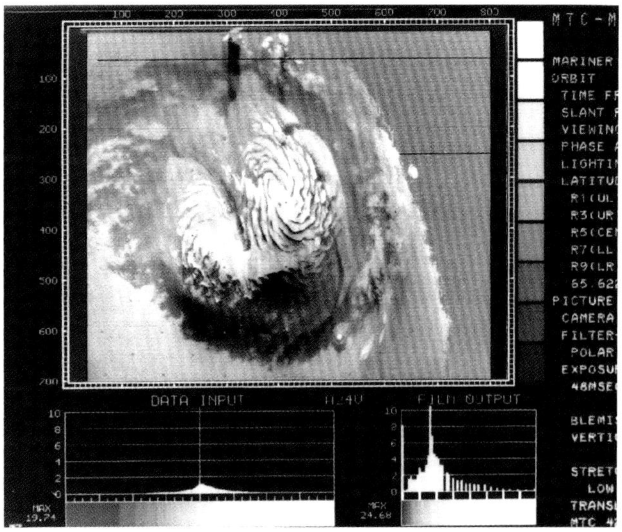

La calotte glaciaire au pôle Nord pendant l'été martien.

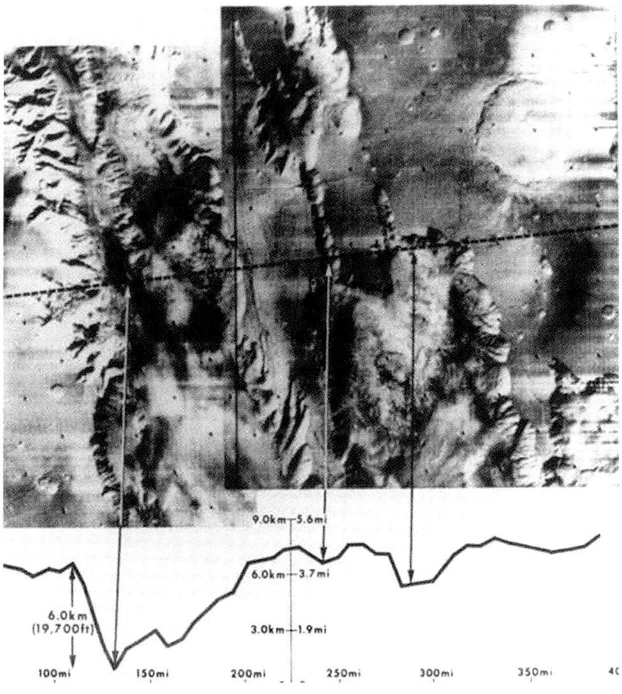

Le canyon géant qui marque l'hémisphère Nord de Mars a été nommé Valles Marineris en honneur de la sonde Mariner 9 qui l'a découvert.

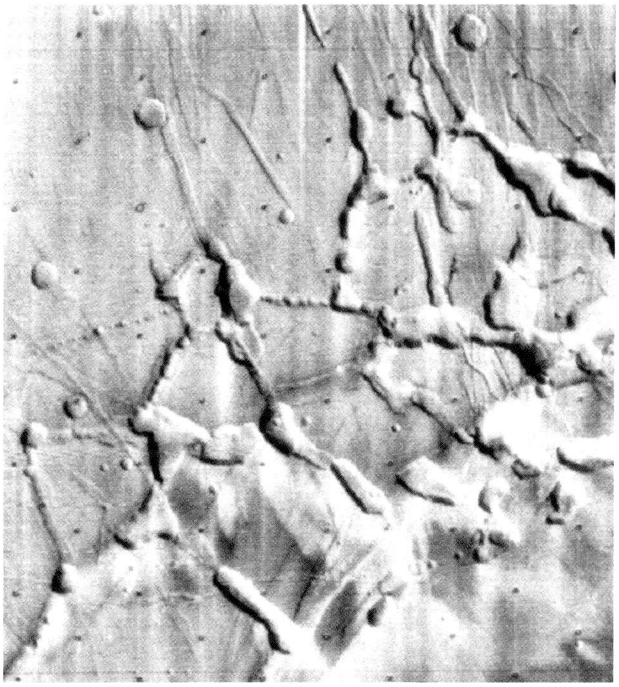

Le secteur Noctis Labyrinthus à l'ouest de Valles Marineris avec ses canyons enchevêtrés.

1971

Mars 2 et 3

Une des rares images de Mars transmises par Mars 2, en phase d'approche pendant la tempête de poussière de 1972.

PAGE SUIVANTE

Modèle en taille réelle de la sonde Mars 2.

LES SOVIÉTIQUES avaient la ferme intention d'exploiter la fenêtre de tir favorable de 1971 pour Mars avec rien de moins que trois sondes, Kosmos 419, Mars 2 et Mars 3, placées sur des fusées Proton à Baïkonour. Lancée le 10 mai, Kosmos 419 se retrouve bloquée sur son orbite terrestre de parking à cause d'une erreur de programmation de l'allumage du booster et retombe en se consumant comme une étoile filante. Les sondes jumelles Mars 2 et Mars 3, pesant chacune 4 644 kg s'envolent avec succès le 19 mai et le 28 mai, respectivement. Chacune est constituée de deux éléments indépendants : une plate-forme orbitale embarquant une caméra de télévision et une panoplie d'instruments scientifiques, et, pour la première fois, un atterrisseur, lui-même équipé d'une caméra pour l'imagerie de surface et de plusieurs instruments pour l'étude du sol, dont un mini-robot mobile. Le voyage ne pose pas de problème et la mise en orbite autour de Mars (le 27 novembre pour Mars 2, le 2 décembre pour Mars 3) est un succès. Malheureusement, Mars 2 et Mars 3 ont été, elles aussi, accueillies par la même tempête de poussière que Mariner 9 avait observé peu de temps auparavant. Contrairement à Mariner 9, le déroulement de la mission était programmé de façon automatique, sans possibilité de changement ; ce manque de flexibilité fut dramatique. Les atterrisseurs ont donc été largués dans la tempête avec des vents violents pouvant atteindre 400 km/h. L'atterrisseur de Mars 2 s'est écrasé au sol et celui de Mars 3 n'a survécu que deux minutes. Ainsi, Mars 3 est devenu le premier objet construit par la main de l'homme à se poser sur la planète rouge, mais il n'a pu transmettre aucune information utile. Les orbiteurs ont continué à fonctionner pendant quelques semaines, ce qui a évité l'humiliation d'un échec complet. Malgré la maigre récolte scientifique et l'échec des atterrisseurs, les ingénieurs soviétiques étaient néanmoins satisfaits d'avoir réussi à atteindre Mars. Refusant de croire au mauvais sort, ils n'avaient pas dit leur dernier mot et se préparaient déjà pour la fenêtre de 1973. ♂

1973

Mars 5

LES AMÉRICAINS n'ont pas envoyé de sonde spatiale vers Mars en 1973, trop occupés à mettre au point la mission Viking, prévue pour la fenêtre de 1975, plus favorable. Pendant ce temps, à Baïkonour, pas moins de quatre sondes soviétiques sur des lanceurs Proton, Mars 4 à 7, s'alignaient pour décoller vers Mars pendant l'été 1973. La fenêtre de tir était moins bonne que la précédente. Il fallait, en effet, plus de carburant pour atteindre la bonne trajectoire au détriment de la charge utile. Les Soviétiques ne pouvaient donc pas combiner orbiteurs et atterrisseurs dans les mêmes lancements comme cela avait été le cas auparavant. Les sondes Mars 4 et 5, lancées le 21 juillet et le 25 juillet, fournissaient la partie orbitale de la mission. Elles étaient conçues principalement pour l'imagerie planétaire et pour relayer les signaux radio en provenance des atterrisseurs Mars 6 et 7, lancées le 5 août et le 9 août. Mais toute cette belle opération pleine de promesses souffrait d'un vice caché qui a affecté les quatre sondes. En essayant d'expliquer une défaillance intervenue au cours d'un test technique avant le lancement, les responsables de la mission apprenaient avec horreur que deux ans plus tôt, en appliquant un programme national destiné à économiser les réserves aurifères du pays, un bureaucrate zélé avait ordonné de changer la composition des transistors embarqués en remplaçant l'or par de l'aluminium. Au contraire de l'or, l'aluminium est sujet à la corrosion et l'analyse des transistors de grade inférieur a révélé que leurs problèmes de fiabilité deviendraient de plus en

Modèle en taille réelle de la sonde Mars 5.

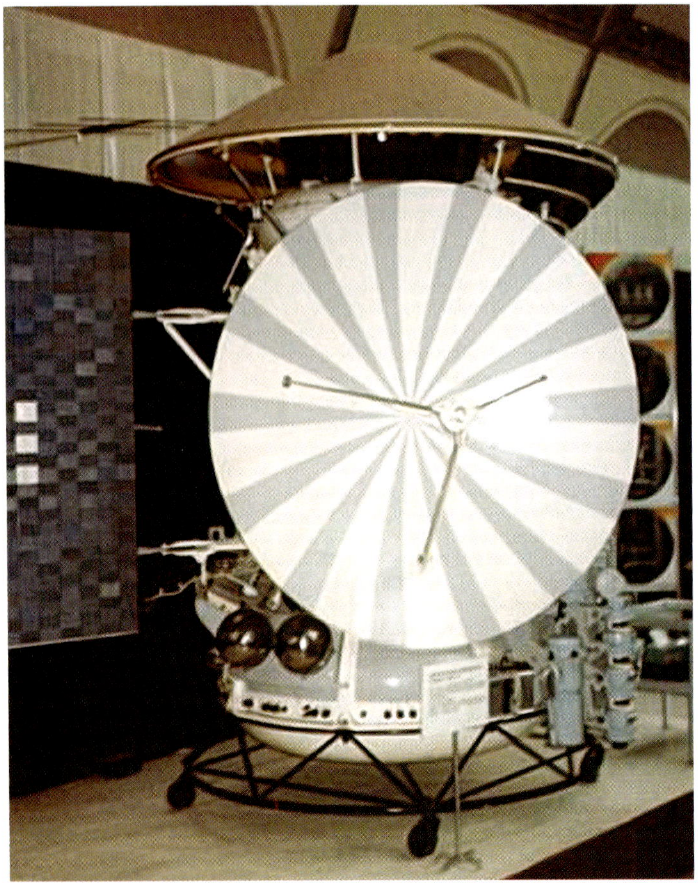

plus évidents deux ans après leur production, c'est-à-dire, par malchance, pendant la mission sur Mars ! Manquant de temps pour remplacer tous les composants électroniques suspects sur toutes les sondes avant le lancement et estimant la chance de survie de chacune à 50 %, la décision d'aller de l'avant fut prise sans se faire d'illusions. Mars 4 est arrivée à destination le 10 février 1974, mais ses rétrofusées se sont arrêtées à 2 100 km de la surface et la sonde s'est perdue dans l'espace en orbite solaire. Mars 5, la seule sonde opérationnelle de la mission, fut placée correctement en orbite le 12 février 1974 et put envoyer des données et 108 photos en couleur de Mars. Malheureusement, deux semaines plus tard, le contact avec la Terre était perdu à jamais. Le vaisseau spatial Mars 6 a cessé de communiquer sa télémétrie après deux mois de voyage. Toutefois, l'atterrisseur fut largué comme prévu et ses signaux radio furent détectés, mais, 148 secondes après le déploiement de ses parachutes, il devint silencieux avant d'atteindre la surface. Cependant, les premières données directes sur la composition chimique de l'atmosphère martienne purent être transmises. La série noire allait continuer : Mars 7, arrivée à destination le 9 mars 1974, largua son atterrisseur prématurément dans le vide interplanétaire en raison probablement, là aussi, d'un transistor défectueux.

Les deux types de caméras de photo-télévision embarquées sur Mars 5, de conception similaire à celle embarquée sur la sonde lunaire Zond 3.

CI-DESSOUS
Vues de la surface martienne captées par la caméra de Mars 5 à longue focale de 350 mm (à gauche) et par sa caméra grand angle de 52 mm (à droite).

Cette mission restera dans les annales de l'exploration spatiale comme une grande déception. Il faut noter cependant l'excellent esprit de coopération qui a régné entre les planétologues américains et soviétiques. Ensemble, ils ont analysé les images de Mars 5 en les comparant avec celles de Mariner 9, réussissant ainsi à établir avec certitude les premières cartes de la planète Mars. Quinze années allaient s'écouler avant que les Soviétiques ne retournent tenter leur chance du côté de la planète rouge. ♂

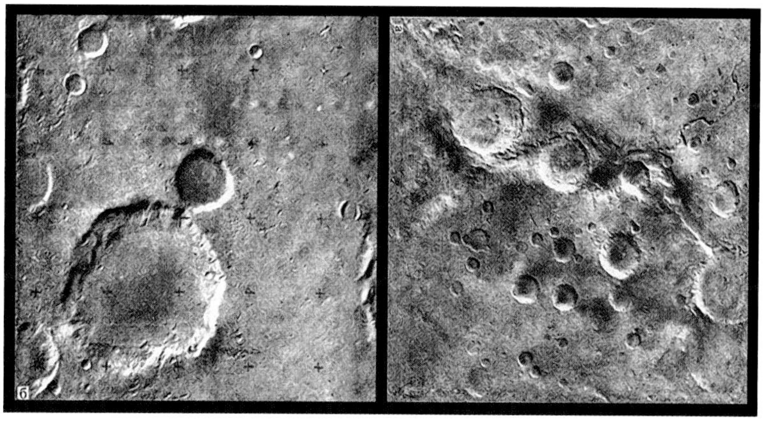

1975

La mission Viking

CI-DESSOUS À GAUCHE

Derniers préparatifs avant le décollage : descente de la coiffe de la fusée Titan IIIE-Centaur sur la sonde Viking 1 avec ses panneaux solaires repliés pour le lancement.

CI-DESSOUS À DROITE

Lancement de la sonde spatiale Viking 1 le 20 août 1975 de Cap Canaveral en Floride.

PAGE SUIVANTE EN HAUT

Sonde Viking en configuration de croisière. Le cocon de protection qui contient le module d'atterrissage est accroché à la structure de l'orbiteur avec ses panneaux solaires déployés.

Encouragée par son succès avec la sonde Mariner 9, la NASA s'engage avec la mission Viking dans une étude détaillée et ambitieuse de Mars. Cette mission comportait des vaisseaux jumeaux, Viking 1 et Viking 2, eux-mêmes constitués de deux sondes, un orbiteur et un atterrisseur. Chaque vaisseau avait un poids combiné de 3 521 kg : la sonde orbitale, basée sur les Mariner, pesait 2 327 kg et l'étage de descente, 1 194 kg. Les principaux objectifs étaient d'obtenir des images à haute résolution de la planète, de caractériser la structure et la composition de la surface et de l'atmosphère, et, pour la première fois, de chercher des preuves de vie extraterrestre. Son succès technique et la quantité de nouvelles données accumulées sur la planète Mars font de cette opération spectaculaire un des moments forts dans l'histoire de l'exploration du système solaire.

PRINCIPAUX ÉLÉMENTS D'UN ORBITEUR VIKING

1. Bouclier aérodynamique
2. Capsule biologique
3. Antenne à haut gain
4. Contrôle thermique
5. Panneau solaire
6. Suiveur stellaire
7. Module de propulsion
8. Tuyère du moteur de propulsion
9. Antenne à faible gain
10. Plate-forme scientifique orientable

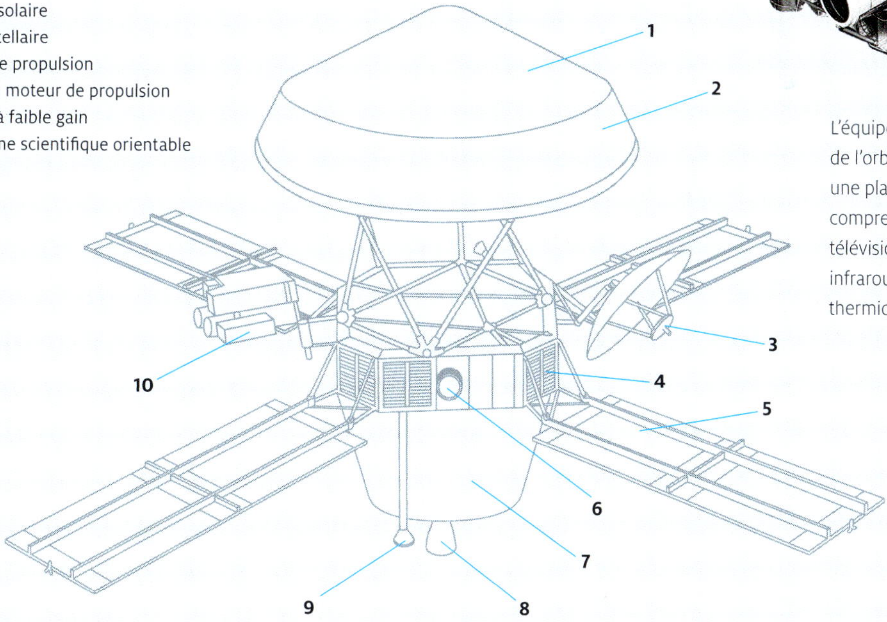

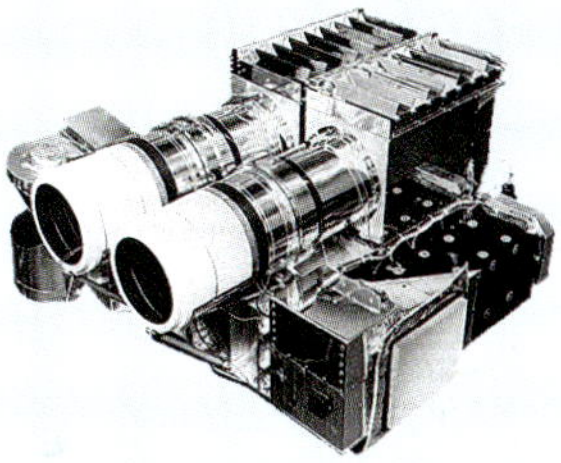

L'équipement d'imagerie de l'orbiteur, regroupé sur une plate-forme orientable, comprend deux caméras de télévision, un spectromètre infrarouge et un imageur thermique.

Séquence des étapes de largage, freinage et atterrissage des atterrisseurs Viking.

Les sondes décollèrent de Cap Canaveral sur de puissantes fusées Titan IIIE-Centaur, Viking 1, le 20 août 1975, et Viking 2, le 9 septembre 1975. Après un voyage interplanétaire qui a duré un peu moins d'un an, Viking 1 arrive à destination le 19 juin 1976 et Viking 2, le 7 août 1976. Le premier mois en orbite est utilisé pour repérer les meilleurs sites d'atterrissage, à la fois les plus sécuritaires et les plus intéressants scientifiquement. Le 20 juillet 1976, l'atterrisseur de Viking 1 est largué et se pose sans encombre dans la région de Chryse Planitia. L'atterrisseur de Viking 2 se pose sur Utopia Planitia le 3 septembre 1976. L'orbiteur de Viking 2 a cessé de communiquer le 25 juillet 1978 en raison d'une erreur de commandes, après plus de 700 orbites. De son côté, l'orbiteur de Viking 1 a été « débranché » le 17 août 1980 après plus de 1 400 orbites. Les orbiteurs ont transmis plus de 50 000 images qui couvrent la presque totalité de la surface planétaire. Les modules au sol, conçus initialement pour 90 jours d'opération sur Mars, ont fonctionné plusieurs années. Celui de Viking 2 s'est éteint le 11 avril 1980, celui de Viking 1 le 13 novembre 1982. ♂

TRAJECTOIRES DU VOYAGE INTERPLANÉTAIRE DES SONDES VIKING 1 ET VIKING 2

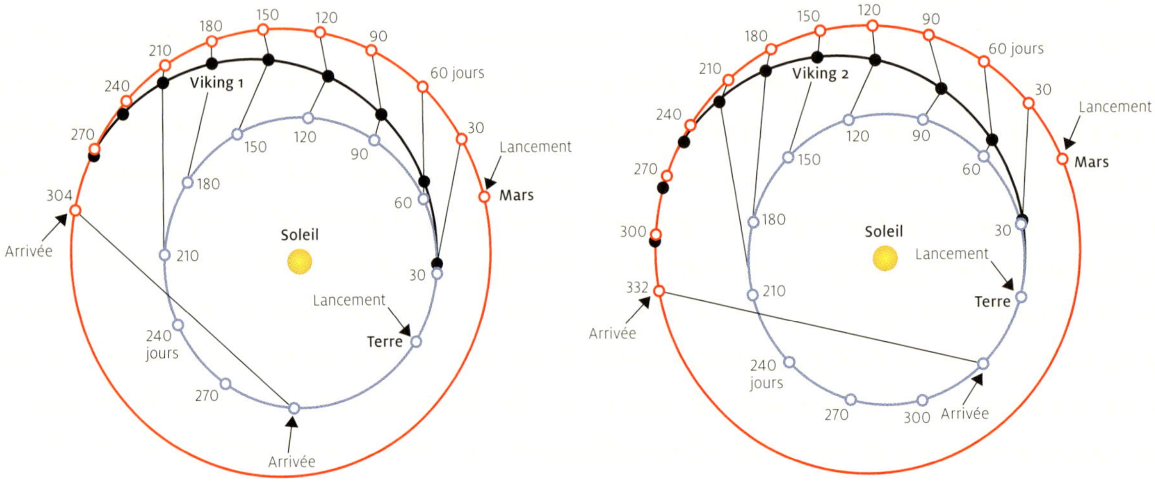

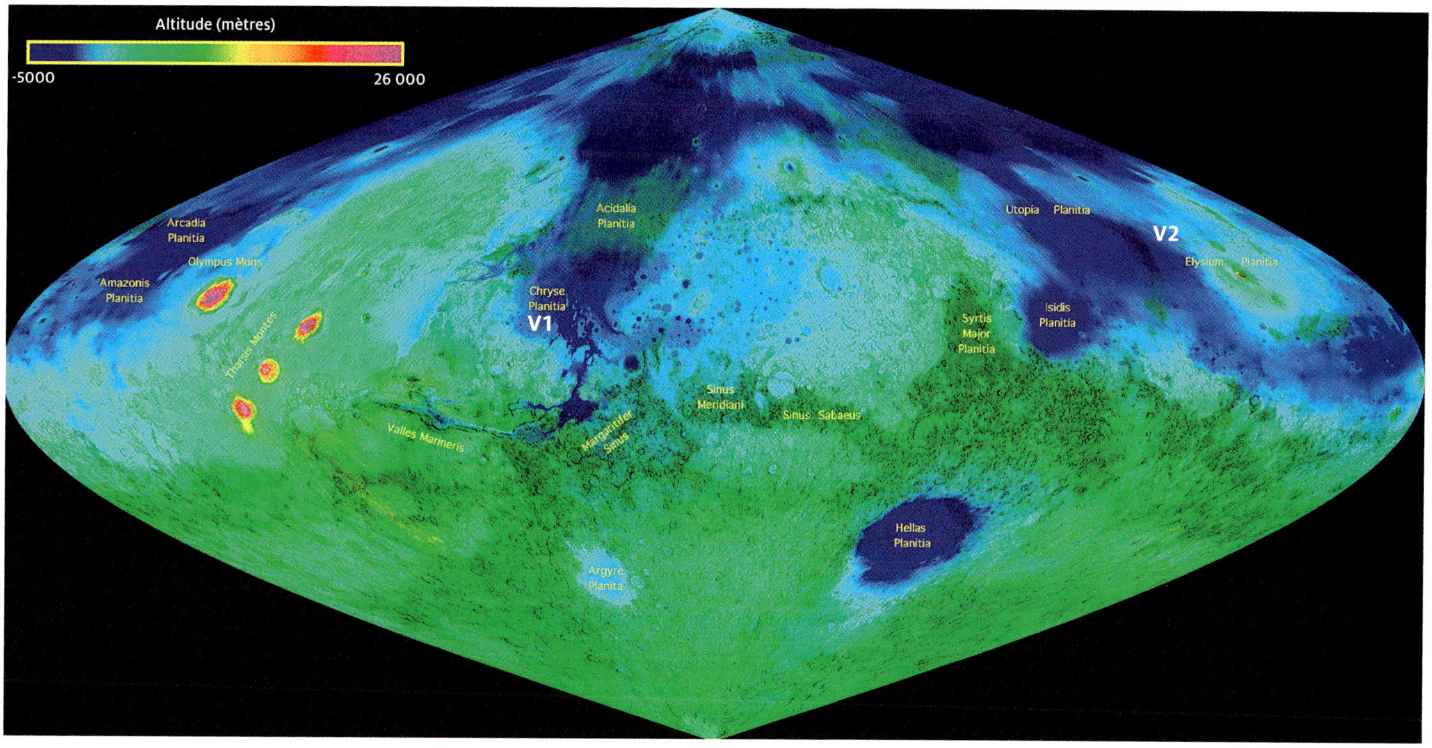

Localisations géographiques des deux sites d'atterrissage de la mission Viking sur Mars : la plaine Chryse Planitia proche de l'équateur (Viking 1) et la plaine Utopia Planitia plus proche du pôle (Viking 2).

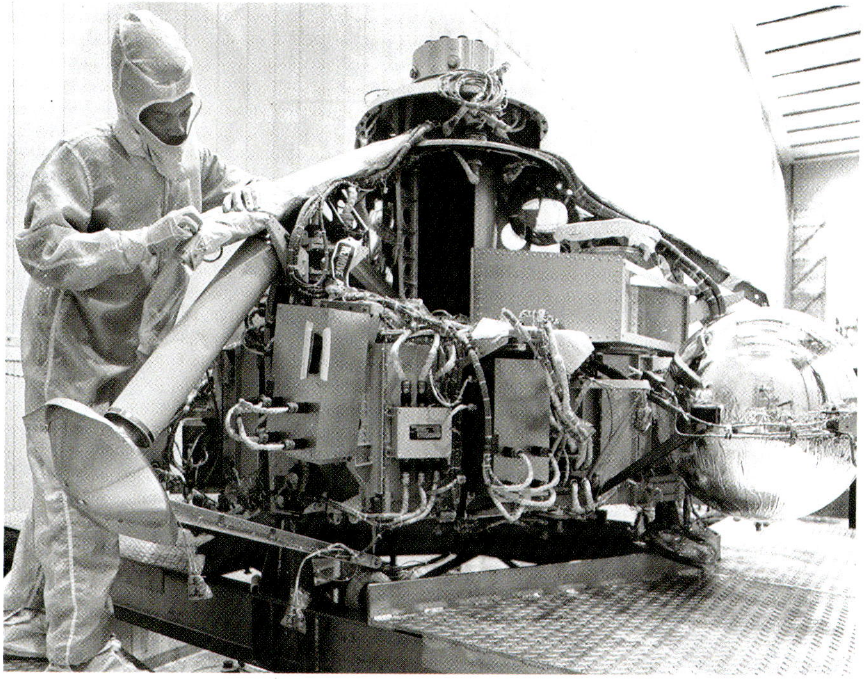

Vérification du bouclier thermique par des techniciens du JPL. Le rôle du bouclier est critique puisqu'il doit protéger l'atterrisseur de la chaleur intense dégagée par l'entrée à haute vitesse du véhicule dans l'atmosphère martienne.

CI-CONTRE

Mise en place d'un film protecteur d'isolement biologique sur un atterrisseur Viking.

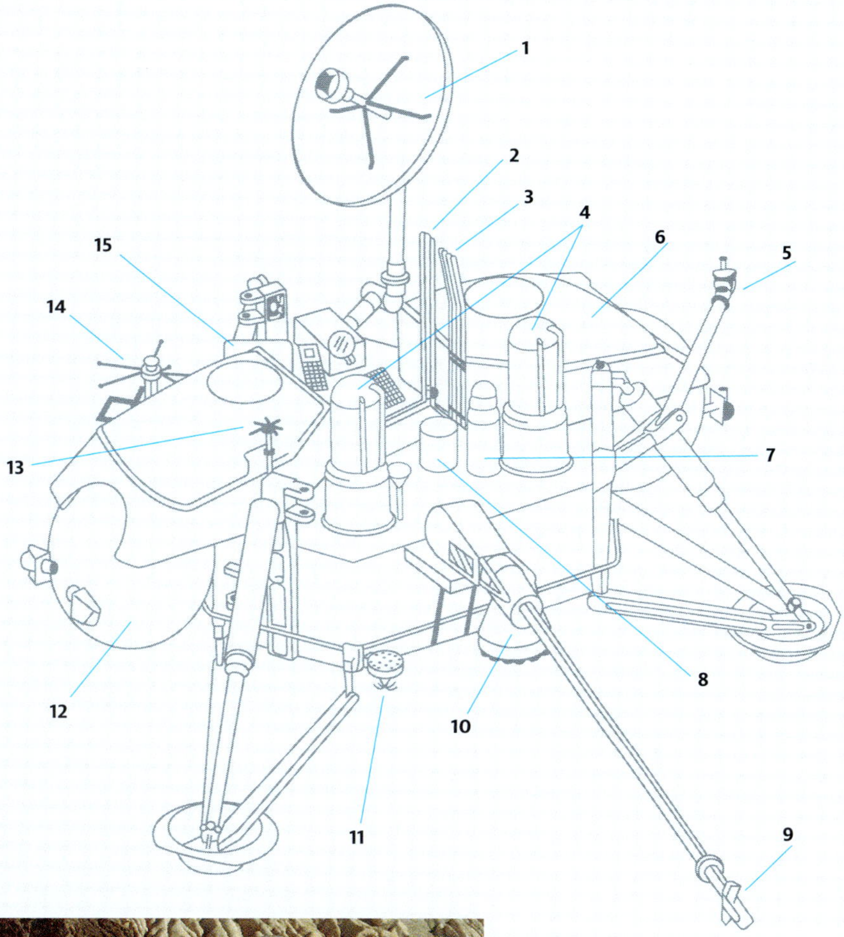

PRINCIPAUX ÉLÉMENTS D'UN ATTERRISSEUR VIKING

1. Antenne directionnelle à haut gain
2. Entrées du liquide réfrigérant des générateurs thermoélectriques
3. Lignes de pressurisation à l'azote
4. Caméras stéréoscopiques
5. Générateur thermoélectrique
6. Mât météorologique
7. Spectromètre de masse et chromatographe
8. Processeur biologique
9. Tête de ramassage d'échantillons de sol
10. Moteur de descente
11. Antenne du radar altimétrique
12. Réservoir de propergol
13. Antenne à faible gain
14. Antenne relais UHF
15. Séismomètre

L'astronome Carl Sagan pose pour la postérité en compagnie d'un modèle d'atterrisseur en taille réelle.

PAGE PRÉCÉDENTE
Mosaïques de photographies prises par les orbiteurs Viking illustrant le globe martien vu sous différents angles.

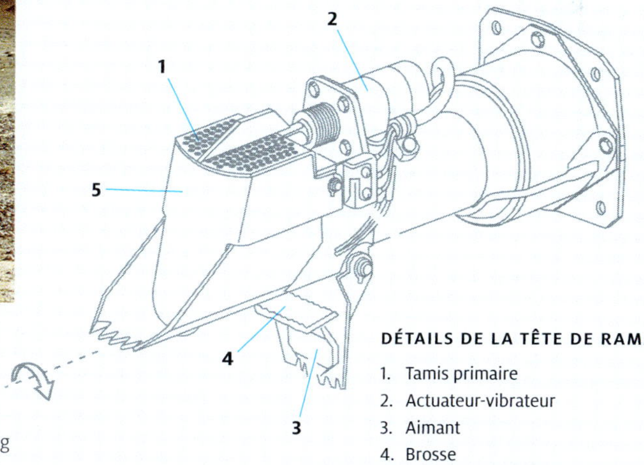

DÉTAILS DE LA TÊTE DE RAMASSAGE

1. Tamis primaire
2. Actuateur-vibrateur
3. Aimant
4. Brosse
5. Couvercle pivotant

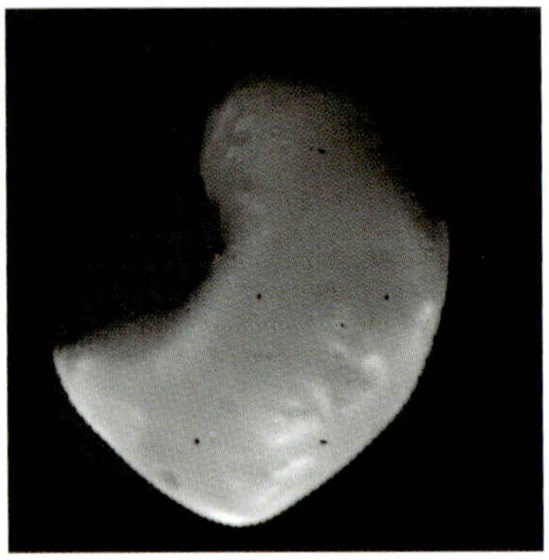

Zoom sur les deux lunes de Mars : Phobos (en haut) et Déimos (en bas) photographiées par les orbiteurs Viking.

Un visage sur Mars !

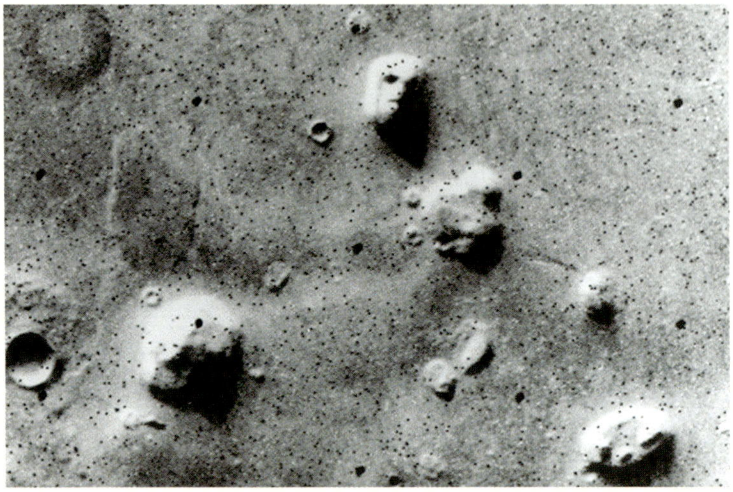

Cette image prise par l'orbiteur Viking 1 le 25 juillet 1976 dans la région Cydonia a fait couler beaucoup d'encre. Des commentateurs y ont vu une figure humanoïde artificielle et la preuve d'une civilisation martienne disparue. La NASA a décidé de retourner photographier cette structure étrange en 2001 avec la sonde Mars Global Surveyor et sa caméra à haute résolution (voir page 163). La sonde Mars Express a aussi cartographié cette structure en 3-D.

Document historique : Première image de la surface de Mars et première image du sol d'une autre planète prise par une sonde américaine. Les caméras des atterrisseurs Viking utilisaient des capteurs électroniques photosensibles de type CCD (*Charge-Coupled Device*), une technologie d'avant-garde à l'époque. L'inventeur du capteur CCD, le physicien canadien Willard Boyle, prix Nobel de physique 2009, déclara que cette image de Mars figure parmi les plus grandes réussites issues de son travail.

CARL SAGAN

(1934-1996)

Né à Brooklyn, New York, le physicien et vulgarisateur américain Carl Sagan était professeur d'astronomie et sciences spatiales à l'université Cornell. Chercheur polyvalent et auteur prolifique, il a publié plus de 600 articles et écrit plus de 20 livres, dont certains ont été des best-sellers mondiaux (*Other Worlds*, *Cosmos*, *Shadows of Forgotten Ancestors*, *A Demon-Haunted World*). Pionnier de l'exobiologie (la découverte d'êtres vivants extraterrestres), il a participé à la création du programme de recherche de signaux extraterrestres SETI et a dénoncé les dangers d'un hiver post-nucléaire. Le grand public le connaissait aussi comme présentateur dans les émissions *Cosmos* sur la chaîne de télévision PBS. Consultant pour la NASA, Carl Sagan a contribué à de nombreuses missions d'exploration du système solaire, dont Pioneer 10-11, Mariner 9, Viking, Voyager et Galileo.

« L'imagination nous emmènera souvent vers des mondes qui n'existent pas, mais sans elle nous n'irions nulle part. »

Panorama d'Utopia Planitia transmis par Viking 2. La couleur est obtenue en superposant trois images de la même scène obtenues avec un filtre rouge, vert et bleu.

Des traces de vie sur Mars ?

Pour la plupart des membres de la communauté scientifique, la vie sur Mars ne pourrait exister que sous la forme de microorganismes. Les caméras des modules au sol Viking n'ont pas détecté de formes de vie, animale ou végétale. Pour la première expérience d'exobiologie de l'histoire, quatre approches complémentaires ont été adoptées pour détecter des microorganismes dans le sol de Mars :

Assemblage d'un module d'exobiologie de la mission Viking.

1. La présence de molécules organiques

Tout organisme vivant sur Terre est constitué de composés organiques. Un chromatographe en phase gazeuse couplé à un spectromètre de masse a mesuré la présence de composés organiques dans le sol martien, indices d'une vie présente ou passée. Aucune trace de molécule organique n'a été détectée. Cet appareil est tellement sensible qu'il a pu mesurer les traces du solvant utilisé pendant l'assemblage de la sonde.

2. La libération pyrolytique

Les organismes vivants fixent le carbone du gaz carbonique CO_2 pour construire des molécules organiques plus complexes. Cette expérience était basée sur la fixation de carbone radioactif ^{14}C, fourni sous la forme de gaz carbonique $^{14}CO_2$, par un processus de photosynthèse ou par assimilation métabolique. Après cinq jours d'incubation en présence de $^{14}CO_2$, l'échantillon de sol était chauffé à 650 °C pour vaporiser les molécules marquées au ^{14}C. Le compteur de radioactivité n'a enregistré aucune fixation.

3. Le dégagement marqué

Une soupe de molécules nutritives marquées au ^{14}C était ajoutée à un échantillon de sol pour détecter la libération de gaz carbonique générée par l'activité métabolique des microorganismes. À la surprise générale, des gaz marqués au ^{14}C furent effectivement libérés. Un test de stérilisation par chauffage a montré une baisse de ce dégagement. Ce résultat a été interprété comme un argument en faveur d'une activité biologique sensible à la température.

4. Les échanges gazeux

Une soupe nutritive et du CO_2 étaient fournis à un échantillon de sol pendant une période allant jusqu'à 12 jours, en espérant une production microbienne des gaz hydrogène, oxygène, azote ou méthane mesurés en chromatographie. Ces échanges gazeux ne se sont pas produits.

La majorité des experts concluent que ces résultats d'exobiologie sont négatifs et dus à des réactions chimiques d'oxydation. Cependant, l'interprétation des données est encore l'objet de vifs débats parce que la nature des composés oxydants martiens reste mystérieuse et sans équivalent sur Terre. La question ne sera résolue qu'au cours de missions futures. Toutefois, les résultats de la mission Viking fournissent de nouvelles bases pour la recherche de la vie sur Mars. Un des principaux objectifs de la mission Phoenix lancée en 2007 (voir page 200) était de tester la présence de composés organiques dans le sol du pôle Nord de Mars.

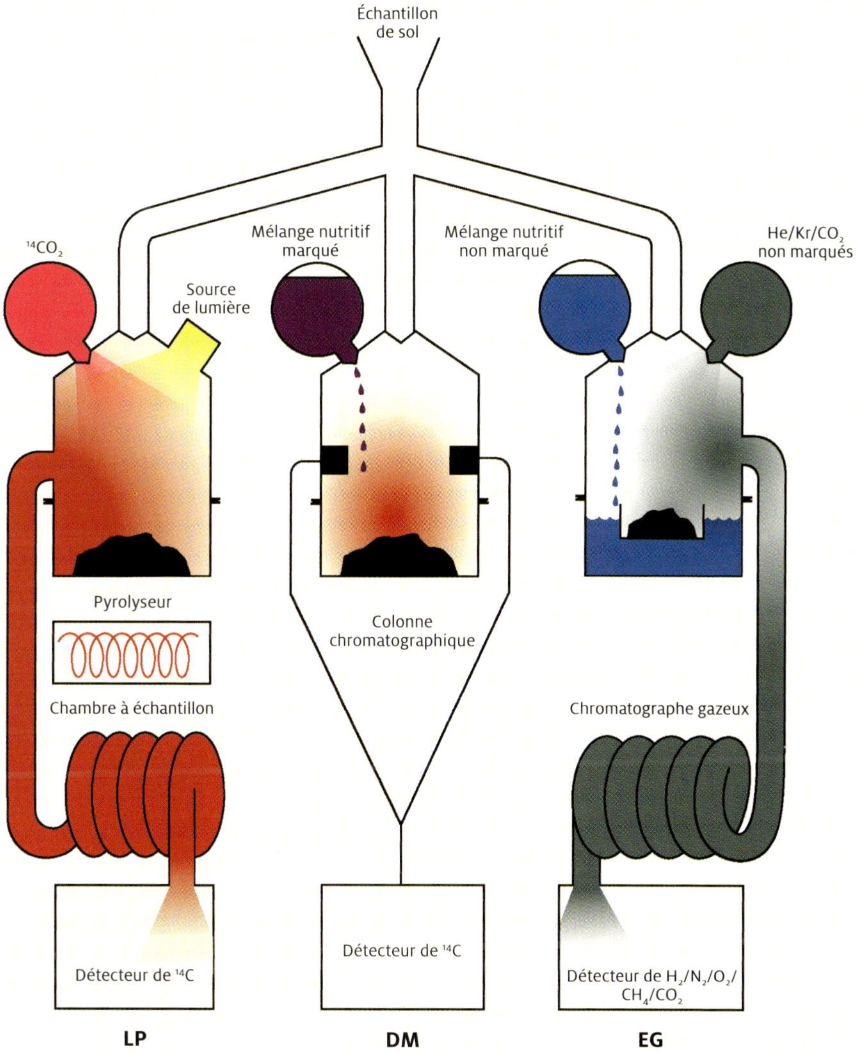

Schéma du principe des expériences de détection de vie microbienne dans le sol de Mars. LP : libération pyrolytique, DM : dégagement marqué, EG : échanges gazeux.

Éléments de géologie martienne documentés par les orbiteurs Viking

Le pôle Nord est constitué de couches de glace carbonique et hydrique dont l'épaisseur varie en fonction des saisons.

PAGE SUIVANTE EN HAUT

Mosaïque photographique de Valles Marineris dans son intégralité : 3 000 km de canyon d'une profondeur moyenne de 8 km.

PAGE SUIVANTE EN BAS

Accumulation de glaces au pôle Sud.

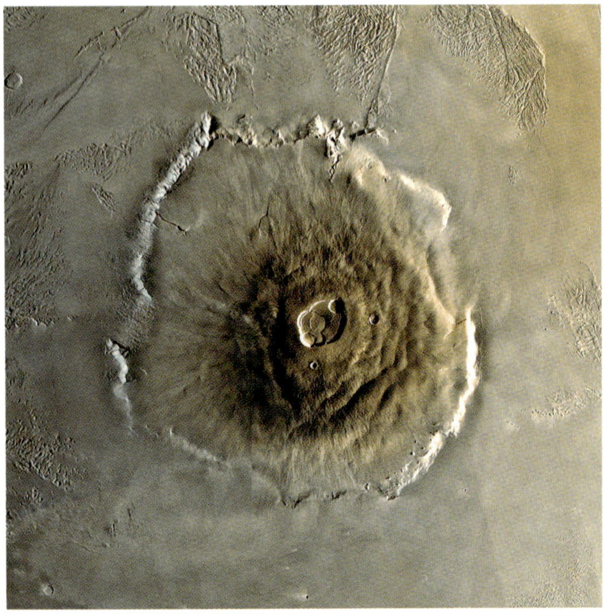

Le gigantesque Olympus Mons, le plus haut sommet du système solaire avec ses 26 000 mètres d'altitude, a une circonférence de 600 km.

Les monts tharsiens forment une chaîne de volcans éteints géants : Ascraeus Mons (en haut au nord), Pavonis Mons et Arsia Mons.

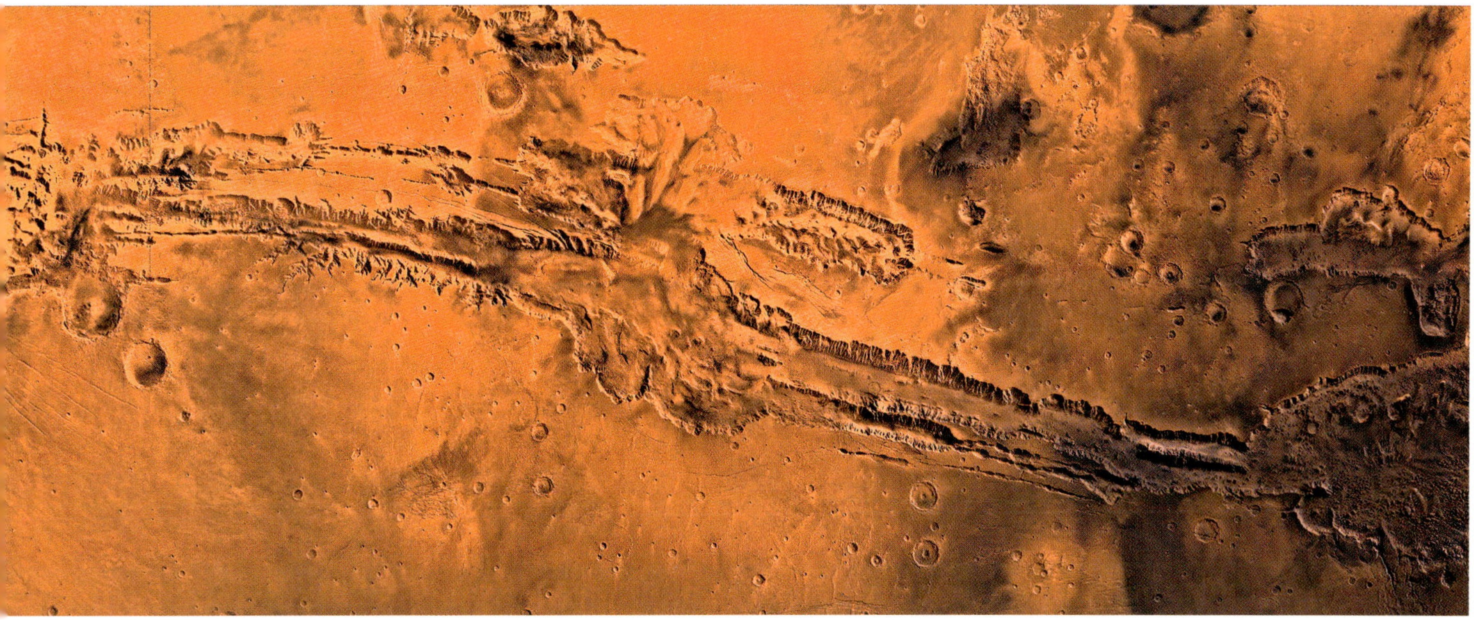

1988 Phobos 1 et 2

QUINZE ANS après leur désastreuse armada de 1973, les Soviétiques montent une mission martienne avec des sondes de nouvelle génération. Cette fois la lune Phobos, un astéroïde capturé par la gravitation de Mars, est l'objectif principal. La station spatiale Mir avait été lancée en 1986 et les Soviétiques entraînaient leurs cosmonautes pour les séjours de longue durée dans l'espace. Phobos pourrait, dans un avenir pas si lointain, servir de base à des vols habités vers Mars. La mission Phobos consistait à étudier le vent solaire et les rayons cosmiques, l'atmosphère et la surface de Mars en plaçant deux sondes en orbite autour de la planète, puis de survoler sa lune Phobos à une altitude inférieure à 100 km, pour larguer à sa surface deux modules scientifiques, l'un conçu pour s'ancrer dans le sol (DAS – LAL en anglais – *Long-term Automated Lander*), l'autre, un module de 43 kg, surnommé la Sauterelle, pour effectuer plusieurs bonds à sa surface. Les sondes étaient lourdes (6 200 kg) avec un chargement scientifique comptant 25 instruments. Leur conception aura pris huit ans, le fruit d'une collaboration internationale remarquable entre l'Union soviétique dans sa période « glasnost » (dégel de la guerre froide) et 14 pays dont l'Allemagne de l'Ouest, la Suède et la France. Les États-Unis y ont contribué aussi de façon significative en autorisant le Deep Space Network de la NASA à les suivre dans leur périple. Grâce aux puissantes fusées Proton-K, Phobos 1 est lancée le 7 juillet 1988 et Phobos 2, le 12 juillet 1988. La sonde Phobos 1 ne se rendra pas à bon port. Elle ne communique pas avec la Terre comme prévu le 2 septembre, elle est perdue. Les ingénieurs ont compris par la suite qu'un logiciel téléchargé en vol le 29 août contenait des instructions pour désactiver les propulseurs d'attitude qui contrôlent l'orientation de la sonde

Le lanceur Proton avec la sonde Phobos I à bord, sur des rails vers son pas de tir sur le cosmodrome de Baïkonour.

par rapport au Soleil. Ces instructions faisaient partie d'un programme utilisé pour des tests techniques au sol. Elles n'ont pas pu être effacées de la mémoire de l'ordinateur de bord avant le décollage et un seul caractère malheureux a suffi pour enclencher le programme fatal...

Le 29 janvier 1989, Phobos 2 s'insère correctement sur son orbite martienne et commence à circulariser sa trajectoire pour se rapprocher de Phobos. Après une première correction d'orbite le 1er février 1989, la sonde dresse, le 11 février, une carte infrarouge de la surface de Mars. La sonde pourra prendre 38 photographies de Mars et de Phobos avec une haute résolution. Hélas ! le 27 mars 1989, pendant la phase d'approche qui devait la faire survoler Phobos à 50 mètres d'altitude, le contact radio avec la Terre est rompu. Phobos 2 n'a pu réorienter correctement ses panneaux solaires après une session de photographie, ce qui a drainé les réserves d'énergie du vaisseau spatial et causé sa perte. Il est probable qu'une bouffée de particules en provenance du Soleil a endommagé l'ordinateur de bord et perturbé les commandes de contrôle d'attitude.

En conclusion, cette mission avec sa foison de données sur le vent solaire et ses images spectaculaires de Phobos, n'est pas un échec complet. Le projet d'une suite, la mission Phobos-Grunt, a été dévoilé en 1999 pour un lancement prévu en 2009-2010. Son objectif est de ramener un échantillon de Phobos sur Terre. Entre-temps, le 16 novembre 1996, une fusée Proton-K plaçait la sonde soviétique Mars 96 sur une orbite circulaire de stationnement à 166 km d'altitude. L'étage Block D-2 de Proton devait accroître la vitesse de la sonde russe de 3 km/seconde. Il a mal fonctionné, ce qui a résulté en une perte de 20 mètres/seconde. Lors de sa troisième orbite, Mars 96 est réentrée dans l'atmosphère et s'est abîmée dans l'océan Pacifique, au large de l'île de Pâques. Construite sur le modèle des sondes Phobos, Mars 96, qui comprenait un orbiteur, deux pénétrateurs et deux rovers, était le fruit d'une coopération internationale avec la NASA, l'ESA, la France et l'Allemagne. Depuis cette catastrophe, la communauté astronautique russe n'a pas eu l'occasion de lancer une nouvelle sonde planétaire. ♂

Modèle de la sonde Phobos 2.

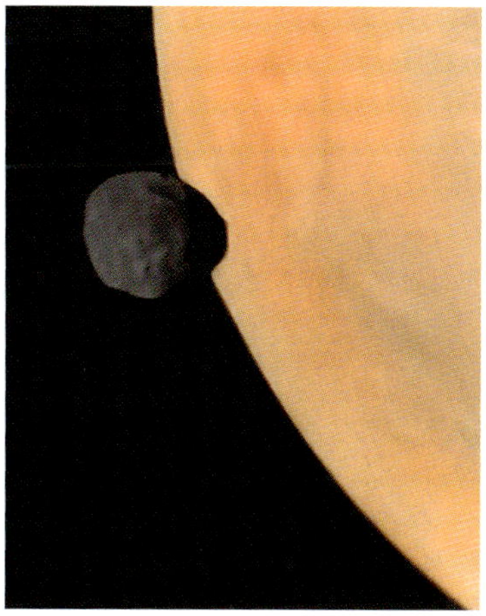

Une mauvaise manœuvre pendant l'approche de la lune martienne a perdu la mission Phobos 2.

CI-DESSOUS
Image de Mars dans le spectre infrarouge obtenue grâce à la caméra panoramique de Phobos 2.

1996

Mars Global Surveyor

Depuis la mission Viking, de grands moments astronautiques se succédaient avec les sondes Voyager en route vers les planètes géantes, le développement de la navette spatiale, la station spatiale Mir, la sonde Galileo autour de Jupiter, le lancement du télescope spatial Hubble et les sondes européennes et japonaises à la rencontre de la comète de Halley. Mais rien du côté de Mars. Le 25 septembre 1992 a lieu le lancement de la sonde américaine Mars Observer. Conçue autour de la structure des lourds satellites terrestres d'observation, chargée d'équipement d'imagerie et de cartographie, le potentiel d'exploration de cette sonde était énorme. Mais, à la grande surprise des contrôleurs de vol, elle disparaît à jamais à proximité de Mars pendant sa phase d'approche, le 22 août 1993, après avoir parcouru 720 millions de kilomètres. L'incident fatal se produisit lorsqu'une commande de pressurisation du carburant fut effectuée en vue de l'allumage des propulseurs pour commencer l'insertion orbitale. Une commission d'enquête a établi que la cause probable de la perte de Mars Observer était une explosion qui a eu lieu suite à une combustion prématurée de carburant en contact avec de l'oxydant condensé dans une tubulure. Le système de propulsion a été jugé inadapté aux conditions de froid extrême d'un voyage interplanétaire de plusieurs mois.

Préparation de la sonde Mars Global Surveyor avec son booster pour le transfert vers le pas de tir.

Après avoir tiré les leçons de l'échec de Mars Observer, les États-Unis décident de retourner sur Mars en 1996 avec la sonde orbitale Mars Global Surveyor (MGS). La plupart des instruments conçus pour Mars Observer sont installés sur la sonde orbitale MGS. L'équipement scientifique comprend entre autres une caméra digitale pour imager la surface à haute résolution, un magnétomètre pour étudier le champ magnétique, un altimètre laser pour cartographier les reliefs et un spectromètre d'émission thermique pour investiguer les propriétés du sol et de l'atmosphère.

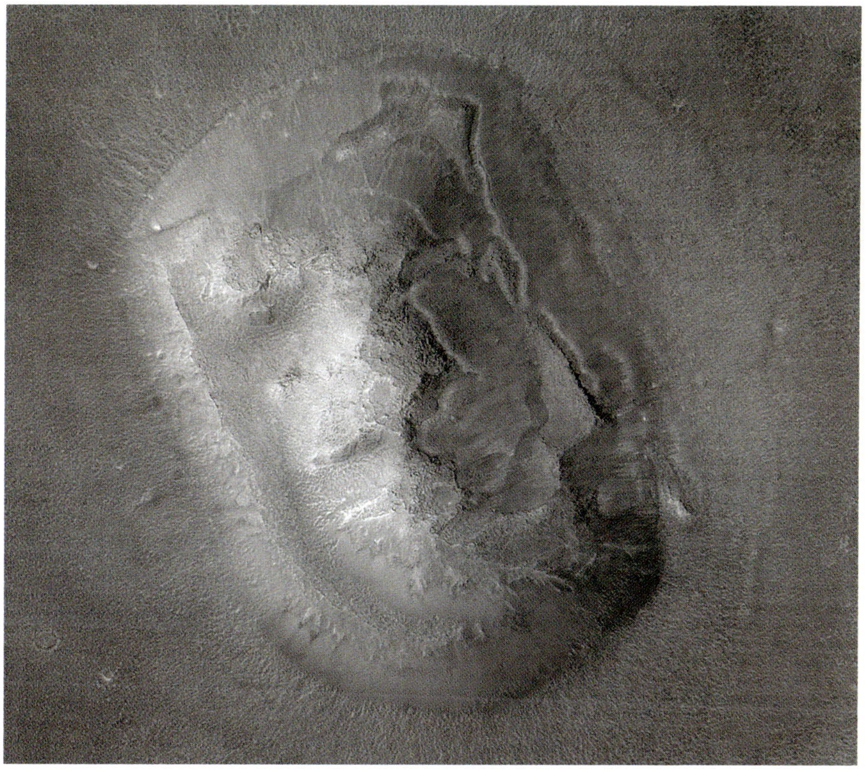

La sonde Mars Global Surveyor en configuration orbitale.

CI-CONTRE

Les amateurs de mythes martiens ont été déçus. Par temps clair, Mars Global Surveyor a pris une photographie à haute résolution du fameux « visage de Mars » dans la région Cydonia. Il ne s'agit en fait que d'une formation géologique naturelle.

PRINCIPAUX ÉLÉMENTS DE MARS GLOBAL SURVEYOR

1. Antenne à haut gain
2. Réservoir de propergol
3. Panneau solaire
4. Magnétomètre
5. Suiveur stellaire
6. Spectromètre d'émission thermique
7. Caméra
8. Altimètre laser
9. Moteur de contrôle d'attitude (4 au total)

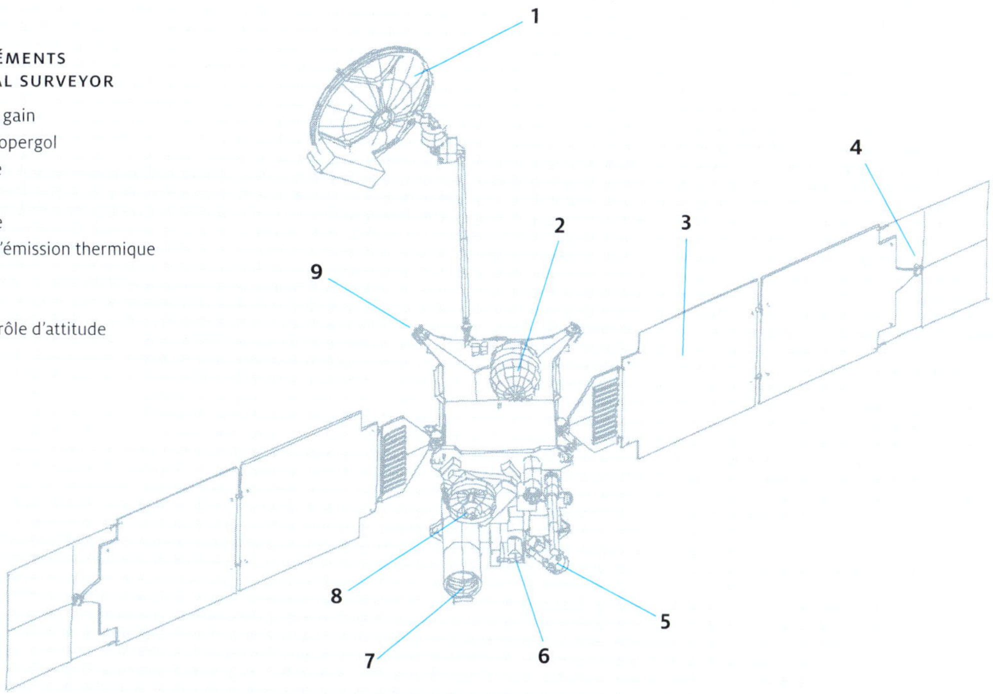

La sonde MGS de 975 kg (595 kg pour le bus, 380 kg pour le carburant) fut lancée le 7 novembre 1996 par une fusée Delta-7925 à partir de Cap Canaveral. MGS est entrée en orbite martienne le 11 septembre 1997. Le long voyage vers Mars de 750 millions de kilomètres en 300 jours s'est déroulé sans histoire, si ce n'est un problème avec un panneau solaire qui ne s'est pas complètement déplié après le décollage. Le panneau solaire récalcitrant allait causer des soucis aux contrôleurs de vol pendant la phase d'insertion orbitale. En effet, une nouvelle technique originale de freinage atmosphérique (aérofreinage) était utilisée pour économiser le carburant au profit de la charge utile. Mais la pression exercée sur les panneaux solaires par la friction dans les couches atmosphériques à chaque passage étant un facteur critique, il a été sagement décidé de ralentir la procédure d'aérofreinage qui allait se prolonger sur plus de deux ans. Les opérations de cartographie commencèrent le 3 mars 1999, la sonde effectuant un tour complet de Mars toutes les deux heures à une altitude moyenne de 378 km. La mission MGS a été un succès retentissant, qui a fait oublier les déboires de Mars Observer. Elle a permis d'acquérir plus de données sur Mars que toutes les missions précédentes réunies. La caméra MOC (*Mars Orbiter Camera*) a pris plus de 240 000 photographies de la surface. Avec son altimètre laser, MGS a permis d'établir une carte topographique globale de Mars et elle a rapporté pour la première fois des images typiques de ravins et d'écoulements sur les parois de certains cratères. Plus étonnant encore, la même zone photographiée à quelques années d'intervalles montre des nouvelles rigoles, donc des preuves de mouvement de terrain. Des ruissellements ? Sur Terre, l'eau liquide est capable de former ces motifs d'érosion, mais sur Mars, dans les conditions actuelles de basse température (autour de -50 °C) et de basse pression (moins de 10 mbar) qui y règnent en permanence, il est difficile d'imaginer comment l'eau peut se déplacer à la surface. Le débat reste ouvert.

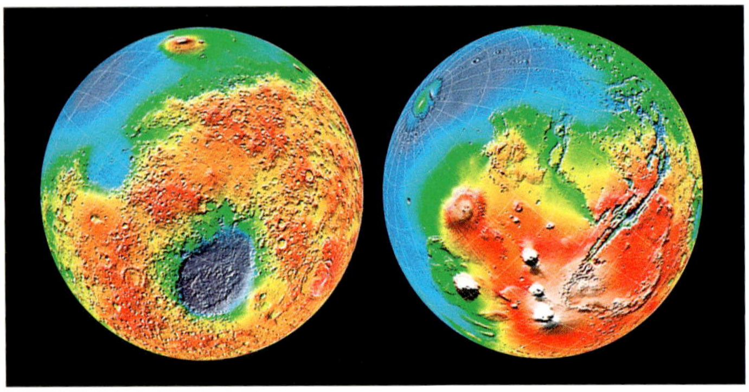

Topographie de la planète Mars produite par l'altimètre laser de Mars Global Surveyor.

Le dernier signal de MGS reçu le 5 novembre 2006 ne transmettait pas de données mais indiquait que la sonde entrait en hibernation. Depuis, la communication avec MGS n'a pu être rétablie pour des raisons restées inconnues jusqu'à ce jour. Il a fallu se faire à l'idée que la mission sur Mars la plus longue et la plus productive devait se terminer un jour… ♂

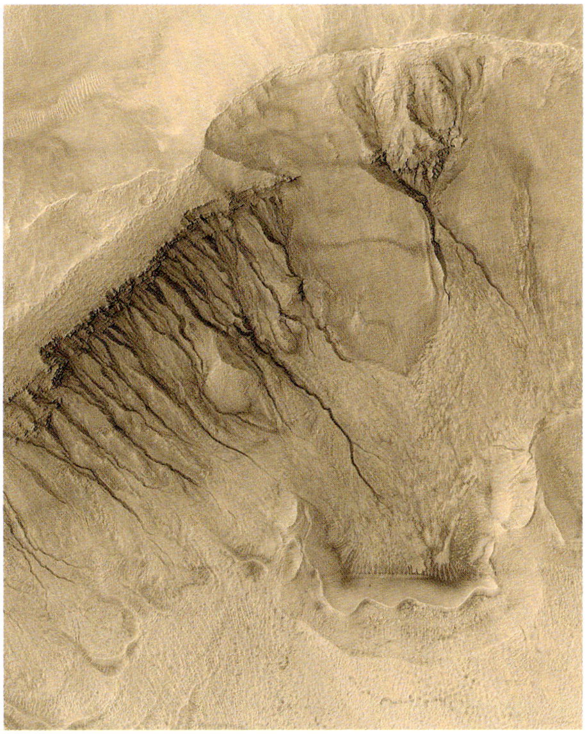

La mission Mars Global Surveyor a permis de documenter la présence de ravinements sur les parois de certains cratères d'impact, ici dans la région de Sirenum Terra.

Les quatre volcans géants de Mars sur le plateau tharsien.

CI-DESSOUS

Le passage de Mars Global Surveyor au-dessus de la même zone à six années d'intervalle a permis de documenter un écoulement récent sur les flancs d'un cratère dans la région de Centauri Montes. S'agit-il d'eau liquide ?

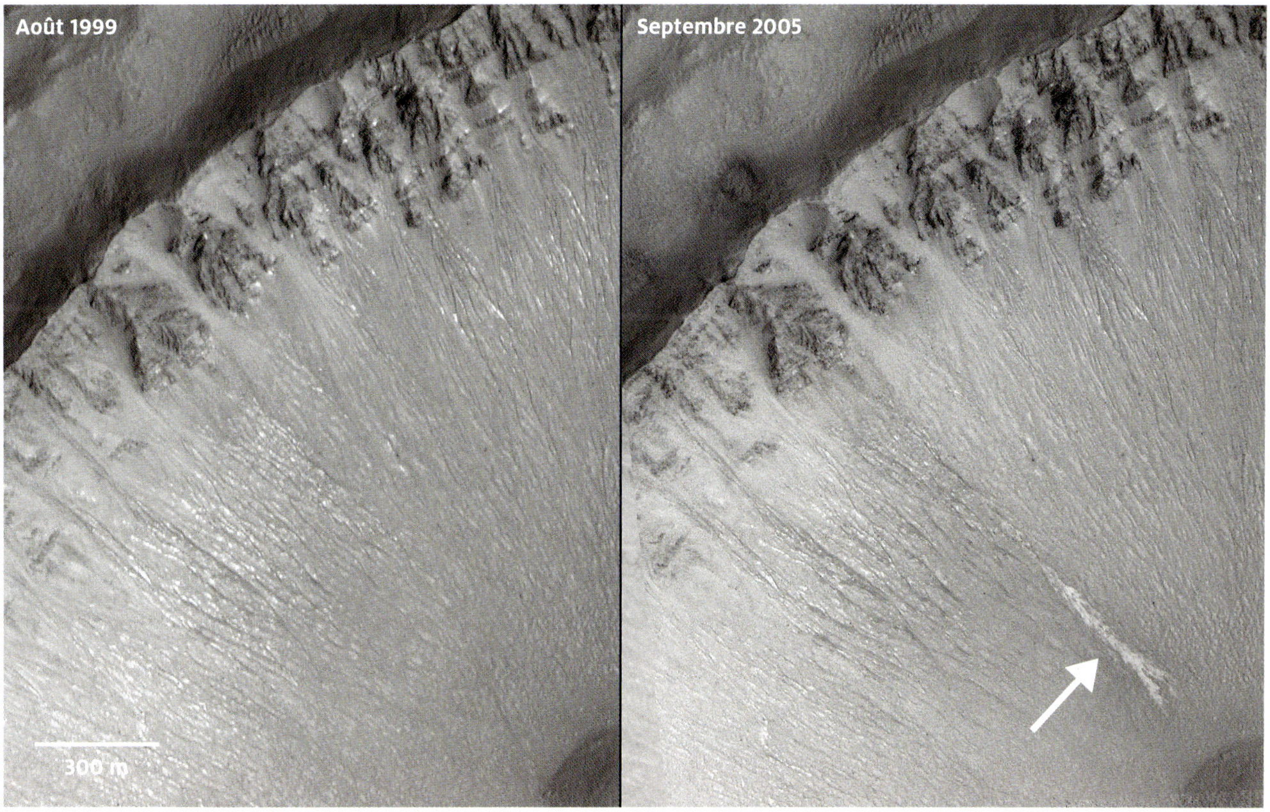

1996

Mars Pathfinder

LE DÉVELOPPEMENT de la mission Pathfinder (« Éclaireur ») destinée à atterrir sur Mars a commencé dès 1992. Nombreuses étaient les critiques pour souligner les difficultés techniques et les risques élevés d'échec inhérents au nouveau credo *Faster, Better, Cheaper* de la NASA des années 1990. Il est vrai que les défis à relever ne manquaient pas pour l'équipe du Jet Propulsion Laboratory responsable du second projet de la catégorie Discovery (après le projet NEAR, voir page 328) à mission plus technologique que scientifique. En effet, le but principal de la mission Pathfinder était de tester plusieurs nouvelles technologies d'exploration planétaire : une rentrée balistique directe à grande vitesse sans mise en orbite préalable, un atterrissage sur un site rocailleux amorti grâce à des coussins gonflables et enfin le déploiement d'un robot mobile (rover) semi-autonome. Et tout cela avec un budget correspondant au cinquième de celui de la mission Viking !

La mission Pathfinder décolla vers Mars sur une fusée Delta II, le 4 décembre 1996, pour un voyage de sept mois. Mis à part un problème avec un suiveur solaire d'orientation qui a donné des sueurs froides aux ingénieurs quelques

CI-DESSOUS À GAUCHE
Test des coussins gonflables qui ont servi à amortir l'atterrissage de Mars Pathfinder.

CI-DESSOUS À DROITE
Les techniciens du Jet Propulsion Laboratory referment les panneaux solaires disposés en pétales de Mars Pathfinder avant son encapsulation. Le rover Sojourner est solidement fixé sur un pétale pendant le voyage interplanétaire.

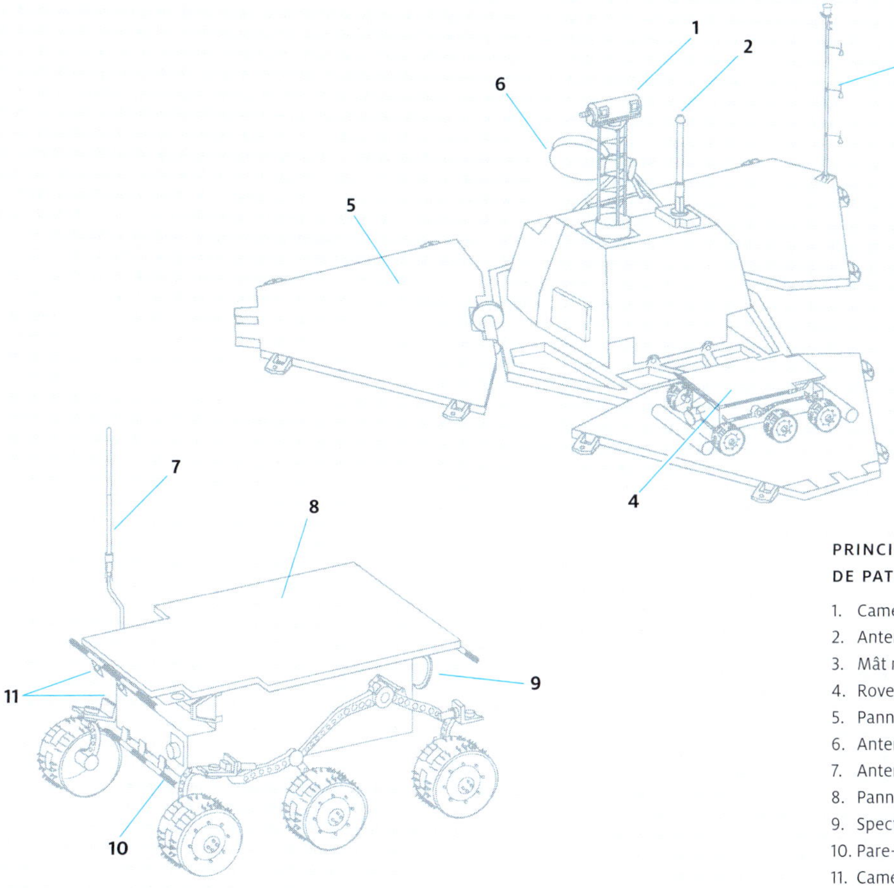

PRINCIPAUX ÉLÉMENTS DE PATHFINDER ET SOJOURNER

1. Caméras panoramiques
2. Antenne à faible gain
3. Mât météorologique
4. Rover Sojourner
5. Panneau solaire- stabilisateur
6. Antenne à haut gain
7. Antenne (bande S)
8. Panneau solaire
9. Spectromètre à rayons X
10. Pare-choc
11. Caméras de navigation

Le petit rover Sojourner (11,5 kg, 63 cm de long) dispose de six roues motrices et indépendantes.

heures après le décollage et qui a été résolu avec brio, la croisière à 27 000 km/h entre la Terre et Mars s'est déroulée comme il était prévu. Le 4 juillet 1997, le jour de la fête de l'Indépendance des États-Unis, Pathfinder amorce sa descente sur Mars. Les signaux radio mettent 20 minutes à faire l'aller-retour à la vitesse de la lumière entre Mars et la Terre séparées de 233 millions de kilomètres, donc la procédure de descente ne pouvait qu'être automatique, sans possibilité d'intervention humaine. En 4 minutes et 30 secondes de plongée vertigineuse, la vitesse de Pathfinder est réduite à 40 km/h grâce au freinage effectué par le bouclier thermique et le parachute supersonique, puis les rétrofusées immobilisent l'engin à une hauteur de 20 mètres. Les coussins gonflables se déploient huit secondes avant l'impact, le câble du parachute est coupé et la sonde dans son cocon tombe en chute libre. Elle a rebondi pas moins de 15 fois, avec un premier rebond de plus de 10 mètres, avant de s'immobiliser. Les équipes sur Terre sont soulagées quand Pathfinder envoie son premier signal radio que l'on peut traduire par « Je suis en vie ! ». Après plus de 20 ans d'absence, la NASA est de retour sur Mars. Une fois les coussins dégonflés et les pétales ouverts pour exposer ses panneaux solaires, Pathfinder commençait sa mission dès le deuxième jour : transmettre une image du site d'atterrissage et déployer le rover. L'équipement de l'atterrisseur était constitué principalement d'une caméra stéréoscopique à grand angle et d'une station météorologique, alors que le petit rover (10,6 kg seulement) à six roues motrices embarquait des caméras de navigation et un spectromètre à rayons X monté sur un bras pour analyser la composition des roches par contact. Le site choisi, la vallée alluviale Ares Vallis dans la région Chryse Planitia de l'hémisphère Nord, avait été déterminé en fonction de sa variété géologique. Les images obtenues par les orbiteurs Viking montraient une surface rocailleuse étendue, probablement

Première image témoignant de l'ouverture réussie des pétales de l'atterrisseur et du bon état de Sojourner après l'atterrissage.

PAGE SUIVANTE
Au cours de la mission Pathfinder dans la région Ares Vallis, le rover Sojourner parcourut 100 mètres et analysa plusieurs roches magmatiques de composition semblable au granite terrestre.

Coucher de soleil sur Mars, photographié au 24e jour de la mission.

CI-DESSOUS
Panorama à 360° du site de Mars Pathfinder. Les monts Twin Peaks qui se profilent à l'horizon sont distants d'environ 2 km.

le résultat d'inondations catastrophiques ayant charrié des roches d'origine volcanique ou sédimentaire sur des grandes distances. La station d'atterrissage Pathfinder a été baptisée Memorial Carl Sagan en hommage au célèbre astronome américain disparu en décembre 1996. De son côté, le rover a été baptisé Sojourner à la suite d'un concours organisé par la NASA, en hommage à Sojourner Truth (1797-1883), militante abolitionniste américaine qui a beaucoup œuvré pour le droit des femmes. Dès le troisième jour, Sojourner descendait de sa rampe d'accès. Pour la première fois de l'histoire, un rover se déplaçait sur la surface d'une autre planète. Carl Sagan avait rêvé de ce moment 21 ans auparavant : « Le problème, c'est que des machines comme Viking sont immobiles (...) Ce dont nous avons désespérément besoin, c'est d'un robot mobile (...). » L'atterrisseur relayait les communications entre la Terre et Sojourner qui progressait prudemment à la vitesse très modérée de 1 cm par seconde. La mission Pathfinder est considérée comme un grand succès. Plus de 16 500 images ont été prises par la station et 550 images ont

été prises par Sojourner qui a aussi analysé la composition élémentaire de 15 échantillons de roche et de sol. Pour la première fois aussi, grâce à Internet, de nombreux terriens ont suivi les péripéties de Sojourner sur Mars presque en direct, malgré la distance de plus de 100 millions de kilomètres, ce qui a valu au robot le statut de mascotte internationale. Il y a eu environ 566 millions de visites d'internautes au cours du premier mois de la mission – 47 millions pour la seule journée du 8 juillet. Les données scientifiques recueillies en spectrométrie à rayons X et en imagerie ont permis de confirmer que la plupart des roches sur ce site d'Ares Vallis sont formées d'andésite et de basalte comme les roches volcaniques terrestres. Toutefois, la poussière omniprésente sur Mars a perturbé l'analyse géologique en masquant les détails et en contaminant les surfaces, ce qui a limité la portée des observations.

Conçue pour une semaine de fonctionnement, la mission Pathfinder dura finalement trois mois, puis la communication avec la Terre s'interrompit, pour une cause inconnue. En cas de difficultés, le rover Sojourner était programmé pour tourner autour de sa station mère en attendant des instructions. Il est probable que le robot orphelin ait tenté désespérément de capter un signal pendant plusieurs jours avant de céder à l'implacable froid martien. Sur une note plus positive, le système innovateur d'entrée et de descente sur Mars de Pathfinder, ainsi que ce concept de rover, seront utilisés à plus grande échelle quelques années plus tard dans la mission Mars Exploration Rovers. ♂

2001

Mars Odyssey

La NASA a repris la structure et la plupart des composants du malheureux Mars Climate Orbiter pour construire Mars Odyssey.

PAGE SUIVANTE
Vision d'artiste de Mars Odyssey en orbite.

La mission Mars Surveyor 98 avec son orbiteur sophistiqué Mars Climate Orbiter et son atterrisseur Mars Polar Lander constitua un double désastre qui a beaucoup nui à l'image de la NASA. Le 23 septembre 1999, la sonde Mars Climate Orbiter lancée le 11 décembre 1998, entre dans sa phase d'insertion orbitale, mais elle se consume dans les hautes couches de l'atmosphère martienne et disparaît à cause d'une confusion entre les unités de mesure impériales et métriques utilisées par des équipes différentes dans le calcul de l'altitude du vaisseau. Quelques mois plus tard seulement, le 3 décembre 1999, la sonde Mars Polar Lander, lancée le 3 janvier 1999, s'écrase sur la planète rouge. Humiliée et ébranlée, assaillie par les médias, la NASA bloque tous les projets futurs vers Mars et révise ses plans. Elle n'a plus droit à l'erreur. Elle prépare avec soin la sonde orbitale 2001 Mars Odyssey, un clin d'œil au célèbre film de science-fiction *2001 Space Odyssey* de Stanley Kubrick adapté d'une nouvelle de Sir Arthur C. Clarke. La NASA décide de reprendre les principaux éléments de la sonde Mars Climate Orbiter, condamnée pour un problème de navigation, mais dont la construction était irréprochable. Toutefois, le concept d'atterrisseur qui devait accompagner Odyssey est abandonné à ce stade, car il présentait trop de similitudes techniques avec le défunt Mars Polar Lander. Le 7 avril 2001 à Cap Canaveral, Mars Odyssey s'élance vers Mars sur une fusée Delta II-7925. La mise en orbite commence le 24 octobre 2001 après plus de 6 mois de croisière et 460 millions de kilomètres parcourus. Mars Odyssey va prendre 3 longs mois et faire 322 tours de la planète avant d'atteindre son orbite finale par la technique d'aérofreinage préalablement validée par la sonde Mars Global Surveyor. Cette méthode astucieuse, quoique lente, a permis d'économiser plus de 200 kg de propergol ! La mission principale commença le 19 février 2002 ; la sonde était toujours opérationnelle en 2009. Elle avait deux objectifs principaux : cartographier les zones de Mars riches en hydrogène, donc en eau, et servir de relais de

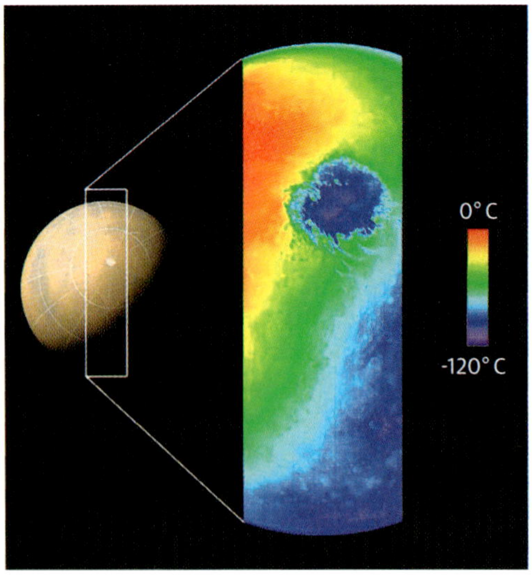

Températures à la surface dans la région du Pôle Nord de Mars, enregistrées par le spectro-imageur THEMIS.

transmission radio entre les futurs atterrisseurs et la Terre. La cartographie minéralogique et chimique de Mars a été possible grâce à deux types de spectromètres performants : le spectro-imageur à haute résolution THEMIS (*Thermal Emission Imaging System*) opérant dans les longueurs d'onde visibles et infrarouges ainsi qu'un spectromètre à rayons gamma. Deux spectromètres à neutrons et l'instrument de mesure du taux de radiations MARIE (*Mars Radiation Environment Experiment*), conçu pour évaluer les risques auxquels seraient exposés les futurs astronautes, complètent la charge utile scientifique. Le spectro-imageur THEMIS a fourni plus de 15 000 images de la surface qui couvrent la quasi-totalité de la planète avec une résolution de 20 mètres par pixel. Dans des plaines équatoriales, la présence de zones riches en hématite, un oxyde de fer qui se forme sur Terre le plus souvent en présence d'eau liquide, a conduit les responsables de la mission des rovers Spirit et Opportunity (voir page 176) à donner priorité à ces sites pour une étude géologique directe. Actuellement, la grande majorité des images transmises par les rovers – et il en était de même pour celles transmises par Phoenix – passent dans un premier temps par Mars Odyssey qui les relaient vers la Terre sur la bande radio X à haut débit. Depuis Mars Odyssey, la mise en place d'un réseau d'orbiteurs-relais tournant en permanence autour de Mars pour assister les prochaines missions devient une réalité. ♂

CI-DESSOUS

Carte de la répartition de l'eau sur Mars. Les sites des différents atterrisseurs sont indiqués.

G : MER Spirit à Gusev,
M : MER Opportunity à Meridiani,
PF : Pathfinder,
V1 : Viking 1,
V2 : Viking 2.

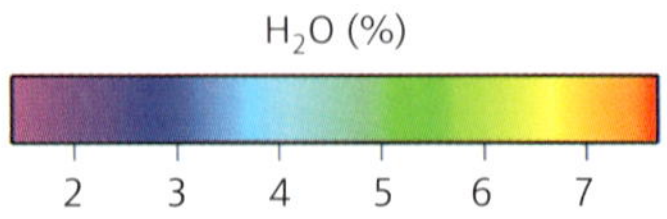

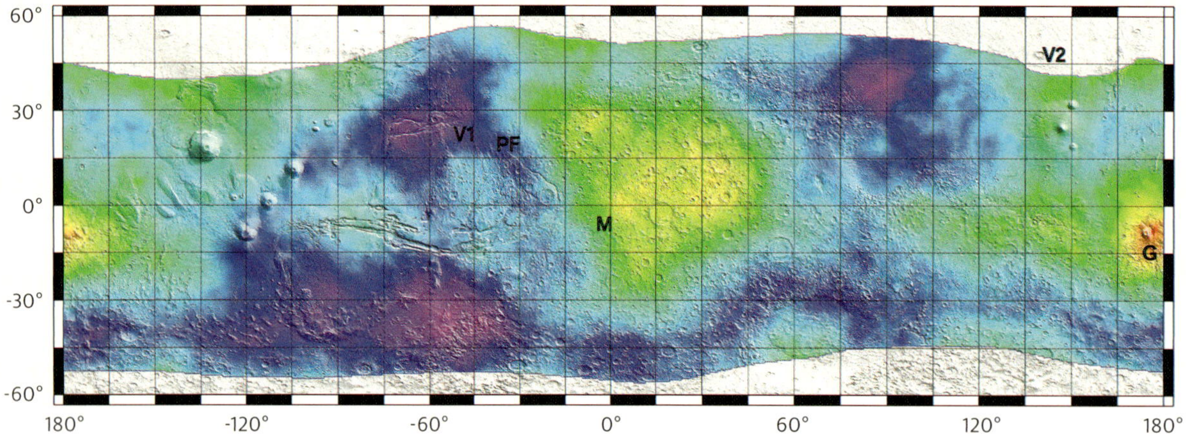

ARTHUR C. CLARKE

(1917-2008)

Sir Arthur Charles Clarke est un auteur de science-fiction et un inventeur britannique. Pendant la Seconde Guerre mondiale, il contribue au développement d'un réseau de radars, un facteur important de succès dans la bataille d'Angleterre. Il se consacra à l'écriture à partir de 1951. Il devint célèbre en 1968 avec le film *2001, Odyssée de l'Espace* de Stanley Kubrick et le roman du même nom adapté de la nouvelle « La Sentinelle ». Romancier prolifique, il a aussi conçu l'idée du satellite en orbite géostationnaire, maintenant nommée orbite de Clarke, qu'il a décrite dans le numéro d'octobre 1945 du magazine *Wireless World*. Retiré depuis 1956 au Sri Lanka, il y a installé un centre de plongée sous-marine qui malheureusement a été détruit par le tsunami du 26 décembre 2004.

« Deux possibilités existent : soit nous sommes seuls dans l'univers, soit nous ne le sommes pas. Les deux hypothèses sont tout aussi effrayantes. »

Les trois « lois » de Clarke :

1. Quand un savant distingué mais vieillissant estime que quelque chose est possible, il a presque certainement raison, mais lorsqu'il déclare que quelque chose est impossible, il a très probablement tort.
2. La seule façon de découvrir les limites du possible, c'est de s'aventurer un peu au-delà, dans l'impossible.
3. Toute technologie suffisamment avancée est indiscernable de la magie.

2003

Mars Exploration Rovers

Il est évident que la mobilité est un atout quand on veut explorer l'environnement martien ; le succès de Pathfinder en est la preuve. Il est maintenant possible de télécommander des rovers sur la surface de Mars. La NASA annonce en juillet 2000 que la proposition du Jet Propulsion Laboratory d'envoyer des rovers géologues pour chercher les traces d'eau présente ou passée sur Mars est retenue pour un lancement en 2003. Le concept concurrent proposé par Lockheed Martin Astronautics, un orbiteur muni d'une caméra très puissante, projet moins risqué mais moins excitant, deviendra réalité quelques années plus tard. Ce sera le Mars Reconnaissance Orbiter, lancé en 2005 (voir page 192). Avec la mission Mars Exploration Rovers, la NASA renoue avec une longue tradition de sondes jumelles interplanétaires, comme dans le cas pour les missions Mariner, Pioneer 10 et 11, Voyager 1 et 2 et Viking 1 et 2. Ces lancements doubles permettent de rentabiliser les coûts de développement et de maximiser la valeur des résultats scientifiques obtenus tout en réduisant les risques d'échec. Les deux rovers, de la taille d'une voiturette de golf et pesant 180 kg, seront surnommés officiellement Spirit (MER-A) et Opportunity (MER-B) à l'issue d'un concours gagné par Sofi Collis, une orpheline russo-américaine agée de neuf ans qui a écrit un texte poignant se concluant par : « In America, I can make all my dreams come true... Thank you for the spirit and the opportunity. » Spirit quitte la Terre le 10 juin 2003, et Opportunity, le 7 juillet 2003. Spirit est propulsée par une fusée Delta II 7925 standard, tandis qu'Opportunity, lancée plus tardivement dans la fenêtre de tir, a nécessité l'emploi de la version H (Heavy) plus puissante. Grâce au rapprochement exceptionnel entre la Terre et Mars cette année-là, la distance parcourue par les sondes n'est « que » de 56 millions de kilomètres et le voyage ne dure « que » six mois. Spirit se pose le 3 janvier 2004 dans le cratère Gusev, une dépression qui ressemble à un lac asséché tandis qu'Opportunity se pose le 24 janvier aux antipodes, sur Meridiani Planum, une plaine riche en hématite selon les observations de Mars Global Surveyor.

PAGE SUIVANTE EN HAUT
Les pétales de l'atterrisseur ont été ouverts pour une mise au point de dernière minute sur le rover Opportunity. Ses panneaux solaires sont repliés en configuration de croisière.

PAGE SUIVANTE EN BAS
Tests techniques du rover dans son bouclier thermique placé sur une table tournante.

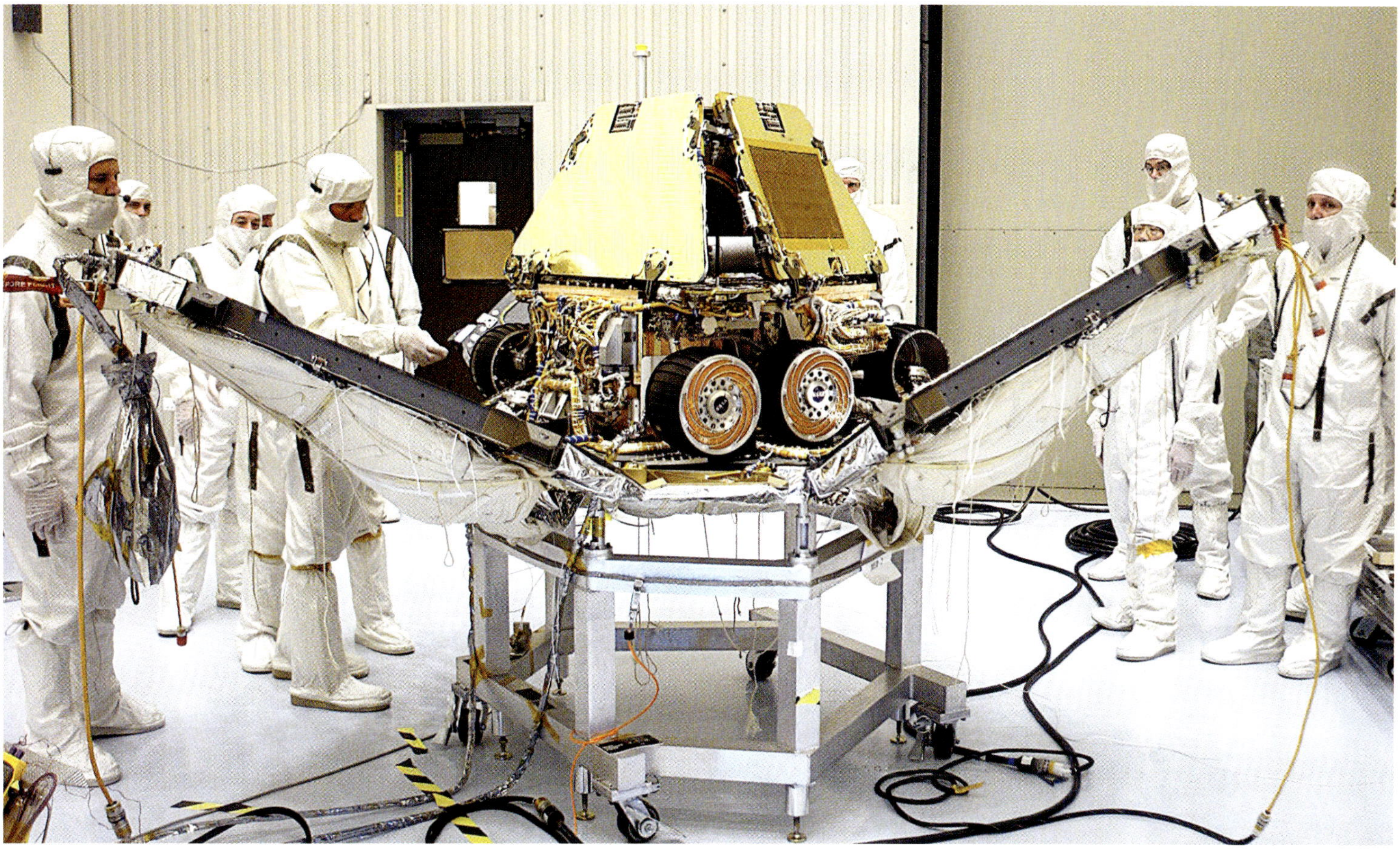

240
GENESIS
DEEP SPACE 1

Test de résistance du parachute supersonique en soufflerie.

PAGE SUIVANTE
Vision d'artiste du rover Opportunity opérationnel à la surface de Mars.

Munis de trois types d'antennes radio (parabolique à grand gain, omnidirectionnelle à faible gain et omnidirectionnelle UHF), les communications des rovers avec la Terre se limitent à un appel par jour. Cela implique que chaque robot doit se déplacer de manière autonome sans supervision directe. Pour ce faire, un programme d'intelligence artificielle a été conçu pour analyser les images de la surface prises par les caméras de navigation et prédire la présence d'obstacles, afin de définir le meilleur trajet à suivre. S'il rencontre des difficultés dans sa prise de décision, le rover a pour ordre de s'immobiliser et d'attendre les instructions de la Terre. Comme le prototype Sojourner, les rovers disposent de six roues motrices indépendantes et d'un système de suspension de type rocker-bogie. Leurs panneaux solaires peuvent fournir jusqu'à 140 watts pour recharger deux batteries. Les rovers ne travaillent que pendant la journée, car ils sont totalement dépendants de l'énergie solaire. Le degré variable d'ensoleillement selon les saisons, la quantité de poussière en suspension dans l'atmosphère et l'accumulation de poussière sur les panneaux solaires sont des paramètres importants à considérer dans la gestion des réserves énergétiques, dont dépendent les activités des rovers.

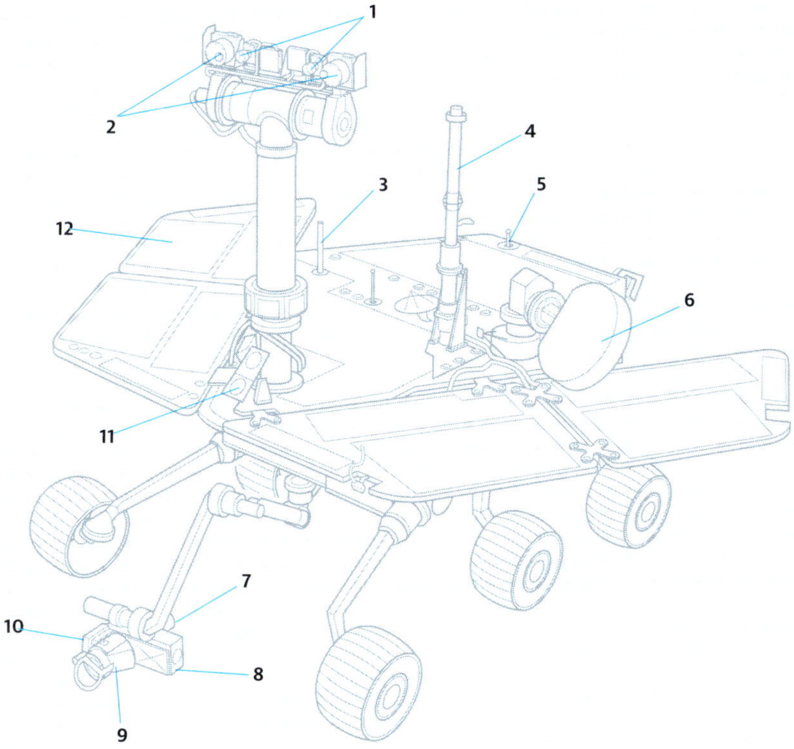

PRINCIPAUX ÉLÉMENTS DU ROVER SPIRIT

1. Caméras de navigation
2. Caméras panoramiques
3. Antenne UHF
4. Antenne à faible gain
5. Mire d'étalonnage
6. Antenne à haut gain
7. Spectromètre APXR
8. Spectromètre Mössbauer
9. Meule abrasive
10. Microscope
11. Aimants
12. Panneau solaire

Les rovers sont pourvus de tout le nécessaire au bon déroulement de leur mission. Contrairement à Sojourner, dont la station-relais était également équipée d'une caméra et d'une station météorologique, Spirit et Opportunity laissent derrière eux un cocon vide qui ne servait qu'à les protéger pendant la descente et l'atterrissage. Les rovers peuvent se déplacer de plusieurs dizaines de mètres par jour, au gré de la recherche de preuves géologiques que l'eau était abondante à une certaine époque sur Mars. Pour les aider dans cette tâche, ils sont équipés d'une panoplie d'outils. Une caméra numérique stéréoscopique juchée sur un mât, la Pancam, capte des vues panoramiques à haute résolution. Elle est accompagnée d'un spectro-imageur d'émission thermique miniature qui peut déterminer la composition du terrain environnant. À l'extrémité du bras articulé se trouve la palette d'instruments robotisée Athena que le rover peut mettre en contact avec une roche ou avec le sol. Athena contient un microscope numérique, un spectromètre à rayons X (APXS pour *Alpha Proton X-ray Spectrometer*) semblable à celui de Sojourner, un spectromètre Mössbauer pour mesurer la composition élémentaire des objets ciblés, et une meule à pointes de diamants (RAT pour *Rock Abrasion Tool*) pour mettre à nu l'intérieur des roches et éliminer la poussière. Dans le but de vérifier les données, tous les instruments de mesure sont équipés de leurs propres contrôles de calibration. La mire d'étalonnage de la caméra Pancam a ceci de particulier qu'il s'agit d'un cadran solaire. Conçu pour corriger la luminosité et calibrer les couleurs dans toutes les images, il est devenu l'objet le plus photographié sur Mars !

Le rover Opportunity a capté ce panorama du cratère Victoria depuis le promontoire du Cape Verde. Le bord le plus éloigné se situe à 800 mètres du rover (voir pages 194-195). La série de photographies a été prise entre le 16 octobre (le 970e jour martien de la mission) et le 7 novembre 2006.

PAGE PRÉCÉDENTE
Les atterrisseurs avec leur cocon de coussins gonflables ont parfaitement rempli leur mission de protection des rovers.

Un autre argument en faveur de la présence d'eau abondante dans le passé : les roches riches en sulfures, probablement submergées, montrent des couches de stratification dans lesquelles les sphérules ont été formées par concrétion.

CI-DESSUS À DROITE
Les outils d'analyse placés sur une tourelle au bout d'un bras articulé robotisé transforment les rovers en géologues sophistiqués.

CI-CONTRE
Les sphérules (« myrtilles ») minérales découvertes par Opportunity sur son site d'atterrissage contiennent de l'hématite, un oxyde de fer qui se forme principalement en présence d'eau sur Terre.

En termes de résultats scientifiques, les informations accumulées par les deux robots confirment que dans le passé l'eau a joué une grande influence dans la géologie martienne (aréologie). La présence d'hématite dans le sol, qui est un argument en faveur de la présence d'eau mais non une preuve, est confirmée. Ce minerai composé d'oxyde de fer est à ce point abondant sur Mars au point qu'il a donné la couleur rouille caractéristique de la planète. Le 2 mars 2004, la NASA annonçait officiellement que les instruments du robot Opportunity ont fourni des indices probants que les roches situées à proximité de son site d'atterrissage ont été submergées parce qu'elles contiennent de la jarosite, un sulfate de fer hydraté. La destinée de l'eau sur Mars reste encore un mystère à l'heure actuelle. Mais cette mission appuie l'hypothèse que l'eau a submergé de vastes zones et qu'elle a joué un rôle important dans la composition des roches de Meridiani Planum à une époque reculée de plusieurs milliards d'années.

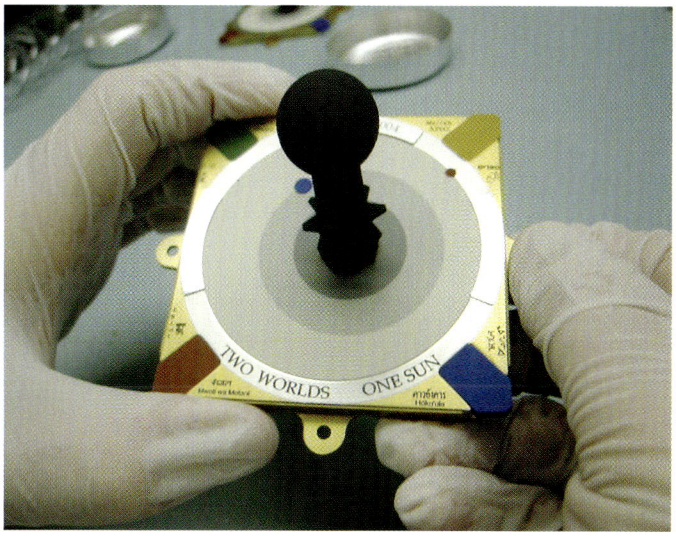

Le slogan « Deux Mondes, Un Soleil » orne la mire d'étalonnage de la caméra Pancam. La mire sert aussi de cadran solaire et le nom de Mars y est inscrit en 22 langues.

Le 26 avril 2005, alors qu'il se dirigeait vers le cratère Erebus, le rover Opportunity s'est retrouvé bloqué avec ses six roues enlisées à 80 % dans un monticule de sable très fin. Les techniciens du JPL ont dû manœuvrer durant cinq semaines pour le dégager, centimètre par centimètre. Puis le rover a repris sa route et il est toujours opérationnel. Quand on pense que les infatigables Spirit et Opportunity avaient une espérance de vie initiale de 90 jours et devaient s'aventurer dans un rayon de 600 mètres ! En décembre 2008, Spirit et Opportunity avaient accumulé respectivement 7,5 km et 12,5 km à l'odomètre. Après plusieurs années de fonctionnement dans un environnement aussi hostile que Mars, ils démontrent la qualité remarquable du travail accompli par les ingénieurs et les scientifiques du Jet Propulsion Laboratory et de la NASA au cours de cette mission. ♂

Mars Express

CI-DESSOUS À GAUCHE
Mars Express, lancée en 2003, représente la première mission planétaire de l'ESA.

CI-DESSOUS À DROITE
L'imposant lanceur Soyouz prend le chemin du pas de tir à Baïkonour pour le lancement de la sonde Mars Express le 2 juin 2003.

PAGE SUIVANTE EN BAS
Mars Express en phase d'approche. Le module Beagle 2 est encore arrimé à la plate-forme de l'orbiteur.

PAGE SUIVANTE EN HAUT
L'atterrisseur Beagle 2 tel qu'il aurait pu apparaître à la surface de Mars.

Mars Express est la première mission d'exploration martienne de l'Agence Spatiale Européenne (ESA). Le nom « Express » souligne à la fois la vitesse à laquelle cette sonde a été conçue et la durée relativement courte du trajet Terre-Mars effectué en 2003. Le développement a été significativement accéléré par la réutilisation de plusieurs instruments de la mission soviétique Mars 96 qui a échoué au lancement et par le choix de la structure générale de la sonde européenne Rosetta (voir page 313). Pour amortir les coûts, cette même structure sera choisie aussi pour la sonde Venus Express (voir page 124).

La sonde Mars Express a été lancée vers Mars le 2 juin 2003 de Baïkonour à bord d'un lanceur soviétique Soyouz-Fregat. La fiabilité de la fusée Soyouz (anciennement R-7) est tout simplement remarquable avec 1 500 lancements réussis depuis 1963 et un taux de succès proche de 98 %. L'étage booster Fregat est un moteur à allumage multiple qui a propulsé la sonde sur sa trajectoire interplanétaire à partir de son orbite terrestre de stationnement située à 200 km d'altitude. La mission consistait à placer un orbiteur autour de Mars et à envoyer l'atterrisseur Beagle 2 sur la surface. Le nom Beagle 2

fait référence au bateau *HMS Beagle* sur lequel le biologiste Charles Darwin a navigué autour du monde au XIXe siècle. Les objectifs principaux de Mars Express étaient l'étude de la surface, du sous-sol et de l'atmosphère de Mars depuis une position orbitale. L'atterrisseur Beagle 2 devait compléter la mission par la recherche de vie extraterrestre (recherche exobiologique) dans le sol martien.

La croisière Terre-Mars de six mois et 400 millions de kilomètres ne fut pas de tout repos. En effet, des problèmes de navigation stellaire, un mauvais câble d'alimentation qui réduisait la capacité des panneaux solaires, et finalement une éruption solaire géante qui a frappé la sonde de plein fouet, mirent à l'épreuve les techniciens du Centre d'Opérations de l'ESA (ESOC) à Darmstadt en Allemagne. Après avoir guidé Beagle 2 vers Mars, Mars Express retrouva sa trajectoire initiale et commença ses manœuvres d'insertion orbitale en allumant ses propulseurs pour freiner et atteindre une vitesse inférieure à 5,2 km/seconde, la vitesse de libération minimale pour échapper à l'attraction martienne. Le 25 décembre 2003, la sonde Mars Express se place sur une orbite très elliptique autour de Mars. Celle-ci sera ajustée finalement à 298 km × 11 560 km. Les orbites très elliptiques ne sont pas aussi favorables à la cartographie que les orbites circulaires. En effet, les angles de prise de vue varient en fonction de la position sur l'orbite, ce qui ne facilite pas les comparaisons. La masse de carburant embarqué ne permettait pas un ajustement sur une orbite circulaire, et la technique délicate d'aérofreinage n'est pas encore maîtrisée par les techniciens européens. Ainsi, chaque orbite passe par une phase d'observation et de mesures à basse altitude, suivie d'une phase de communication radio en bande X avec réorientation de la sonde. Deux grandes antennes de l'ESA, situées à New Norcia en Australie et à Madrid, sont mises à contribution, en plus du Deep Space Network de la NASA. Parmi les principaux instruments de Mars Express figurent une caméra stéréoscopique à haute résolution pour cartographier la planète, un spectromètre dans les longueurs d'onde visibles et infrarouges pour détecter l'eau et caractériser la compo-

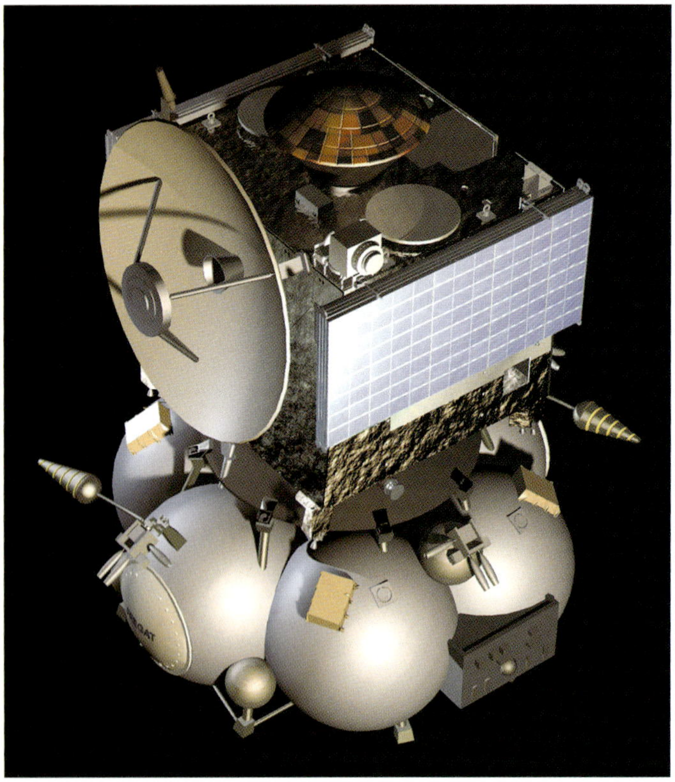

La sonde Mars Express sur son booster Fregat en configuration de lancement.

sition minéralogique de la surface, un spectromètre dans les longueurs d'onde ultraviolettes et infrarouges pour étudier la composition de l'atmosphère, et un radar avec deux antennes de 20 mètres de long pour sonder le sous-sol à la recherche de couches de glace souterraines jusqu'à 5 km de profondeur. Les images obtenues par la caméra stéréoscopique sont spectaculaires et le radar a pu détecter la couche de permafrost sous les pôles. De plus, les analyses spectrométriques ont permis de conclure à la présence de méthane et d'ammoniac dans l'atmosphère. Ces deux gaz légers ont tendance à s'échapper rapidement de Mars ; par conséquent, leur présence ne peut s'expliquer que par une production actuelle soit biologique, soit volcanique. En plus de ses objectifs propres, Mars Express a été conçue comme un relais radio pour fournir un support technique à des atterrisseurs sur Mars, tels que Beagle 2 et Phoenix, grâce au standard international Proximity-1 des communications radio dans l'espace. La mission de Mars Express est un succès complet, tant d'un point de vue astronautique que scientifique. Elle a été prolongée au moins jusqu'en décembre 2009. L'expertise acquise au cours de cette première mission interplanétaire augure bien des futurs projets de l'ESA, qui se place ainsi à la pointe de l'exploration spatiale.

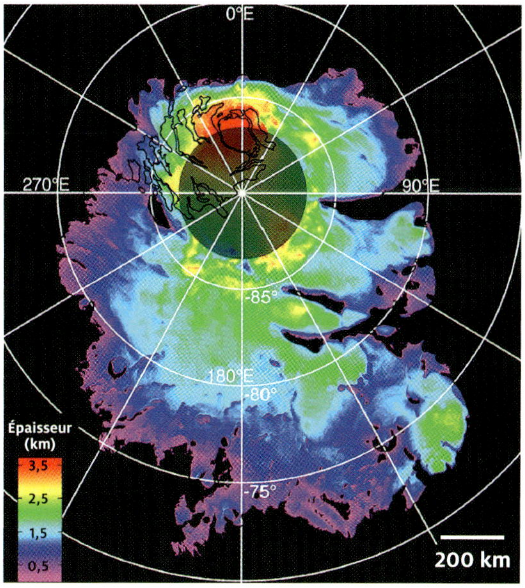

Le radar MARSIS permet de sonder l'épaisseur de glace au pôle Sud de Mars. Il a été calculé que si cette masse de glace polaire fondait, 12 mètres d'eau recouvriraient la planète !

L'atterrisseur Beagle 2, mis au point par une équipe britannique dirigée par le professeur Colin Pillinger grâce à des subventions publiques et à un financement privé, eut moins de chance. En réalité, Beagle 2 fut ajouté tardivement à la mission Mars Express, pour en optimiser le potentiel scientifique. Le 19 décembre 2003, Mars Express se place sur une trajectoire de collision avec Mars et largue le module Beagle 2 qui, quelques jours plus tard, perce l'atmosphère de manière balistique à 20 000 km/h. Le système de rentrée, de descente et de déploiement de Beagle 2 ressemble beaucoup à celui de Pathfinder avec un bouclier thermique, un parachute et une enveloppe de coussins gonflables pour amortir la chute finale. Malheureusement, si son lancement depuis Mars Express s'est déroulé comme prévu d'après la vidéo transmise, Beagle 2 n'a plus donné aucun signe de vie et s'est probablement écrasé quelque part dans la région d'Isidis Planitia le 24 décembre. Sa perte a été annoncée officiellement le 6 février 2004. La localisation exacte de Beagle 2, ou de ce qu'il reste de son épave, reste inconnue à ce jour en dépit des efforts des équipes de Mars Global

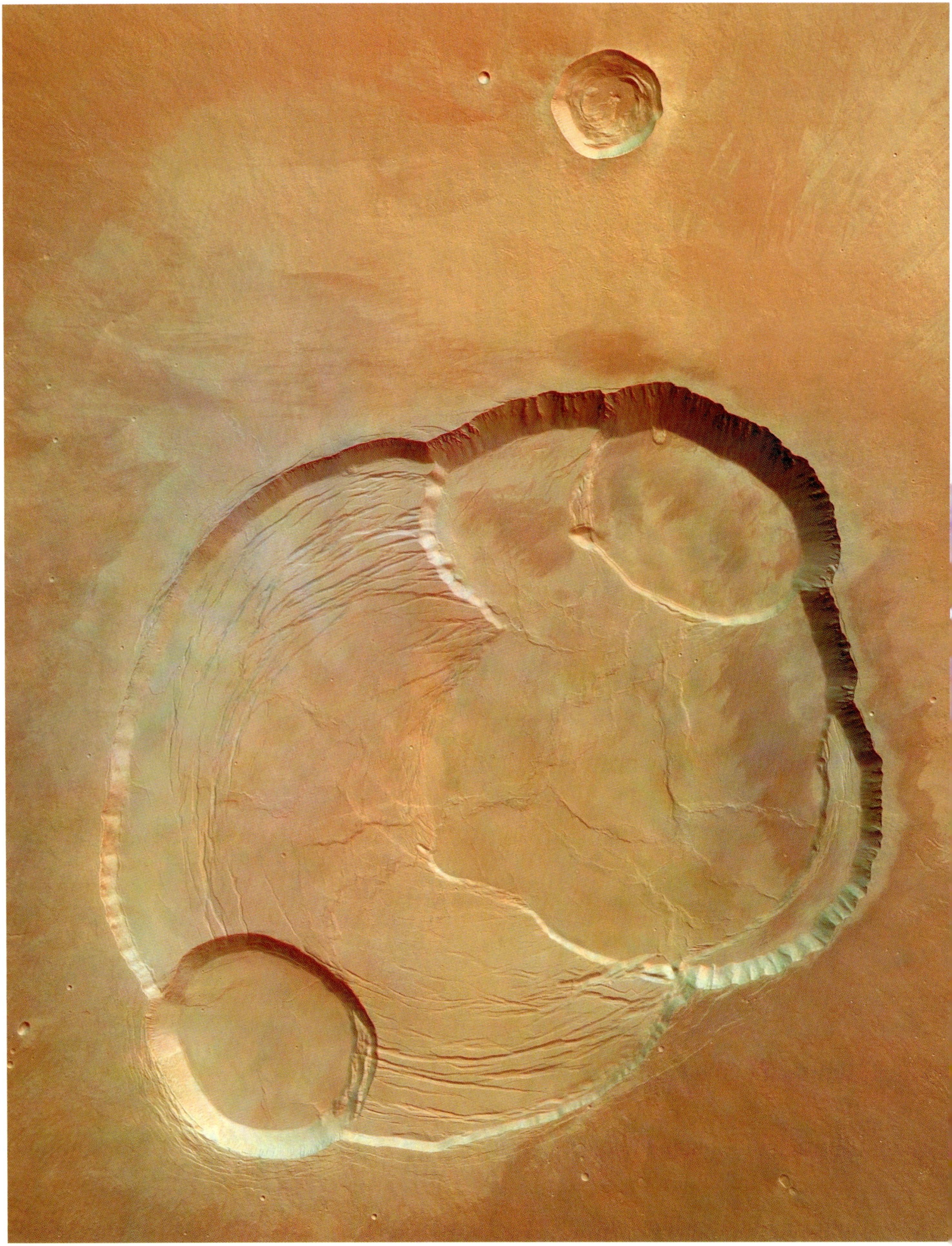

Surveyor et de Mars Reconnaissance Orbiter pour trouver des indices du crash. Plus grave encore, les causes exactes de cet échec n'ont pas été déterminées avec certitude. Les rovers Spirit et Oportunity ont atterri avec succès quelques jours après l'arrivée de Beagle 2 et ils ont noté une baisse de pression atmosphérique anormale. Une dépression atmosphérique inattendue aurait pu affecter les capacités de freinage de Beagle 2, qui contrairement à Pathfinder et aux deux rovers, ne disposait pas de rétrofusées pour ralentir activement sa chute. Des rumeurs d'un Beagle 3 circulaient en 2009. Il est clair que certaines précautions seront prises pour éviter une autre perte à l'atterrissage, même si l'exercice restera toujours périlleux. Du point de vue du concept, la contrainte de poids (60 kg maximum) a forcé l'équipe britannique à réaliser des prouesses d'ingéniosité pour mettre au point l'atterrisseur et ses instruments scientifiques. Beagle 2 ressemblait à une soucoupe plate, qui, une fois en position horizontale sur le sol, s'ouvrait pour déployer dans un premier temps quatre panneaux solaires et une antenne UHF, et dans un deuxième temps un bras articulé robotisé muni d'un présentoir (PAW pour *Position Adjustable Workbench*). Le présentoir était équipé, entre

PAGE PRÉCÉDENTE
Détails de la caldera du volcan Olympus Mons.

CI-DESSOUS
Vue en perspective d'un champ glaciaire au fond du cratère Vastitas Borealis.

Les images les plus précises de la lune Phobos ont été transmises par Mars Express, qui l'a survolée le 23 juillet 2008 à moins de 100 km à la vitesse de 3 km/seconde.

PAGE SUIVANTE
La caméra stéréoscopique à haute résolution de Mars Express fournit des données topographiques spectaculaires, ici la région Rupes Tenuis au pôle Nord (en haut) et la région Noctis Labyrinthus (voir page 143 l'image obtenue par Mariner 9 en 1972).

autres, d'une caméra stéréoscopique, d'un microscope, d'un collecteur, d'une foreuse, d'un spectromètre à rayons X et d'un spectromètre Mössbauer spécialisé dans la détection des roches riches en fer. Un des instruments clés de Beagle 2 pour la recherche de traces de vie sur Mars était un système d'analyse des gaz (GAP pour *Gaz Analysis Package*) basé sur un spectromètre de masse. En effet, le GAP pouvait mesurer la composition chimique de l'atmosphère ou des échantillons de roches et de sols collectés et en déduire la présence de molécules d'origine biologique. Il est probable que la surface de Mars est stérilisée par la combinaison des réactions chimiques d'oxydation et du bombardement constant par les rayons ultraviolets. Voilà pourquoi un dispositif de forage et une taupe mécanique (PLUTO pour *Planetary Undersurface Tool*) avaient été ajoutés à l'arsenal de Beagle 2 pour pouvoir prélever et analyser le sol sous la surface. Après l'échec de Beagle 2, la recherche de vie sur Mars reste un enjeu hautement prioritaire pour les prochaines missions. ♂

ESA/DLR/FU

2005

Mars Reconnaissance Orbiter

Inspection des panneaux solaires de Mars Reconnaissance Orbiter pendant un test d'interférence électromagnétique.

PAGE SUIVANTE
Mars Reconnaissance Orbiter à basse altitude au-dessus du pôle Nord martien.

CI-DESSOUS
Sur fond d'océan Atlantique, lancement réussi à bord d'une fusée Atlas V le 12 août 2005.

LA SONDE SPATIALE Mars Reconnaissance Orbiter (MRO) est un satellite de la NASA à fonctions multiples spécialement conçu pour augmenter les capacités d'observation et d'exploration sur Mars en vue des futures missions habitées. Avec sa hauteur de 7 m et ses panneaux solaires d'une envergure de 13,4 mètres, le Mars Reconnaissance Orbiter, d'un poids de 2,18 tonnes, est de loin la plus grosse sonde spatiale envoyée vers la planète rouge. MRO a été lancée le 12 août 2005 de Cap Canaveral sur une fusée Atlas V-401 équipée d'un étage Centaur. Quand elle est arrivée sur Mars en mars 2006, elle a rejoint cinq autres sondes déjà en opération : Mars Express, Mars Odyssey, Mars Global Surveyor et les deux Mars Exploration Rovers. Une procédure d'aérofreinage d'une durée de sept mois a été employée pour transformer son orbite très elliptique (426 km × 44 500 km) en orbite polaire finale de 2 heures à une altitude comprise entre 250 et 316 km. Parmi les objectifs les plus excitants de sa mission principale figure la cartographie du paysage martien avec une résolution qui permet de distinguer des petits objets de moins d'un mètre. Cette précision inégalée est possible grâce à un télescope doté d'un miroir de 50 cm couplé à une caméra numérique (HIRISE pour *High Resolution Imaging Science Equipment*), une première technologique pour une sonde interplanétaire. Une seule image en couleur de 800 mégapixels (20 000 pixels × 40 000 pixels) captée par HIRISE occupe jusqu'à 16,4 gigaoctets, qui seront compressés à 5 gigaoctets pour la transmission vers la Terre. En plus de la masse d'informations géologiques qu'elles peuvent générer, ces images très précises vont permettre de choisir les sites d'atterrissage des futures missions avec plus de certitude, en fonction de leur risque et de leur intérêt scientifique. Dans ce but, la caméra HIRISE peut produire des paires d'images stéréoscopiques pour connaître la topographie des sites candidats. Une caméra avec une focale de 350 mm a été ajoutée pour pouvoir replacer les détails photographiés par HIRISE dans leur contexte à plus grande échelle. Une troisième caméra, MARCI (pour *Mars Color Imager*),

MARS POLAR LANDER

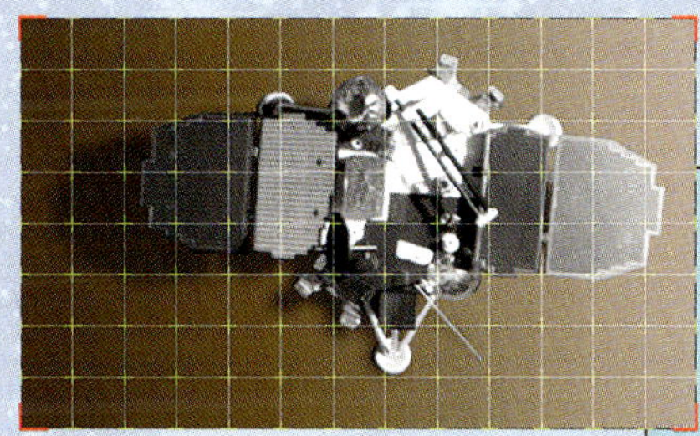

Le télescope de la caméra HIRISE, avec son miroir de 50 cm, s'impose comme l'instrument clé de la mission de Mars Reconnaissance Orbiter.

D'une altitude de 200 à 400 km, HIRISE peut discerner des objets de petite dimension tels que des atterrisseurs.

Résolution de la caméra de Mars Global Surveyor

Résolution de la caméra de Mars Reconnaissance Orbiter

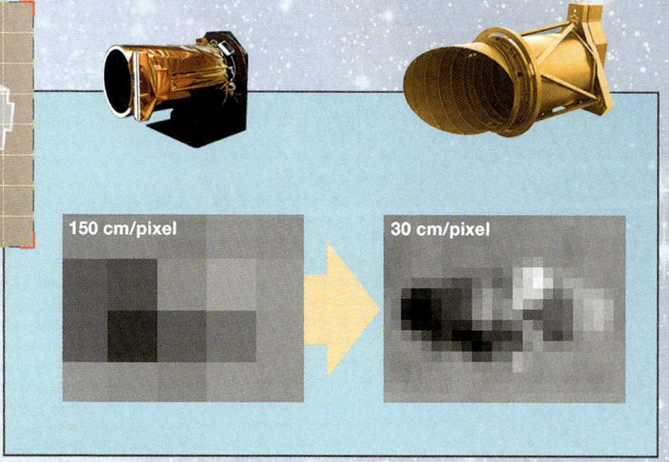

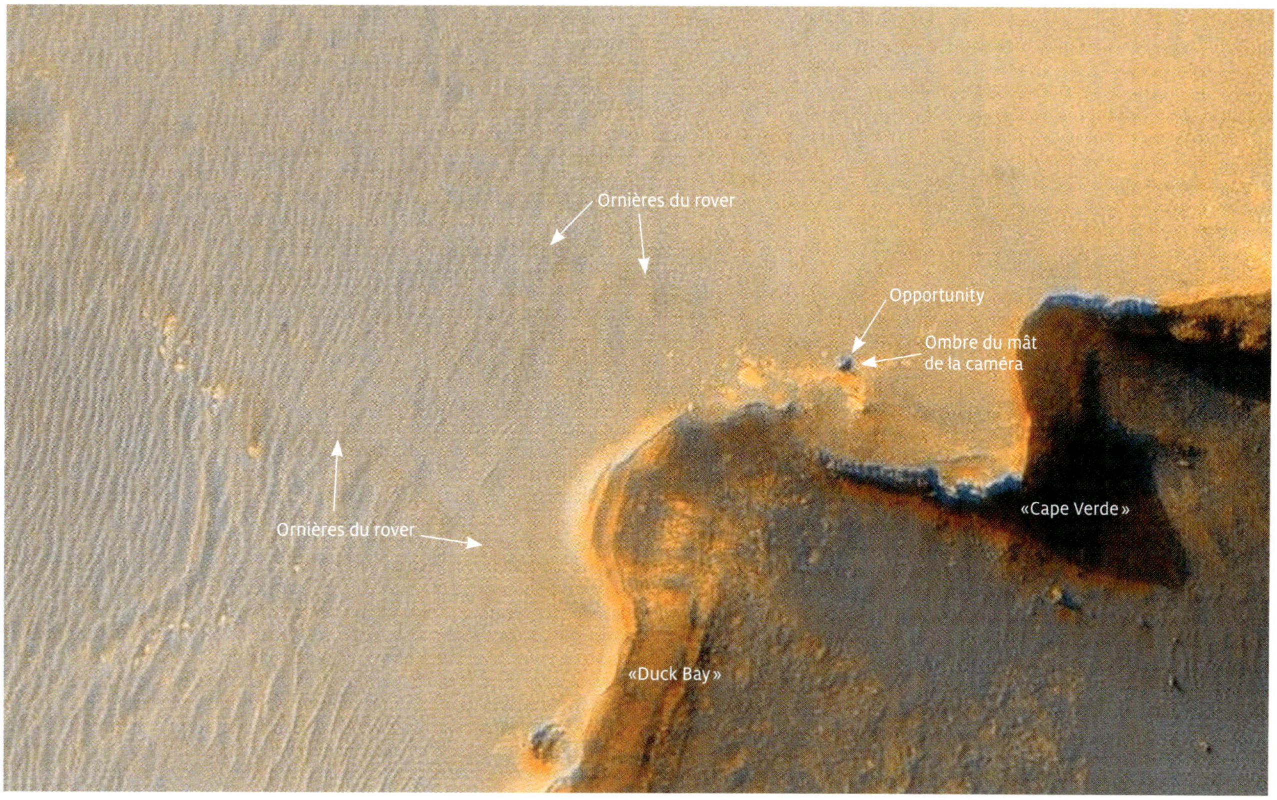

prend tous les jours 84 images de Mars pour produire une carte météo globale journalière. Ces cartes vont permettre de mieux comprendre les changements atmosphériques saisonniers et annuels sur Mars, en prévision des futures missions, qu'elles soient robotisées ou habitées. MRO est équipé aussi de plusieurs types de spectromètres en vue de caractériser la minéralogie, la température et l'humidité du sol martien; par ailleurs, la recherche de l'eau cachée s'effectuera surtout grâce au radar SHARAD (pour *Shallow Subsurface Radar*), fourni par l'Agence spatiale italienne, qui va sonder la présence de couches de glace dans le sous-sol martien jusqu'à 1 km de profondeur, et ainsi préciser les données obtenues par le radar de Mars Express. SHARAD a une résolution plus fine (10 m) que MARSIS (50-100 m). Par contre, le radar « sourcier » de Mars Express peut pénétrer le sol martien plus profondément, jusqu'à 5 km. De surcroît, MRO dispose d'un nouveau type d'équipement radio pour communiquer en UHF avec d'autres sondes en approche, en phase d'atterrissage ou en opération à la surface de Mars. MRO sert actuellement de relais aux deux rovers Spirit et Opportunity ainsi qu'à la sonde Phoenix. Le système de télécommunication de MRO, avec une antenne de trois mètres de diamètre, est à la fois le plus sophistiqué et le plus puissant jamais embarqué sur une sonde spatiale. Au stade de démonstration technologique, la transmission en bande Ka à une fréquence 32 GHz peut théoriquement atteindre

PAGE PRÉCÉDENTE ET CI-DESSUS
La grande qualité des images captées par la caméra HIRISE permet non seulement de distinguer le rover Opportunity au bord du cratère Victoria, un cratère d'impact de 800 mètres de diamètre, mais aussi l'ombre de son mât ainsi que ses traces de roues sur le sol !

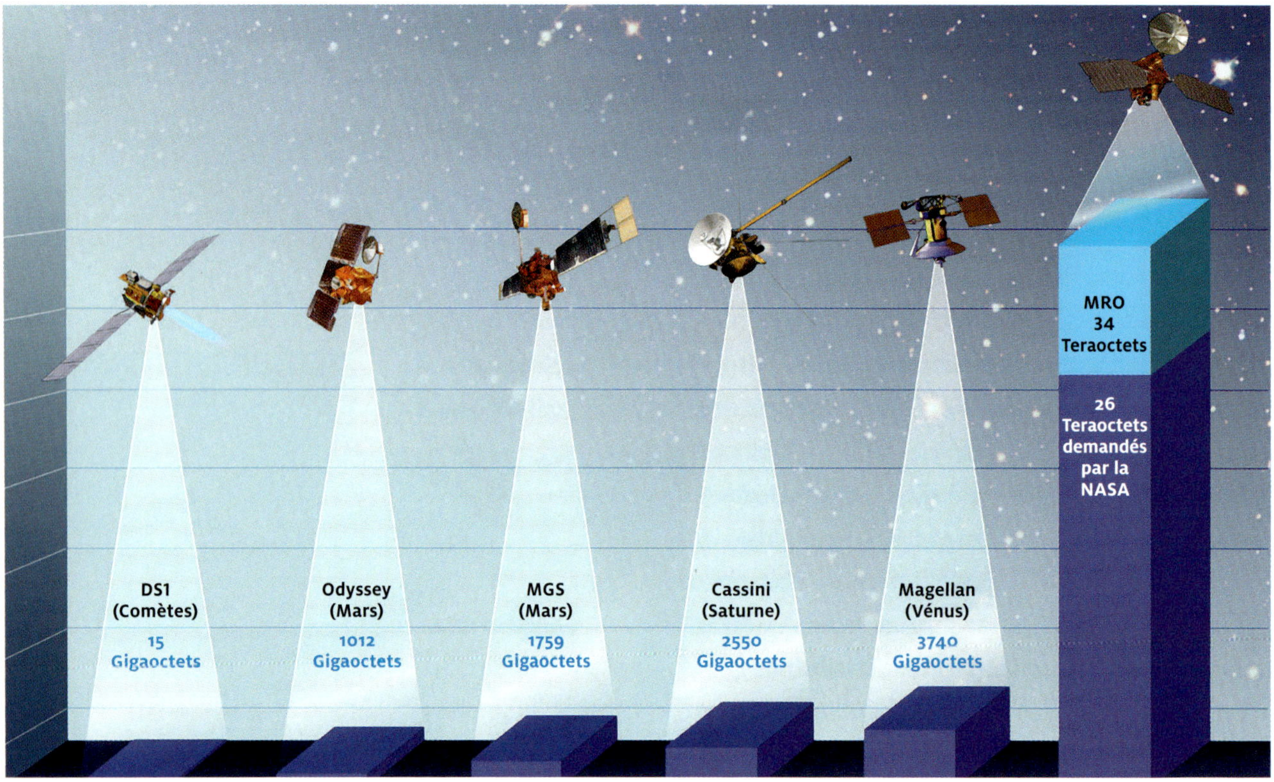

Un déluge d'informations : la mission Mars Reconnaissance Orbiter va transmettre trois fois plus de données que cinq autres missions interplanétaires combinées.

PAGE SUIVANTE EN HAUT
Sédiments (poussière, sable ou alluvions) sculptés par l'érosion dans une des vallées de Ius Chasma dans la région de Valles Marineris.

PAGE SUIVANTE EN BAS À GAUCHE
Le phénomène de sublimation (transformation directe de la glace en vapeur) du dioxyde de carbone polaire, chaque printemps, crée ces structures touffues, inconnues sur Terre.

PAGE SUIVANTE EN BAS À DROITE
La périodicité des couches rocheuses dans le cratère Becquerel sur Mars correspond aux changements cycliques de l'axe de rotation de la planète.

un débit de 6 mégaoctets/seconde, dix fois plus élevé que celui de tous les orbiteurs précédents. Toutes ces fonctions complexes sont gérées par un ordinateur de bord qui est architecturé sur un processeur 32-bit RAD750 cadencé à 133 MHz, une version « durcie » du processeur PowerPC 750 ou G3 connu des utilisateurs de Macintosh, et sur le système d'exploitation VxWorks. Ce processeur peut sembler dépassé en comparaison des ordinateurs actuels, mais la fiabilité et la résilience sont des facteurs plus importants dans l'espace que la performance brute. La mémoire flash du système a une taille de 160 gigaoctets, ce qui est suffisant mais pas immense compte tenu de la taille des fichiers d'images. Grâce à ses appareils d'imagerie et à ses grandes capacités de télécommunication, MRO a déjà transmis plus de données que toutes les sondes martiennes précédentes réunies ! En résumé, MRO est une sonde spatiale superlative au potentiel scientifique exceptionnel. Tout le monde espère que sa mission pourra être prolongée, au moins jusqu'à ce qu'elle retrouve les traces des malheureux Mars Polar Lander et Beagle 2 ! ♂

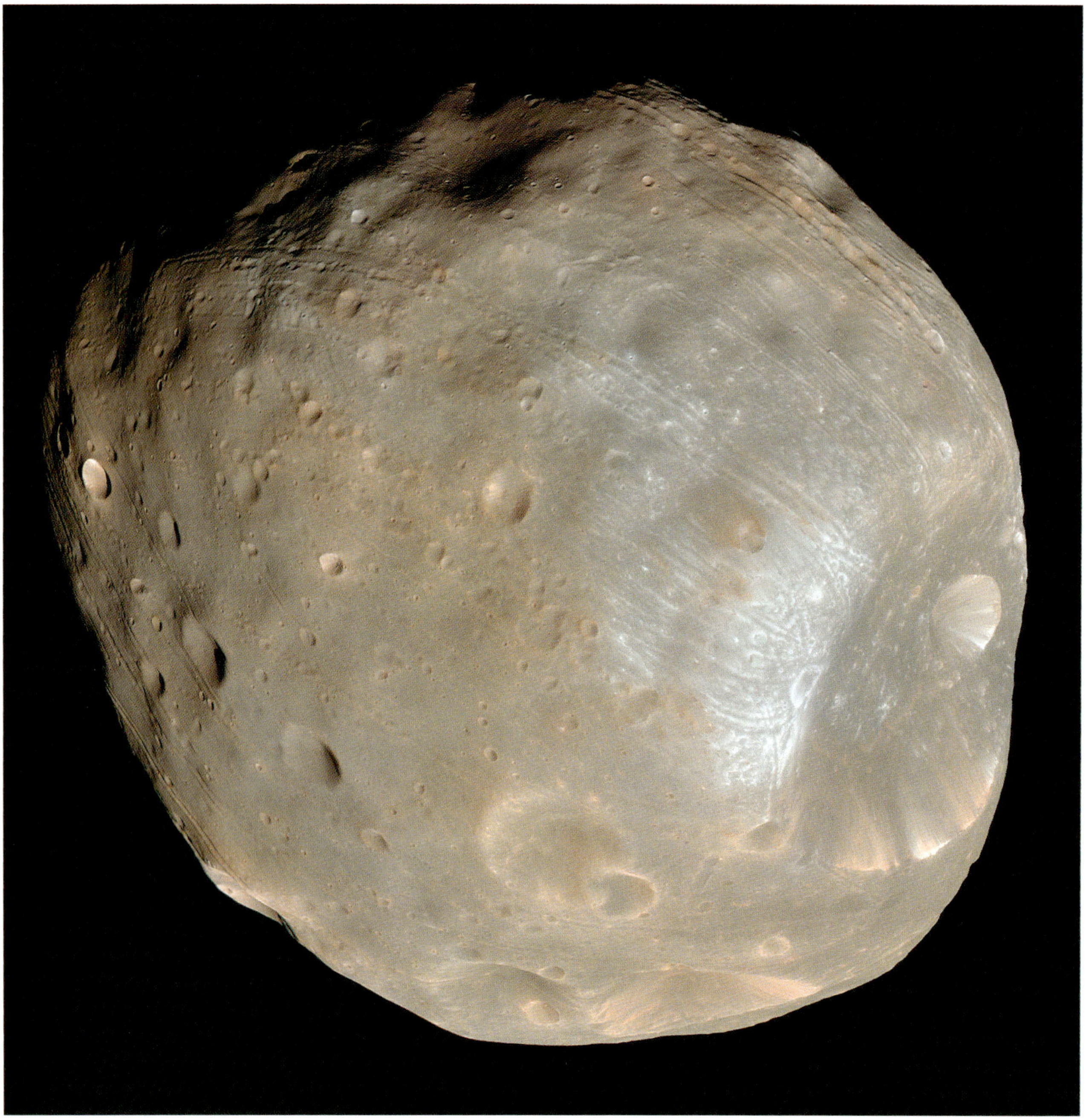

Le grand cratère Stickney sur Phobos a un diamètre de 9 km. Les lignes et les autres cratères à la surface de Phobos proviendraient d'impacts secondaires avec des éjectats de collisions météoritiques qui ont eu lieu sur Mars.

PAGE SUIVANTE

L'érosion dévoile des superpositions de couches de matériaux riches en glace à la pointe de Chasma Boreale au pôle Nord.

2007

Phoenix

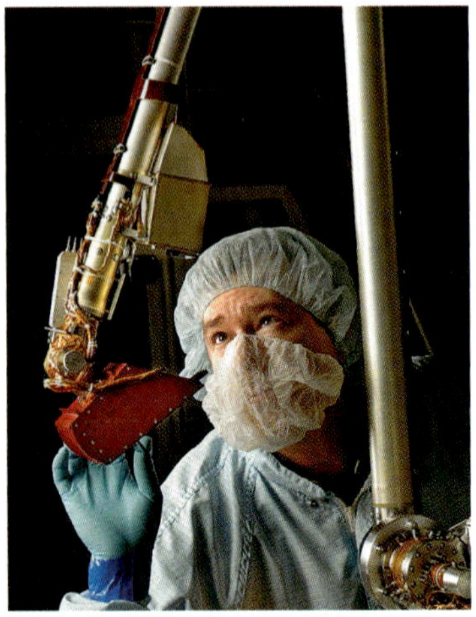

Un technicien inspecte le bras robotisé de Phoenix.

Le phoenix est un oiseau mythique qui a le pouvoir de renaître de ses cendres. La bien-nommée sonde spatiale Phoenix renaît des cendres de Mars Surveyor 2001, une mission annulée à la suite de la perte désastreuse de Mars Polar Lander en 2000. L'atterrisseur Mars Surveyor 2001 avait été soigneusement remisé par son constructeur Lockheed Martin pendant toutes ces années, ce qui a permis la réutilisation de nombreux éléments de structure et donc la réduction des coûts de mise au point. La mission Phoenix inaugure le programme Scout de la NASA, un programme destiné à envoyer des sondes spatiales plus petites et moins chères sur Mars. Elle a été possible grâce à un partenariat innovateur entre l'université de l'Arizona responsable des instruments scientifiques, le Jet Propulsion Laboratory (JPL) de la NASA responsable du bon déroulement de la mission, Lockheed Martin Space Systems, responsable de la mise au point de la sonde ainsi que des partenaires

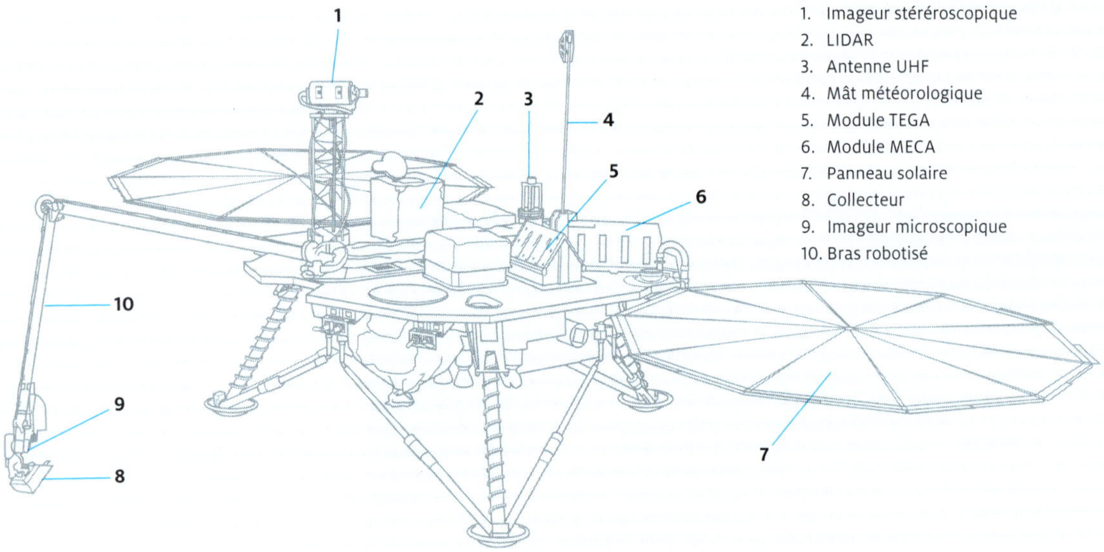

PRINCIPAUX ÉLÉMENTS DE PHOENIX

1. Imageur stéréroscopique
2. LIDAR
3. Antenne UHF
4. Mât météorologique
5. Module TEGA
6. Module MECA
7. Panneau solaire
8. Collecteur
9. Imageur microscopique
10. Bras robotisé

À GAUCHE

Installation de Phoenix dans la coiffe protectrice de la fusée Delta II en préparation du lancement.

À DROITE

Envol de Phoenix le 4 août 2007 de Cap Canaveral en Floride.

CI-DESSOUS

Inspection des panneaux solaires circulaires de Phoenix en septembre 2006 dans les locaux de Lockheed Martin Space Systems à Denver.

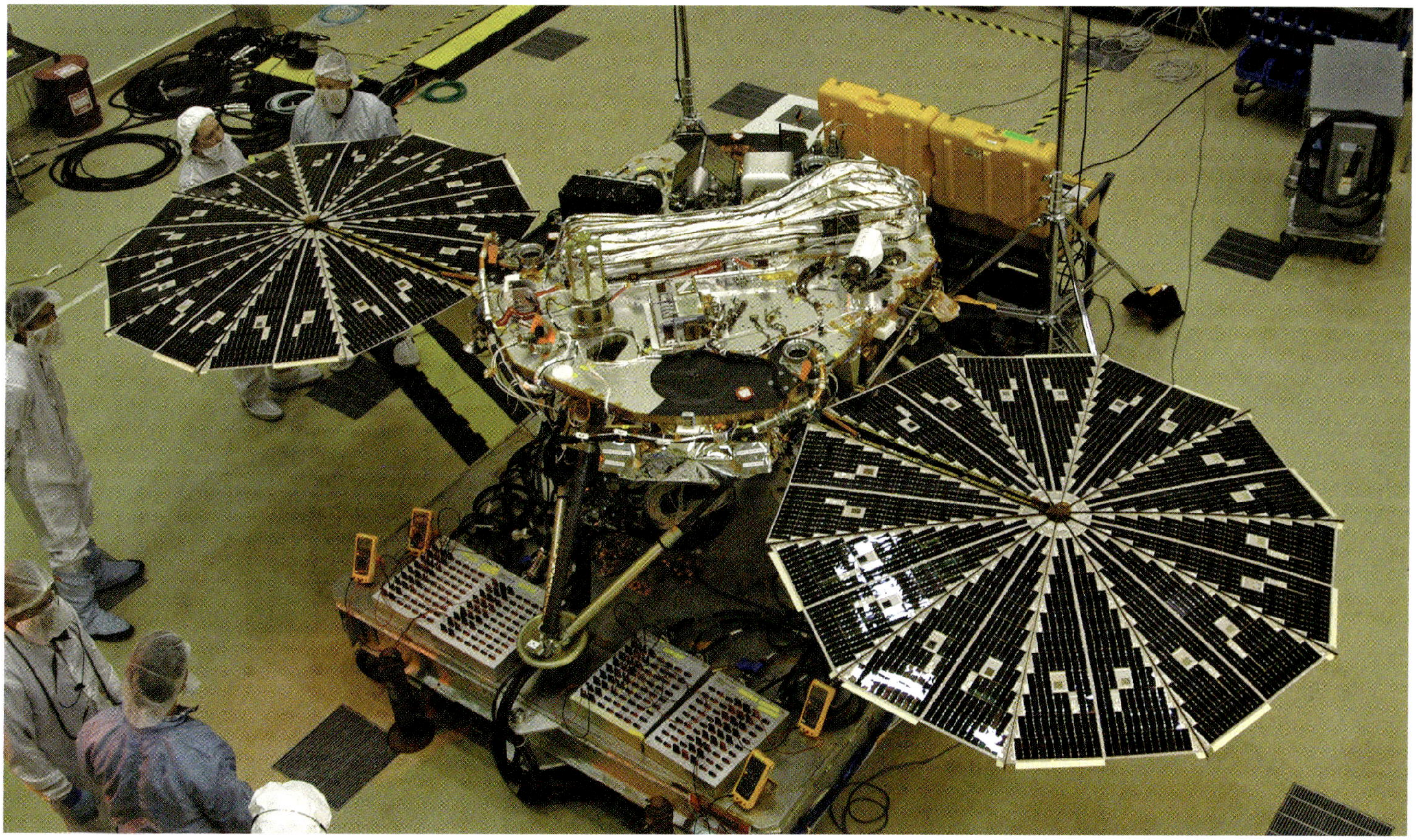

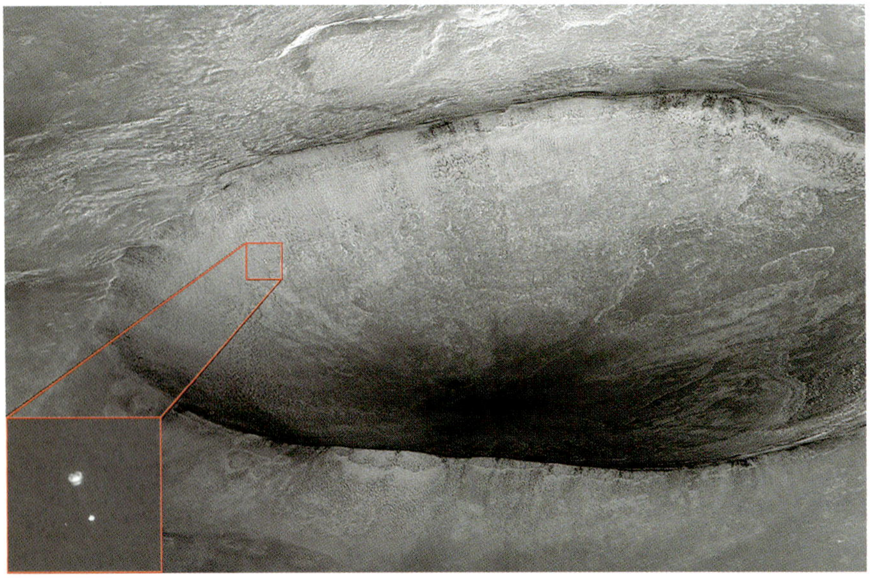

CI-CONTRE

Un véritable exploit technologique et une première historique : l'orbiteur Mars Reconnaissance Orbiter a pu photographier Phoenix pendant sa descente en parachute sur Mars grâce à sa caméra HIRISE !

CI-DESSOUS

Localisation géographique du site d'atterrissage de Phoenix dans une plaine arctique : latitude 68.2 ° Nord, longitude 125.7 ° Ouest.

PAGE SUIVANTE EN HAUT

Vision d'artiste de l'atterrisseur avec ses rétrofusées allumées quelques fractions de seconde avant le contact avec le sol.

PAGE SUIVANTE EN BAS

Vision d'artiste de l'atterrisseur Phœnix en train de creuser une tranchée pour analyser le sol glacé arctique de Mars.

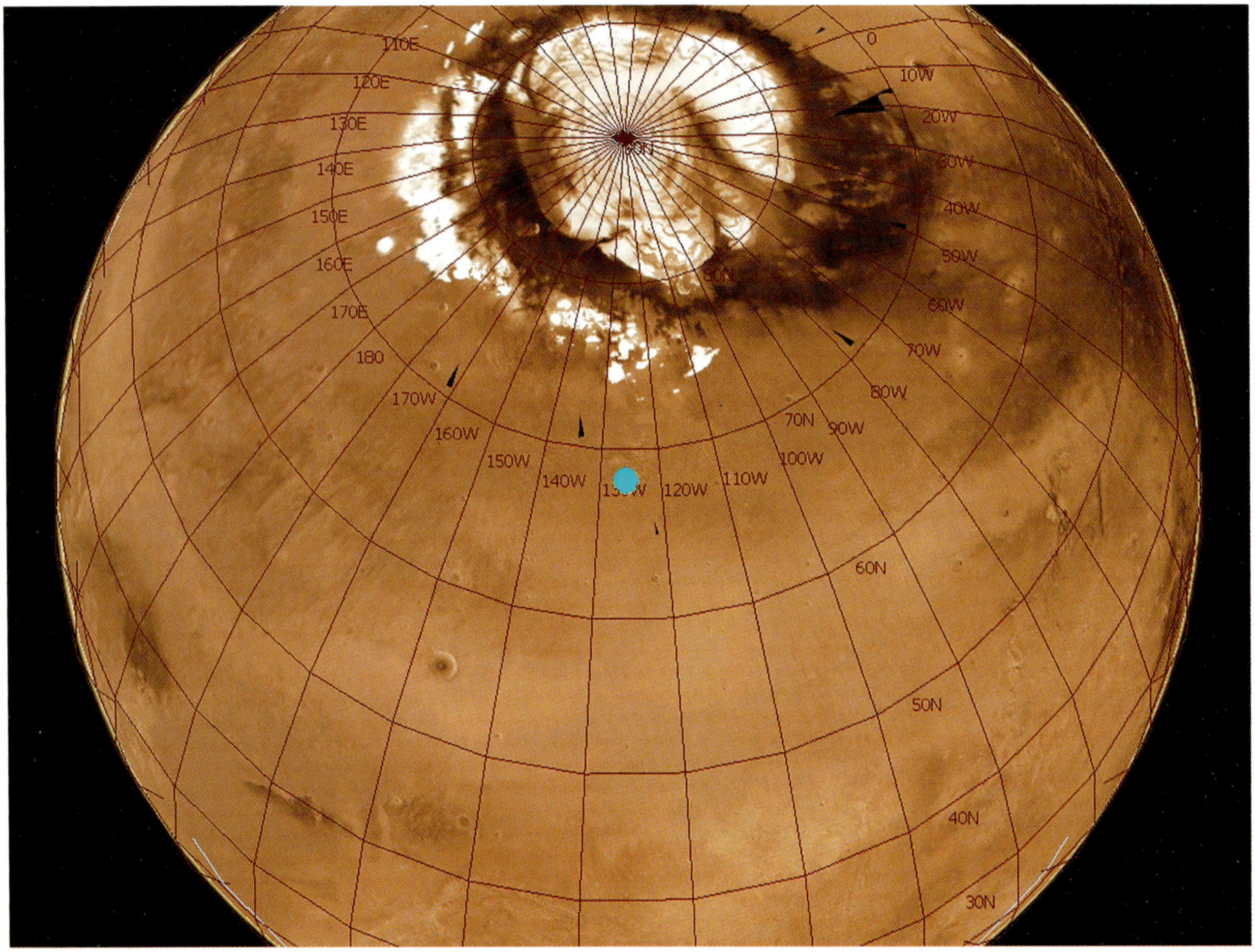

Première photographie du sol polaire martien, transmise par Phoenix.

Un échantillon de sol a été saupoudré pour entrer par la fenêtre du microscope du laboratoire d'analyse MECA sur la plate-forme de Phoenix. Les résultats de MECA et TEGA indiquent la présence inattendue de perchlorate dans le sol martien.

internationaux dont, au premier plan, l'Agence spatiale canadienne. La mission avait deux objectifs : étudier l'histoire de l'eau sur Mars et chercher les preuves d'une certaine habitabilité biologique dans la glace souterraine. Pour atteindre ces objectifs, l'atterrisseur Phoenix disposait d'une batterie d'instruments, dont un bras robotisé qui va creuser le sol polaire martien jusqu'à la glace du permafrost et ramener des échantillons à bord pour leur analyse physique et chimique. Pour la première fois dans l'histoire, l'eau de Mars a été « touchée » directement. Le module d'analyse TEGA (pour *Thermal and Evolved Gas Analyzer*) consistait en huit fours à usage unique capables de volatiliser les composés dans le sol en les chauffant progressivement jusqu'à 1000 °C. Les fours sont reliés à des spectromètres de masse pour identifier les molécules libérées. Depuis les sondes Viking il y a plus de 30 ans, la détection de molécules organiques d'origine biologique n'avait jamais été tentée à nouveau. Toute contamination de la sonde par des microorganismes terrestres pourrait fausser les résultats. Comme toutes les sondes martiennes, l'atterrisseur a été soumis à une procédure de stérilisation poussée. Cependant, des précautions supplémentaires ont été prises pour le bras robotisé, long de 2,5 m, qui entrait en contact avec le sol ; la consigne de la NASA était draconienne : pas plus d'une spore bactérienne par m^2. Les échantillons du sol pouvaient aussi être analysés en parallèle dans le module MECA (pour *Microscopy, Electrochemistry and Conductivity Analyzer*). Ce module était conçu pour l'observation des particules avec un microscope optique « classique » et avec un microscope à force atomique, le premier sur une sonde spatiale, qui permet un très fort grossissement (vingt fois celui d'un microscope optique). MECA comprenait aussi un laboratoire de chimie en milieu liquide pour tester plusieurs paramètres importants d'habitabilité dont l'acidité, la salinité et le potentiel d'oxydoréduction. Évidemment, la sonde possède aussi une caméra numérique stéréoscopique et orientable juchée sur un mât pour caractériser l'environnement immédiat et lointain, ainsi qu'une station métérologique sophistiquée, avec un LIDAR pour étudier les nuages et la poussière en suspension dans l'atmosphère. La station météorologique était fournie par l'Agence spatiale canadienne. Une fois sur Mars, le système de communication sur bande UHF de Phoenix dépendait des orbiteurs martiens présents (Mars Odyssey, Mars Reconnaissance Orbiter et Mars Express) qui servent de relais avec la Terre. La compatibilité des signaux radio est assurée par l'utilisation du protocole international Proximity-1 mis en place récemment.

Les turbulences causées par les rétrofusées de Phoenix ont dégagé une plaque de glace surnommée « Snow Queen » qui était enfouie à faible profondeur sous la surface.

CI-CONTRE

Le mini-DVD de la Planetary Society, visible à gauche sur la plate-forme de Phoenix, contient un message de bienvenue destiné aux futurs explorateurs, plusieurs œuvres de science-fiction et les noms de plus de 250 000 terriens.

La pelle au bout du bras motorisé de Phoenix permet de creuser sous la surface. À cet endroit, le sol s'est avéré plus compact et plus cohésif que prévu, ce qui a compliqué le transfert des échantillons dans les instruments d'analyse.

CI-CONTRE
Cet autoportrait de Phoenix en projection polaire combine plus de 500 photographies prises avec la caméra stéréoscopique entre le 5 juin et le 12 juillet 2008. Le nord est situé vers le haut de l'image.

PAGE SUIVANTE
Sur le site de Phœnix, les cycles de gel et dégel créent des polygones de cryo-perturbation caractéristiques d'un permafrost, similaires à ceux observés dans l'Arctique canadien.

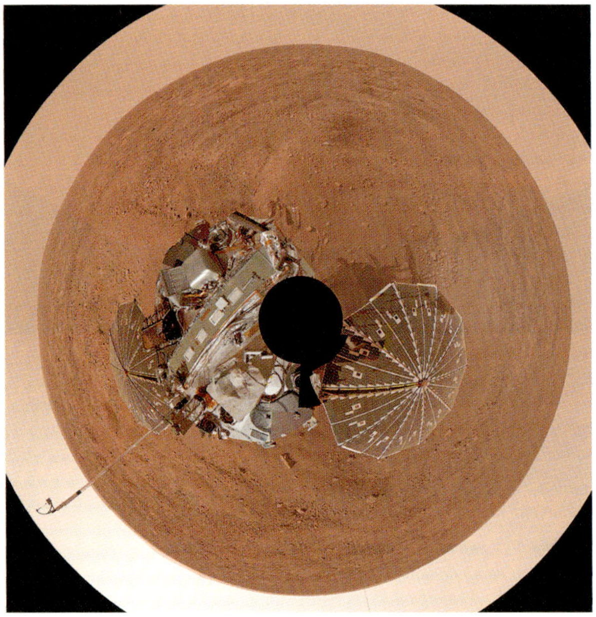

Phoenix s'est envolée le 4 août 2007 sur une fusée Delta 2925, anciennement Delta II 7925, un lanceur très fiable qui a envoyé dans l'espace de nombreuses sondes interplanétaires. Après un long voyage de 679 millions de kilomètres autour du Soleil qui a duré 10 mois, Phoenix a percé l'atmosphère de Mars à la vitesse impressionnante de 5,7 km/seconde pour atterrir directement dans la plaine Vastitas Borealis à proximité de la calotte polaire boréale le 26 mai 2008. Contrairement à Pathfinder et aux rovers, la descente de Phoenix était uniquement controlée par un parachute et des rétrofusées. La chute des derniers mètres n'était pas amortie par des coussins gonflables, pour économiser du poids. La dernière descente sur Mars par cette technique audacieuse remontait à 1976 avec les sondes Viking !

Initialement, un site d'atterrissage différent avait été sélectionné comme site prioritaire sur la base des images fournies par les sondes orbitales Mars Global Surveyor et Mars Odyssey. La faible inclinaison des pentes et la densité des roches semblait favorable à un atterrissage, mais les images à très haute résolution envoyées par Mars Reconnaissance Orbiter, arrivées entre-temps, ont permis de déceler la présence de nombreuses roches de petite taille qui aurait pu nuire à la stabilité de la sonde. Grâce aux détails fournis par Mars Reconnaissance Orbiter, le site plat et monotone mais moins risqué de Vastitas Borealis a été choisi finalement en tenant compte des données de Mars Odyssey qui y avait détecté de grandes quantités de glace à faible profondeur (5 à 10 cm). Le 2 novembre 2008, Phoenix a communiqué pour la dernière fois avec Mars Odyssey. Échouant dans leur ultime tentative de rétablir la communication le 11 novembre, les contrôleurs ont officiellement déclaré la fin de la mission le 29 novembre. Phoenix a succombé à l'hiver martien qui va progressivement envelopper la sonde et ses panneaux solaires d'une épaisse gangue de glace carbonique. ♂

Les Planètes Géantes

Au-delà de Mars et de la ceinture d'astéroïdes règnent quatre planètes géantes : Jupiter, Saturne, Uranus et Neptune. Situées dans une vaste zone qui couvre de 5 à 30 fois la distance Terre-Soleil, elles dominent le système solaire par leur masse et leur champ gravitationnel. En comparaison, les petites planètes rocheuses proches du Soleil, dont la Terre fait partie, ne semblent représenter que des vestiges insignifiants de la nébuleuse originelle.

	JUPITER	SATURNE	URANUS	NEPTUNE
Diamètre équatorial (km)	142 984	120 536	51 118	49 922
Masse (Terre = 1)	318	95	14,5	17
Volume (Terre = 1)	1321	764	63	58
Distance moyenne du Soleil (UA)	5,2	9,6	19	30
Période de rotation	9 h 55 min	10 h 45 min	17 h 14 min	16 h 05 min
Période de révolution (années)	11,9	29,66	84,3	164,3
Lunes	≥ 63	≥ 60	≥ 27	≥ 13

Jupiter ♃

Une nouvelle tache rouge sur Jupiter, surnommée Junior, a été détectée par le télescope spatial Hubble en avril 2006.

Jupiter est la cinquième planète dans le système solaire et la plus massive. Sa masse correspond à plus du double de la masse de toutes les autres planètes réunies. Troisième objet le plus brillant dans le ciel de nuit après la Lune et Vénus, elle est connue depuis des temps immémoriaux. Les Romains l'avaient nommé Jupiter en l'honneur du roi de leurs dieux. Elle fait partie du groupe des quatre géantes gazeuses du système solaire, les planètes joviennes, toutes constituées d'un petit noyau rocheux entouré d'une épaisse atmosphère composée principalement d'hydrogène et d'hélium. Bien que Jupiter aurait dû être beaucoup plus massive pour démarrer un processus de fusion nucléaire et ainsi devenir une étoile, elle rayonne néanmoins plus d'énergie qu'elle n'en reçoit du Soleil. Cette chaleur interne provient d'un mécanisme de compression (mécanisme de Kelvin-Helmholtz), qui la conduit à se contracter.

En 1610, Galilée (1564-1642) put observer des motifs colorés variés sur la surface de Jupiter. Il repéra la présence des quatre lunes : Io, Europe, Ganymède et Callisto (les lunes galiléennes). Des noms mythologiques ont été attribués aux 16 satellites principaux, d'après les nombreuses conquêtes de Zeus, l'équivalent du dieu Jupiter dans la Grèce antique. La Grande Tache Rouge découverte par Cassini en 1665 est une tempête gigantesque qui persiste depuis plusieurs siècles.

L'existence même de lunes en orbite autour de Jupiter remit en cause la théorie géocentrique, confirma la validité de la théorie héliocentrique de Nicolas Copernic (1473-1543) et valut à Galilée de graves ennuis avec l'Inquisition (voir page 237).

Saturne ♄

Tous les 30 ans environ, Saturne dévoile son pôle Sud et présente ses anneaux inclinés pour le plus grand plaisir des astronomes.

Saturne est la sixième planète et la deuxième plus massive dans le système solaire. La planète Saturne se distingue par ses anneaux, observables avec un modeste télescope, ce qui en fait un des objets célestes les plus spectaculaires. En 1610, Galilée observa les anneaux pour la première fois, mais, en raison de leur apparence variable et du manque de précision de sa lunette astronomique, il ne comprit pas leur structure et les considéra, par erreur, comme plusieurs lunes aux orbites variables. Saturne possède un grand nombre de petites lunes de moins de 50 km de diamètre, mais parmi les plus imposantes figure Titan la bien-nommée car elle est plus grande que Mercure ou Pluton. Une autre particularité de Titan : elle est la seule lune du système solaire à posséder une atmosphère dense.

Uranus ♅

Inconnue des Anciens, la septième planète, Uranus, fut découverte par accident par l'astronome britannique d'origine allemande William Herschel en 1781. Dans un télescope, elle apparaît comme un disque pâle de couleur bleu-vert, couleur due à la présence de méthane dans l'atmosphère ; sa surface est sans détails visibles. Inclinée à 98° sur le plan de son orbite, elle donne l'impression de rouler sur son axe. Les anneaux d'Uranus ont été découverts en 1977 par occultation d'une étoile. Contrairement aux autres planètes géantes, Uranus ne possède pas de source de chaleur interne ; donc elle ne fait que capter passivement l'énergie thermique qu'elle reçoit du Soleil. Étant 19 fois plus éloignée du Soleil que la Terre, elle reçoit près de 400 fois moins de lumière solaire. Elle n'a été approchée que par une seule sonde spatiale. Voyager 2 l'a survolée en 1986 et a obtenu les premières images détaillées de ses cinq lunes majeures : Titiana, Obéron, Umbriel, Miranda et Ariel.

William Herschel (1738-1822)

Neptune ♆

Pendant le demi-siècle qui a suivi la découverte d'Uranus, les astronomes s'évertuèrent, en vain, à prédire son orbite. L'idée d'une planète massive plus éloignée du Soleil qui perturberait la trajectoire d'Uranus fit son chemin dans les esprits, en accord avec les lois de Newton. En 1845-1846, le jeune mathématicien anglais John Couch Adams (1819-1892) et l'astronome français Urbain Le Verrier (1811-1877) calculèrent de façon indépendante la position de cette huitième planète théorique. Son existence fut confirmée par l'observatoire astronomique de Berlin peu de temps après, à savoir le 25 septembre 1846. La couleur bleu-vert de la planète lui valut le nom de Neptune, dieu romain des océans. De taille et de composition similaire à sa sœur la placide Uranus, Neptune s'avère être changeante en raison de vents violents qui déplacent à grande vitesse (plus de 1000 km/h) des nuages de cristaux de méthane. Contrairement à la Grande Tache Rouge de Jupiter observée depuis plusieurs siècles, un phénomène similaire sur Neptune, la Grande Tache Sombre, a disparu quelques années après le passage de Voyager 2, la seule sonde spatiale qui l'ait visité en août 1989. La plus grosse lune, Triton, a été découverte en 1846 par l'astronome anglais William Lassell moins de trois semaines après Neptune. Elle a une surface extrêmement froide : -239 °C, selon les données de Voyager 2. Triton demeure néanmoins géologiquement active avec des cryovolcans crachant des jets d'azote ou de méthane liquide à plusieurs kilomètres de hauteur.

Les changements de couleur des bandes nuageuses indiqueraient le passage des saisons sur Neptune, pourtant la planète la plus froide du système solaire.

1972

Pioneer 10 et 11

CI-DESSOUS À GAUCHE
La sonde Pioneer 10 arrimée à son adaptateur de lancement avant l'encapsulation dans la coiffe de la fusée dans les locaux du Kennedy Space Center en Floride.

CI-DESSOUS À DROITE
Le 2 mars 1972, Pioneer 10, lancée par une fusée Atlas-Centaur, devenait la première mission d'exploration spatiale à se diriger vers la ceinture d'astéroïdes et vers Jupiter.

PAGE SUIVANTE EN HAUT
Une réplique de Pioneer 10 est exposée au Musée national de l'aviation et de l'espace à Washington, DC.

À LA FIN DES ANNÉES 1960, le plus grand défi dans l'exploration du système solaire restait la visite de Jupiter, Saturne, Uranus et Neptune. Les astronomes avaient calculé qu'un « Grand Tour » était possible, du fait que, vers 1977-1978, les quatre planètes géantes allaient être alignées du même côté du Soleil. Les distances astronomiques à parcourir, de l'ordre du milliard de kilomètres, poussèrent les ingénieurs à proposer de nouveaux modes de propulsion pour atteindre de plus grandes vitesses. Mais les techniques novatrices de la propulsion ionique ou de la propulsion nucléaire n'étaient pas au point ; il fallut donc se contenter de la propulsion chimique. Une solution économique consistait à adapter des sondes existantes pour un long voyage vers les planètes géantes. Les sondes Pioneer 6-9 avaient fait

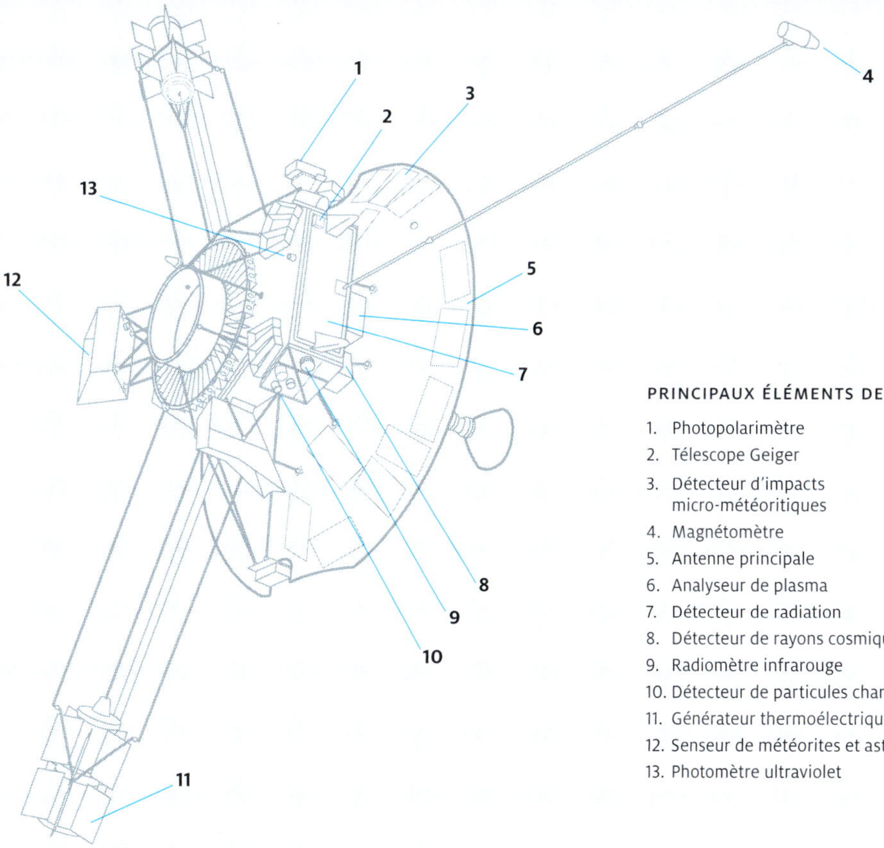

PRINCIPAUX ÉLÉMENTS DE PIONEER 10

1. Photopolarimètre
2. Télescope Geiger
3. Détecteur d'impacts micro-météoritiques
4. Magnétomètre
5. Antenne principale
6. Analyseur de plasma
7. Détecteur de radiation
8. Détecteur de rayons cosmiques
9. Radiomètre infrarouge
10. Détecteur de particules chargées
11. Générateur thermoélectrique
12. Senseur de météorites et astéroïdes
13. Photomètre ultraviolet

TRAJECTOIRES DES SONDES PIONEER 10 ET 11

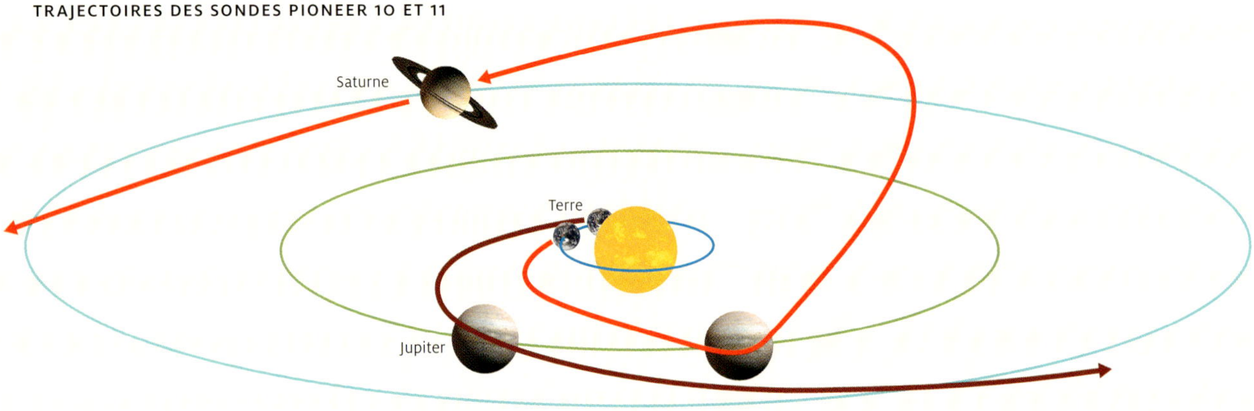

leurs preuves en orbite solaire (voir page 271). On confia, en 1969, à TRW Systems (actuellement Northrop Grumman), en Californie, la construction de deux sondes Pioneer de classe « Jupiter », plus une sonde de réserve. L'ensemble du programme fut dirigé par le laboratoire de recherche Ames de la NASA, près de San Francisco. La fusée Atlas-Centaur, la plus puissante après Saturn I, fut choisie pour propulser la sonde de 285 kg, haute de 2,9 mètres, sur une trajectoire directe vers Jupiter. Jupiter est trop éloignée du Soleil pour que des panneaux solaires de taille raisonnable puissent être efficaces sur une sonde spatiale. Les sondes Pionner 10 et 11 étaient donc alimentées en énergie électrique par des générateurs thermoélectriques radio-isotopiques qui contenaient des pastilles de plutonium-238. Les générateurs de 150 watts furent placés sur deux poutres, à distance du corps de la sonde, pour que les radiations n'interfèrent pas avec les instruments. Les 25 kg d'équipement scientifique (11 instruments) de Pioneer 10 comprenaient un photopolarimètre pour l'imagerie, et divers capteurs pour analyser les rayonnements thermiques et ultraviolets, les champs magnétiques, le vent solaire, les rayons cosmiques, les impacts de micrométéorites. Le système de capture des images reposait sur une technique de balayage originale. La sonde étant stabilisée par rotation constante sur son axe, la caméra du photopolarimètre balayait une ligne d'image à chaque tour (*spin-scan method*), et l'accumulation de centaines de lignes fournissant l'image complète par reconstitution sur ordinateur. La mission Pioneer 10 décolla de Cap Canaveral le 3 mars 1972. Une grande inconnue pendant le trajet fut la première traversée de la ceinture d'astéroïdes, entre l'orbite de Mars et celle de Jupiter, considérée comme dangereuse à cause des risques de collision. Le 15 juillet

1972, Pioneer 10 devint la première sonde spatiale de l'histoire à entrer dans la ceinture d'astéroïdes. Pioneer 10 y détecta une plus forte densité de poussière dans cette zone, mais elle passa sans encombre sans frôler d'astéroïdes. Le 6 novembre, alors qu'elle se trouve à 25 millions de kilomètres de Jupiter, son photopolarimètre prend les premières images de la planète géante jamais obtenues à partir de l'espace. Le 3 décembre 1973, la sonde transmit les premières images rapprochées de Jupiter qu'elle survole à 130 000 km de distance. La précision de ces images dépassèrent de beaucoup celles obtenues par les télescopes de l'époque, et révélèrent de fortes turbulences atmosphériques dues au rayonnement thermique en provenance du noyau de Jupiter. La présence d'un fort champ magnétique fut aussi une découverte importante pour ses renseignements sur la composition du noyau de Jupiter.

En dépassant l'orbite de Neptune le 13 juin 1983, la sonde américaine devenait le premier objet construit par la main de l'homme à s'aventurer au-delà de la zone planétaire du système solaire. Ayant mis fin à la mission scientifique de la sonde le 31 mars 1997, les responsables de la mission Pioneer 10 ont continué de retracer son faible signal dans le cadre d'un projet d'entraînement des opérateurs du réseau de radiotélescopes du Deep Space Network. Le 27 avril 2002, une dernière session de réception claire des signaux de télémétrie dura 33 minutes. La sonde vénérable a transmis son

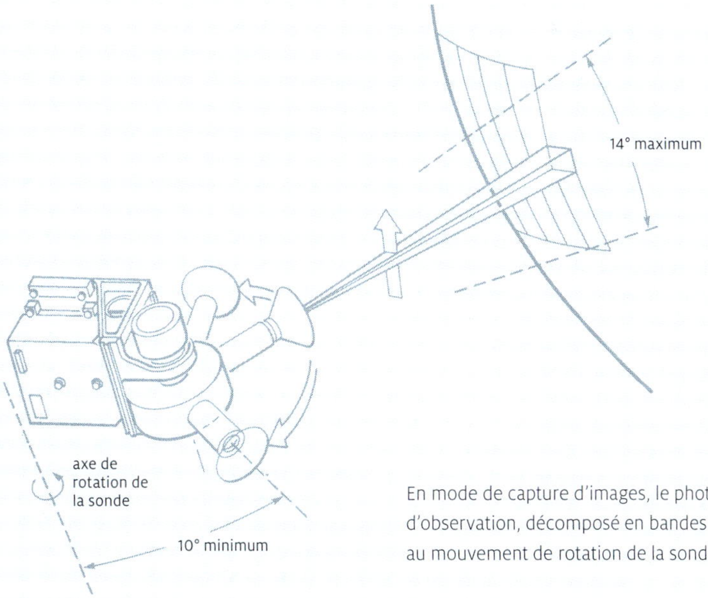

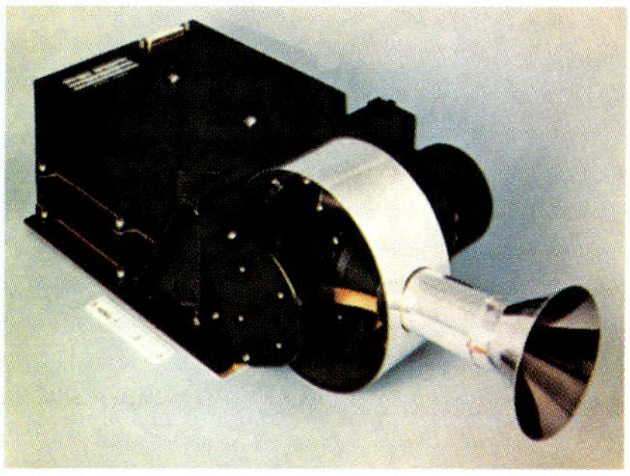

Le photopolarimètre à bord des sondes Pioneer.

En mode de capture d'images, le photopolarimètre balaie le champ d'observation, décomposé en bandes étroites numérisées, grâce au mouvement de rotation de la sonde sur son axe.

dernier message le 22 juin 2003, alors qu'elle se trouvait à 12,2 milliards de kilomètres de la Terre (ou 82 fois la distance Terre-Soleil). Son signal radio, d'une puissance de 7,5 watts ou l'équivalent d'une ampoule de Noël, n'était plus que d'un milliardième de billionième de watt lorsqu'il a atteint une des trois antennes de 64 m du Deep Space Network. Voyageant à la vitesse de la lumière, il a mis plus de 11 heures et 20 minutes pour parvenir à la Terre. Pioneer 10 se dirige actuellement vers l'étoile Aldebaran dans la constellation du Taureau. À sa vitesse actuelle de 2,6 UA par an (12,5 km/seconde), il lui faudra 2 millions d'années pour l'atteindre…

Première vue rapprochée de la Grande Tache Rouge obtenue le 4 décembre 1974 par Pioneer 11 pendant son survol, à 545 000 km au-dessus de la surface nuageuse de Jupiter. Le plus petit élément visible mesure approximativement 250 kilomètres.

Il était impossible pour la sonde Pioneer 10 de se rapprocher de Saturne après sa rencontre avec Jupiter. Pioneer 11 devint la première mission de l'histoire à tenter et à réussir un survol de Saturne, avant de quitter elle aussi le système solaire. Pioneer 11 quitta la Terre le 6 avril 1973 sur une fusée Atlas-Centaur. Elle atteignit Jupiter après un voyage de 20 mois. Le 4 décembre 1974, elle s'en approcha à seulement 34 000 km au-dessus des nuages superficiels, d'où elle put transmettre des images spectaculaires de la Grande Tache Rouge ainsi que des régions polaires de la planète jamais observées depuis la Terre. Le 1er septembre 1979, Pioneer 11 survola Saturne à 21 000 km de son atmosphère. La sonde faillit entrer en collision avec une lune inconnue jusque-là, Epimetheus, qu'elle frôla à quelques milliers de kilomètres seulement. Pioneer 11 put documenter l'apparence de Janus et de Mimas, découvrit des anneaux supplémentaires et rapporta que la mystérieuse Titan était trop froide pour abriter la vie comme on la conçoit sur Terre. Pendant que Pioneer 11 survolait Saturne, les deux sondes Voyager avaient déjà croisé Jupiter. Afin que Pioneer 11 mérite son nom de pionnière, il fut décidé de faire passer Pioneer 11 à travers les anneaux de Saturne en vue de repérer la trajectoire prévue pour les sondes Voyager. Au cas où un danger aurait été détecté, la trajectoire et le programme de la mission Voyager auraient été modifiés en conséquence. Par contre, l'impossibilité pour une sonde Voyager de se rapprocher assez de Saturne lui aurait fait perdre, en se privant d'un effet de fronde gravitationnelle, l'opportunité de visiter par la suite Uranus et Neptune. Le 1er septembre 1979, Pioneer 11 survécut à son passage à travers les anneaux

CI-DESSUS
Le 1er septembre 1979, la sonde s'est approchée de la planète géante à 22 000 km, pour un premier survol historique.

CI-CONTRE
Saturne en compagnie de Titan captée par Pioneer 11.

CI-DESSOUS
Vision d'artiste de Pioneer 10 quittant le système solaire.

sans problèmes malgré le fort champ magnétique qui existe autour de Saturne. Durant ce trajet, Pioneer 11 transmit des images uniques des détails de l'atmosphère de Saturne et de ses anneaux. Puis elle s'éloigna à jamais en direction des confins du système solaire. En février 1985, les générateurs radio-isotopiques commencèrent à montrer de sérieux signes de déclin. Le 30 septembre 1995, à 6,5 milliards de kilomètres de la Terre, les activités journalières de Pioneer 11 cessèrent en raison du manque d'énergie. Ses signaux radio, à la limite du détectable, purent être reçus une dernière fois en novembre 1995. Pioneer 11 se dirige actuellement vers la constellation Aquila, au nord-ouest de la constellation du Sagittaire, à la vitesse de 2,4 UA par an (11,6 km/seconde). Si tout va bien elle devrait s'approcher d'une étoile dans quatre millions d'années. Pioneer 10, comme Pioneer 11, emporte un message destiné à une intelligence extraterrestre qui serait capable de repérer et d'intercepter un objet artificiel inerte voguant dans l'espace interstellaire. Le contenu du message, gravé sur une plaque, fut l'objet d'interprétations et de controverses (voir page suivante).

Un courrier destiné aux extraterrestres

Les sondes Pioneer 10 et 11 emportent un message destiné à une civilisation extraterrestre, une première historique. L'idée originale du journaliste scientifique Eric Burgess aurait germé au cours d'une visite de TRW Systems pendant les tests de Pioneer 10. Avec l'approbation de la NASA, le message a été conçu en trois semaines par l'astronome Carl Sagan (voir page 155) en collaboration avec l'astrophysicien Frank Drake et le journaliste Richard C. Hoagland, qui s'étaient penchés sur les questions de communication entre les humains et d'autres espèces intelligentes dans l'Univers. Le message est gravé sur une plaque d'aluminium doré de 15 cm × 23 cm (6 pouces × 9 pouces) fixée au support de l'antenne, qui la protège ainsi de la poussière stellaire. Le contenu du message est censé indiquer où vit notre espèce dans la galaxie et à quelle époque les sondes spatiales ont été envoyées. Il montre un homme et une femme devant la silhouette de la sonde spatiale pour donner une échelle de leurs dimensions. La main droite de l'homme est levée en signe de salut pacifique. Les dessins sont l'œuvre de Linda Salzman Sagan, alors épouse de Carl Sagan. Figure aussi sur la plaque une représentation de la transition hyperfine de l'hydrogène, l'élément le plus abondant dans l'Univers. La longueur d'onde (21 cm) et la fréquence (1 420 MHz) de la transition hyperfine fournissent respectivement l'unité de longueur et l'unité de temps dans les autres diagrammes. Les valeurs sont indiquées en notation binaire. Un diagramme explique que la sonde provient de la troisième planète à partir d'une étoile dont la position est indiquée par triangulation en fonction des périodes de 14 pulsars et en fonction de la distance du Soleil au centre de la galaxie (les 15 lignes en rayons). Puisque les pulsars changent de période au cours du temps de manière connue, cela permet de calculer l'époque à laquelle les sondes ont été envoyées. En dehors du fait qu'il a été jugé impudique ou dangereux par des commentateurs critiques, auriez-vous réussi à interpréter ce message à caractère « universel » ?

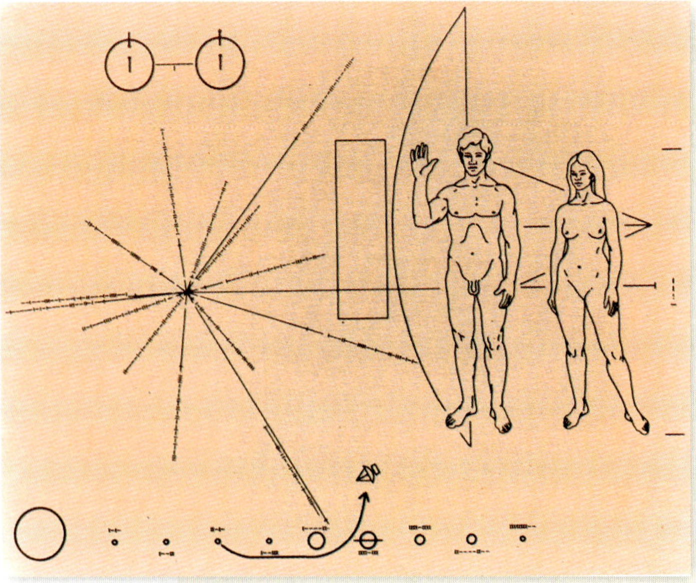

Voyager 1 et 2

1977

Les succès des sondes Pioneer 10 et 11 auguraient bien des futures missions plus sophistiquées vers les planètes géantes. La tâche incomba au programme Mariner du Jet Propulsion Laboratory de la NASA avec ses sondes planétaires Mariner 11 et 12. Celles-ci furent rebaptisées Mariner Jupiter-Saturn, puis Voyager, un nom jugé plus médiatique. Initialement, la mission des sondes Voyager consistait en un simple survol de Jupiter et de Saturne. Puis on réalisa la possibilité d'un « Grand Tour » qui profiterait d'un alignement exceptionnel des quatre planètes géantes à la fin des années 1970, un événement qui ne se répète que tous les 176 ans. Grâce à l'effet de fronde de l'assistance gravitationnelle, il a été calculé qu'une sonde Voyager pourrait « ricocher » d'une planète à l'autre afin d'observer de près Uranus et Neptune pour la première fois. Ce trajet Terre-Neptune prendrait douze ans seulement, au lieu des 30 ans nécessaires selon une trajectoire classique, et avec moins de carburant donc moins de masse à lancer.

Test de Voyager 1 dans le Space Simulator du Jet Propulsion Laboratory à Pasadena, en Californie.

CI-CONTRE À DROITE

Procédure d'encapsulation de Voyager 2, en préparation du lancement.

CI-CONTRE À GAUCHE

Départ de la sonde interplanétaire Voyager 1, le 5 septembre 1977, pour un très long voyage rempli de découvertes.

PRINCIPAUX ÉLÉMENTS DE VOYAGER

1. Compartiment électronique et informatique
2. Mire de calibration et radiateur
3. Réservoir de propergol
4. Antenne secondaire
5. Générateur thermoélectrique
6. Antenne secondaire
7. Magnétomètre
8. Antenne parabolique à grand gain
9. Radiateurs
10. Détecteurs de rayons cosmiques
11. Détecteur de plasma
12. Caméra avec objectif à grand angle
13. Caméra avec téléobjectif
14. Spectromètre ultraviolet
15. Spectromètre infrarouge et radiomètre
16. Photopolarimètre
17. Détecteur de particules de basse énergie

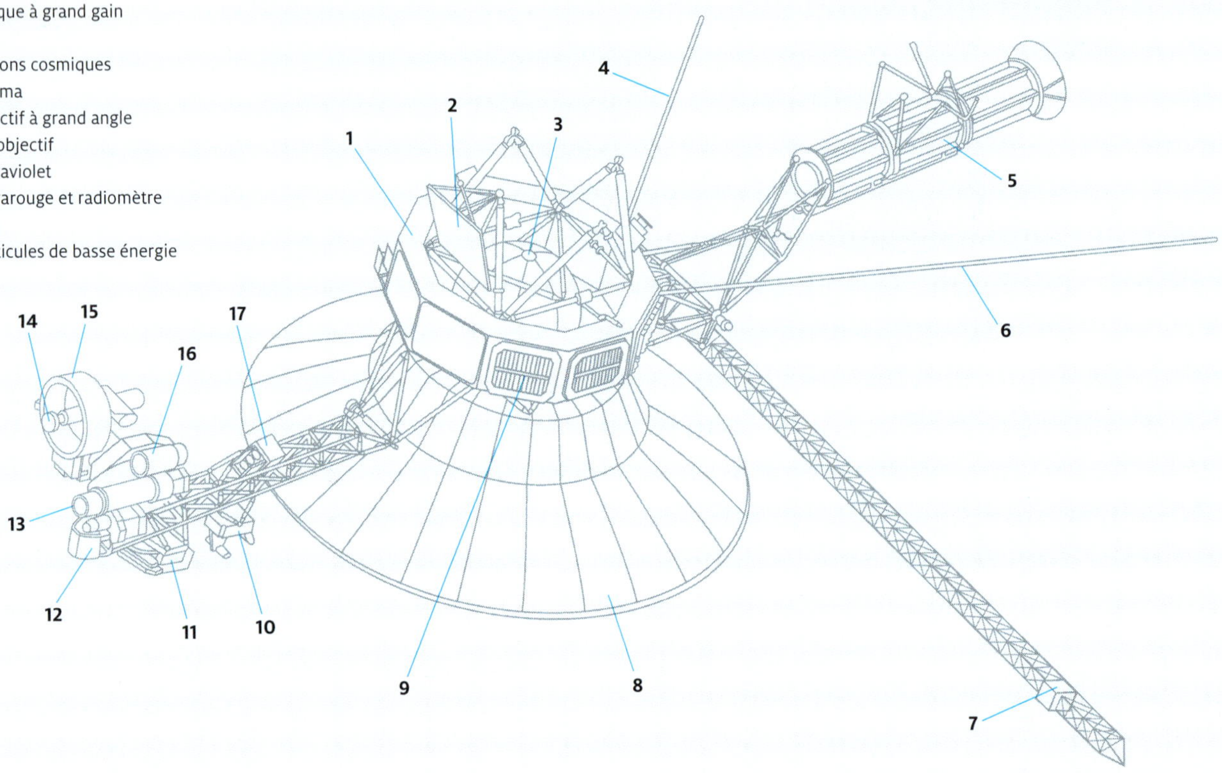

PAGE PRÉCÉDENTE EN HAUT
Vue globale d'une sonde Voyager. L'antenne principale a un diamètre de 3,7 mètres. En encart : test de déploiement de la poutre en fibre de verre, longue de 13 mètres, qui supporte les magnétomètres.

À la différence de Pioneer 10 et 11, le vaisseau Voyager, d'une masse de 815 kg, était stabilisé sur trois axes, grâce à des gyroscopes et à un système de navigation optique, afin d'orienter son antenne à haut gain vers la Terre. La mission d'exploration scientifique s'appuyait, en plus des expériences basées sur les communications radio (radioscience), sur une panoplie d'instruments dont un spectromètre dans l'infrarouge, un radiomètre dans l'infrarouge, un spectromètre dans l'ultraviolet, un photopolarimètre, deux magnétomètres, un détecteur de rayons cosmiques, un détecteur de plasma et un détecteur de particules chargées. Placé sur une plate-forme orientable avec les instruments à visée, le système d'imagerie comportait une caméra avec un objectif grand angle de 200 mm f/3 pour les vues d'ensemble et une caméra avec un téléobjectif de 1 500 mm f/8,5 pour les vues rapprochées. Les caméras à tube cathodique « Vidicon » étaient des versions améliorées de celles utilisées dans les missions Mariner précédentes. Une roue à huit filtres était montée devant chaque caméra afin de capter les images dans différentes gammes de longueurs d'onde. Les ordinateurs de bord étaient centrés sur trois microprocesseurs CMOS 1802 à huit bits de RCA cadencés à 6,4 MHz en version militaire durcie pour résister aux radiations et aux décharges électrostatiques et pour supporter des variations de température importantes (-55 °C à + 125 °C). Les sondes Voyager disposaient de trois générateurs thermoélectriques à radio-isotope (plutonium-238) capables de leur fournir 470 watts d'énergie électrique au lancement. Le plutonium-238 ayant une demi-vie de 87,74 années, le générateur ne perd que 0,78 % de sa puissance chaque année.

TRAJECTOIRES DES SONDES VOYAGER 1 ET 2

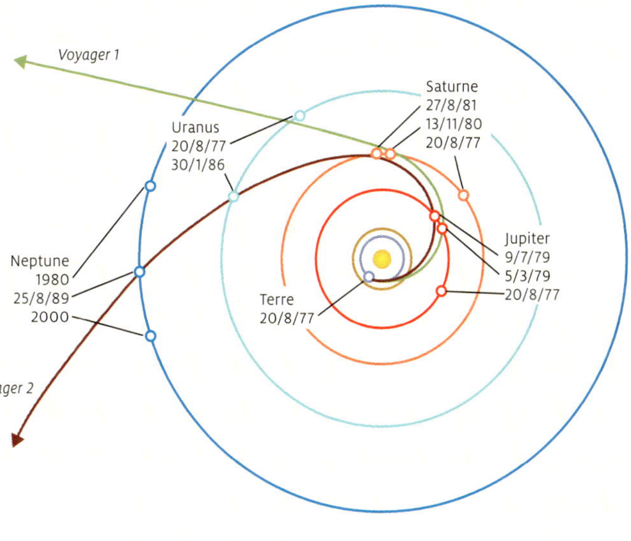

Le 20 août 1977, Voyager 2 fut la première des deux sondes à décoller de Cap Canaveral sur une fusée Titan IIIE-Centaur. Voyager 1 la suivit le 5 septembre 1977. En dépit de ce léger retard, cette dernière fut lancée sur une trajectoire plus directe et plus rapide, qui lui permit de croiser Jupiter et Saturne avant sa jumelle. Voyager 1 put survoler Jupiter le 5 mars 1979, à 278 000 kilomètres des nuages. La plupart des vues rapprochées des minces anneaux de Jupiter (une découverte), de ses lunes, des mesures

La région de la Grande Tache Rouge captée par la caméra de Voyager 1 quand la sonde se trouvait à 9,2 millions de kilomètres de Jupiter. Des détails de 160 km sont visibles. Pour donner une échelle, la forme ovale plus claire sous la Grande Tache Rouge a le diamètre de la Terre.

CI-DESSUS À DROITE
Détails des fortes turbulences atmosphériques dans la région de la Grande Tache Rouge, en fausses couleurs pour accentuer les contrastes. Noter les différences avec l'image précédente.

de champ magnétique et des mesures de radiations autour de la planète furent effectuées pendant les 48 heures du survol. Voyager 1 a découvert les lunes Metis et Thèbe, ainsi que, dans l'anneau F, les lunes bergères Prométhée et Pandore. En passant près du satellite Io, Voyager 1 y photographia des volcans de soufre en éruption. C'était la première fois qu'une activité volcanique était documentée sur un objet céleste. Puis l'assistance gravitationnelle de Jupiter dévia la trajectoire de Voyager 1 tout en l'accélérant comme prévu dans la direction de Saturne. Le survol de Saturne a eu lieu le 12 novembre 1980 à une altitude de 124 000 kilomètres au dessus des nuages. Les responsables de la mission décidèrent d'accorder la plus haute priorité à une vue rapprochée de la lune Titan et de son atmosphère. Mais l'approche de Titan conduisit à une déflection de la trajectoire de la sonde, qui l'éloigna du plan de l'écliptique, et rendit impossible une trajectoire de type « Grand Tour » vers Pluton, jugée moins prioritaire.

CI-CONTRE
Vue rapprochée d'Europe, par Voyager 2. La surface lisse de cette lune de Jupiter est caractéristique. Le peu de cratères d'impact suggère un remodelage relativement récent.

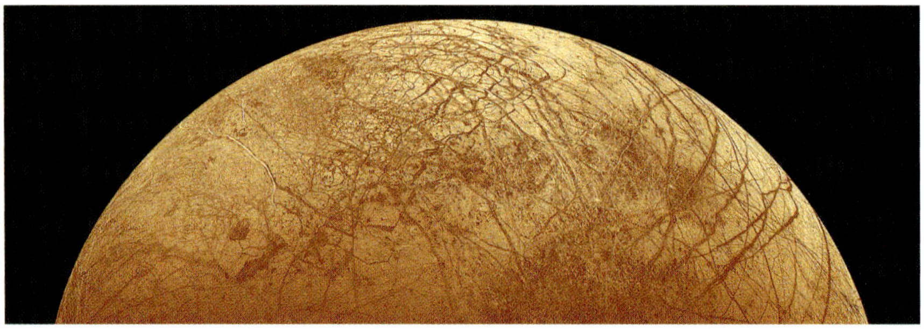

Voyager 2, de son côté, survola Jupiter le 9 juillet 1979. Elle s'en approcha à 570 000 km des nuages. Elle confirma l'activité volcanique du satellite Io. Une vue détaillée de la surface d'Europa révéla des structures linéaires croisées surprenantes, interprétées comme des crevasses dans un manteau de glace. Voyager approcha au plus près de Saturne le 26 août 1981. Elle y explora la structure des anneaux et la surface de plusieurs lunes, dont Encélade et Japet. Catapultée par Saturne, Voyager 2 réussit, pour la première fois, à survoler la planète géante Uranus en s'en approchant à 81 500 kilomètres, le 24 janvier 1986. La sonde examina ses anneaux et transmit les images de Miranda et de 10 lunes inconnues jusque-là : Cordélia, Ophélia, Bianca, Cressida, Desdémone, Juliette, Portia, Rosalind, Belinda et Puck. Les détails de la surface de Miranda, en fit un des objets les plus curieux du système solaire. La destination suivante de Voyager 2, la planète Neptune, fut atteinte le 25 août 1989, une autre première historique. Le survol de la lune géante Triton surprit les scientifiques : de nombreux geysers y crachent des jets d'azote qui forme une atmosphère ténue où la pression n'est que le 1/70 000e de la pression terrestre. Les données de Voyager 2 laissent supposer que Triton a beaucoup de points communs avec Pluton. Comme celle-ci, elle était probablement à l'origine un objet de la ceinture de Kuiper capturé par le champ de gravitation de Neptune. Voyager 2 a découvert six lunes de plus autour de Neptune : Naïade, Thalassa, Despina, Galatée, Larissa et Protée.

CI-DESSOUS À GAUCHE

Un des grands exploits des missions Voyager a été la découverte de volcans actifs sur la lune Io. Les panaches de gaz peuvent s'élever jusqu'à 300 kilomètres de haut.

CI-DESSOUS À DROITE

Photomontage, à l'échelle, des quatre lunes galiléennes et de la petite lune Amalthée, toutes survolées par les sondes Voyager pendant leur survol de Jupiter. Dans l'ordre habituel, Io, Europe, Ganymède et Callisto.

Saturne accompagnée de Thethy et Dione, vues par Voyager 1, le 3 novembre 1980, à la distance de 13 millions de kilomètres. L'ombre de Thetis se projette sous les anneaux A et B séparés par la division de Cassini.

Sur ce cliché de Voyager 2, les anneaux de Saturne peuvent être différenciés d'après la taille des particules et leur composition chimique, grâce à des techniques d'intensification numériques.

Portrait d'Encélade, par Voyager 2. Cette lune de 500 kilomètres de diamètre recouverte de glace est une des plus actives géologiquement du système solaire. Le plus petit élément visible sur cette image mesure un kilomètre.

La petite lune Mimas a été frappée par un objet massif qui y a laissé un cratère d'impact, baptisé Herschel, de taille disproportionnée.

Voyager 1 documenta visuellement pour la première fois l'épaisseur de l'atmosphère de Titan, plus dense que celle de Mars. Sa couleur bleutée est due à la présence de gaz méthane.

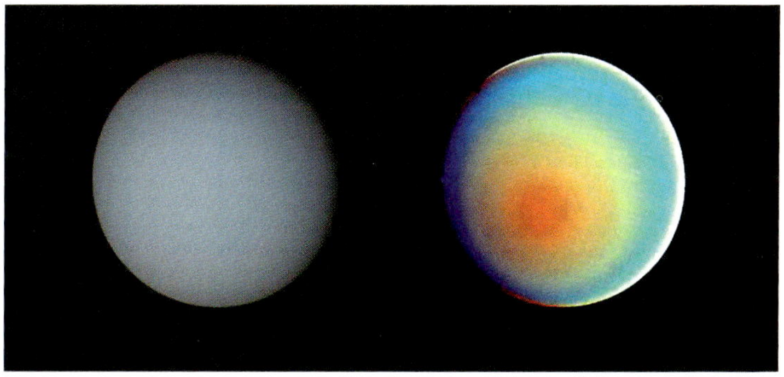

Première rencontre avec Uranus, le 10 janvier 1986, quand Voyager 2 se situait à 18 millions de kilomètres de distance. La teinte bleutée de l'atmosphère provient du méthane. Dans l'image de droite, les nuances ont été accentuées artificiellement pour détecter l'axe de rotation de la planète (région orangée), fortement incliné sur le plan de l'écliptique.

Les neuf anneaux d'Uranus que la caméra de Voyager 2 a pu photographier: Epsilon, Delta, Gamma, Eta, Beta, Alpha, 4, 5 et 6.

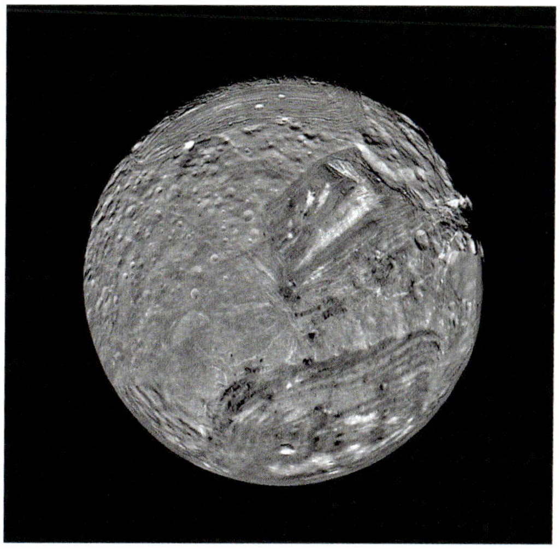

La lune Miranda présente une mosaïque de textures qui témoignent d'un passé violent. Certains de ses canyons ont une profondeur de 20 kilomètres.

Les sondes Voyager sont maintenant dans la phase de leur mission dite interstellaire. Aujourd'hui, Voyager 1 est l'objet le plus éloigné jamais conçu par l'homme. La sonde a déjà franchi la distance symbolique de 100 UA ou 15 milliards de kilomètres. Le 16 décembre 2004, Voyager 1 a traversé en à peine une journée le choc terminal pour entrer dans l'héliogaine, une zone tampon au-delà de laquelle elle franchira, vers 2015, l'héliopause, là où la pression des vents solaires cède le pas à celle des gaz interstellaires. Le choc terminal désigne la région ténue de l'espace où la vitesse des vents solaires diminue brutalement, passant de 700 km/seconde à des vitesses subsoniques. La sonde spatiale s'éloigne de nous à la vitesse de 17 km/seconde. En 2009, 32 ans après le lancement, son générateur électrique a une capacité théorique réduite à 75 % suivant la loi de désintégration radioactive. Pratiquement, il ne fournit plus que 60 % de sa puissance parce que les couples thermoélectriques chargés de convertir la chaleur dégagée en électricité se sont dégradés eux aussi. Certaines redondances dans les systèmes ont été supprimées pour économiser l'énergie, mais la sonde reste opérationnelle. Pour la première fois, une sonde va pénétrer dans la zone interstellaire à la limite de l'héliopause, au-delà de l'héliosphère, c'est-à-dire dans un espace où le vent solaire n'existe plus, donc où la galaxie a plus d'influence que notre Soleil. De son côté, Voyager 2 approche les 90 UA. Les générateurs au plutonium des deux sondes fourniront assez d'énergie nucléaire pour les faire fonctionner

Premier portrait rapproché de Neptune, capturé le 20 août 1989 par Voyager 2. Indices d'une source d'énergie interne, la turbulence atmosphérique de Neptune fut une des découvertes de la mission.

jusqu'en 2025 au moins. Après quoi, silencieuses, elles continueront sur leur lancée. Voyager 1 file dans la direction de l'étoile AC+793888, dans la constellation de la Girafe, qu'elle approchera dans 40 000 ans. Quant à Voyager 2, elle se dirige vers l'étoile la plus brillante de notre ciel, Sirius, dans la constellation du Grand Chien, qu'elle visitera dans 296 000 ans. Comme Pioneer 10 et 11, les sondes Voyager emportent avec elles un message, cette fois sous la forme d'un disque numérique, destiné à une civilisation extraterrestre assez avancée technologiquement pour les intercepter (voir page 228).

Réussite technique et scientifique remarquable, le programme astronautique Voyager a un palmarès unique dans l'histoire de la NASA. Il restera longtemps aussi dans les annales de l'astronomie avec, à son palmarès, l'exploration de quatre planètes, dont Uranus et Neptune, jamais visitées auparavant, et de 48 lunes. Comme si cette moisson d'informations n'était pas suffisante, les sondes Voyager nous renseignent encore actuellement, 32 ans plus tard, sur les frontières du système solaire !

CI-CONTRE

Triton, la plus grande lune de Neptune, est, avec la Terre et Titan, un des trois mondes connus qui possèdent une atmosphère d'azote. Voyager 2 y a repéré des cryovolcans actifs qui éjectent des panaches d'azote liquide, de méthane et de poussière. La température de Triton est si basse (-238 °C) que sa surface est recouverte d'azote et de méthane à l'état solide.

EN BAS

En quittant le système solaire, Voyager 1 a traversé le choc terminal et pénétré dans l'héliogaine, située à 94 UA du Soleil, en décembre 2004. Voyager 1 s'engage désormais dans la phase interstellaire de sa mission. Voyager 2 aurait traversé le choc terminal en août 2007, à 84 UA du Soleil, ce qui indiquerait que l'héliosphère a une structure irrégulière en raison de l'influence de champs magnétiques galactiques.

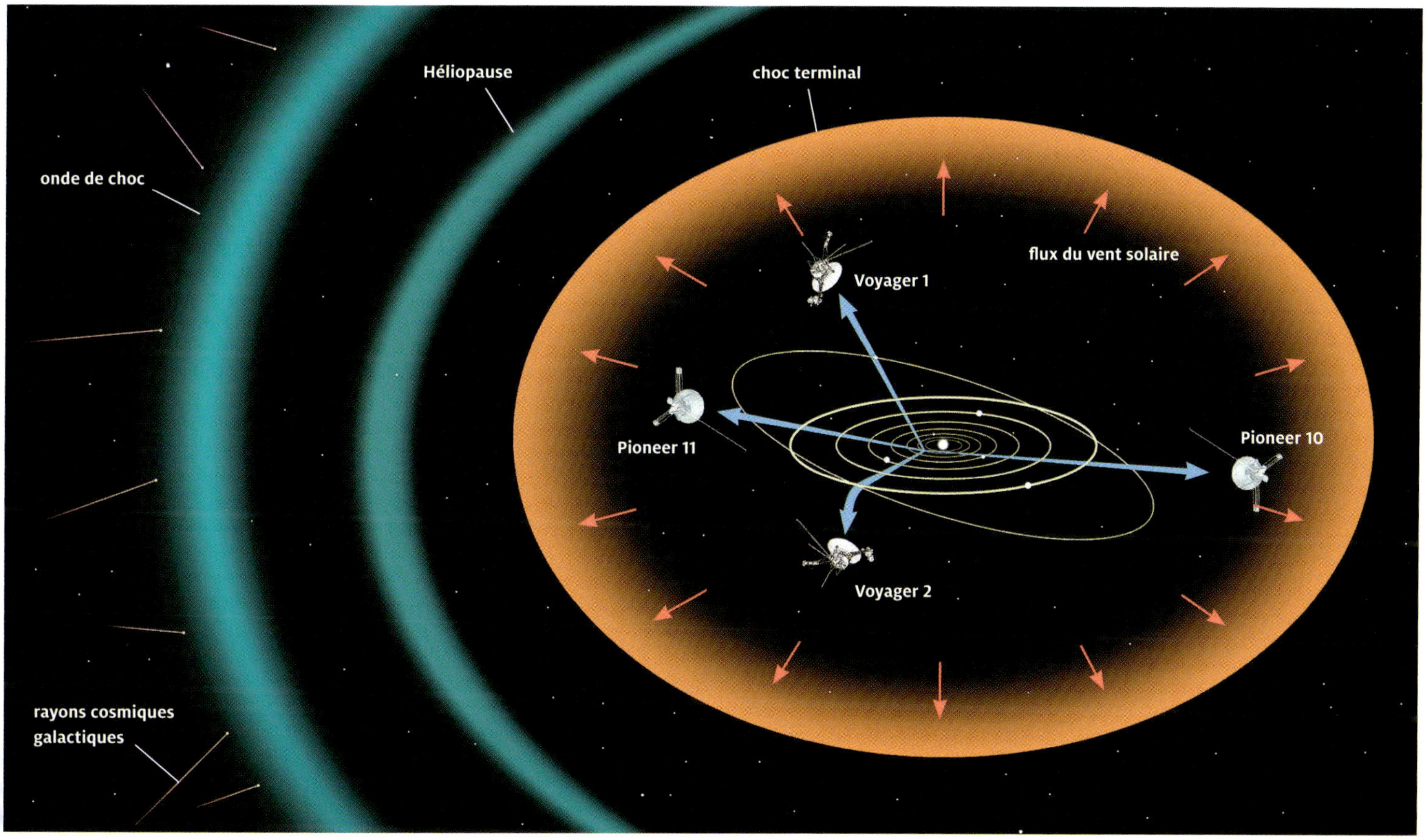

Une capsule temporelle, version interstellaire

Il existe une chance, extrêmement faible mais non nulle, qu'une des deux sondes Voyager qui quittent le système solaire soit interceptée un jour par une civilisation extraterrestre (ou par des humains dans un avenir lointain). Ils découvriront que la sonde porte un message, plus sophistiqué que la simple plaque des sondes Pioneer (voir page 218). Le message est enregistré sur un disque de cuivre plaqué or. Il contient des sons et des images qui représentent la diversité de la vie et de la culture humaine sur Terre. Le couvercle contient des instructions, sous forme de schémas, pour lire le contenu analogique des fichiers audio et vidéo et une tête de lecture est incluse. Des diagrammes expliquent aussi l'origine de la sonde dans la galaxie et un fragment d'uranium-238 pur est inséré pour permettre d'en dater la construction. Le physicien Carl Sagan (voir page 155) présidait le comité en charge de sélectionner les sons et les images. La partie sonore du disque contient « Bonjour à tous » dit en 55 langues. Suit une section « Sons de la Terre » de bruits naturels variés et une section musicale éclectique de 90 minutes de classiques occidentaux et orientaux. Les 115 images sur le disque représentent des diagrammes et des photographies diverses de la nature, de notre anatomie, de notre science et de notre technologie.

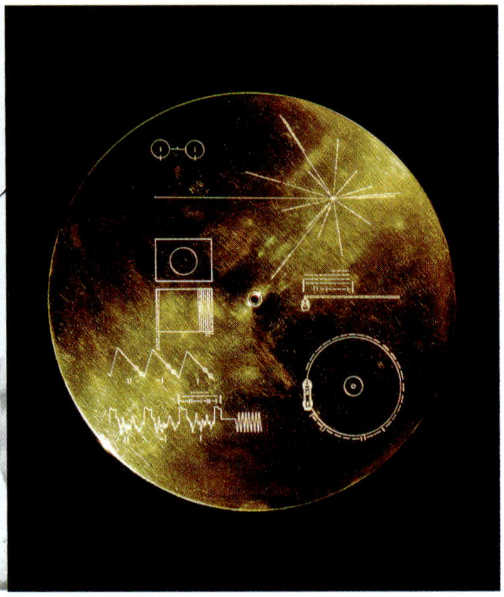

Galileo

1989

La grande quantité d'informations scientifiques obtenues au cours des brefs survols de Jupiter par les sondes Pioneer et Voyager justifiait pleinement l'envoi d'un vaisseau qui resterait en orbite autour de la planète géante pendant plusieurs années. En fait, ce projet baptisé Galileo, en l'honneur du célèbre physicien et astronome italien (voir page 237), était déjà en gestation avant que les sondes Voyager partent explorer le système solaire extérieur en 1977. La préparation de la mission Galileo fut longue et frustrante pour le personnel impliqué. Dépendant de la navette spatiale pour son lancement, le décollage était initialement prévu en 1981. Mais le

CI-DESSOUS À GAUCHE
Préparation de la sonde Galileo pour son arrimage sur le booster IUS.

CI-DESSOUS À DROITE
Le 18 octobre 1989, Galileo fut une des trois sondes spatiales, avec Magellan et Ulysse, propulsée en orbite basse par une navette spatiale, dans ce cas Atlantis, au cours de la mission STS-34, avant injection sur une orbite de transfert.

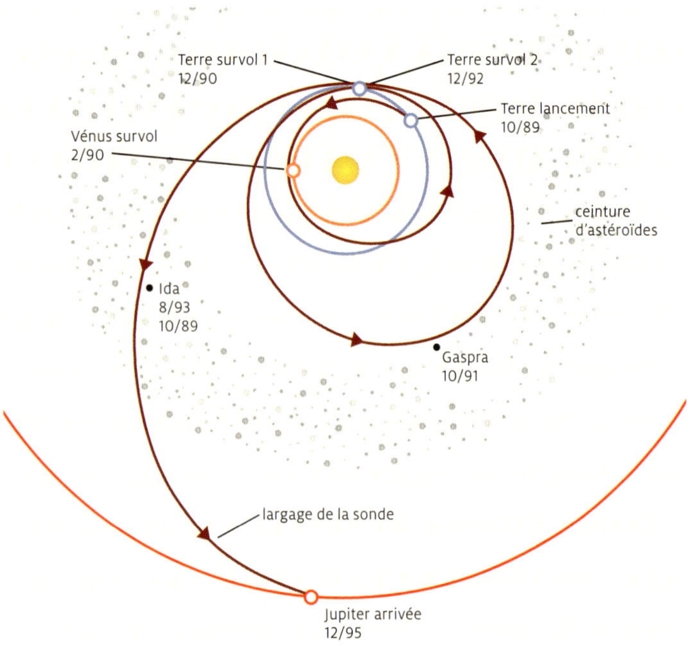

La trajectoire indirecte de Galileo vers Jupiter a nécessité plusieurs assistances gravitationnelles.

développement de la navette avait pris du retard. Elle n'en était qu'à son premier vol orbital en 1981, et le lancement fut repoussé en 1984. Des incertitudes sur le type de booster à utiliser pour propulser Galileo une fois placée en orbite terrestre lui firent manquer aussi la fenêtre de 1984 et une date en 1986 fut choisie. L'explosion de la navette Challenger en 1986 repoussa encore l'échéance de quelques années. Galileo décolla enfin, le 18 octobre 1989, à bord de la navette Atlantis au cours de la mission STS-34. Le désastre de Challenger avait forcé la NASA à revoir à la baisse la puissance du booster pour des raisons de sécurité. Le booster IUS (*Inertial Upper Stage*) utilisé aussi pour la mission Magellan (voir page 118) fut retenu. Une poussée plus faible impliquait un voyage plus long en raison d'une trajectoire nécessitant plusieurs accélérations gravitationnelles près de Vénus (un passage, le 10 février 1990) et près de la Terre (deux passages, le 8 décembre 1990 et le 8 décembre 1992) avant un transfert direct vers Jupiter, c'est-à-dire une trajectoire de type VEEGA (*Venus-Earth-Earth Gravity Assist*). Le voyage de Galileo, une sonde de 1 138 kg dont 103 kg d'équipement scientifique, dura 6 ans. La durée du trajet laissa amplement le temps aux techniciens de tester les systèmes de la sonde. Durant ce passage, au cours duquel Galileo s'est approchée jusqu'à 960 km au-dessus de la Terre, la sonde a pris près de 3 000 images, surtout de l'Australie et de l'Antarctique, en plus de capturer pour la première fois en images la rotation de la Terre sur son axe. Un écueil technique majeur apparut en 1991 : l'antenne radio à haut gain en forme de parapluie ne se déplia que partiellement, ce qui empêcha les transmissions à haut débit (134 kilobits/seconde). Malgré tous leurs efforts pour régler ce problème d'origine mécanique, les responsables de la mission furent contraints d'utiliser une antenne secondaire ne pouvant transmettre qu'à faible débit (160 bits/seconde), ce qui nécessita une reprogrammation complète des ordinateurs de bord et un ajustement en conséquence des antennes du Deep Space Network. En octobre 1995, quelques semaines avant la mise en orbite, un autre problème sérieux monopolisa l'attention des techniciens. L'enregistreur à bande magnétique de 114 mégaoctets de Galileo

PAGE SUIVANTE EN HAUT
Vision d'artiste de la sonde Galileo en orbite, telle que souhaitée avant le lancement. Malheureusement, un problème mécanique au cours de l'ouverture de l'antenne principale a obligé la mission à utiliser l'antenne secondaire à faible gain pour les communications avec la Terre.

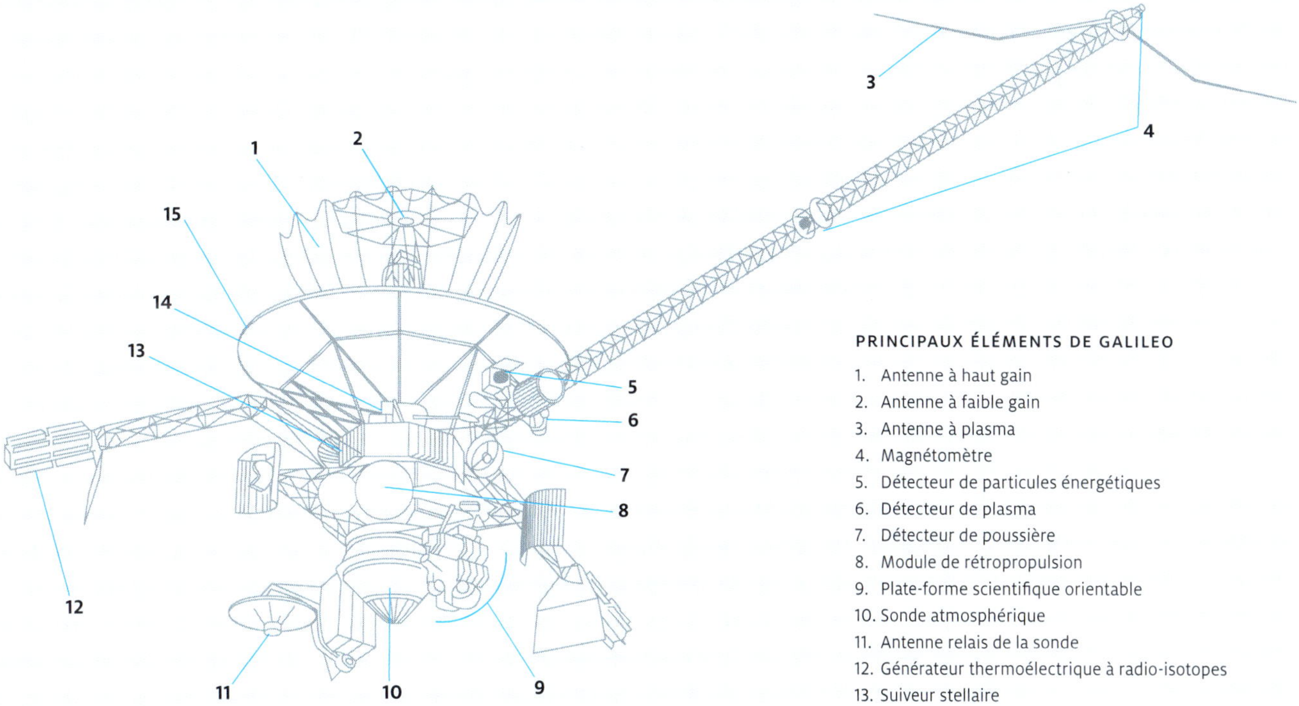

PRINCIPAUX ÉLÉMENTS DE GALILEO

1. Antenne à haut gain
2. Antenne à faible gain
3. Antenne à plasma
4. Magnétomètre
5. Détecteur de particules énergétiques
6. Détecteur de plasma
7. Détecteur de poussière
8. Module de rétropropulsion
9. Plate-forme scientifique orientable
10. Sonde atmosphérique
11. Antenne relais de la sonde
12. Générateur thermoélectrique à radio-isotopes
13. Suiveur stellaire
14. Spectromètre UV
15. Écran solaire

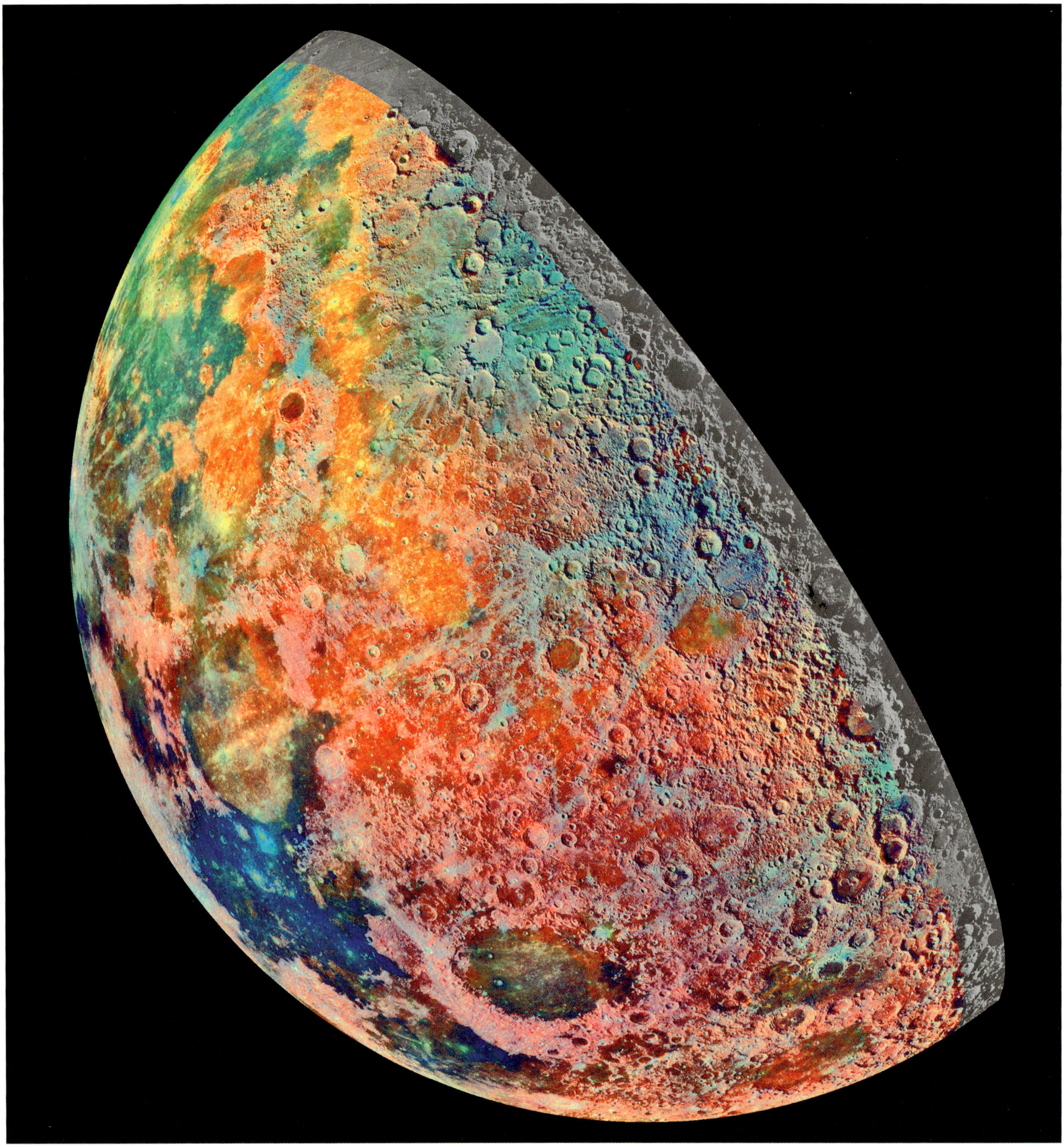

se bloqua en position de rembobinage pendant quinze heures. La conséquence de cet incident fut qu'une portion de la bande magnétique fut considérée comme inutilisable et qu'il fut impossible d'enregistrer les données acquises sur Io et Europe pendant la phase d'approche. De plus, la sonde fut soumise à répétition à de fortes doses de radiation à proximité de Jupiter, ce qui endommagea sérieusement la caméra et plusieurs circuits électroniques.

Portrait de famille de Jupiter avec les quatre lunes galiléennes. De haut en bas, Io, Europe, Ganymède et Callisto.

PAGE PRÉCÉDENTE
Notre Lune vue par Galileo au cours d'une manœuvre d'assistance gravitationnelle. Cette mosaïque en fausses couleurs, construite à partir de 53 images prises avec trois filtres spectraux, met en évidence les différences de composition rocheuse. Le bleu intense de *Mare Tranquillitatis* indique la présence de fortes concentrations de titane.

La sonde Galileo avait une architecture particulière (*dual-spin*) avec une partie mobile rotative (à 3 tours/minute) et une partie fixe. La partie fixe comprenait un système d'imagerie numérique, basé sur une caméra à capteur CCD de 800 × 800 pixels et sur l'optique d'un télescope de 1 500 mm de type Cassegrain. La résolution des images pouvait atteindre vingt à mille fois celle des missions Voyager avec une meilleure fidélité dans le rendu des couleurs. Des spectromètres dans l'infrarouge et l'ultraviolet, ainsi qu'un radiomètre-photopolarimètre, occupaient aussi la partie fixe de Galileo. La partie mobile hébergeait tous les autres instruments : un magnétomètre, un détecteur de plasma, un détecteur de poussière cosmique et un détecteur de particules chargées. Un écran solaire circulaire était placé entre l'antenne à haut gain et le corps de la sonde pour la protéger de la chaleur intense pendant son incursion dans le système solaire intérieur. Le système de propulsion de Galileo avec ses moteurs à hydrazine était le fruit d'une collaboration entre la compagnie allemande DASA (Daimler Benz Aerospace AG), aujourd'hui intégrée dans le groupe européen EADS (European Aeronautics Defense & Space), et la NASA. L'alimentation électrique était assurée par 2 générateurs thermoélectriques radio-isotopiques au plutonium-238, capables de générer 495 watts une fois la sonde opérationnelle en orbite autour de Jupiter. Les ordinateurs de bord utilisaient des microprocesseurs 1802 de RCA à huit bits comme les sondes Viking et Voyager. La sonde disposait d'un système de navigation optique qui détecte la position de certaines étoiles pour contribuer au contrôle d'attitude et faciliter la localisation du vaisseau dans l'espace.

CI-CONTRE À GAUCHE
Cette image d'Io a été obtenue au cours de la neuvième orbite de Galileo autour de Jupiter, le 28 juin 1997. L'éruption volcanique photographiée sur le bord atteint une hauteur de 140 kilomètres. Une autre éruption est observée près du terminateur. Ce volcan semble actif depuis le passage de Voyager en 1979.

CI-CONTRE À DROITE
Europa, ici en fausses couleurs, serait recouverte d'une banquise de glace en constant renouvellement. L'observation de « radeaux » de glace mobiles laisse supposer un océan liquide sous la surface.

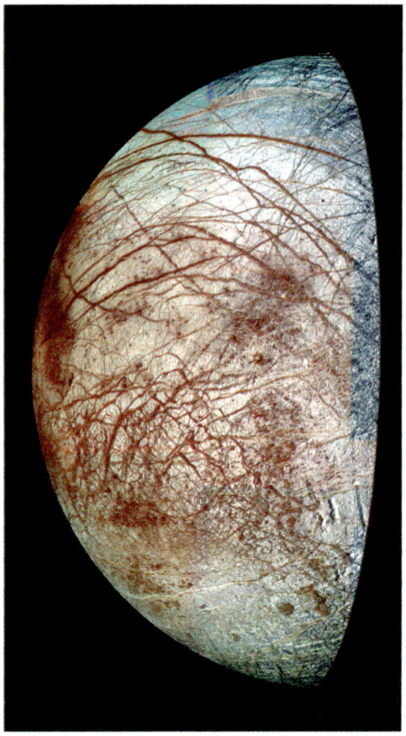

Pendant le trajet, Galileo put se rapprocher de deux astéroïdes, Gaspra (le 29 octobre 1991) et Ida (le 28 juillet 1993), en traversant la ceinture d'astéroïdes entre Mars et Jupiter, (voir page 325 et 365). Par chance, en 1994, Galileo put aussi observer, aux premières loges, la collision des fragments de la comète Shoemaker-Levy avec Jupiter, alors que les télescopes terrestres durent attendre la rotation de Jupiter pour observer les impacts.

Galileo emportait une capsule de 339 kg pour sonder l'intérieur de l'atmosphère jovienne. La capsule atmosphérique de Galileo fut larguée le 13 juillet 1995 en direction de Jupiter, qu'elle pénétra, le 7 décembre 1995, à la vitesse de 48 km/seconde. La résistance de l'atmosphère la freina à des vitesses subsoniques, soumettant la sonde à une décélération de 230 g. La friction vaporisa son bouclier thermique de 152 kg en quelques minutes. Puis le parachute fut déployé pour ralentir la descente pendant que diverses mesures (température, pression, composition chimique) furent prises. Jusqu'à 58 minutes de données furent transmises par le module de descente et relayées par Galileo vers la Terre. Des vents de 900 km/h et des éclairs furent observés. La capsule s'enfonça jusqu'à 150 km de profondeur avant de céder aux conditions extrêmes de pression (23 bars) et de température (153 °C). Pour la première fois, l'atmosphère de Jupiter était étudiée in situ.

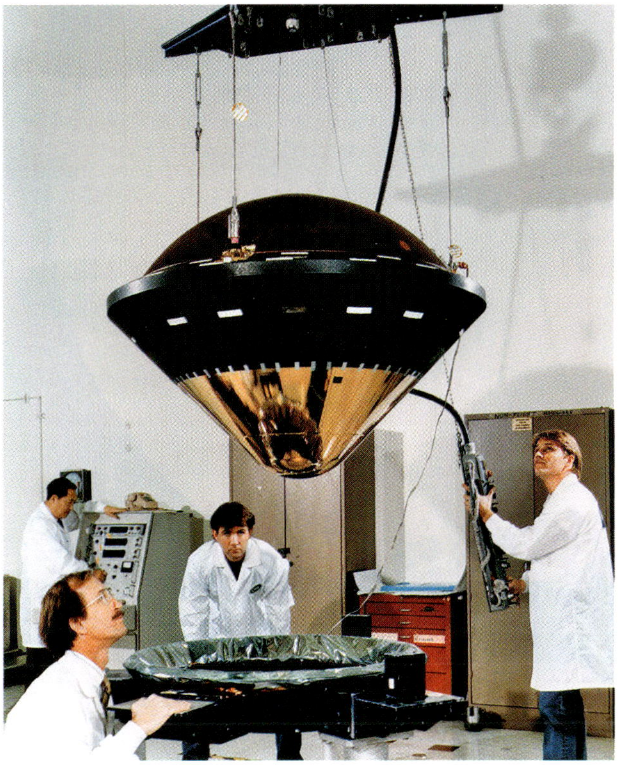

La sonde atmosphérique de la mission Galileo devait réussir la rentrée la plus difficile jamais tentée. Le freinage par friction dans les nuages de Jupiter, la faisant passer de 48 km/seconde à des vitesses subsoniques en moins de deux minutes, lui a fait subir une décélération de 230 g !

Protégé par un bouclier thermique largable, le module de descente emportait divers instruments conçus pour tester les propriétés physiques et la composition chimique de l'atmosphère jovienne à différentes altitudes.

PRINCIPAUX ÉLÉMENTS DE LA SONDE ATMOSPHÉRIQUE DE GALILEO

1. Antenne
2. Compartiment du parachute (vide)
3. Détecteur d'éclairs
4. Dispositif antistatique
5. Néphélomètre
6. Aileron stabilisateur

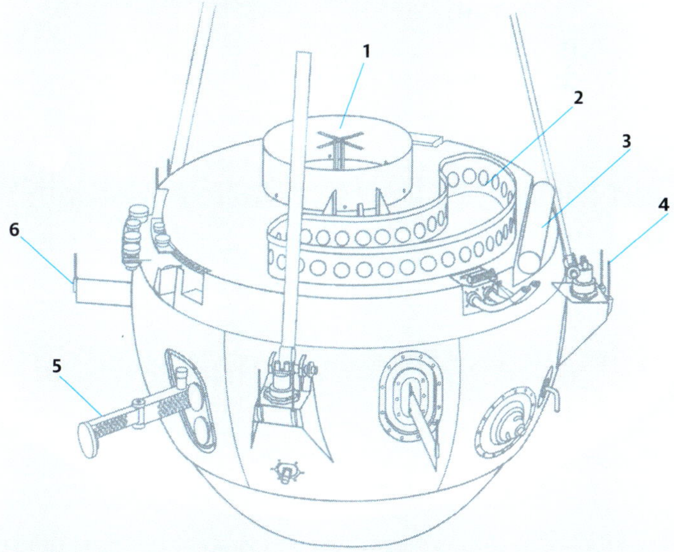

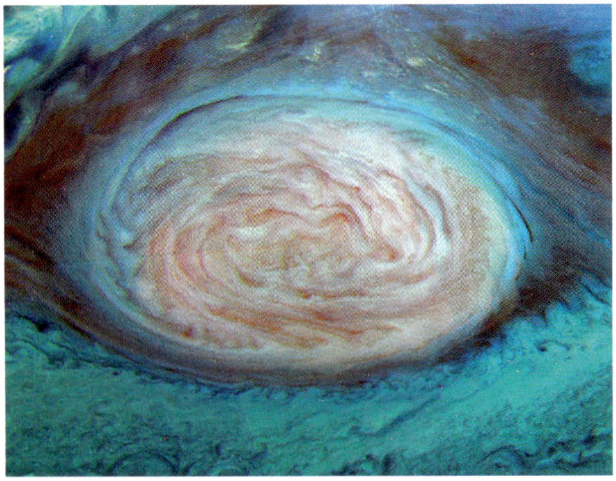

Détails de la région de la Grande Tache Rouge en fausses couleurs. Cette mosaïque a été construite à partir de 18 images prises avec des filtres dans le proche-infrarouge. Les couleurs indiquent l'altitude relative des nuages (rose : plus élevée, bleu : moins élevée).

L'anneau principal de Jupiter et son halo. Le halo est formé par un nuage de petits grains chargés électriquement, en provenance de l'anneau, qui sont déplacés par le champ magnétique de Jupiter.

De son côté, le même jour, la sonde Galileo se positionna dans l'orbite de Jupiter. Elle accomplit 35 orbites elliptiques au cours de ses huit années d'observation. Chaque orbite était calculée avec précision en fonction du survol des lunes de Jupiter. Les découvertes de Galileo dans le système jovien sont nombreuses. Nous pouvons citer par exemple l'existence d'ammoniac sous forme de cristaux de glace dans les nuages de Jupiter, l'activité volcanique 100 fois plus importante sur Io que sur la Terre qui en fait l'objet du système solaire le plus géologiquement actif, les évidences d'un océan sous la surface d'Europe, le champ magnétique de Ganymède, l'origine des anneaux de Jupiter, la forme et les mouvements de sa magnétosphère.

Le 21 septembre 2003, après 22 ans de bons et loyaux services, la mission Galileo fut terminée abruptement en lançant l'orbiteur à la vitesse de 48,2 km/seconde (l'équivalent de la distance entre Los Angeles et New York parcourue en 82 secondes) se consumer dans l'atmosphère de Jupiter. Cela pour ne pas contaminer des lunes avec des bactéries terrestres. Les responsables de la mission pensaient principalement à épargner Europe, qui, grâce aux informations obtenues par Galileo, pourrait abriter la vie dans l'océan d'eau salée détecté sous sa surface gelée.

GALILÉE

(1564-1642)

Galileo Galilei, dit Galilée est un mathématicien, physicien et astronome italien né à Pise. Il est considéré comme le vrai fondateur de la méthode expérimentale et le père de la physique moderne. Il inventa le thermomètre, la balance hydrostatique pour mesurer les densités ; il établit les premières lois de la mécanique et de la balistique. En 1609, il perfectionna l'optique de la lunette d'approche construite l'année précédente par l'opticien hollandais Hans Lippershey. La qualité de ses observations rigoureuses du ciel conduisirent à plusieurs découvertes importantes en astronomie : les montagnes sur la Lune, les satellites de Jupiter (les lunes galiléennes), l'anneau de Saturne, les phases de Vénus, les taches solaires, la rotation du Soleil et les amas d'étoiles.

Il est célèbre aussi pour avoir défendu le système héliocentrique de Copernic contre le géocentrisme défendu par l'Église catholique romaine à cette époque. Âgé de 70 ans, il dut, bien que fervent catholique, comparaître devant le tribunal de l'Inquisition qui le força à abjurer sa doctrine. La légende raconte qu'ayant dû se mettre à genou, il se releva et frappa du pied le sol en s'exclamant : « Eppur si muove ! » (« Et pourtant elle tourne ! »).

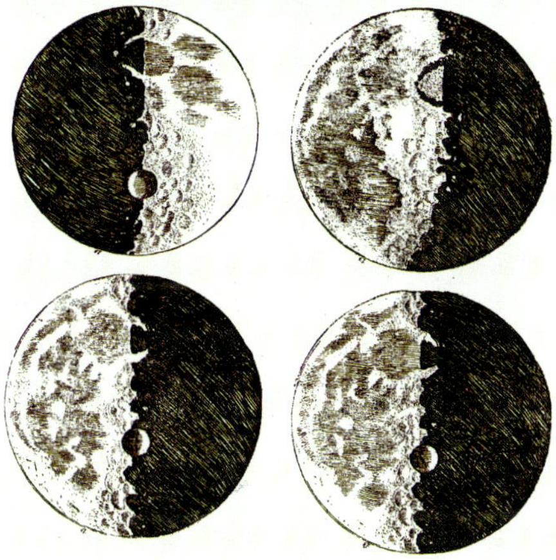

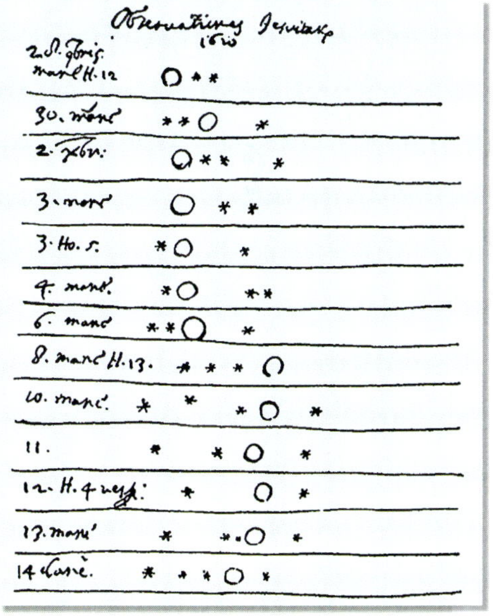

1997

Cassini-Huygens

Le projet d'une mission robotisée vers Saturne avec une paire orbiteur-module de descente est né en 1982, un an après le survol de Voyager 2. L'idée avait germé lors d'une discussion de collaboration entre la Fondation européenne de la science et l'Académie des sciences américaine. En 1988, il fut décidé que le développement de l'orbiteur Cassini, du nom de l'astronome franco-italien (voir page 253), serait dirigé par le Jet Propulsion Laboratory de la NASA, tandis que la construction du module de descente sur Titan, Huygens, du nom du physicien et mathématicien hollandais (voir page 253), serait prise en charge par le Centre technique de l'ESA. En dépit du coût très élevé du projet, les conséquences politiques d'une interruption de cette collaboration internationale ont sauvé le projet

CI-CONTRE À GAUCHE
Descente contrôlée de la sonde Cassini-Huygens en vue de l'arrimer sur le module adaptateur de l'étage Centaur.

CI-CONTRE À DROITE
Photographie en longue exposition du lancement matinal de la mission Cassini-Huygens, le 15 octobre 1997, sur une fusée Titan IVB-Centaur, pour un voyage de sept années vers Saturne.

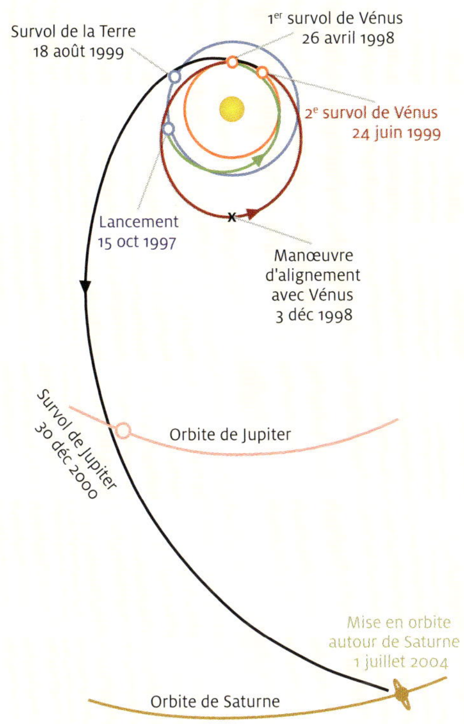

Vision d'artiste de Cassini-Huygens en approche du système saturnien.

CI-CONTRE

La masse imposante du vaisseau spatial Cassini-Huygens a nécessité de lui faire emprunter une trajectoire indirecte avec plusieurs assistances gravitationnelles. Deux survols de Vénus, un survol de la Terre et un passage près de Jupiter l'ont propulsé vers Saturne.

PRINCIPAUX ÉLÉMENTS DE CASSINI

1. Antenne à faible gain
2. Antenne à haut gain
3. Module radar
4. Plate-forme orientable de détection des champs et particules
5. Imageur magnétosphérique
6. Sonde Huygens arrimée
7. Moteur de contrôle d'attitude
8. Générateur thermoélectrique à radio-isotopes
9. Spectromètre infrarouge
10. Plate-forme orientable de télédétection
11. Bras du magnétomètre (hors échelle)

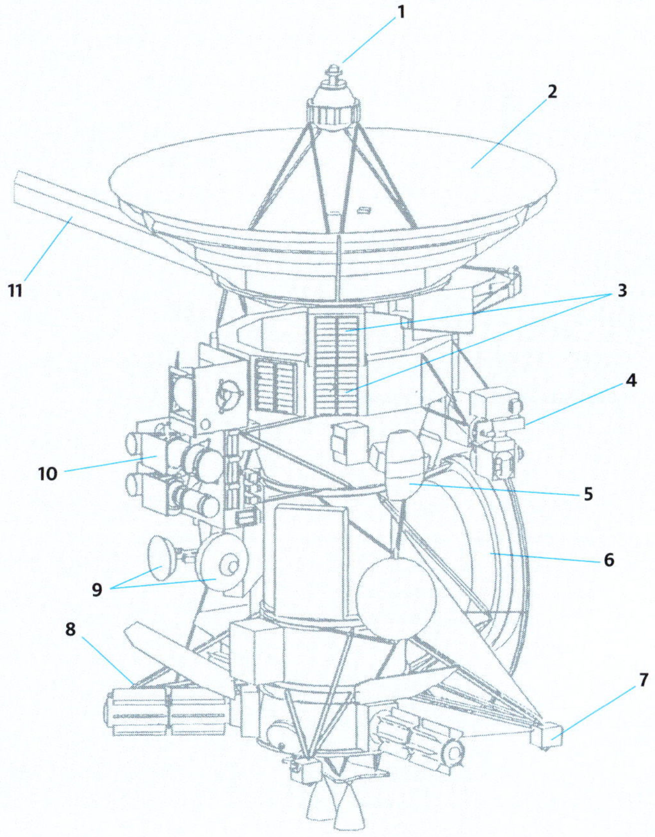

On doit à la sonde Cassini le plus beau « portait » détaillé de Jupiter, saisi pendant sa brève visite en route vers Saturne. Cette mosaïque est composée de 27 images prises au téléobjectif.

Saturne dans toute sa beauté cosmique !

à deux reprises, en 1992 et en 1994, de coupes budgétaires au Congrès américain. Des centaines de scientifiques et ingénieurs de 16 pays européens et de 33 États américains ont participé à la conception, à la construction, à la navigation, à l'analyse des données et contribuent encore à la mission. Il a été estimé que la mission a coûté jusqu'ici 3,3 milliards de dollars américains. Cette somme inclut 1,4 milliard pour le développement, 704 millions pour l'opération, 54 millions pour le suivi de la trajectoire de la sonde et 422 millions pour le lanceur.

L'objectif principal de la mission vers la planète géante était de déterminer, au cours de plusieurs années en orbite, la structure et la composition de plusieurs éléments clés du système saturnien, en particulier les anneaux, la surface de plusieurs satellites et l'atmosphère de Titan.

Transit d'Io devant Jupiter. La perspective est trompeuse : 350 000 km, soit plus de deux fois le diamètre de Jupiter, séparent la lune de sa planète.

DONNÉES SUR TITAN

Diamètre équatorial : **5 150 km**
Masse : **0.0225** (Terre = 1)
Distance moyenne de Saturne : **1 220 000 km**
Période de rotation : **15,95 jours**
Période de révolution : **15,95 jours**
Température moyenne au sol : **-178 °C**
Gravité à la surface : **0,14 G**
Vitesse de libération : **2,64 km/s**
Composition atmosphérique : **98 % azote • 2 % méthane**

Le but de cette image était de documenter les anneaux dans leur quasi-intégralité. La durée d'exposition a été calculée pour aller chercher les détails dans les zones ombragées, ce qui a conduit à une surexposition de Saturne.

Cassini dispose d'un système de contrôle d'attitude 3D basé sur trois unités gyroscopiques et sur une unité de navigation optique avec 5 000 étoiles en référence. La propulsion pour le contrôle d'orientation s'appuie sur 16 moteurs à hydrazine et 3 132 kg de carburant. L'orbiteur est armé d'une batterie d'instruments scientifiques qui réunit plusieurs spectromètres optiques dans différentes bandes spectrales, un spectromètre de masse, un radar pour percer l'atmosphère opaque de Titan, un magnétomètre, un imageur de magnétosphère, un analyseur de poussière cosmique, un détecteur de plasma. Un émetteur radio très stable en fréquence et en puissance permet de détecter les variations minimes de vitesse de la sonde dues à des champs gravitationnels. Les images sont captées par deux caméras numériques à CCD d'un mégapixel, l'une couplée à un objectif grand angle de 200 mm f/3,5 et l'autre à un téléobjectif de 2 000 mm f/10,5. Des filtres permettent d'enregistrer les images dans différentes bandes spectrales. L'ordinateur de bord est centré sur un microprocesseur IBM 1750A. Deux enregistreurs de type « solid-state », donc sans partie mobile, d'une capacité de 2,5 gigaoctets chacun, stockent les

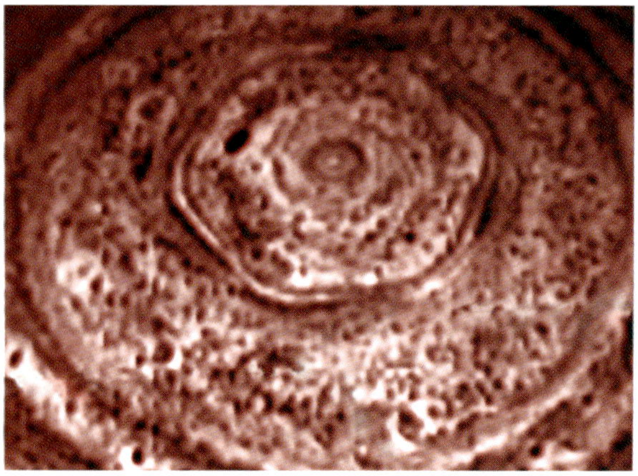

Une structure hexagonale habite le pôle Nord de Saturne. Ce phénomène atmosphérique intrigant est particulièrement stable, car les sondes Voyager l'ont déjà observé pendant leurs survols, plus de deux décennies auparavant.

Détails de l'anneau A de Saturne, avec des couleurs rehaussées pour mettre en évidence les différences de densité (bleu : plus dense, rouge : moins dense). La ligne rouge dans la partie extérieure de l'anneau correspond à la division d'Encke.

CI-CONTRE

Panorama saisissant du système de Saturne en éclipse solaire totale, impossible à observer de la Terre. La sonde Cassini était alors protégée des rayons du soleil par Saturne, ce qui a permis de découvrir deux nouveaux anneaux de faible densité.

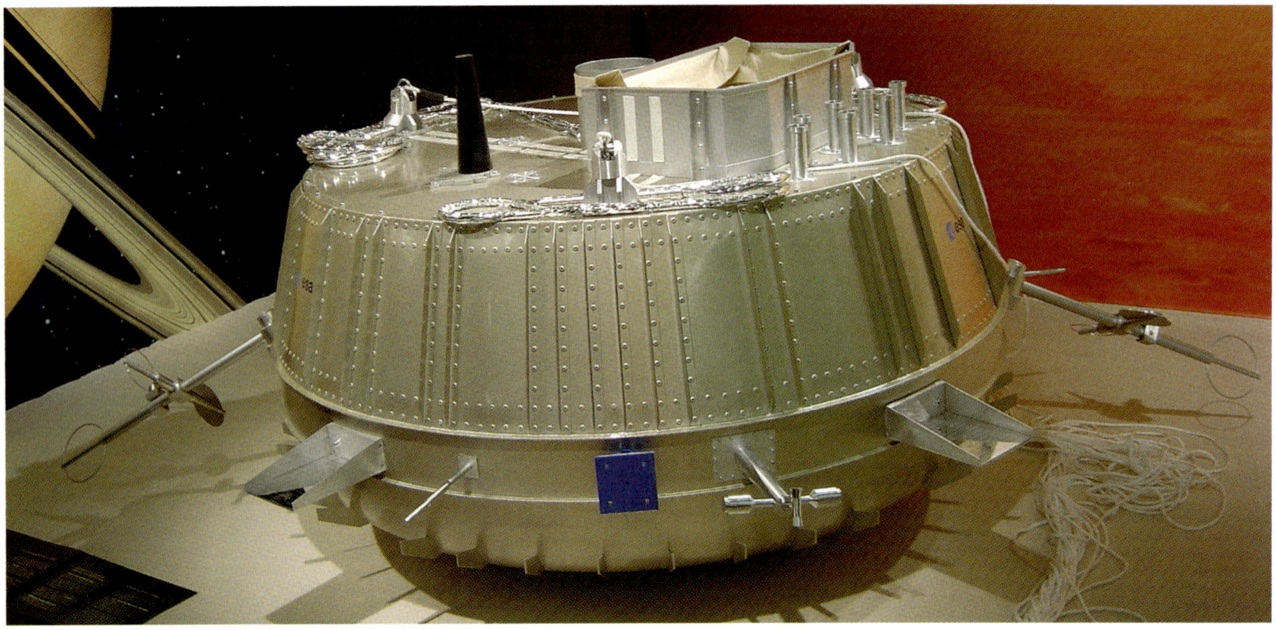

Réplique de Huygens dans sa configuration finale à la surface de Titan.

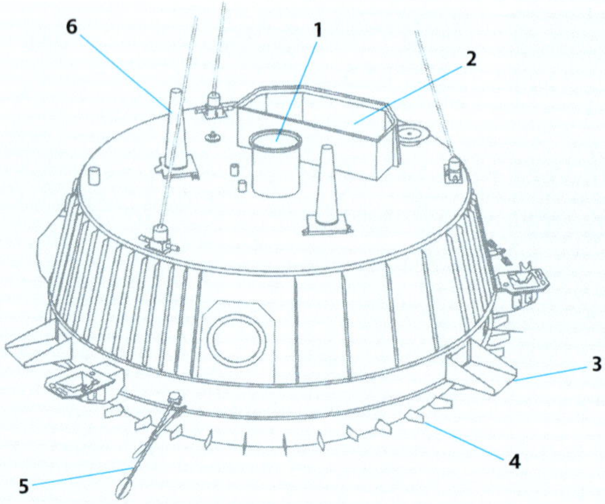

PRINCIPAUX ÉLÉMENTS DE HUYGENS

1. Dispositif d'éjection (vide)
2. Compartiment du parachute (vide)
3. Antenne de radar altimétrique
4. Ailerons stabilisateurs
5. Analyseur atmosphérique HASI
6. Antenne bande S

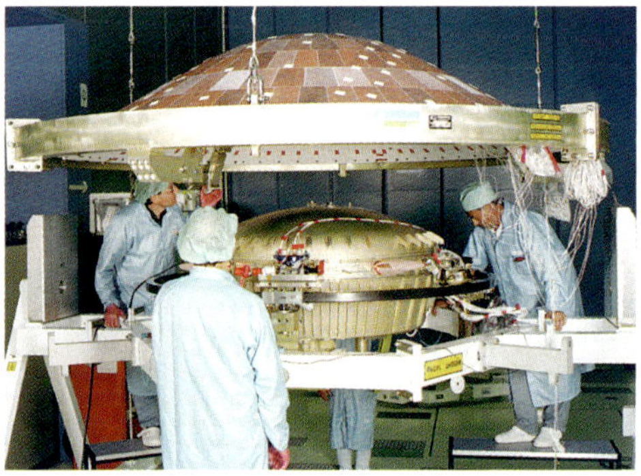

Préparation de l'arrimage du module de descente Huygens sur son bouclier thermique.

Le système de freinage par parachutes de Huygens a été testé sur une plaine neigeuse en Suède.

données scientifiques recueillies avant leur transmission vers la Terre. Les communications radio avec le module Huygens se firent en bande S; les signaux radar occupent la bande Ka, alors que les communications avec la Terre se font en bande X à 8,4 HGz, amplifiés à 20 watts. Cassini est équipé de deux antennes à bas gain et d'une grande antenne à haut gain qui mesure quatre mètres de diamètre. L'électricité est fournie par trois générateurs thermoélectriques à radio-isotope (voir page 248). L'orbiteur Cassini sert aussi de bus interplanétaire pour la sonde Huygens.

La sonde Huygens, de 2,7 mètres de diamètre, conçue pour pénétrer Titan et y atterrir, était composée d'un module d'entrée atmosphérique et d'un module de descente. Le module de descente, d'un diamètre de 1,30 m, emportait six instruments: HASI (*Huygens Atmospheric Structure Instrument*) mesurait les propriétés physiques (température, vitesse des vents, densité) de l'atmosphère de Titan; DWE (*Doppler Wind Experiment*) mesurait la vitesse des vents par effet Doppler grâce à un émetteur radio très stable; DISR (*Descent Imager/Spectral Radiometer*) était composé d'un ensemble de spectromètres et photomètres accompagné de trois caméras numériques se partageant le même CCD pour visualiser la surface de Titan et les flux d'émissions thermiques entre la surface et l'atmosphère; GC/MS (*Gas Chromatograph/Mass Spectrometer*), un chromatographe en phase gazeuse couplé à un spectromètre de masse pour analyser la composition chimique de l'atmosphère au cours de la descente; ACP (*Aerosol Collector and Pyrolyser*), pour capturer des goutelettes d'aérosols et analyser leur composition chimique grâce à GC/MS; SSP (*Surface Science Package*) inclut plusieurs capteurs pour caractériser les propriétés mécaniques de la surface de Titan, qu'elle soit liquide ou solide, sur le site de l'impact.

CI-DESSUS EN HAUT
Vision d'artiste des différentes phases de la descente de Huygens sur Titan.

CI-DESSUS
Vue aérienne de Titan, tel que transmise par Huygens au cours de sa descente.

Avec ses sept mètres de haut, la sonde spatiale Cassini-Huygens est la plus sophistiquée et la plus imposante jamais lancée par la NASA. L'orbiteur et le

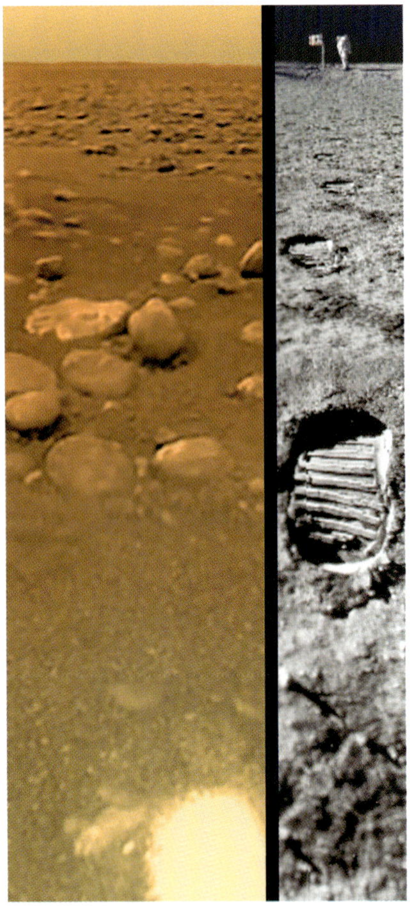

Premier cliché de la surface de Titan. Huygens devint la première sonde à réussir un atterrissage sur un objet du système solaire extérieur, le 14 janvier 2005. Le sol lunaire à la même échelle (à droite) nous renseigne sur la taille des roches au premier plan.

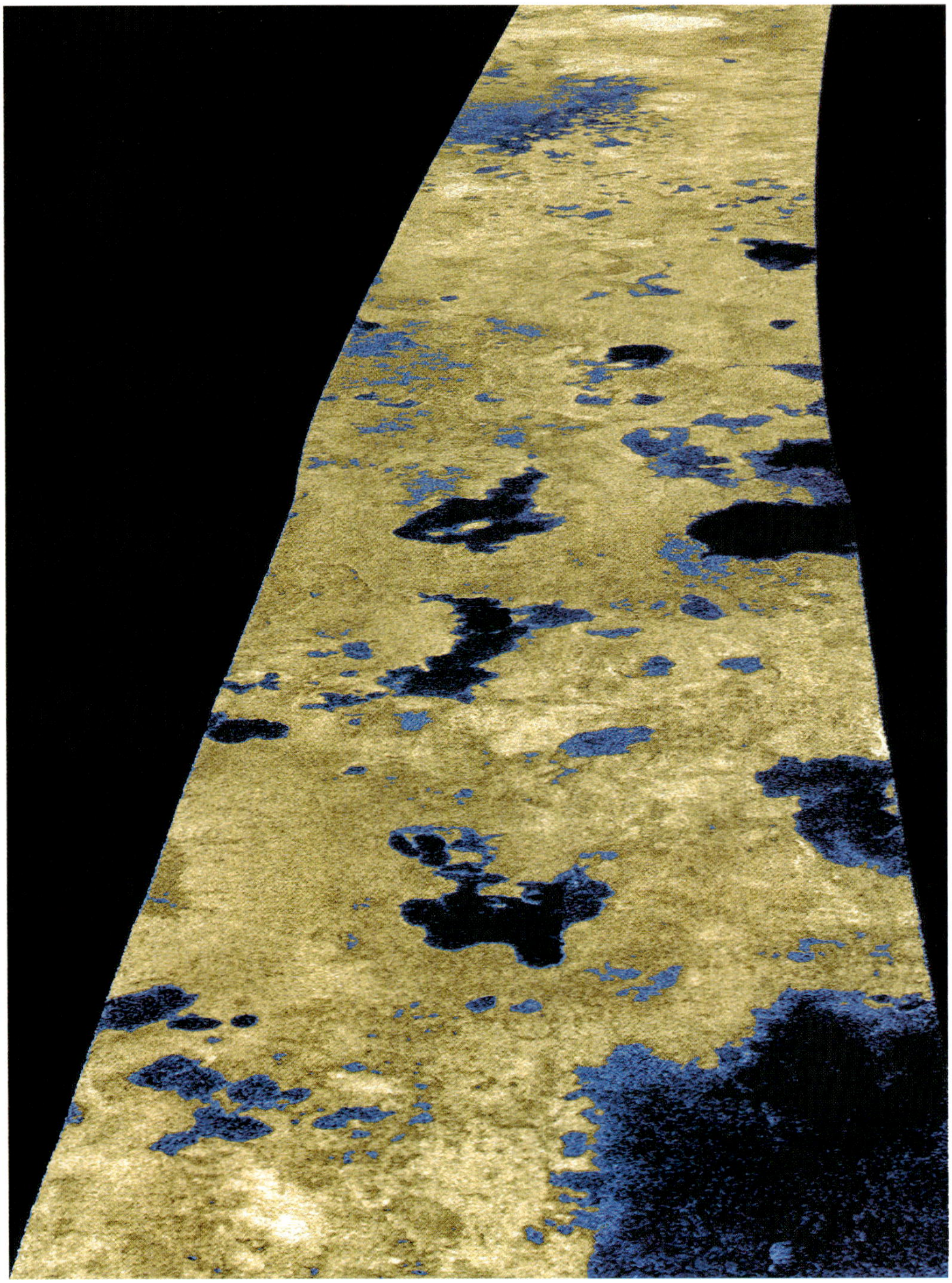

Les images radar de Titan, obtenues par l'orbiteur Cassini, révèlent un paysage de lacs de méthane liquide aux rives déchiquetées.

module Huygens ont des masses de 2 157 kg et 373 kg, respectivement. Avec l'adaptateur de lancement et le carburant, le vaisseau spatial avait une masse totale de 5 600 kg. Pour lui faire prendre de la vitesse, la trajectoire de Cassini devait donc comporter des assistances gravitationnelles de Vénus, de la Terre et enfin de Jupiter (trajectoire VEEGA). La mission Cassini-Huygens prit le chemin de Saturne le 16 octobre 1997 sur une fusée Titan IV-B/ Centaur, de Cap Canaveral en Floride. Son premier survol de Vénus eut lieu le 26 avril 1998 à la vitesse de 11,7 km/seconde, à 284 km seulement de sa surface. Son deuxième survol de Vénus se déroula le 24 juin 1999 à la vitesse de 13,6 km/seconde et à une altitude de 600 km. Puis la sonde spatiale survola la Terre le 18 août 1999 à 1 171 km d'altitude, à la vitesse de 19,1 km/seconde. Le 1er décembre 1999, pendant le trajet vers Jupiter, l'antenne à haut gain fut dirigée vers la Terre.

Une couche fine extérieure semble flotter au-dessus de l'atmosphère de Titan. L'utilisation d'un filtre ultraviolet est nécessaire pour la mettre en évidence.

Le 1er octobre 2000, les observations de Jupiter commencèrent. Le 30 décembre 2000, Cassini-Huygens effectua une gravidéviation en survolant Jupiter à 9,7 millions de kilomètres à la vitesse de 11,6 km/seconde, ce qui raccourcit le voyage vers Saturne de deux ans. Cassini aura pris 26 000 images du système jovien pendant son passage, dont les plus précises jamais transmises.

Les ingénieurs décelèrent une erreur critique dans le système de communication de la mission. Le receveur radio de Cassini n'avait pas été conçu pour capter les fréquences radio de la sonde Huygens quand celles-ci étaient décalées par l'effet Doppler, ce qui était le cas pendant la descente sur Titan. En l'absence de communication entre Cassini et Huygens, les données de Huygens pendant la descente auraient été perdues. Plusieurs mois furent nécessaires aux ingénieurs pour trouver une solution satisfaisante. Finalement, la trajectoire de Cassini fut modifiée pour limiter l'effet Doppler et le logiciel de Huygens fut adapté à la nouvelle situation.

Le 6 février 2004, la sonde commença ses observations de Saturne. Le 1er juillet 2004, puis au terme d'un long périple de 3,5 milliards de kilomètres qui aura duré presque sept ans, elle fut capturée dans l'orbite de Saturne et effectua sa première traversée des anneaux dans l'espace qui sépare les anneaux F et G.

La sonde Huygens fut larguée le 25 décembre 2004, sous l'impulsion d'un ressort, pour un voyage de trois semaines directement vers Titan.

Un lancement controversé

Le lancement de la mission Cassini-Huygens a été le sujet de vives controverses en raison de la présence de 33 kg d'éléments radioactifs toxiques à bord, principalement du dioxyde de plutonium-238 utilisé comme combustible dans les générateurs thermoélectriques de l'orbiteur. Comme il s'agissait de la plus grande quantité de plutonium jamais embarquée, des citoyens appuyés par des physiciens s'opposèrent au lancement qui, d'après eux, présentait un risque inacceptable pour les populations et l'environnement en cas d'accident catastrophique et de dispersion dans l'atmosphère. Il faut préciser que les générateurs à radio-isotope sont conçus pour résister à une explosion du lanceur. Les pastilles de radio-isotope sont enrobées dans un verre résistant aux impacts et les billes de combustible sont elles-mêmes encapsulées dans des compartiments de protection en graphite. Officiellement, les probabilités de contamination étaient estimées à 1/1400 pendant les premières trois minutes qui suivent l'allumage des moteurs de la fusée, à 1/476 pendant l'ascension de la fusée dans la haute atmosphère et à 1/1 000 000 dans le cas d'une retombée pendant le survol de la Terre à 1 200 km d'altitude prévu deux ans plus tard. Le plutonium-238 ayant une demi-vie de 87,8 années, les avis divergeaient sur le nombre de morts par cancer qu'une contamination induirait au cours du temps. Il aura fallu toute la force de conviction de la NASA pour faire accepter à la population que le risque était très faible. Rétrospectivement, les craintes se sont avérées non fondées, car le décollage et le survol se sont déroulés sans incident.

La face claire du satellite Japet a été photographiée pour la première fois par l'orbiteur Cassini. Le matériau sombre qui recouvre l'autre face de Japet provient d'un immense anneau de poussière, en orbite autour de Saturne, découvert en 2009. Le grand cratère d'impact dans la partie inférieure du globe a un diamètre de 450 km.

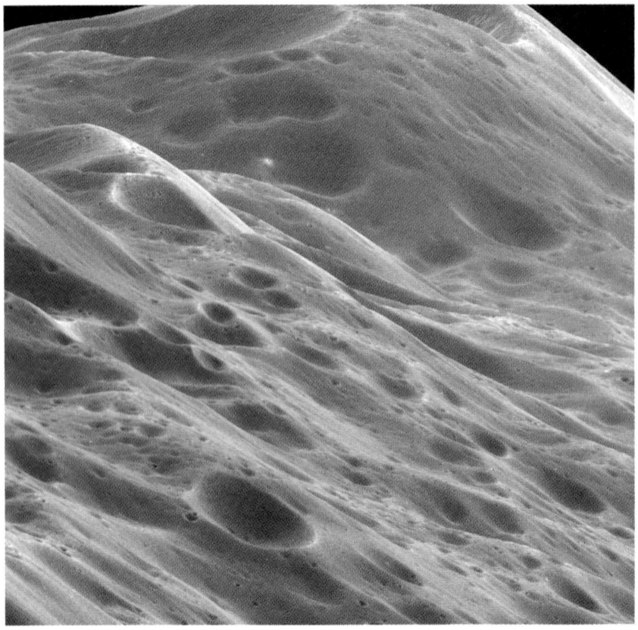

Les montagnes équatoriales de Japet, le satellite à deux faces de Saturne, atteignent 10 km de haut.

La surface de l'étrange Hypérion, un petit satellite de Saturne, a une apparence spongieuse. Le plus petit élément visible sur cette image mesure 362 mètres.

PAGE SUIVANTE
Encélade est un monde de glace, strié de fractures relativement récentes.
En encart : Cassini a observé sur Encélade des geysers qui éjectent dans l'espace un mélange de vapeur d'eau, de méthane liquide et de composés organiques.

Le 14 janvier 2005, Huygens pénétra dans l'atmosphère de Titan. Quatre minutes plus tard, la sonde filait à 1 440 km/h quand le parachute pilote fut déployé. Puis le parachute pilote fut largué et le parachute principal (8,5 mètres de diamètre) fut déployé à son tour. Une fois le bouclier thermique avant largué, plusieurs instruments furent mis en marche, dont les caméras. Les données de Huygens furent alors transmises à Cassini qui les relaya vers la Terre. Une autre erreur de conception, cette fois dans le programme de communication entre Cassini et Huygens, priva Huygens d'un de ses deux canaux radio. La perte d'un canal réduit de moitié le nombre d'images transmises par Huygens, de 700 à 350, les mesures de vitesse des vents n'ayant pu être transmises à Cassini. Quelques 14 minutes plus tard, le module se trouvant à environ 160 km d'altitude, le parachute principal fut largué et un parachute de plus petit diamètre (3 mètres) prit le relais pour ne pas trop ralentir la descente. La sonde tourna sur elle-même, permettant aux caméras de balayer le panorama. À 60 km d'altitude, les altimètres radar de Huygens s'enclenchèrent, ce qui permit au module de vérifier son altitude. À proximité de la surface, une lampe s'alluma pour compenser la faible luminosité. Après 2 heures et 30 minutes de descente, à la vitesse modérée de 5-6 mètres/seconde, Huygens

La lune glacée et blafarde Dione se rapprochant du plan des anneaux qui projettent leur ombre striée sur Saturne.

toucha le sol de Titan, intact, dans la région d'Adiri. La surface avait la consistance de la glace pilée. L'atterrisseur put transmettre une image du site et des données variées pendant 90 minutes après l'atterrissage.

De son côté, Cassini devint la première sonde spatiale en orbite autour de Saturne. À une distance de 10 UA, ses signaux radio mettent 84 minutes pour voyager de la Terre à Cassini et vice-versa. Cela implique que les responsables de la navigation sont dans l'impossibilité de contrôler Cassini en temps réel. Pour les opérations de routine comme pour les cas d'urgence, il leur faut attendre plus de trois heures avant de recevoir une réponse de la sonde. Malgré cette difficulté technique, la récolte scientifique de Cassini fut fructueuse : détermination précise de la période de rotation de Saturne, composition des anneaux, découverte de l'œil d'un cyclone au pôle Sud de Saturne, premier survol du satellite Phoebe pendant l'approche, survols multiples d'Encélade, découvertes de trois nouvelles lunes. De plus, les nombreux survols de Titan permettent l'établissement d'une première carte topographique grâce au radar embarqué. Des structures qui ressemblent étrangement à des lacs et à des rivières ont été observées.

La NASA a annoncé une extension de deux ans de cette mission remarquable jusqu'en avril 2010, avec la possibilité d'une autre extension finale jusqu'en 2012. La NASA ne prévoit pas de lancer Cassini sur Saturne pour la détruire en fin de mission comme elle l'a fait pour Galileo sur Jupiter, à cause du risque que la sonde percute un objet en franchissant les anneaux et devienne incontrôlable. Les scientifiques s'efforceront de trouver une solution pour ne pas contaminer Titan ou Encélade avec des déchets radioactifs. Il est envisagé de placer la sonde sur une orbite haute de stationnement puis de la faire s'écraser sur un petit satellite où la contamination par le plutonium sera sans conséquence.

GIOVANNI DOMENICO CASSINI

(1625-1712)

À la demande de Colbert, l'astronome italien Cassini fit carrière en France, où il occupa le poste de directeur de l'Observatoire de Paris à partir de 1671. Il décrit pour la première fois la Grande Tache Rouge de Jupiter en 1665 et calcule sa vitesse de rotation, puis il découvre la discontinuité entre les anneaux A et B de Saturne (la division de Cassini) ainsi que quatre de ses satellites. En 1673, grâce à un transit de Vénus devant le Soleil, il évalue avec précision la distance de la Terre au Soleil. Ses descriptions précises de la Lune, Mars, Jupiter et Saturne figurent parmi les grands classiques de l'astronomie. Il fonda une dynastie d'astronomes : son fils Jacques (Cassini II, 1677-1756), son petit-fils César François (Cassini III, 1714-1784) et son arrière-petit-fils Jean Dominique (Cassini IV, 1748-1845) lui succédèrent à la direction de l'Observatoire de Paris.

CHRISTIAAN HUYGENS

(1629-1695)

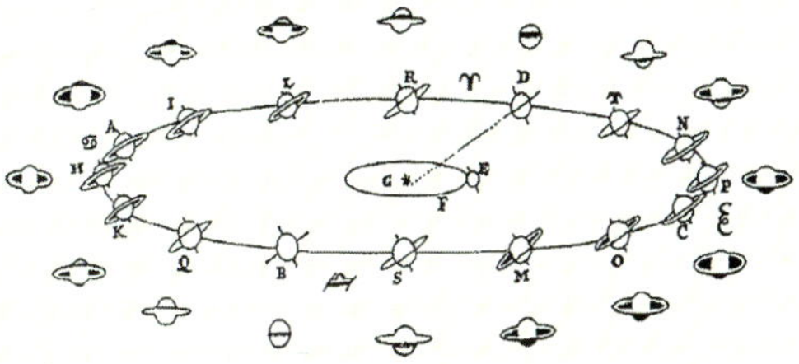

Né à La Haye, Huygens était un physicien, horloger, mathématicien et astronome hollandais. En physique, il s'intéressa aux propriétés des pendules oscillants comme instruments de mesure du temps et de la pesanteur. Il inventa et construisit des horloges à pendule avec un ingénieux système d'échappement encore utilisé aujourd'hui. Il fut aussi un des premiers à proposer la théorie ondulatoire de la lumière. En mathématiques, encouragé par Blaise Pascal, il publia le premier traité complet de calcul des probabilités en 1657. En astronomie, il perfectionna les télescopes en modernisant leurs oculaires. Il découvrit ainsi lui-même en 1655 les anneaux de Saturne et sa lune géante Titan, puis la rotation de Mars et les nombreuses étoiles qui composent la nébuleuse d'Orion.

2006 New Horizons

POUR POUVOIR SURVOLER Pluton en 2015, la sonde New Horizons (voir page 335) a suivi une trajectoire qui l'a rapprochée de Jupiter afin de bénéficier d'un effet de fronde gravitationnelle. Le survol eut lieu le 28 février 2007 à la vitesse de 23 km/seconde. L'assistance gravitationnelle a produit un gain de vitesse de 4 km/seconde, ce qui a eu pour conséquence de raccourcir le trajet Terre-Pluton de deux années. Le télescope numérique LORRI de New Horizons fut testé, avec un succès spectaculaire, sur le système jovien en septembre 2006, d'une distance de 300 millions de kilomètres ! Le survol à 3 millions de kilomètres de Jupiter a permis l'étude de la dynamique de ses nuages et la première observation rapprochée de la tempête Oval BA, repérée en 2000 et surnommée « la Petite Tache Rouge » depuis qu'elle s'est colorée en rouge en août 2005, dans l'hémisphère Sud. Les lunes galiléennes n'étaient pas en position très favorable pendant le bref passage de New Horizons. Cependant, ses instruments étant mis au point pour des cibles peu lumineuses et ses caméras étant de qualité bien supérieure à celle de la sonde Galileo, les images et les données spectrométriques obtenues par New Horizons sur Io, Ganymède et Europa s'avérèrent remarquables.

Cette image composite de plusieurs photographies prises avec la caméra multispectrale de New Horizons illustre la remarquable diversité des structures atmosphériques de Jupiter.

CI-CONTRE
New Horizons pendant son périple, avec Jupiter et Io en arrière-plan.

PAGE SUIVANTE
Montage photographique de deux images de Jupiter et de la lune volcanique Io telles que transmises par New Horizons pendant son passage en février 2007.

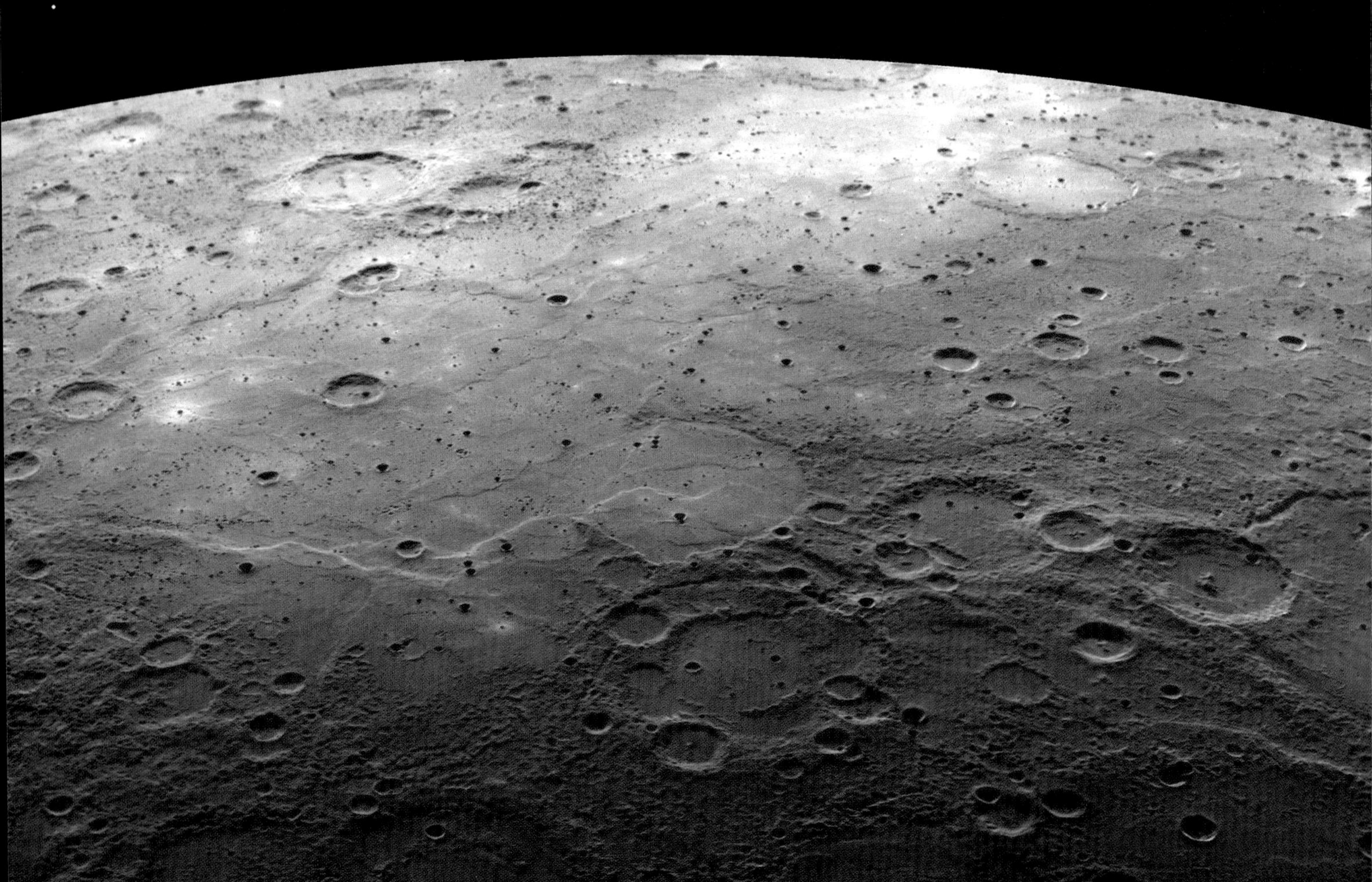

Mercure ☿

Mercure reste une planète mystérieuse. La mission Messenger sera la première à tenter sa cartographie complète.

MERCURE EST LA PLANÈTE la plus proche du Soleil et la plus petite, Pluton étant classée dans la catégorie des planètes naines. En raison de sa proximité avec le Soleil, cet astre brillant ne peut être visible de la Terre qu'à l'aube et au crépuscule. Les premières descriptions de Mercure viennent des Sumériens, trois mille ans avant Jésus-Christ. Des écrits assyriens datant de 14 siècles avant Jésus-Christ la décrivent comme « la planète aux déplacements étranges ». Dans la Grèce antique, les astronomes croyaient observer deux astres distincts, Apollo au lever et Hermès au coucher du soleil, avant de réaliser, quatre siècles avant Jésus-Christ, qu'il s'agissait du même objet. Les Romains lui ont donné le nom de Mercure, l'équivalent du dieu grec Hermès, en l'honneur de la divinité douée de célérité, car cette planète est la plus rapide à se déplacer dans le ciel. Le dieu Mercure étant le protecteur des médecins, son symbole astronomique représente un caducée. Mercure donna son nom au troisième jour de la semaine, mercredi (*Mercurii dies*).

Diamètre équatorial : **4 879 km**
Masse : **0,055** (Terre = 1)
Distance moyenne du Soleil : **0,39 UA** (Terre = 1)
Période de rotation : **58,64 jours**
Période de révolution : **87,97 ans**
Température moyenne : **179 °C**
Gravité à la surface : **0,38 G**
Vitesse de libération : **4,25 km/s**
Lunes : **0**

Mercure tourne trois fois sur son axe alors qu'elle parcourt deux fois sur son orbite, donc trois « jours » mercuriens durent deux « années » mercuriennes. Un observateur sur la planète verrait 176 jours terrestres s'écouler entre deux levers de soleil.

En apparence, Mercure ressemble à notre Lune, avec sa surface constellée de cratères et son absence d'atmosphère, mais sa structure interne est très différente. Un noyau métallique occupe plus de 40 % de son volume, ce qui explique sa forte densité et son champ magnétique. L'orbite de Mercure est une ellipse très excentrique, son rayon varie de 46 à 70 millions de kilomètres. Cette orbite résista longtemps aux calculs des astronomes, en raison d'une lente rotation de l'ellipse (précession de périhélie) qui resta inexpliquée longtemps. Certains sont même allés jusqu'à postuler l'existence d'une planète perturbatrice appelée Vulcain. Plusieurs solutions étaient envisagées pour expliquer cette anomalie, mais aucune n'était vraiment satisfaisante. Finalement, en 1915, un physicien allemand peu connu du grand public à l'époque, Albert Einstein, démontra le calcul exact de l'orbite de Mercure avec sa précession. La résolution de cette énigme fut une des premières preuves convaincantes de la théorie de la relativité générale ; ce succès, très médiatisé à l'époque, attira l'attention sur les nouveaux concepts d'Einstein.

L'observation détaillée de Mercure avec un télescope reste un défi. Deux sondes spatiales seulement ont pu la visiter jusqu'à maintenant. Mariner 10 l'a survolée durant les années 1974-1975, et Messenger s'en est approchée en 2008. Celle-ci se placera en orbite autour de Mercure en 2011. Toutes les informations transmises par les sondes robotisées dans les années à venir seront cruciales pour mieux comprendre cette planète encore méconnue. ☿

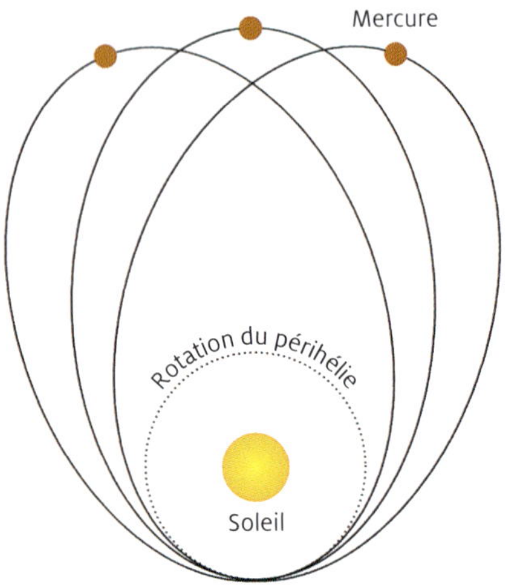

Sans utiliser de télescope, Albert Einstein (1879-1955) put expliquer la lente rotation du périhélie de Mercure observée par les astronomes grâce à sa théorie de la relativité générale.

Mariner 10

1973

Le premier survol de la planète Mercure par une sonde spatiale, Mariner 10, eut lieu le 29 mars 1974 quand elle s'en approcha à 700 km, au terme d'une visite de Vénus quelques semaines plus tôt (voir page 101). Après une longue boucle autour du Soleil, Mariner 10 revint à nouveau à proximité de Mercure, cette fois à 48 000 km, le 21 septembre 1974. Les gyroscopes du système de contrôle d'attitude étant tombés en panne, les panneaux solaires orientables servirent de voile solaire pour conserver l'attitude de la sonde sans utiliser de carburant. Le troisième et dernier survol à 327 km au-dessus de Mercure paracheva la mission le 16 mars 1975. Les données fournies par Mariner 10 ont complètement transformé notre vision de Mercure, très difficile à observer de la Terre avec un télescope. Du fait que la période orbitale de Mariner 10 était exactement deux fois celle de Mercure, la sonde observa trois fois le même côté éclairé de la planète. Elle ne put donc photographier et cartographier que 40-45 % de la surface. Les 3 400 photographies de Mercure ont révélé une surface lunaire constellée de cratères. Mariner 10 découvrit aussi une atmosphère ténue riche en hélium, un champ magnétique faible et un noyau riche en fer. Ses mesures indiquèrent une température diurne maximale de 427 °C et une température nocturne de -183 °C. Le dernier survol de Mariner 10 ayant été accompli en 1975, Mercure devra attendre jusqu'en 2008 pour la prochaine visite, la sonde Messenger (voir page 262). ☿

Mariner 10 fut la première sonde spatiale de l'histoire à visiter la planète Mercure.

Mosaïque de 18 photographies prises pendant que Mariner 10 s'approchait pour la première fois de Mercure, le 29 mars 1974. La surface de Mercure, constellée de cratères, rappelle étrangement celle de la Lune.

Reconstruction du globe de Mercure d'après les données cartographiques obtenues au cours de la mission Mariner 10.

CI-CONTRE

Le noyau métallique de Mercure occupe une grande partie de son volume intérieur, ce qui explique la forte densité de cette petite planète tellurique.

2004 Messenger

Une des dernières étapes de préparation de la sonde Messenger: le remplissage des réservoirs de propergol avant l'encapsulation dans la coiffe du lanceur.

MESSENGER est la première mission à visiter Mercure depuis plus de 30 ans. Messenger (« messager ») est l'acronyme de *MErcury Surface, Space ENvironment, GEochemistry and Ranging*. Ce nom fait aussi référence au fait que Mercure est le messager des dieux dans la mythologie romaine. Le but de cette mission consiste à cartographier toute la surface de la planète, à caractériser la composition de sa surface et de sa mince atmosphère, et à recueillir assez de renseignements pour comprendre son passé géologique et l'origine de son champ magnétique.

La fusée Delta II avec Messenger à son bord décolla le 3 août 2004 de Cap Canaveral. La mission Messenger devait décoller en mai 2004, mais la NASA fut contrainte de reporter le lancement en juillet-août en raison de conditions météorologiques défavorables. Ce changement conduisit les spécialistes à revoir complètement la trajectoire, ce qui occasionna un délai de deux ans pour la date d'arrivée de Messenger. Mercure n'est pas une destination facile, car elle se trouve proche du puits gravitationnel formé par le Soleil. Les sondes sont accélérées dans la direction du Soleil, et il faut les ralentir pour atteindre Mercure. La trajectoire de Messenger nécessite donc plusieurs assistances gravitationnelles. Un survol de la Terre (2 août 2005) et deux survols de Vénus (24 octobre 2006 et 5 juin 2007), dont un à 332 km seulement de la surface, furent effectués dans un premier temps. Puis, un premier survol de Mercure eut lieu le 14 janvier 2008, suivi d'un deuxième le 6 octobre 2008. Un dernier survol de Mercure prévu pour le 29 septembre 2009 ralentira encore la sonde. Mercure étant dépourvue d'atmosphère suffisante pour pouvoir utiliser la technique d'aérofreinage, Messenger devra compter uniquement sur ses moteurs pour ralentir suffisamment et être capturée en orbite en mars 2011.

La sonde spatiale a été conçue et assemblée par le Laboratoire de physique appliquée de l'université Johns Hopkins, à Baltimore. Elle est équipée de six instruments d'observation et de mesure. Le système d'imagerie MDIS

Vision d'artiste de la sonde Messenger
en orbite autour de Mercure.

La taille réduite des panneaux solaires de Messenger s'explique par le fait que la sonde va orbiter autour de Mercure, la planète la plus proche du Soleil.

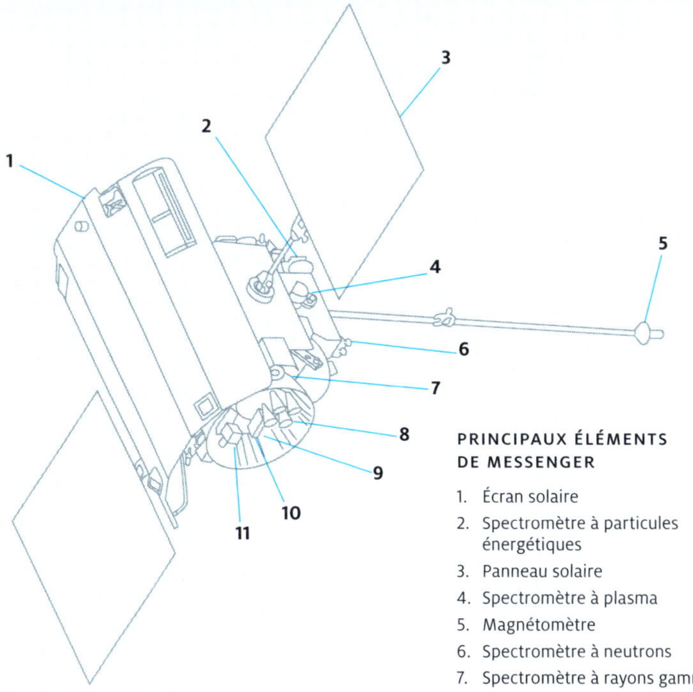

PRINCIPAUX ÉLÉMENTS DE MESSENGER

1. Écran solaire
2. Spectromètre à particules énergétiques
3. Panneau solaire
4. Spectromètre à plasma
5. Magnétomètre
6. Spectromètre à neutrons
7. Spectromètre à rayons gamma
8. Altimètre laser
9. Spectromètre à rayons X
10. Analyseur atmosphérique
11. Imageur multispectral

(*Mercury Dual Imaging System*) consiste en deux caméras numériques, une couplée à une optique grand angle et l'autre à un téléobjectif, pour rapporter des images de la surface. Une couverture complète, stéréoscopique et précise de Mercure, à 250 mètres par pixel, est attendue. Les spectromètres GRNS (*Gamma-Ray and Neutron Spectrometer*), MASCS (*Mercury Atmospheric and Surface Composition Spectrometer*) et XRS (*X-Ray Spectrometer*) vont étudier de concert les éléments chimiques présents dans le sol et l'atmosphère de Mercure. Le spectromètre EPPS (*Energetic Particle and Plasma Spectrometer*) mesure les propriétés des particules chargées dans la magnétosphère. L'altimètre au laser MLA (*Mercury Laser Altimeter*) va contribuer à la cartographie du relief. Un magnétomètre est placé au bout d'un bras de 3,60 mètres pour mesurer les champs magnétiques. Son système de contrôle d'attitude repose sur un ensemble de gyroscopes et d'accéléromètres, assisté de caméras de navigation optique et de moteurs d'appoint. Les communications radio avec la Terre se font en bande X. Un bouclier thermique en céramique sert d'écran solaire pour maintenir la température de fonctionnement de la sonde dans des limites raisonnables quand celle-ci est exposée aux rayons du Soleil. Les deux panneaux solaires capables de fournir 450 watts sont orientables, des radiateurs étant intégrés à la structure pour réguler les flux thermiques qui pourraient contaminer les mesures de radiations infrarouges émises par Mercure. Le cerveau de Messenger est composé de deux unités informatiques redondantes, pour des raisons de fiabilité. Chaque unité est basée sur deux processeurs résistants aux radiations RAD6000 d'IBM.

Au cours d'une manœuvre d'assistance gravitationnelle, Messenger a profité d'un survol de la Terre en août 2005 pour tester avec succès son système d'imagerie.

La série de 614 photographies prises pendant l'approche et le survol de Vénus, le 5 juin 2007, ont permis de calibrer les caméras en préparation de la mission centrée sur Mercure.

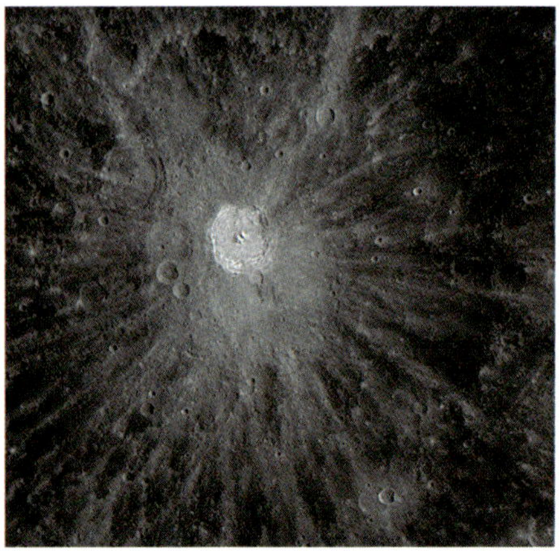

Au centre du bassin Caloris, cette structure unique de cratère d'impact avec ses nombreuses failles radiales, surnommée l'araignée, laisse les scientifiques perplexes.

L'activité volcanique a joué un rôle important de remodelage de la surface de Mercure, comme le montrent ces cratères remplis de lave.

D'architecture similaire aux processeurs PowerPC des ordinateurs Macintosh d'Apple, ils sont cadencés à 25 MHz. Pour le stockage des données, Messenger dispose de deux enregistreurs *solid-state* d'un gigaoctet chacun. Les processeurs RAD6000 recueillent, compressent et stockent les images et les données acquises par les instruments de mesure avant leur transmission vers la Terre.

Les premiers survols de Mercure, à 200 kilomètres d'altitude, ont déjà accumulé leur lot de découvertes surprenantes avec des preuves d'activité volcanique, l'observation de cratères d'impact à rayons, la présence d'un noyau liquide en mouvement qui génère le champ magnétique et la grande quantité de vapeur d'eau dans son exosphère (très haute atmosphère). Messenger a déjà révélé 30 % de surface de plus que ce qu'avait pu observer Mariner 10. Entre la mission Mariner 10 et les deux premiers passages de Messenger, plus de 90 % de la surface de la planète ont déja été photographiés. Une fois en orbite, l'observation continue de Mercure par Messenger pendant une année au moins devrait permettre d'élucider la plupart de ses mystères. ☿

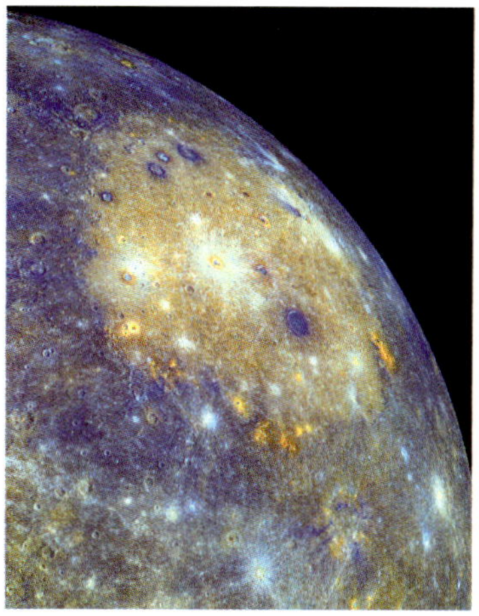

La visualisation du grand bassin Caloris en fausses couleurs permet de différencier sa composition minéralogique de celle des plaines environnantes. Les taches orangées distribuées sur le pourtour du bassin de 1 550 kilomètres de diamètre dénotent des structures volcaniques.

TRAJECTOIRE DE MESSENGER

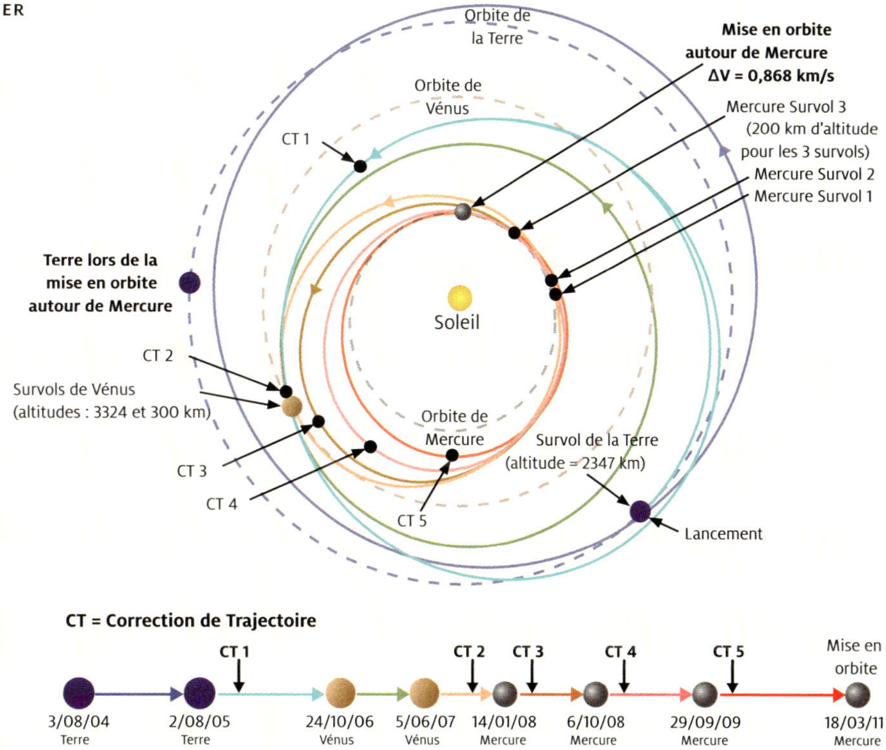

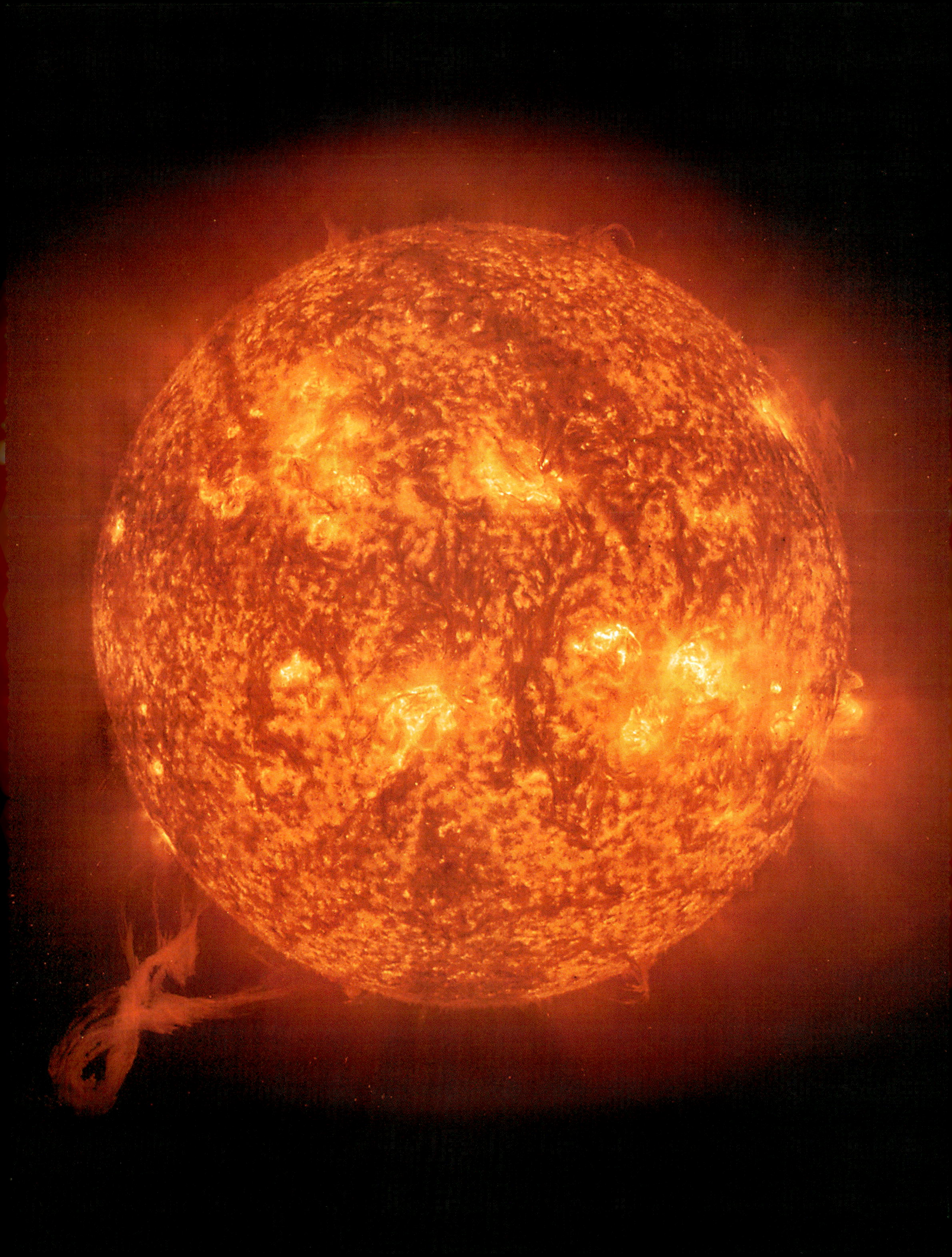

Le Soleil ☉

LE SOLEIL est l'étoile de catégorie naine jaune au centre de notre système solaire. L'énergie libérée par le Soleil, sous forme de lumière et de chaleur, rend possible la vie sur Terre et détermine le climat et les phénomènes météorologiques. La distance Soleil-Terre est de 150 millions de kilomètres; donc la lumière solaire met 8,3 minutes à nous atteindre.

Toutes les planètes, les astéroïdes et les comètes orbitent autour du Soleil, dont la masse correspond à 99 % de la masse du système solaire. Le Soleil lui-même orbite autour du centre de notre galaxie, la Voie lactée, situé à 25 000 années-lumière, à la vitesse de 250 km/seconde. Il complète une révolution en 250 millions d'années. Des 50 étoiles les plus proches, le Soleil est la quatrième par sa luminosité. Parmi deux cent milliards d'étoiles dans la galaxie, c'est une étoile de taille moyenne de couleur blanche. Le Soleil apparaît jaune sur Terre en raison de la diffusion des rayons lumineux dans l'atmosphère, qui soustrait la composante bleue de la lumière solaire. Ce phénomène est encore plus marqué quand la lumière doit traverser de longues distances dans l'atmosphère ou quand la quantité de poussières dans l'air est importante. C'est la raison pour laquelle le Soleil apparaît orange-rouge au lever et au coucher du Soleil. La classification spectrale du Soleil est G2V. G2 exprime le fait que sa température de surface se situe autour de 5 500 °C et V (5 en chiffres romains) indique que c'est une étoile de la séquence principale qui génère son énergie par la conversion de son hydrogène en hélium. Ces réactions de fusion nucléaire se déroulent dans son noyau où la température approche les 15 000 000 °C. Comme une immense bombe thermonucléaire en explosion continuelle, le Soleil brûle

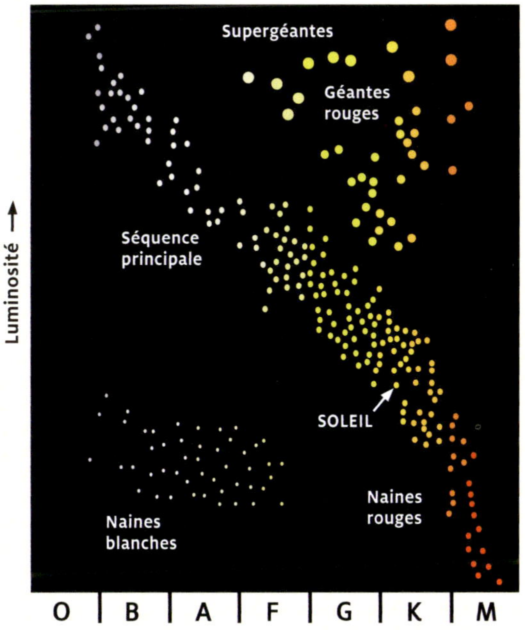

Le diagramme de Hertzsprung-Russell classe les étoiles, incluant notre Soleil, selon leur température et leur luminosité.

plus de quatre millions de tonnes de matière par seconde. L'élément hydrogène constitue 74 % de sa masse et 92 % de son volume, alors que l'hélium ne représente que 24 % de sa masse et 7 % de son volume.

Âgé de 4,6 milliards d'années, le Soleil a épuisé 35 % à 45 % de ses réserves d'hydrogène. Vers la fin de son cycle de vie, dans 5 milliards d'années, le Soleil se transformera en étoile de catégorie géante rouge pour atteindre 160 fois son diamètre actuel, ce qui absorbera la Terre et Mars. Puis il éjectera ses couches externes en nébuleuse planétaire et finira sa vie en petite étoile de catégorie naine blanche. Les photons de haute énergie libérés au cours des réactions de fusion dans le noyau du Soleil sont freinés par la très haute densité de matière dans les couches supérieures, au point qu'ils mettent plus de 10 000 ans à s'échapper sous forme de rayonnement solaire ! La lumière visible provient de la photosphère, une couche de 400 kilomètres d'épaisseur au-dessus de la zone de convection (voir figure). L'atmosphère solaire correspond aux couches extérieures à la photosphère, la chromosphère et la couronne, invisibles normalement mais observables pendant les éclipses. La chromosphère est épaisse de 2 000 km. De sa base à sa limite supérieure, la température grimpe à 20 000 °C. Entre la chromosphère et la couronne se trouve une couche mince, appelée région de transition, où la température s'élève jusqu'à 1 million °C. Formant la couche extérieure de l'atmosphère solaire, la couronne est constituée d'un plasma ténu qui se mêle au vent solaire. Là règne une température extrême de 2 millions °C. C'est à travers la couronne que sont expulsées les énormes bulles de plasma que sont les

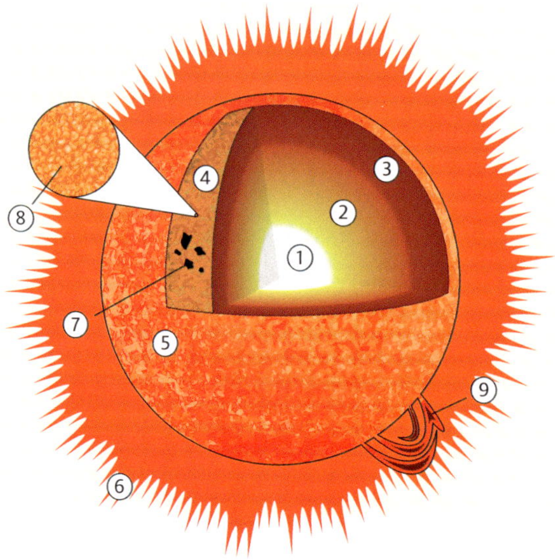

STRUCTURE INTERNE DU SOLEIL

1. Noyau
2. Zone radiative
3. Zone convective
4. Photosphère
5. Chromosphère
6. Couronne
7. Tache solaire
8. Grains
9. Protubérance

éjections de masse coronale (EMC) contenant des milliards de tonnes de matière.

Ce tableau de Pieter Bruegel l'Ancien, intitulé *Les chasseurs dans la neige*, date de 1565. À cette époque, l'Europe subissait un petit âge glaciaire, probablement en raison de perturbations dans l'activité solaire.

En utilisant les filtres appropriés, il est possible d'observer des taches solaires plus sombres que la surface environnante. Les taches correspondent à des zones plus froides où existe une très forte densité de champ magnétique. Le Soleil tourne sur lui-même. Comme il est constitué de gaz et de plasma, sa période de rotation varie de 25 jours à l'équateur jusqu'à 34 jours dans les régions polaires. Cette torsion de la sphère solaire conduit son champ magnétique à prendre la forme d'une spirale. Les lignes du champ magnétique s'enchevêtrent et créent des boucles, causant l'apparition de taches solaires, de protubérances et des dangereuses éruptions solaires. Ces phénomènes magnétiques déterminent un cycle d'activité solaire de 11 ans qui a une influence sur le climat terrestre. Le petit âge glaciaire était une période climatique froide, décrite en Europe et en Amérique du Nord entre 1550 et 1860, qui correspondait à une période de faible activité solaire. Une partie du champ magnétique solaire se dissipe dans l'espace en permanence sous forme de vent solaire. Ce flux de particules électrisées atteint des vitesses prodigieuses, de l'ordre du million de km/h, qui lui font parcourir le trajet Soleil-Terre en quelques jours. Quand le vent solaire rencontre notre magnétosphère, les particules sont déviées par l'écran du champ magnétique. Le trop-plein de particules peut néanmoins pénétrer dans l'atmosphère des régions polaires en suivant la boucle du champ magnétique. Elles excitent alors les molécules de gaz qui émettent des photons, créant les formes lumineuses spectaculaires des aurores boréales et australes.

Au début de l'ère spatiale, les premières sondes robotisées Luna et Pioneer ont été lancées pour explorer l'environnement du vide interplanétaire, ce qui a permis la découverte du vent solaire. Les nombreux satellites en orbite terrestre (Solar Maximum Mission, Yohkoh, Viking, Integral, Odin, Trace, Cluster, Double Star...) et les sondes solaires visent à acquérir une meilleure connaissance de notre étoile et à prédire les variations de son activité qui ont des conséquences sur notre planète.

Pioneer 5

Pioneer 5, la deuxième sonde spatiale américaine, était un engin sphérique de 43 kg lancé le 11 mars 1960 sur une fusée Thor Able pour explorer l'espace interplanétaire entre la Terre et Vénus. Les données sur les champs magnétiques, le vent solaire et les radiations cosmiques étaient transmises par signal radio au débit de 1,8 bits/seconde ou 64 bits/seconde selon la distance entre la sonde et la Terre et la taille de l'antenne réceptrice. Plus de 3 mégabits de données ont pu être transmis jusqu'au 30 avril 1960. Le dernier signal détectable a été reçu le 26 juin 1960 par le radiotélescope de l'observatoire Jodrell Bank en Angleterre depuis une distance de 36 millions de kilomètres, un record à l'époque.

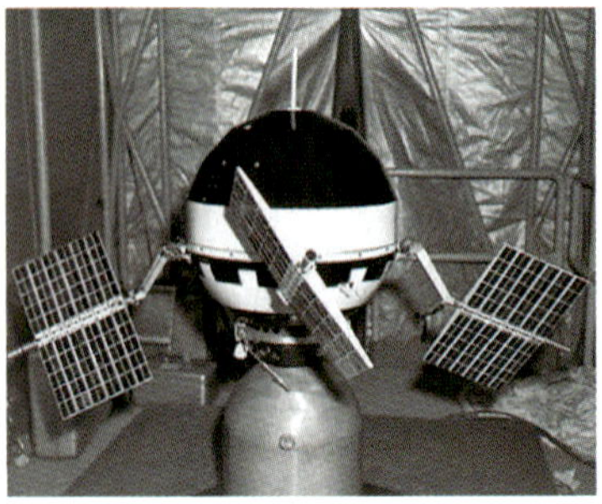

Pioneer 5 en configuration finale aves ses panneaux solaires déployés. À droite, fixée sur son lanceur Thor Able, elle est au centre de l'attention de nombreux officiels.

Pioneer 6-9

1965

Le 16 décembre 1965, la petite sonde cylindrique Pioneer 6 a été lancée par une fusée Delta-E de Cap Canaveral sur une orbite solaire à 0,8 UA. Sa mission d'observation de l'activité solaire et de détection des rayons cosmiques devait durer 6 mois, mais Pioneer 6 fonctionnait encore parfaitement en 2006, 41 ans plus tard, ce qui en faisait la plus ancienne des sondes en opération ! Avec les sondes identiques Pioneer 7, 8 et 9, lancées par la suite entre août 1966 et novembre 1968 (une cinquième mission a échoué au lancement en août 1969), elle faisait partie d'un vaste réseau

Le 16 décembre 1965, une fusée Delta E lançait Pioneer 6, la première mission de météorologie solaire.

CI-CONTRE

La flotille des quatre petites sondes Pioneer de 146 kg, en éclaireurs sur orbite héliocentrique, surveillait l'activité solaire en permanence pour pouvoir alerter les agences spatiales en cas d'orage magnétique. Et cela dura plus de 40 ans !

spatial utilisé pour surveiller l'activité solaire. Les sondes étaient stabilisées par rotation à 60 tours/minute avec leur axe perpendiculaire au plan de l'écliptique. Les instruments de mesure à bord étaient conçus spécifiquement pour fournir la première description détaillée du vent solaire, du champ magnétique solaire et des rayons cosmiques. L'antenne à haut gain permettait des communications radio à des débits variant de 8 à 512 bits/seconde. En avance de quelques heures sur la Terre, les données des sondes Pioneer permettaient d'alerter les missions habitées, orbitales et lunaires, en cas de tempêtes solaires. ⊙

PRINCIPAUX ÉLÉMENTS DE PIONEER 6

1. Antenne omnidirectionnelle
2. Antenne à haut gain
3. Module d'orientation
4. Équipement scientifique
5. Volets pour contrôle thermique
6. Ressort de séparation
7. Panneau solaire
8. Suiveur solaire

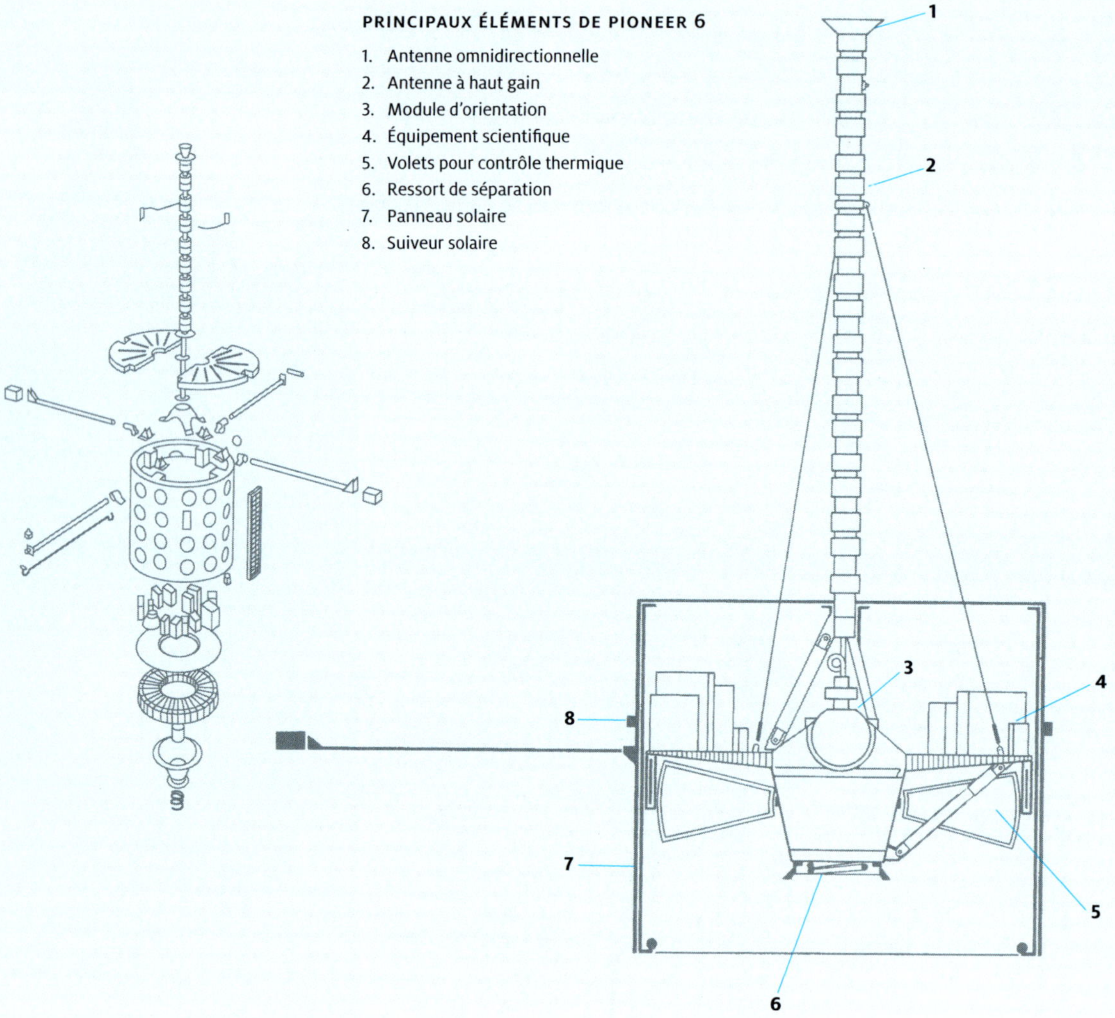

Explorer 35

1967

LA SONDE EXPLORER 35 de la NASA était conçue pour étudier les effets du Soleil sur les propriétés de l'espace interplanétaire. Elle faisait partie des missions scientifiques de la série IMP (*Interplanetary Monitoring Platform*). Le 19 juillet 1967, elle fut lancée sur une orbite lunaire elliptique par une fusée Thor-Delta. Stabilisée par rotation à 25,6 tours/minute, son axe était orienté quasi perpendiculairement au plan de l'écliptique. Elle était équipée pour mesurer le plasma interplanétaire, les champs magnétiques, les micrométéorites et les rayons X solaires. Ainsi, il fut découvert que la Lune crée une cavité dans le vent solaire. Une expérience d'Explorer 35 consistait à envoyer des ondes radar sur la Lune pour mesurer la réflectivité de sa surface. Les ondes radar réfléchies étaient détectées sur Terre grâce à une antenne de 50 mètres de diamètre située à Palo Alto en Californie. Explorer 35 remplit sa mission pendant six années jusqu'à son extinction volontaire, le 24 juin 1973. ☉

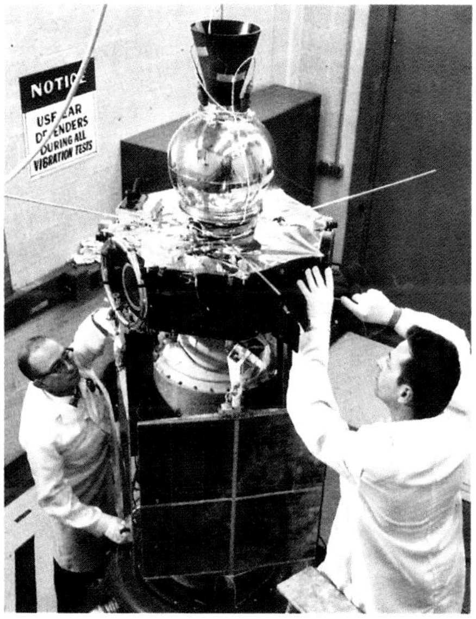

La mission Explorer 35, une sonde de 230 kg, consistait à caractériser les propriétés de l'espace interplanétaire à distance lunaire.

1974

Helios 1 et 2

LA MISSION SOLAIRE HELIOS était une collaboration entre la République fédérale allemande et les États-Unis. Les sondes Helios 1 et 2 furent construites en Allemagne, leur lancement étant confié à la NASA. Le 10 décembre 1974, Helios 1 fut propulsé par un lanceur Titan IIIE/Centaur de l'US Air Force sur une orbite héliocentrique elliptique pour mesurer les propriétés du vent solaire et de l'espace interplanétaire entre la Terre et l'intérieur de l'orbite de Mercure. Sa jumelle Helios 2 la suivit le 15 janvier 1976 pour se placer sur une orbite similaire. L'équipement scientifique des deux sondes Helios comportait un magnétomètre, une antenne dipôle de 32 mètres de long pour détecter des signaux magnétiques et électriques sur une gamme de fréquence étendue et un détecteur de micrométéorites. Leur mission primaire fut complétée au début des années 1980, mais elles continuèrent à transmettre des données jusqu'en 1985.

Les sondes Helios ont établi deux records historiques : celui de l'objet le plus rapide fabriqué par les humains, avec une vitesse de 253 000 km/h (70 km/seconde), et celui de l'objet le plus rapproché du Soleil à une distance estimée à 0,3 UA (45 millions de kilomètres).

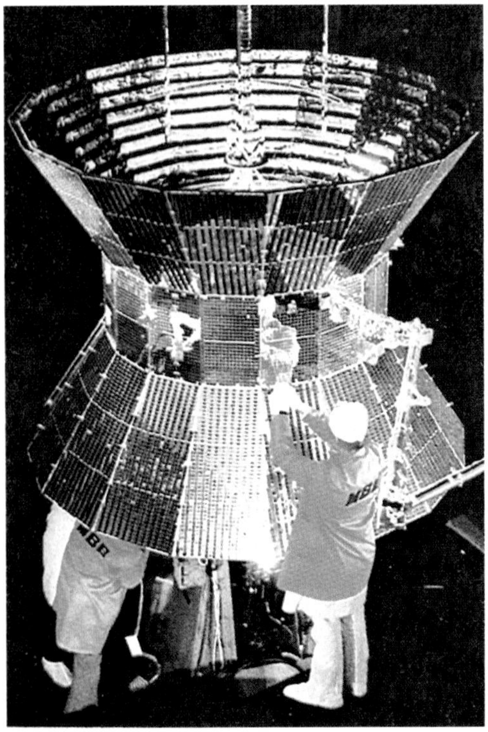

Dernières vérifications d'assemblage.

Encapsulation d'une sonde Helios dans la coiffe du lanceur.

Le lanceur Titan/Centaur 2, avec Helios à son bord, attend ses instructions sur le pas de tir du Complexe 41 de la base de l'US Air Force à Cap Canaveral.

PRINCIPAUX ÉLÉMENTS D'HELIOS

1. Antenne omnidirectionnelle
2. Antenne à gain moyen
3. Antenne à haut gain et réflecteur
4. Panneau solaire
5. Réservoir de gaz
6. Contrôle d'attitude
7. Magnétomètre à variation de flux
8. Magnétomètre à bobine simple
9. Analyseurs de micrométéorites
10. Photomètre
11. Magnétomètre à variation de flux

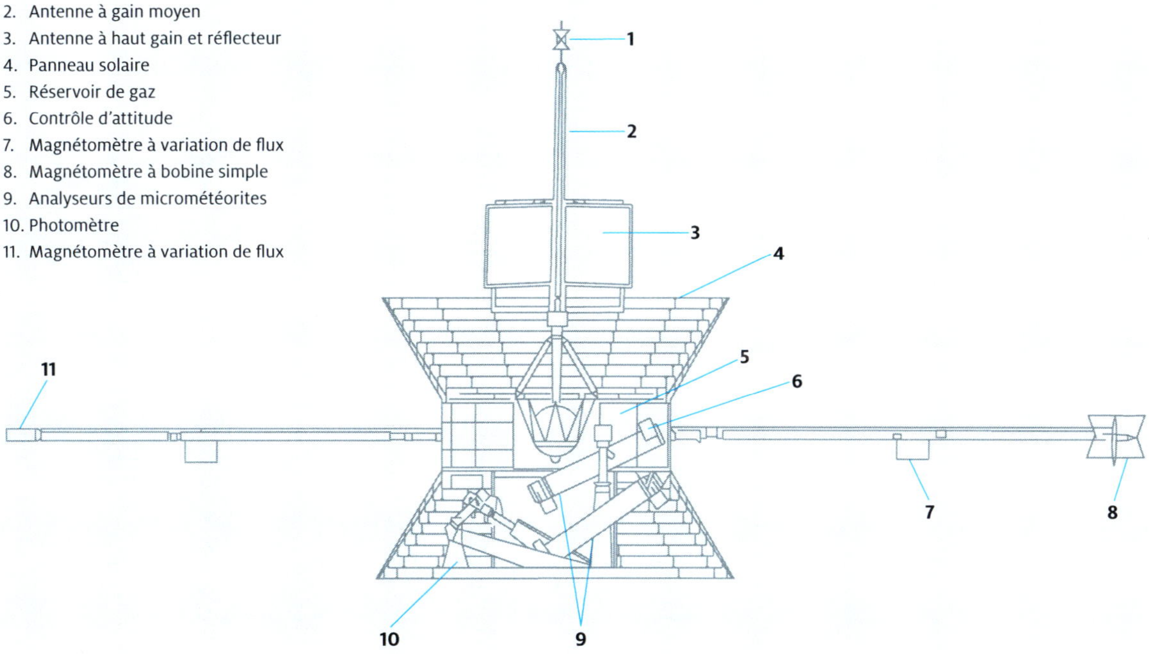

ISEE-3/ICE

Représentation artistique de ISEE-3/ICE.

LA MISSION DE COOPÉRATION internationale entre la NASA et l'ESA nommée ISEE (*International Sun/Earth Explorer*) consistait en trois vaisseaux spatiaux : une paire de satellites en orbite géocentrique ISEE-1 et ISEE-2, et la sonde spatiale ISEE-3. À bord d'une fusée Delta, ISEE-3 quitta la Terre le 12 août 1978. Elle fut la première sonde de l'histoire à se placer en orbite autour du point de Lagrange L1 du système Terre-Soleil, situé à 1,5 million de kilomètres de la Terre dans la direction du Soleil. Les points de Lagrange sont des points particuliers de l'espace où se crée un équilibre entre les champs gravitationnels de la Terre et du Soleil. La mission ISEE-3

PRINCIPAUX ÉLÉMENTS D'ISEE-3/ICE

1. Antenne bande S
2. Stabilisateur inertiel
3. Antenne 3D (4 au total)
4. Magnétomètre
5. Panneau solaire
6. Détecteur de rayons X
7. Détecteur de rayons cosmiques

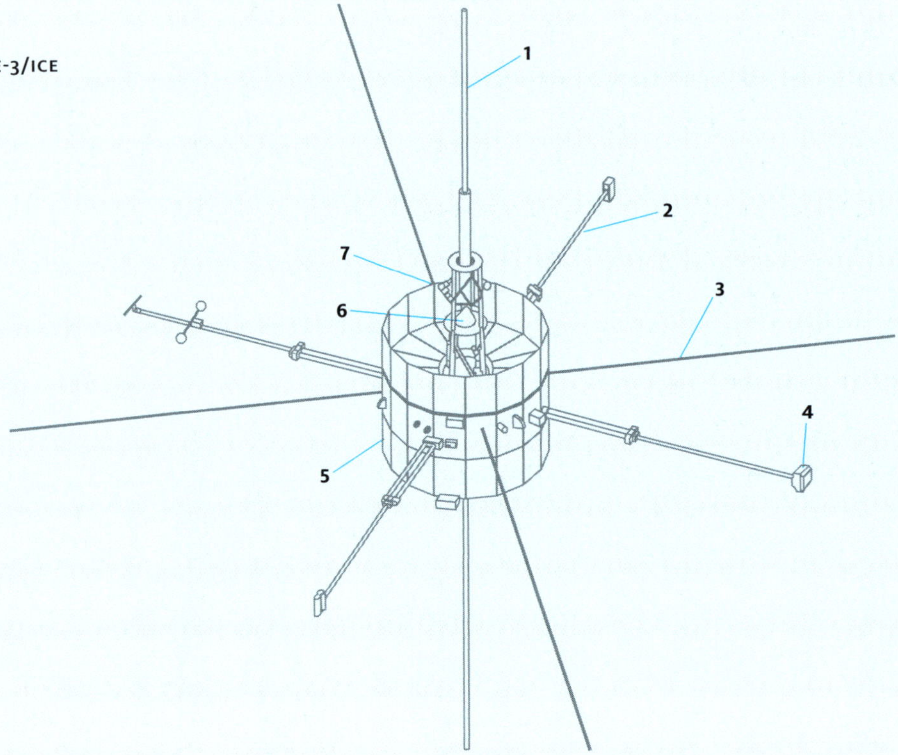

a démontré la faisabilité technique du concept d'occuper une orbite stable dite « en halo » au point L1, un poste d'observation du Soleil privilégié, et ce, pendant plusieurs années, de 1978 à 1982. Les principaux objectifs de la mission étaient d'étudier le vent solaire dans une zone à la limite de la magnétosphère terrestre et d'accumuler plus de données sur les rayons cosmiques et les éruptions solaires dans l'espace interplanétaire proche d'une UA. Le 10 juin 1982, ISEE-3 acheva sa mission principale.

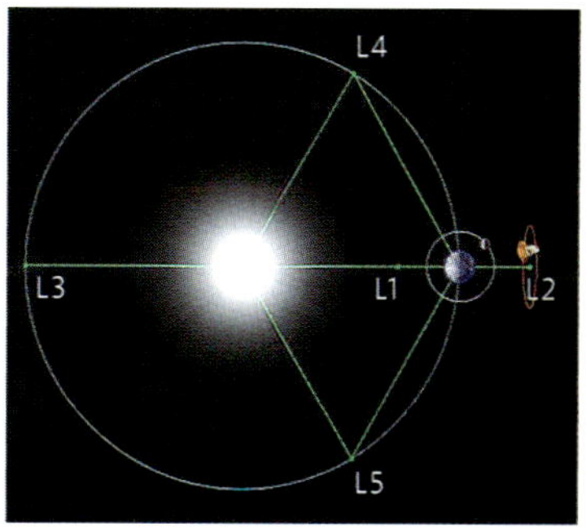

ISEE-3 est la première sonde placée en orbite autour d'un point de Lagrange, le point L1 en l'occurrence, fournissant ainsi une démonstration de l'utilité de ces régions de l'espace où les forces gravitationnelles s'équilibrent.

Le 1er septembre 1982, elle fut affectée à une nouvelle mission centrée sur l'exploration des interactions entre le vent solaire et la queue des comètes, et fut renommée ICE (*International Cometary Explorer*). L'allumage des moteurs de la sonde lui fit quitter L1 pour une trajectoire héliocentrique en direction de la comète Giacobini-Zinner, dont elle croisa la queue le 11 septembre 1985. En mars 1986, ICE passa entre le Soleil et la comète de Halley, mais à grande distance de celle-ci (28 millions de kilomètres) en comparaison de « l'armada de Halley » (voir la mission Giotto page 305). La NASA approuva en 1991 une redéfinition de la mission ICE, cette fois en mission d'observation de l'activité solaire, plus spécifiquement la détection des éjections de masses coronales. La NASA décida la fin de son opération en mai 1997. Cependant, en septembre 2008, ICE a été localisée et réactivée par le Deep Space Network. Une vérification a permis de constater que presque tous ses instruments sont encore en parfait état de fonctionnement. Deux scénarios étaient envisagés : le premier aurait été la capture de la sonde au cours de son survol rapproché de la Terre prévu en 2014, mais la navette spatiale ne sera plus disponible pour cette opération, le second serait de la diriger vers des comètes en 2017-2018, ce qui repousserait une récupération éventuelle à la décennie 2040.

Évaluation des propriétés mécaniques de ISEE-3 dans les locaux du Goddard Space Center de la NASA. Ces tests sont effectués en conditions de « salle blanche » pour éviter que des particules de poussière affectent l'instrumentation sophistiquée installée sur le vaisseau spatial.

1990

Ulysse

Le 6 octobre 1990, Ulysse fut déployée dans un premier temps en orbite terrestre basse par la navette spatiale Discovery.

La mission spatiale robotisée Ulysse avait pour objectif d'étudier le Soleil sous toutes ses latitudes, surtout les pôles qu'on ne peut observer de la Terre. Le nom Ulysse fait référence au voyageur mythique de *L'Iliade* et de *L'Odyssée* d'Homère et de *La Divine Comédie* de Dante, qui ne craint pas d'emprunter des chemins inexplorés. La mission Ulysse était le fruit d'une collaboration internationale entre l'Agence spatiale européenne, qui a mis au point la sonde, et la NASA, qui a été responsable du lancement et du générateur thermoélectrique à radio-isotopes. Des équipes mixtes basées au Jet Propulsion Laboratory de la NASA étaient en charge du bon déroulement de la mission. Une batterie impressionnante d'instruments scientifiques était installée à bord de la sonde Ulysse pour mesurer la vitesse du vent solaire et les champs magnétiques, pour étudier les électrons, les protons, les ions en provenance du Soleil, ainsi que les rayons cosmiques en provenance de l'espace interstellaire.

L'impulsion et la vitesse requises pour envoyer une sonde directement au-dessus des pôles du Soleil dépassent les capacités des lanceurs actuels. Auparavant, les manœuvres d'assistance gravitationnelle effectuées par les sondes Mariner 10, Pioneer 11, ainsi que par Voyager 1 et 2, durant les années 1970 se limitaient à des déviations de trajectoire dans le plan de l'écliptique. Pour la mission Ulysse, un survol ajusté de Jupiter fut calculé pour créer un effet de fronde qui arracherait la sonde du plan écliptique, afin de lui donner une trajectoire elliptique passant par-dessus les pôles solaires.

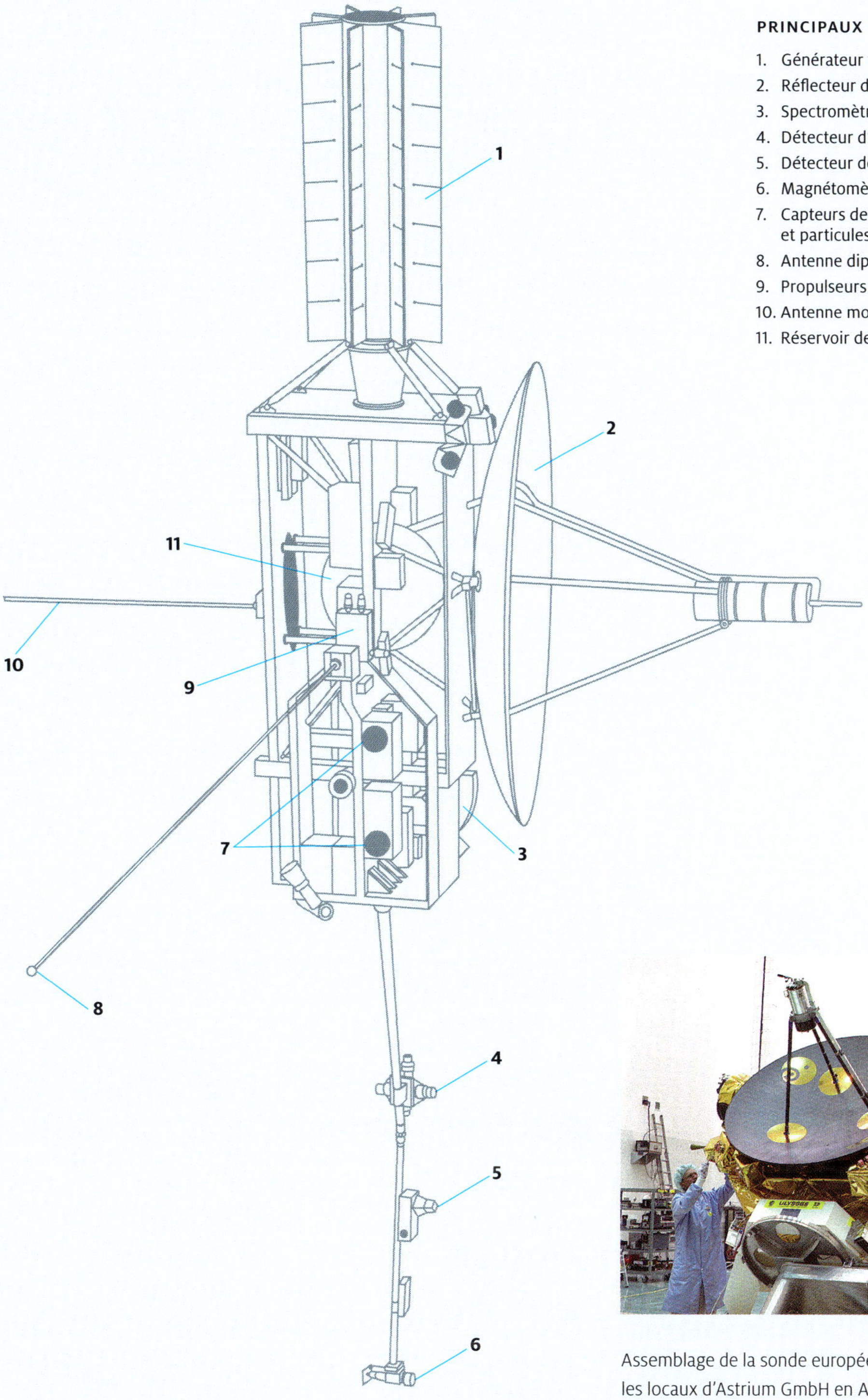

PRINCIPAUX ÉLÉMENTS D'ULYSSE

1. Générateur thermoélectrique
2. Réflecteur de l'antenne à haut gain
3. Spectromètre ionique
4. Détecteur d'ondes radio et plasma (DORP)
5. Détecteur de rayons X et gamma
6. Magnétomètre
7. Capteurs de rayons cosmiques et particules chargées
8. Antenne dipôle du DORP
9. Propulseurs du contrôle d'attitude
10. Antenne monopolaire du DORP
11. Réservoir de propergol

Assemblage de la sonde européenne Ulysse dans les locaux d'Astrium GmbH en Allemagne.

Représentation d'Ulysse en orbite terrestre sur son booster. Les deux étages du booster, IUS (*Inertial Upper Stage*) et PAM (*Payload Assist Module*), fournirent la poussée nécessaire pour placer Ulysse sur une orbite de transfert elliptique, dite de Hohmann, vers Jupiter.

La mission devait commencer en 1983, mais des délais d'organisation ont repoussé le décollage à 1986, sur la navette Challenger. La perte de Challenger en janvier 1986 reporta l'échéance au mois d'octobre 1990. Le 6 octobre 1990, Ulysse quitta la Terre dans la soute de la navette spatiale Discovery au cours de la mission STS-41. Une fois larguée en orbite terrestre basse, Ulysse fut propulsée sur une trajectoire de transfert direct vers Jupiter par une combinaison de deux boosters (IUS et PAM) à carburant solide. Elle arriva le 8 février 1992 à proximité de Jupiter et réussit sa manœuvre d'assistance gravitationnelle qui lui donna un angle de trajectoire de 80° par rapport au plan écliptique. Entre 1994 et 1995, la sonde put survoler pour la première fois le pôle Sud puis le pôle Nord du Soleil. Entre le 26 juin et le 5 novembre 1994, la sonde a survolé le pôle Sud d'une distance de 300 millions de kilomètres. Puis, un an plus tard, entre le 19 juin et le 29 septembre 1995, elle survola le pôle Nord. Il faut noter que la sonde se trouvait à 2-2,3 UA du Soleil pendant les survols polaires, c'est-à-dire environ deux fois la distance Terre-Soleil. Un survol des deux pôles eut lieu à nouveau entre 2000 et 2001 au cours d'une seconde orbite. La mission fut alors étendue jusqu'en 2009 pour permettre de réaliser un troisième survol des pôles effectué entre 2007 et 2008 et d'optimiser ainsi l'investissement scientifique. Ulysse a pu mesurer et comparer la vitesse du vent solaire pendant une période d'activité solaire minimale (1994-1995), puis pendant une période d'activité solaire maximale (2000-2001). Grâce à Ulysse, on a compris que des atomes interstellaires pénètrent dans l'héliosphère, deviennent ionisés au passage et contribuent au vent solaire qui les emporte dans son flux.

Ulysse en configuration opérationnelle pour observer l'activité solaire.

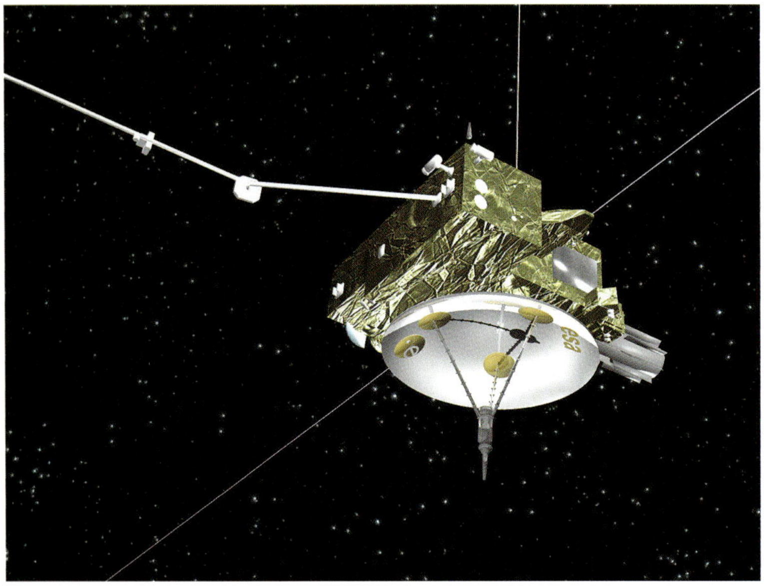

Après trois orbites polaires et plus de 17 années d'opération qui ont couvert un cycle solaire complet de 11 ans, la mission Ulysse prit fin le 1er juillet 2008 en raison de la baisse de régime du générateur thermoélectrique qui a conduit au gel du système de contrôle d'attitude. Même si la mission est officiellement terminée, Ulysse continue de transmettre des données utiles sur les caractéristiques du vent solaire.

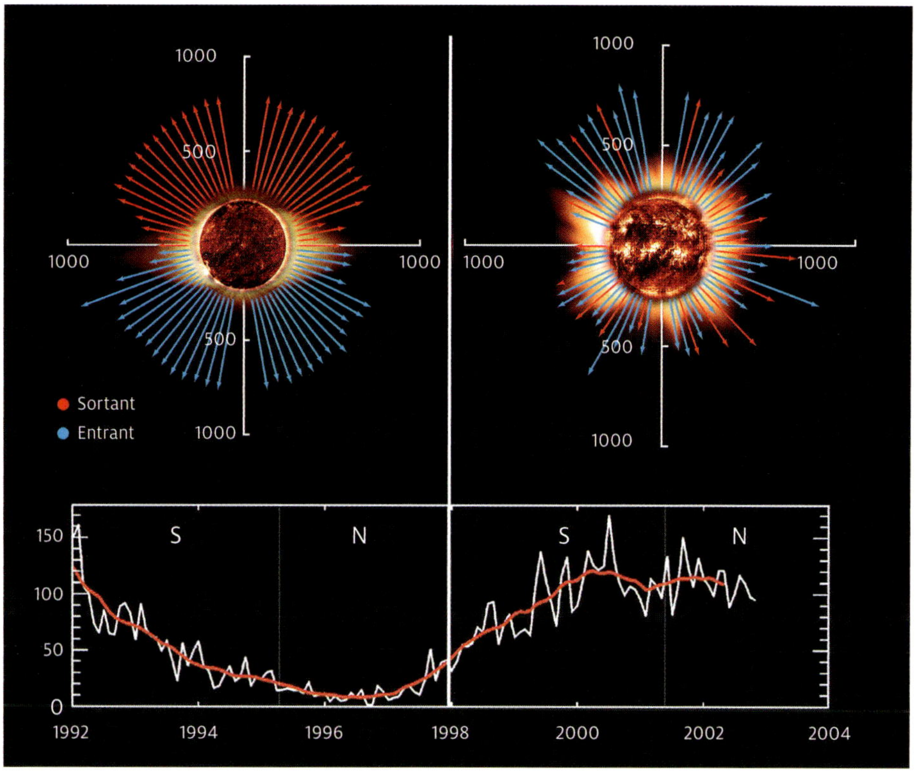

Mesure de la vitesse du vent solaire en km/seconde en période de faible (à gauche) et forte (à droite) activité solaire par l'instrument SWOOPS de la mission Ulysse. Il existe une relation entre l'intensité de l'activité solaire et le nombre de taches solaires observées (panneau du bas).

CI-DESSOUS

Chronologie de la troisième orbite d'Ulysse autour des pôles du Soleil.

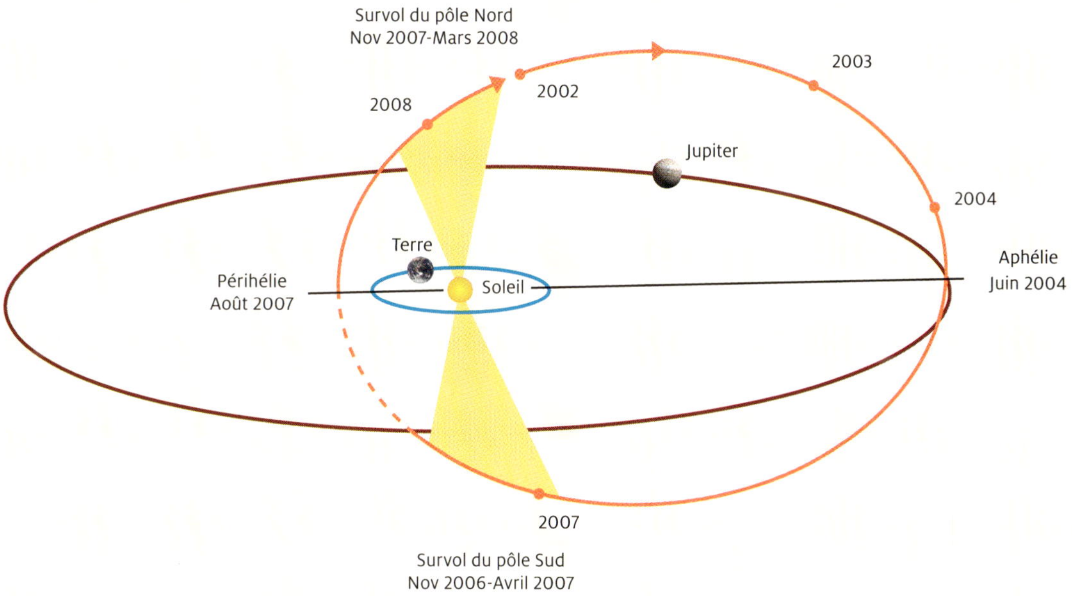

1994

Wind

LA SONDE WIND, construite par Lockheed Martin pour la NASA, a été lancée le 1er novembre 1994 à bord d'une fusée Delta II 7925 pour étudier la composition du vent solaire et la magnétosphère. Les mesures de Wind dans le plan écliptique furent comparées avec celles de la mission Ulysse (voir page 278) obtenues à différentes latitudes. Wind devait occuper une orbite en halo autour du point L1, mais l'arrivée des sondes SOHO (voir page 283) et ACE (voir page 286) a retardé son positionnement jusqu'en 2004. Wind s'y trouve actuellement et continue à transmettre des données de météorologie solaire depuis cette région. La mission GGS (*Global Geospace Science Mission*), contribution de la NASA au programme ISTP (*International Solar Terrestrial Program*), utilisant le satellite Polar et la sonde Wind, ainsi que le satellite scientifique japonais Geotail, étudie le comportement du système physique Terre-Soleil. Le deuxième élément américain de la constellation, Polar, a été lancé le 24 février 1996 et placé sur une orbite elliptique de 51 200 km au-dessus du pôle Nord et 138 km au-dessus du pôle Sud. Polar et Wind étudient la relation entre le plasma émis par le Soleil et son interaction avec les pôles magnétiques de la Terre, la magnétosphère et l'ionosphère.

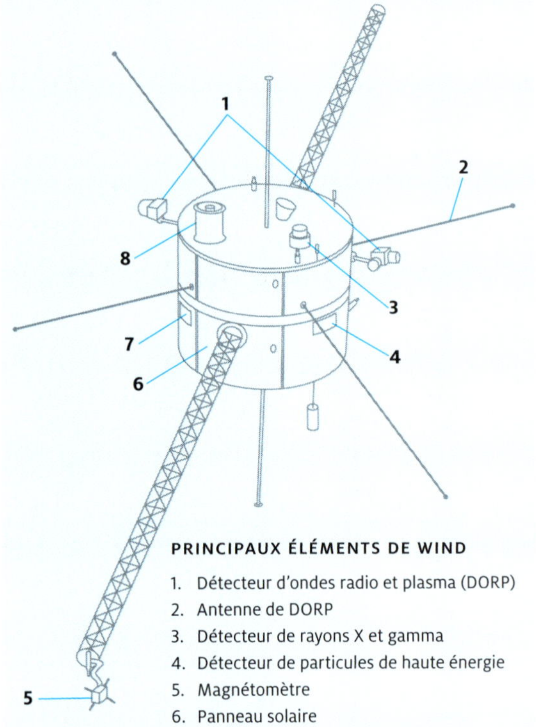

PRINCIPAUX ÉLÉMENTS DE WIND

1. Détecteur d'ondes radio et plasma (DORP)
2. Antenne de DORP
3. Détecteur de rayons X et gamma
4. Détecteur de particules de haute énergie
5. Magnétomètre
6. Panneau solaire
7. Détecteur de particules de basse énergie
8. Spectromètre à rayons gamma

La sonde Wind fait encore partie intégrante du réseau spatial de détection des orages solaires.

SOHO

1995

LE 2 DÉCEMBRE 1995 à Cap Canaveral, la mission SOHO (*Solar and Heliospheric Observatory*) prit son envol sur une fusée Atlas IIAS. Initialement planifiée pour deux années d'opération, la sonde SOHO est encore en fonction actuellement. Une coopération internationale entre l'Agence spatiale européenne et la NASA a donné lieu à cette mission d'étude du Soleil, qui est devenue la première source d'informations sur l'activité solaire en temps réel.

La sonde de 1 875 kg, dont 1 640 kg pour la sonde et 235 kg pour le carburant, est placée sur une orbite en halo autour du point de Lagrange L1, un point de l'espace entre le Soleil et la Terre où les forces de gravité s'équilibrent pour maintenir un objet sur la même orbite que la Terre, donc dans la même position relative par rapport à celle-ci. C'est donc une position stratégique pour communiquer avec la Terre en tout temps. Autour du point L1, situé à une distance de 1,5 million de kilomètres de la Terre, gravitent aussi en ce moment les sondes Wind (voir page 282) et ACE (voir page 286).

Vérification finale de l'assemblage de SOHO, une sonde solaire issue d'une collaboration entre l'ESA et la NASA.

PRINCIPAUX ÉLÉMENTS DE SOHO

1. Coronographe spectrométrique
2. Spectromètre UV
3. Détecteurs de particules énergétiques
4. Détecteur d'oscillations solaires
5. Imageur Doppler
6. Panneau solaire
7. Antenne à faible gain
8. Détecteur d'anisotropies du vent solaire
9. Analyseur de vent solaire
10. Imageur UV coronal
11. Télescope UV
12. Spectromètre UV

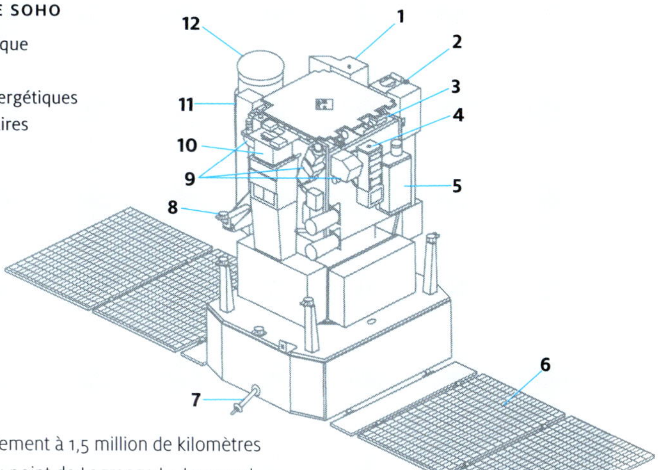

CI-CONTRE

La sonde SOHO, située actuellement à 1,5 million de kilomètres de la Terre en orbite autour du point de Lagrange L1, transmet ses données sur la structure interne du Soleil.

Le télescope UV de SOHO photographia l'éruption de cette gigantesque protubérance flottant dans la couronne solaire le 14 septembre 1999. Les régions les plus chaudes du Soleil apparaissent plus claires sur cette image prise avec un filtre ultraviolet.

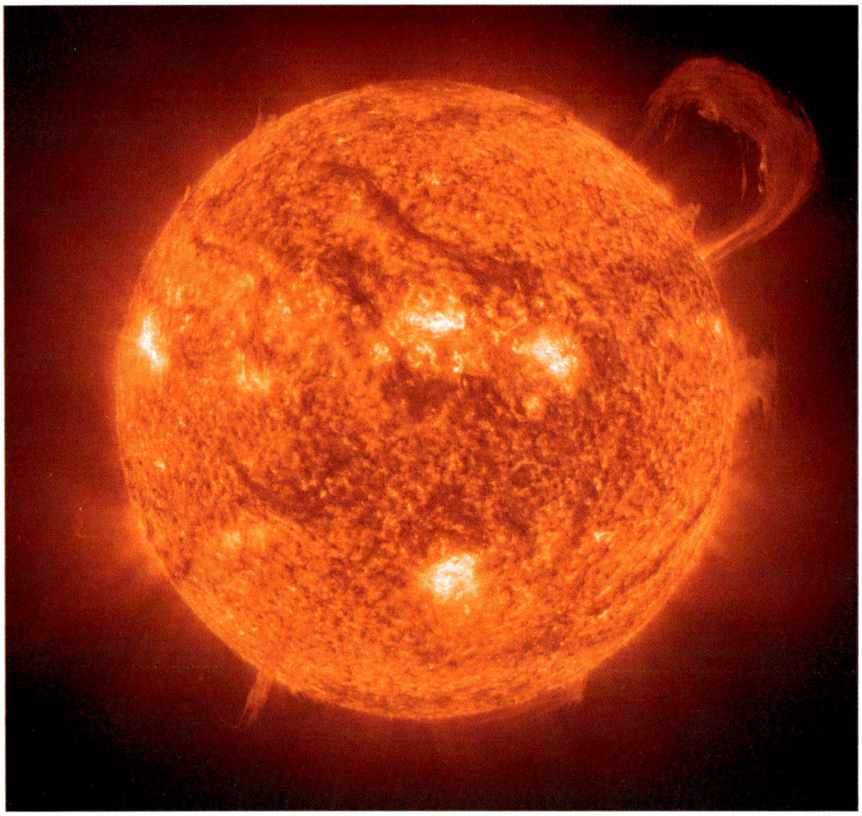

Le 24 juin 1998, un incident faillit provoquer la perte de SOHO. La sonde se mit à tourner sur elle-même après une série de commandes de routine, et les communications radio furent interrompues. Dans l'espace, en l'absence de régulation thermique, les températures oscillent rapidement entre -150 °C à l'ombre et +200 °C au soleil, ce qui cause un grand stress thermique et mécanique à la structure de la sonde et à ses instruments. Le 23 juillet, SOHO fut localisée au radar avec le radiotélescope d'Arecibo utilisé comme émetteur et une antenne de 70 mètres du Deep Space Network de la NASA utilisée comme récepteur. Une fois la communication de télémétrie rétablie, les réservoirs d'hydrazine gelés furent réchauffés progressivement, puis les moteurs furent allumés le 16 septembre pour contrôler l'orientation de la sonde dans l'espace et la stabiliser enfin. La mission reprit son cours normal le 24 octobre sans que les instruments n'aient trop souffert.

Les 12 instruments de SOHO mesurent les propriétés physiques de l'atmosphère solaire, notamment la chromosphère, la région de transition et la couronne avec deux coronographes. Des appareils mesurent aussi le vent solaire présent dans la région de L1 ; la structure interne du Soleil est étudiée

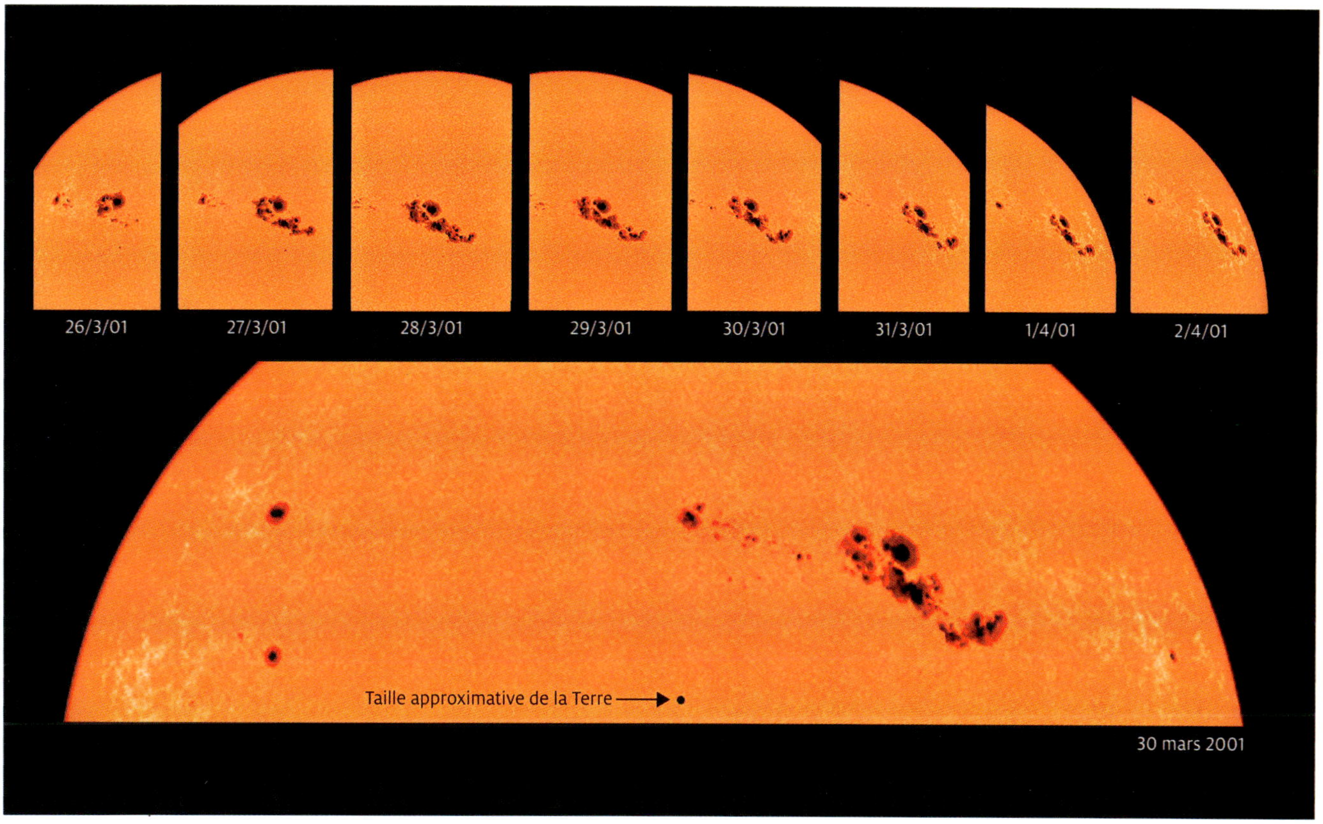

par hélioséismologie avec des détecteurs des vibrations et des oscillations du globe solaire. SOHO est célèbre en astronomie en raison des milliers d'images et des millions de mesures transmises qui ont révolutionné notre connaissance du Soleil. De plus, surveiller en permanence les éjections de masse coronale a un effet secondaire bénéfique : SOHO a découvert un grand nombre de comètes. En fait, plus de la moitié des comètes connues ont été repérées par SOHO (« sa » 1 500e comète a été célébrée récemment). La fin de sa mission est prévue pour décembre 2009. Néanmoins, quelques instruments resteront en service plus longtemps.

Le plus grand amas de taches solaires jamais observé jusqu'à maintenant. Il fut la source de nombreuses éjections de masse coronale, comprenant celle qui généra la plus forte bouffée de rayons X jamais enregistrée depuis 25 ans.

CI-DESSOUS
La comparaison de l'activité solaire sur trois années, entre le début 1997 et la fin 1999, documentée par SOHO. Dans ce cycle de 11 années, le Soleil atteignit son maximum d'activité en 2000.

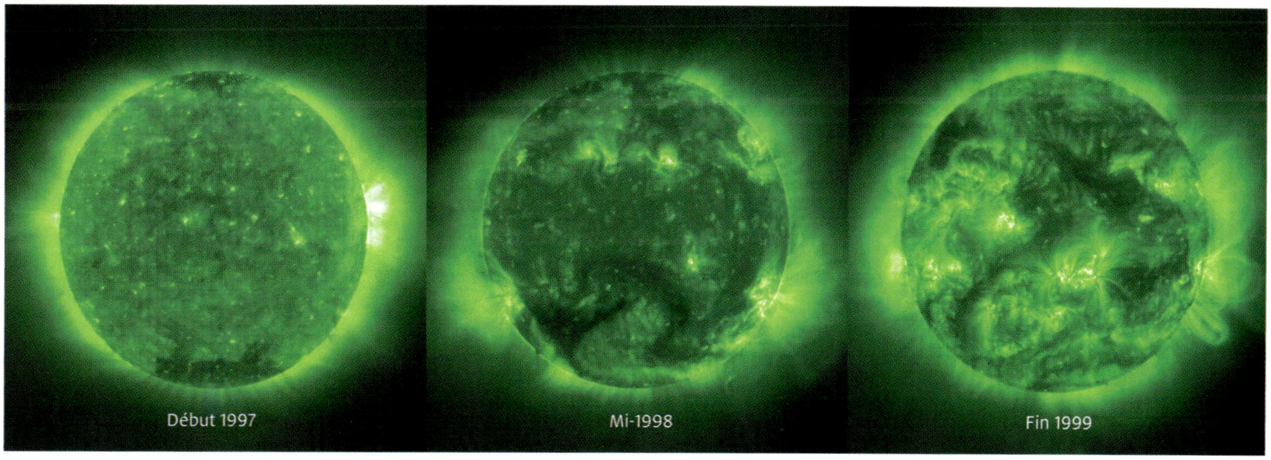

1997

ACE

LA MISSION ACE (*Advanced Composition Explorer*) de la NASA, toujours active, a décollé de Cap Canaveral le 25 août 1997, sur une fusée Delta II 7920. La charge utile de la sonde ACE comporte neuf instruments dont quatre spectromètres à haute résolution pour mesurer avec une grande précision les abondances relatives des éléments, des isotopes et des ions présents dans le vide interplanétaire. ACE dispose aussi d'instruments pour surveiller en permanence l'activité du vent solaire et des émissions galactiques. La sonde transmet ses mesures en temps réel à la Terre, depuis une orbite en halo autour du point de Lagrange L1, situé à 1,5 million de kilomètres en direction du Soleil. La position a été choisie afin qu'ACE se trouve bien à l'extérieur de la magnétosphère de la Terre, s'assurant ainsi de capturer du matériel originel provenant du Soleil et des confins de la Voie lactée. ACE fait partie, avec plusieurs autres observatoires solaires comme SOHO et Wind, d'un système d'alerte utilisé pour prédire les orages géomagnétiques avec une heure de préavis. La sonde dispose d'assez de carburant pour maintenir sa position jusqu'en 2024.

L'intégrité des quatre panneaux solaires de la sonde ACE du programme spatial Explorer est vérifiée par des techniciens de la NASA.

Les données transmises par ACE en temps réel sont utilisées par le Centre de météorologie spatiale pour améliorer les prédictions et les alertes aux tempêtes solaires.

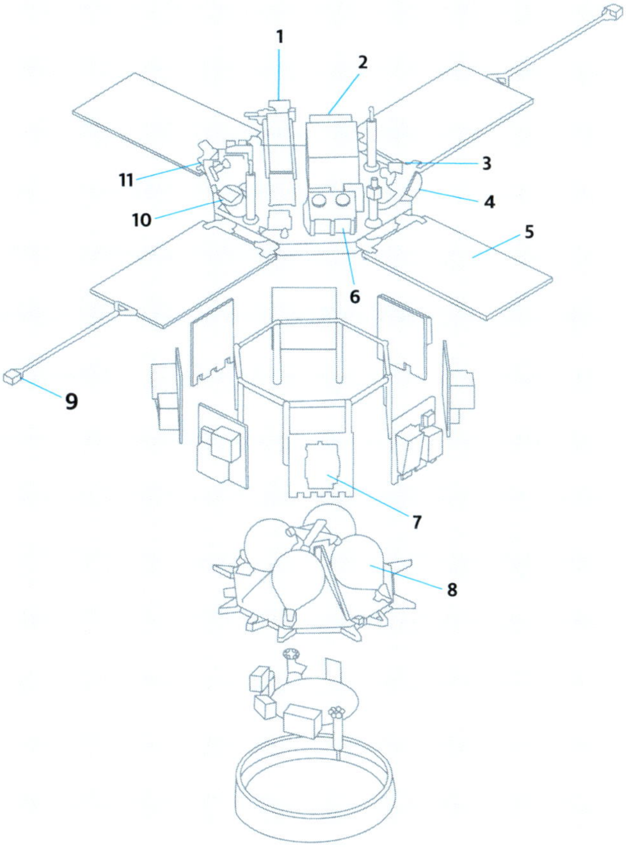

PRINCIPAUX ÉLÉMENTS D'ACE

1. Spectromètre isotopique
2. Analyseur d'ions solaires
3. Spectromètre à électrons et protons
4. Spectromètre de masse (H, He)
5. Panneau solaire
6. Spectromètre de vent solaire
7. Spectromètre de masse (m> He)
8. Module de contrôle d'attitude
9. Magnétomètre
10. Spectromètre à particules chargées
11. Télescopes spectrométriques

Des orages magnétiques mémorables

Quand une éjection de masse coronale ou une éruption solaire est dirigée vers la Terre, cela crée une surcharge de particules solaires chargées électriquement qui perturbe la magnétosphère. L'onde de choc du vent solaire met typiquement de 24 heures à 36 heures pour atteindre la Terre à la vitesse de plusieurs millions de km/h.

Entre le 28 août et le 2 septembre 1859, de nombreuses taches solaires, signes de forte activité, furent observées. Le 1er septembre, une éruption solaire fut détectée, associée à une gigantesque éjection de masse coronale qui pointa vers la Terre. L'onde de choc se déplaçant à grande vitesse atteignit la Terre 18 heures plus tard. De nombreux cables télégraphiques en Europe et en Amérique du Nord furent court-circuités par une pluie de particules et les surtensions déclenchèrent des incendies. Des aurores furent visibles à Hawaï, au Mexique et en Italie, à des latitudes bien plus basses que normalement.

Le 13 mars 1989, un orage magnétique sévère, dû à une éjection de masse coronale, causa en quelques secondes une réaction en chaîne désastreuse dans le réseau électrique du Québec, ce qui priva six millions de personnes d'électricité pendant plusieurs heures. Cet orage de 1989 a déclenché l'apparition d'aurores jusqu'au Texas.

2001

Genesis

GENESIS fut la première mission de la NASA, depuis le programme Apollo, qui comprenait le retour sur Terre d'échantillons en provenance de l'espace lointain. Le nom de la mission, Genesis (genèse), fait référence à son objectif scientifique : mieux comprendre les conditions de la formation du Soleil et du système solaire. Conçue et construite par Lockheed Martin Space Systems pour le JPL, la sonde Genesis devait recueillir des échantillons de vent solaire au point de Lagrange L1 pendant plusieurs années, puis les ramener sur Terre dans une capsule de rentrée atmosphérique en vue d'une analyse détaillée. À la distance de 1,5 million de kilomètres en direction du Soleil, la magnétosphère n'a pas encore influencé la composition du vent solaire, qui peut donc être considéré comme « pur ».

Le 8 août 2001, Genesis s'envola à bord d'une fusée Delta II 7326 de Cap Canaveral. Après avoir emprunté une trajectoire complexe, Genesis se plaça en orbite de halo autour du point L1 de décembre 2001 à avril 2004. Pendant cette période, la sonde exposa successivement ses trois disques

CI-DESSOUS À GAUCHE
Atelier d'assemblage de la sonde Genesis dans les locaux du Jet Propulsion Laboratory de la NASA en Californie.

CI-DESSOUS À DROITE
Chaque collecteur était composé d'une mosaïque de plaques fines composées de silicium, d'or, de saphir et de diamant pur !

Vue d'artiste de Genesis avec ses collecteurs déployés pour capturer des particules de vent solaire au point de Lagrange L1 au-delà de la magnétosphère.

collecteurs pour capter les éléments du vent solaire en fonction de l'activité solaire observée. Les matériaux de très faible densité utilisés dans les collecteurs avaient été choisis spécifiquement pour ralentir les particules du vent solaire et les conserver, en minimisant leur destruction par impact. De la taille d'une roue de bicyclette, ces collecteurs étaient composés de diamant, d'or, de silicium et de saphir. De plus, Genesis comptait trois autres instruments : a) un compteur d'ions pour enregistrer la vitesse, la densité, la température et la composition de ces vents; b) un compteur d'électrons; c) un concentrateur d'ions pour séparer et concentrer les divers éléments

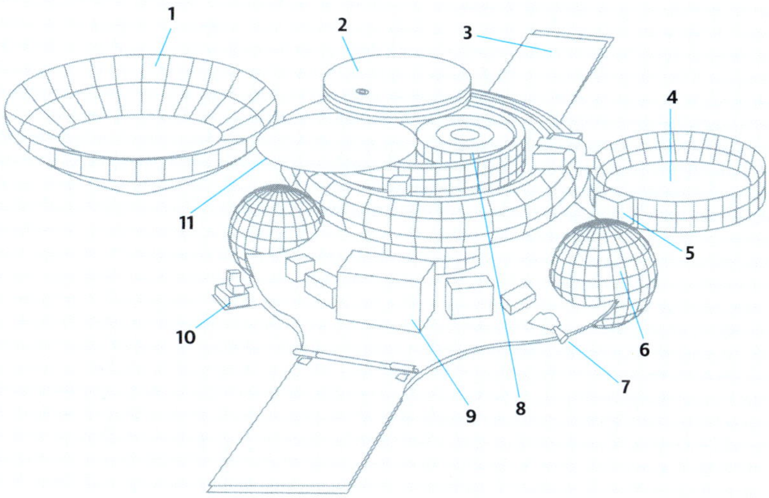

PRINCIPAUX ÉLÉMENTS DE GENESIS
(en configuration de collecte)

1. Capsule de récupération
2. Pile de collecteurs
3. Panneau solaire
4. Collecteur-couvercle
5. Suiveurs stellaires
6. Réservoir de propergol
7. Propulseur de contrôle d'attitude
8. Concentrateur
9. Module de commande et processeur
10. Détecteur d'ions
11. Collecteur déployé

Une des nombreuses répétitions de la récupération en vol de la capsule de Genesis contenant les précieux collecteurs de particules extraterrestres.

En raison d'un problème technique pendant la descente, la capsule s'écrasa violemment sur le sol du désert d'Utah.

recueillis dans le vent solaire, tels l'oxygène ou l'azote, vers des réservoirs spéciaux. Une fois exposés, les collecteurs étaient rangés dans un compartiment hermétique pour assurer leur retour sur Terre dans la capsule. Les collecteurs étant trop fragiles pour supporter un atterrissage classique, la capsule devait être récupérée en vol pendant la descente, freinée dans un premier temps par un parachute puis par un parafoil. Deux hélicoptères devaient à tour de rôle s'évertuer à attraper le parafoil avec un long grappin. Si jamais les hélicoptères rataient leur cible, le parafoil aurait ralenti le contact à une vitesse raisonnable de 15 km/h. Les nombreux essais auguraient bien du succès de l'opération, mais il en fut autrement...

Le 8 septembre 2004, Genesis amorça son retour par une rentrée atmosphérique réussie en vue d'une capture par hélicoptère au-dessus du désert de l'Utah. Malheureusement, le parachute ne réussit pas à se déployer à 33 kilomètres d'altitude comme prévu et la capsule s'écrasa violemment au sol sans aucun freinage, à 311 km/h. La capsule a subi de sérieux dommages structurels, le sol ayant souillé les précieux échantillons. Les responsables du sauvetage ont réalisé que les lubrifiants et autres composés de la capsule elle-même compliquent les efforts de décontamination. Un énorme travail de tri et d'analyse des milliers de fragments de collecteurs a permis de sauver l'objectif scientifique de la mission.

Une commission d'enquête de la NASA se pencha sur les causes du crash. Le 14 octobre 2004, elle conclut qu'un accéléromètre miniature avait été installé à l'envers. Celui-ci contrôlant la séquence de libération du parachute, le destin de Genesis était scellé depuis son lancement...

TRAJECTOIRE DE MISE SUR ORBITE EN HALO,
PUIS DE RETOUR SUR TERRE, DE LA MISSION GENESIS

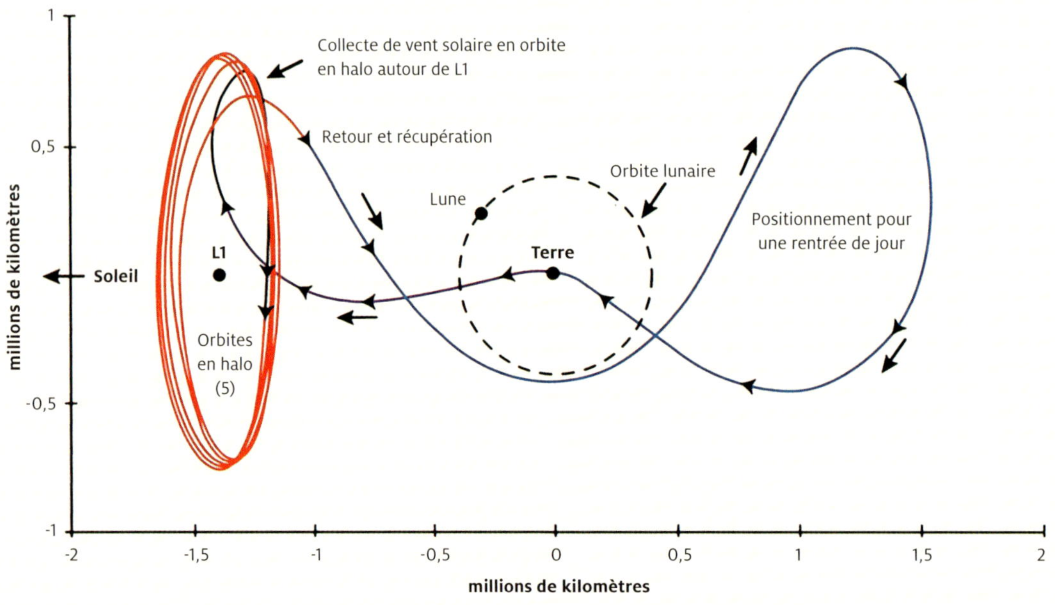

STEREO

LA MISSION STEREO (*Solar TErrestrial RElations Observatory*) de la NASA consiste en deux sondes spatiales jumelles en orbite héliocentrique, positionnées de chaque côté de la Terre par rapport au Soleil. Un écartement des sondes STEREO-A (« Ahead ») et STEREO-B (« Behind ») de 60° est considéré comme optimal pour reconstituer une première fois une vision naturelle stéréoscopique des événements solaires, en particulier les éjections de masse coronale. Les deux sondes ont été lancées en tandem, le 25 octobre 2006, sur une fusée Delta II 7925. Une trajectoire indirecte avec plusieurs assistances gravitationnelles de la Lune leur a permis de se séparer en directions opposées sur deux orbites différentes. STEREO-A s'est placée sur une orbite plus proche du Soleil, qu'elle parcourt en 346 jours, donc plus rapide par rapport à la Terre, tandis que STEREO-B s'est placée sur une orbite plus éloignée du Soleil, de 388 jours, donc plus lente de 19 jours.

Assemblage des deux sondes STEREO en parallèle dans le Goddard Center de la NASA.

Double encapsulation dans la coiffe d'un lanceur Delta II 7925.

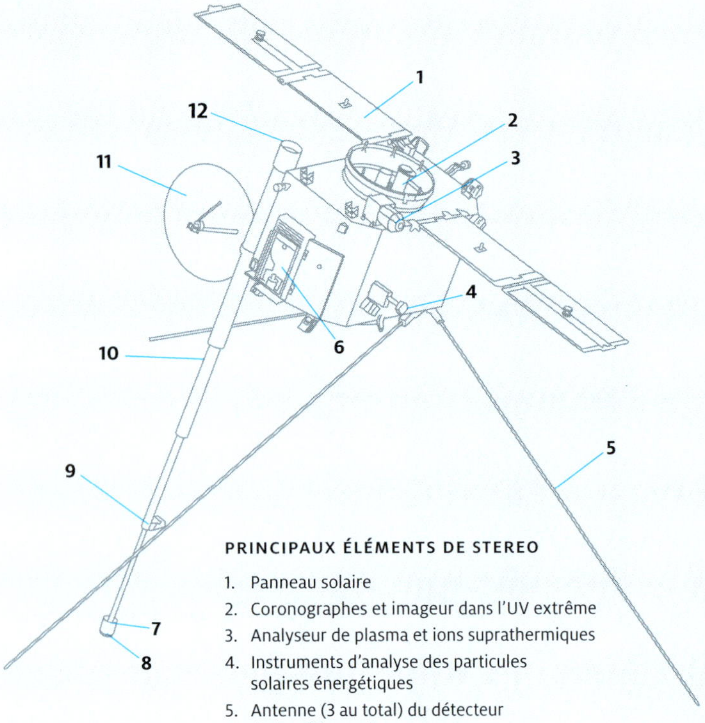

PRINCIPAUX ÉLÉMENTS DE STEREO

1. Panneau solaire
2. Coronographes et imageur dans l'UV extrême
3. Analyseur de plasma et ions suprathermiques
4. Instruments d'analyse des particules solaires énergétiques
5. Antenne (3 au total) du détecteur de bouffées radio
6. Imageur héliosphérique
7. Télescope à électrons suprathermiques (TES), module supérieur
8. Détecteur d'électrons
9. Magnétomètre
10. Bras télescopique (déployé)
11. Antenne à haut gain
12. TES, module inférieur

Vue d'artiste des sondes STEREO en orbite terrestre avant leur séparation de chaque côté de la Terre.

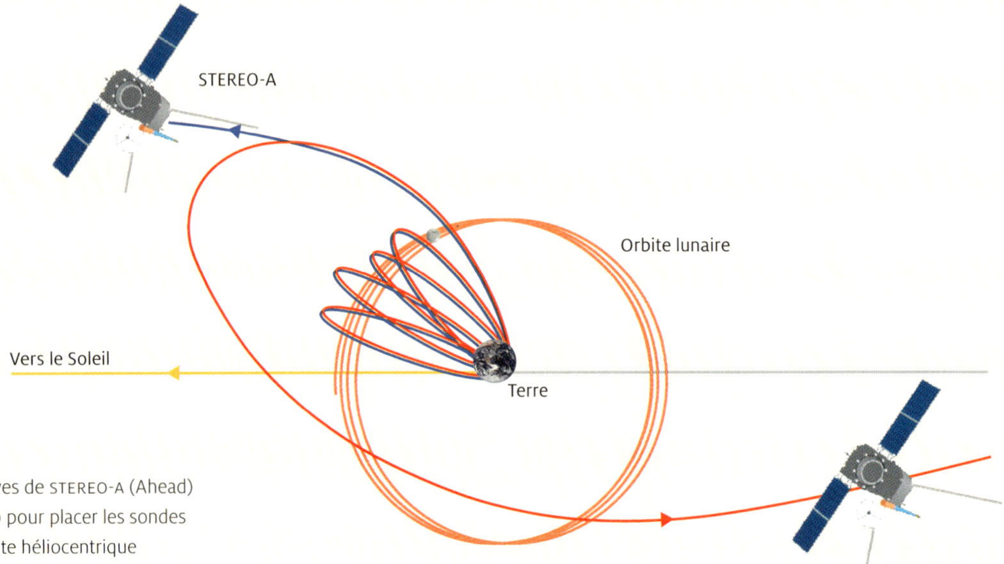

Trajectoires respectives de STEREO-A (Ahead) et STEREO-B (Behind) pour placer les sondes jumelles sur leur orbite héliocentrique respective.

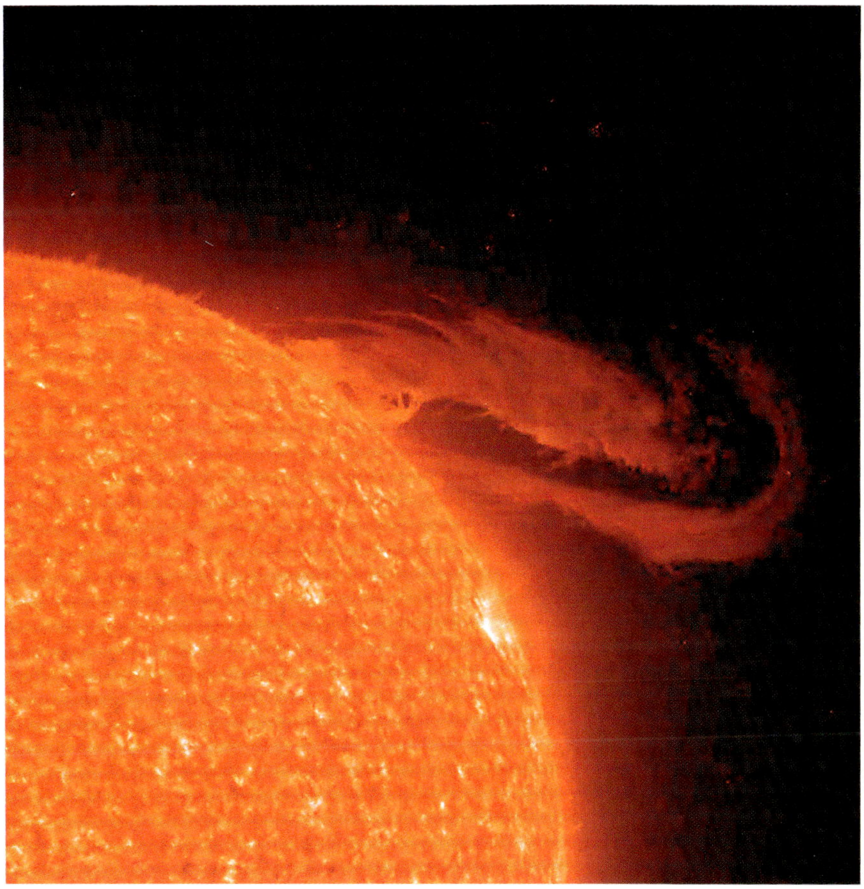

Le 29 septembre 2008, STEREO-A observa cette protubérance, constituée d'hélium ionisé à 60 000 °C, qui flotta comme un drapeau pendant plusieurs heures avant de se casser et de se perdre dans l'espace sous forme de vent solaire.

Transit de la Lune devant le Soleil vu par la mission STEREO.

Un des premiers instantanés transmis par la mission STEREO, le 4 décembre 2006 : le globe solaire tel que photographié par le télescope SECCHI dans l'ultraviolet.

Les sondes dérivent actuellement en s'éloignant l'une de l'autre, de 22° par an pour la sonde « à la traîne » de la Terre et de 21° par an pour celle qui « devance » la Terre. Leur séparation de 60°, idéale pour acquérir des paires d'images stéréoscopiques, a été possible deux ans après leur mise en orbite. Chaque sonde est équipée de cinq télescopes couplés à des caméras numériques : un est en charge de photographier le disque solaire dans l'ultraviolet extrême, deux types de coronographes observent la couronne solaire intérieure et extérieure, et deux scrutent l'héliosphère entre le Soleil et la Terre. L'équipement scientifique comprend aussi des détecteurs multiples pour mesurer les ondes radio en bouffées provenant du Soleil, les particules énergétiques, le champ magnétique et le vent solaire. Au 30 janvier 2009, les deux sondes et leurs instruments fonctionnaient parfaitement.

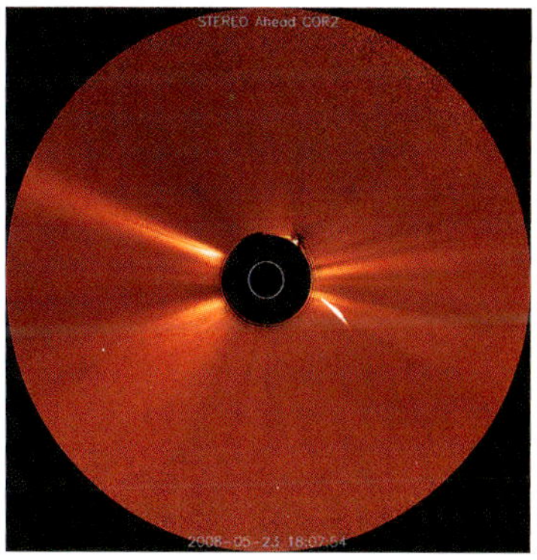

STEREO-A nous a transmis en mai 2008 les derniers moments d'une comète kamikaze qui se consuma et se désintégra avant de disparaître dans la fournaise solaire.

Les Comètes

La comète de 1858 découverte par l'astronome italien Giovanni Battista Donati fut la plus spectaculaire du XIXe siècle et la première à être photographiée.

Depuis la nuit des temps, le passage d'une comète demeure un spectacle inoubliable pour ceux qui ont la chance de l'observer. Il a été longtemps considéré comme un signe de bon ou mauvais augure, selon l'événement historique qui l'accompagnait. Les comètes sont des petits objets du système solaire en orbite autour du Soleil. Elles sont composées d'un noyau de taille modeste, de quelques mètres à quelques dizaines de kilomètres, d'où émane un coma et une immense queue brillante de gaz et de poussières qui peut atteindre 150 millions de kilomètres de longueur. Le noyau est un amas de roche, de glace, de gaz à l'état solide et de poussières qui s'est formé à la naissance du système solaire. Quand une comète se rapproche du Soleil, les radiations causent la vaporisation de l'eau, des gaz et autres matériaux volatils qui emportent avec eux les grains de poussière. Les gaz relâchés et la poussière forment une atmosphère (la chevelure ou coma) autour du noyau et une traînée (la queue) dans la direction opposée à la pression de radiation solaire. Le coma et la queue deviennent visibles sur Terre quand la comète pénètre dans le système solaire intérieur, la poussière reflétant directement la lumière solaire et les gaz s'illuminant par ionisation sous la pression des rayons solaires ultraviolets.

La poussière perdue par une comète forme un vaste nuage derrière son sillage. Quand la Terre traverse un nuage de poussière cométaire, les grains brûlent dans la haute atmosphère et s'ionisent en une pluie d'étoiles filantes. Le phénomène régulier des Perséides, à la mi-août, coïncide avec la traversée du nuage laissé par la comète Swift-Tuttle, qui sera de retour en 2126.

Les comètes proviennent principalement de deux réservoirs : la ceinture de Kuiper qui s'étend de l'orbite de Neptune jusqu'à 55 UA du Soleil et le lointain nuage d'Oort qui entoure le système solaire à plus de 50 000 UA du Soleil. Celles qui viennent de la ceinture de Kuiper ont des orbites elliptiques à périodes courtes, de moins de deux cents ans, tandis que celles, plus nombreuses, qui se détachent du nuage d'Oort ont des orbites à périodes longues de plusieurs milliers d'années. L'astronome anglais Edmund Halley, en 1705, réalisa le premier que les comètes de 1531, 1607 et 1682 n'étaient qu'un seul et même objet avec une période de 76 ans (la comète de Halley) et il prédit avec succès son retour en 1758. Plus de 3 600 comètes ont été répertoriées, dont 400 ont une orbite prévisible à période courte. La majorité sont des comètes du groupe de Kreutz qui frôlent le Soleil ou *sungrazers* (voir découverte de comètes par SOHO page 283). L'astronome allemand Heinrich Kreutz émit l'hypothèse en 1888 que celles-ci sont toutes issues de la fragmentation d'un seul noyau cométaire en 1106. Plusieurs grandes comètes spectaculaires dont celles de 1843, de 1882 et d'Ikeya-Seki en 1965 appartiendraient à ce groupe.

Cette caricature française datée de 1857 illustre bien la crainte que peut susciter le passage d'une comète dans le ciel.

CI-DESSOUS
En 2007, la comète McNaught, la plus brillante depuis des décennies, était visible sans instrument et en plein jour dans l'hémisphère Sud.

La grande comète de 1843 était d'une telle luminosité qu'elle était visible en plein jour. La queue de cette remarquable *sungrazer* s'étendait sur plus de deux UA au passage de son périhélie.

Au début de la formation du système solaire, la fréquence des collisions entre les comètes et les planètes était beaucoup plus élevée qu'actuellement. Il est probable que les grandes quantités d'eau qui caractérisent la Terre soient d'origine cométaire. Il est rare, actuellement, qu'une comète intercepte une planète dans sa course. C'est pourtant ce qui a été observé en juillet 1994 quand la comète Shoemaker-Levy 9 s'est désintégrée sous les forces gravitationnelles combinées du Soleil et de Jupiter. Les fragments de la comète, chacun de la taille d'une montagne, se sont écrasés sur Jupiter en libérant une force explosive de 40 millions de mégatonnes de TNT, plus que la combinaison de toutes les bombes nucléaires jamais fabriquées.

En juillet 1994, un événement astronomique rarissime a pu être observé : la comète Shoemaker-Levy 9, fragmentée sous la force gravitationnelle de Jupiter, percuta la planète géante en une série de collisions gigantesques qui ont laissé des traces dans son atmosphère pendant plusieurs mois.

Les connaissances sur les comètes ont fait un bond quantitatif et qualitatif depuis l'avènement de l'ère spatiale. L'observation *in situ* des noyaux et l'analyse des queues de comètes par plusieurs sondes robotisées ont beaucoup contribué à comprendre leur composition et leur origine. La mission européenne Rosetta prévoit un atterrissage sur le noyau de la comète 67P/Churyumov-Gerasimenko, qu'elle rejoindra en 2014.

1984

Vega 1 et 2

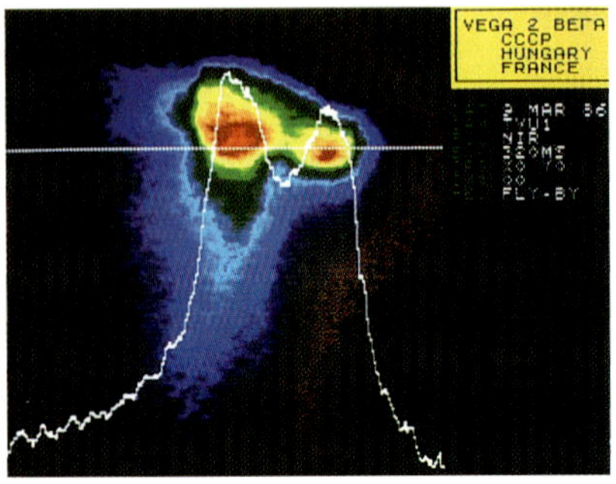

Le 9 mars 1986, la sonde soviétique Vega 2 s'approcha de la comète de Halley à 8 000 km de distance et transmit 700 images pendant sa brève rencontre.

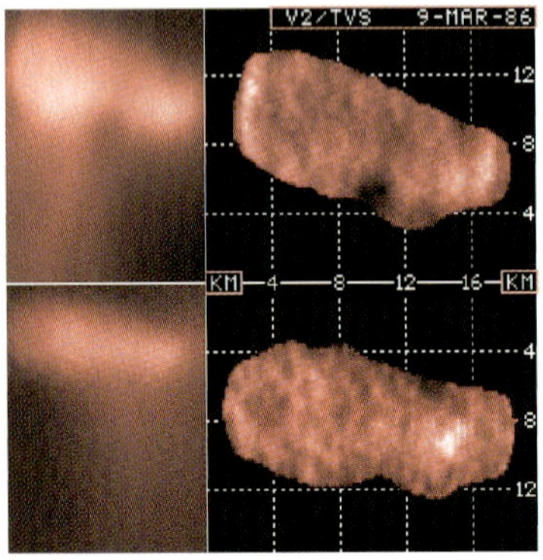

Topographie du noyau de la comète de Halley interpolée à partir des images de Vega 2 par un procédé de réduction du bruit.

Après leur rencontre avec Vénus en juin 1985 (voir page 116), les sondes Vega 1 et Vega 2 furent placées sur une trajectoire d'interception avec la comète de Halley. Pendant le passage de la comète de Halley en 1986, la flotte internationale de cinq sondes composée des sondes Vega, de l'européenne Giotto ainsi que des japonaises Suisei et Sakigake, a été surnommée « l'armada de Halley ». La participation des Américains à l'étude de la comète de Halley s'est limitée à une observation à grande distance par ICE (voir page 276). Les premières images du noyau de la comète furent transmises par Vega 1 à partir du 4 mars 1986, ce qui aida à ajuster la trajectoire finale de la sonde Giotto (voir page 301). Protégées par un écran contre la poussière émise par la queue de la comète, Vega 1 et Vega 2 s'approchèrent au plus près, le 6 mars 1986 à 8 890 km et, le 9 mars 1986 à 8 030 km du noyau, respectivement. La session d'observation rapprochée dura trois heures. Les images montraient deux jets de gaz lumineux qui proviennent d'un noyau sombre de 14 km de long avec une période de rotation de 53 heures. Au total, Vega 1 et Vega 2 rapportèrent 1 500 images de la comète de Halley. L'impact des particules cométaires sur les sondes réduisit significativement la puissance de leurs panneaux solaires, de 40 % pour Vega 1 jusqu'à 80 % pour Vega 2, mais aucun instrument ne subit d'avarie. L'analyse des poussières indiqua qu'elles sont formées des mêmes éléments que les chondrites, des météorites primitives retrouvées sur Terre. Les sondes Vega purent aussi mesurer la température du noyau, qui se situe entre 27 °C et 130 °C, ce qui surprit pour un objet glacé. Leurs missions accomplies, les sondes voguent actuellement en silence sur leur orbite héliocentrique.

Sakigake et Suisei

1985

La mission japonaise Sakigake (« pionnier ») de l'ISAS (Institute of Space and Astronautical Science, maintenant une composante de JAXA, l'agence spatiale japonaise) était une mission prototype conçue avant tout pour tester les technologies japonaises d'astronautique interplanétaire, en particulier les communications radio à très longue distance. Sakigake fut aussi la première sonde interplanétaire lancée par un autre pays que les États-Unis et l'Union soviétique. Elle décolla le 7 janvier 1985 du centre spatial de Kagoshima à bord d'un lanceur à quatre étages M-3SII pour prendre un chemin direct vers la comète de Halley. Équipée de trois instruments seulement, cette petite sonde de 138 kg avait comme objectif scientifique de mesurer l'interaction de la comète avec le vent solaire et les champs magnétiques interplanétaires. Elle réussit à s'en approcher à 7 millions de kilomètres, le 11 mars 1986, puis revint vers la Terre qu'elle croisa le 8 janvier 1992, à 89 000 kilomètres d'altitude, ce qui en fit le premier

Les sondes Sakigake et Suisei partageaient la même structure cylindrique.

PRINCIPAUX ÉLÉMENTS DE SAKIGAKE

1. Réflecteur de l'antenne à haut gain
2. Imageur UV
3. Contrôle d'attitude
4. Panneau solaire
5. Antenne à gain moyen
6. Antenne à faible gain
7. Analyseur de particules chargées

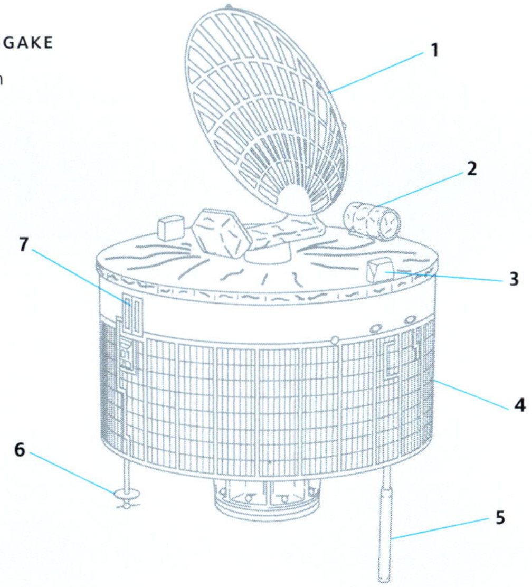

La comète de Halley telle qu'observée pendant son passage en 1910.

survol planétaire d'une sonde japonaise. Sa mission fut prolongée pour aller à la rencontre de la comète Honda-Mrkos-Pajdusakova en 1996, puis de la comète Giacobini-Zinner en 1998. Les contrôleurs perdirent le contact radio avec Sakigake en novembre 1995, ce qui fit avorter la mission.

Suisei (comète en japonais, nommée à l'origine Planet-A) fut propulsée, le 18 août 1985, sur une trajectoire directe vers la comète de Halley par une fusée M-3SII. Identique à Sakigake du point de vue de sa structure, cette sonde spatiale emportait toutefois un système d'imagerie dans l'ultraviolet pour documenter et étudier l'immense couronne d'hydrogène autour de la comète. Grâce à une manœuvre de correction de trajectoire, Suisei se rapprocha de la comète de Halley à 151 000 kilomètres, le 8 mars 1986, et analysa son coma et sa queue d'hydrogène longue de 20 millions de kilomètres. Malgré son éloignement, la sonde fut tout de même heurtée par deux grains cométaires de 1 millimètre de diamètre. L'ISAS décida de diriger Suisei vers la comète Giacobini-Zinner pour un survol en novembre 1998. La nouvelle trajectoire était complexe, avec plusieurs manoeuvres de correction et une assistance gravitationnelle de la Terre ; en fait, la sonde manqua de carburant pour mener à bien cette nouvelle mission. Suisei fut désactivée définitivement le 28 février 1998.

Giotto

1985

LA SONDE GIOTTO de l'ESA fut la première sonde interplanétaire européenne. Sa mission consistait à survoler de près le noyau de la comète de Halley pour l'étudier pendant son passage en 1986. Le prochain passage de cette comète n'aura lieu qu'en 2061. Le nom de la mission honore la mémoire du peintre florentin Giotto di Bondone (voir page 305) qui représenta la comète de Halley sur son tableau *L'Adoration des Mages*. Initialement, la sonde Giotto devait être accompagnée d'une sonde partenaire de la NASA, mais, cette dernière ayant subi des compressions budgétaires, le projet dut être annulé. La NASA, finalement, se résigna à procéder à une observation conjointe de la comète de Halley au moyen de télescopes depuis la navette spatiale en orbite. Malheureusement, ce plan s'avéra impossible à réaliser suite au désastre de Challenger.

Giotto en phase d'intégration dans les locaux d'Intespace à Toulouse.

Préparation de Giotto pour un test de rotation dans un simulateur de radiations solaires dans des conditions de vide interplanétaire.

Le 2 juillet 1985, le premier jour de la fenêtre de tir officielle, eu lieu le lancement de la mission Giotto par une fusée Ariane-1 à Kourou en Guyane française.

PRINCIPAUX ÉLÉMENTS DE GIOTTO

1. Antenne omnidirectionnelle
2. Antenne à haut gain
3. Réservoir d'hydrazine
4. Propulseur de contrôle d'attitude
5. Instrumentation
6. Moteur principal de propulsion
7. Volet de tuyère
8. Bouclier anti-impact
9. Caméra
10. Panneau solaire
11. Magnétomètre

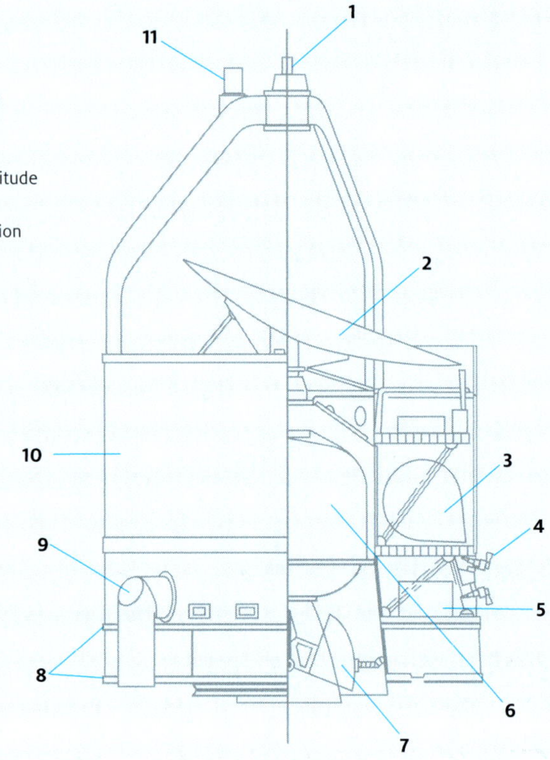

TRAJECTOIRES RESPECTIVES DE LA TERRE, DE LA SONDE GIOTTO ET DE LA COMÈTE DE HALLEY

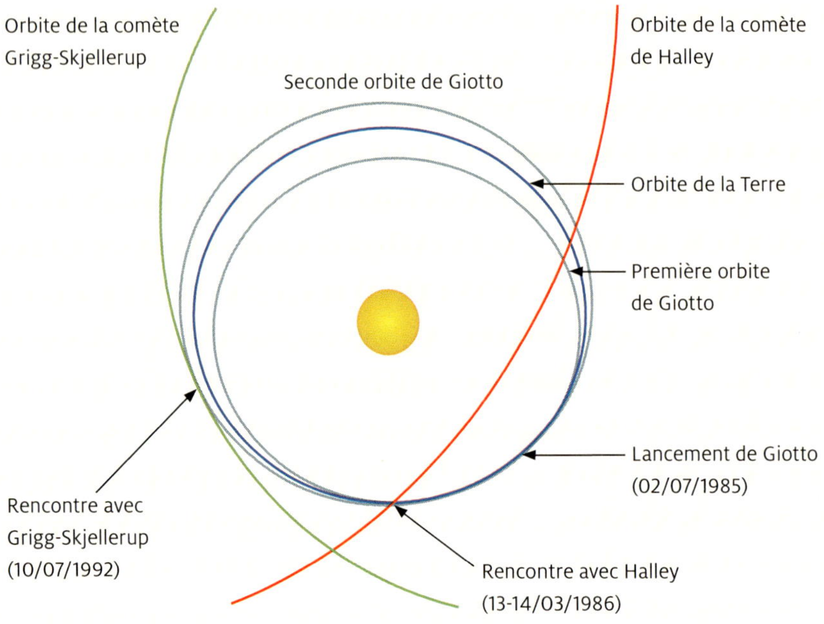

La structure de Giotto dérivait de celle du satellite de recherche GEOS construit par British Aerospace, mais comprenait l'addition d'un bouclier spécial en aluminium et en kevlar pour protéger le vaisseau contre les impacts des grains de poussière cométaires. Une caméra couleur numérique équipait Giotto pour documenter et mesurer le noyau; des spectromètres de masse avaient été embarqués pour caractériser la composition chimique du coma et de la queue de la comète. Plusieurs types de détecteurs de poussière et de plasma, ainsi qu'un photopolarimètre, complétaient la panoplie d'instruments scientifiques à bord de la sonde de 583 kg.

Vue artistique de Giotto survolant la comète de Halley à distance respectable pour éviter les impacts.

La mission Giotto prit son départ, le 2 juillet 1985, à bord d'une fusée Ariane I lancée à partir du complexe spatial européen de Kourou en Guyane française. La sonde se plaça en orbite géostationnaire avant d'être propulsée par un booster ABM (*Apogee Boost Motor*) vers la comète de Halley pour une rencontre dans l'espace lointain. La trajectoire de Giotto fut contrôlée par le centre de contrôle de l'ESA à Darmstadt en Allemagne. Grâce aux données précises transmises par les sondes Vega, Giotto a pu s'approcher, le 14 mars 1986, à 600 kilomètres seulement du noyau de la comète de Halley. Par un étonnant miracle, la sonde survécut aux nombreuses collisions avec des éléments de la comète (12 000 impacts ont été enregistrés!). Plus sombre que de la suie, le noyau, de forme allongée et irrégulière, mesure 15 km de long et 7 à 10 km de large. Au moins trois sources de vaporisation furent détectées sur la surface du noyau. L'analyse des matériaux cométaires indique que la comète de Halley est âgée de 4,5 milliards d'années et qu'elle a une composition primordiale proche de celle du Soleil. La comète éjectait trois tonnes par seconde de matière dans l'espace, dont la majorité sous forme d'eau et de monoxyde de carbone. Un impact particulièrement violent dévia Giotto de sa trajectoire et déstabilisa son orientation, la privant de la protection de son bouclier pendant au moins 30 minutes. Un autre impact détruisit la caméra, mais celle-ci avait déja transmis des images spectaculaires du noyau. La sonde finit par retrouver son orientation et continua sa route.

Le 2 juillet 1990, Giotto survola la Terre à 22 000 kilomètres d'altitude pour une assistance gravitationnelle et une déviation de trajectoire («gravi-déviation») qui allait la diriger vers la comète Grigg-Skjellerup. Le 10 juillet 1992, elle frôla le noyau de cette comète, passant à 200 kilomètres de celle-ci. La mission, considérée à juste titre comme une réussite encourageante pour l'ESA, fut déclarée officiellement terminée le 23 juillet 1992.

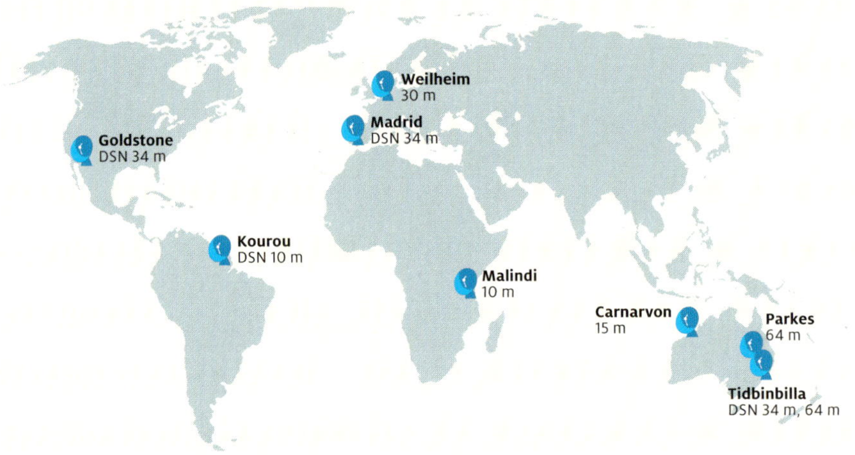

Répartition géographique du réseau des antennes radio utilisées pendant la mission Giotto. Les nombres correspondent au diamètre des antennes, en mètres.

CI-DESSOUS

Séquence temporelle de la phase d'approche de la comète de Halley.

EN BAS DE PAGE

Giotto s'est approchée à 600 kilomètres seulement du noyau de la comète de Halley, le 13 mars 1986.

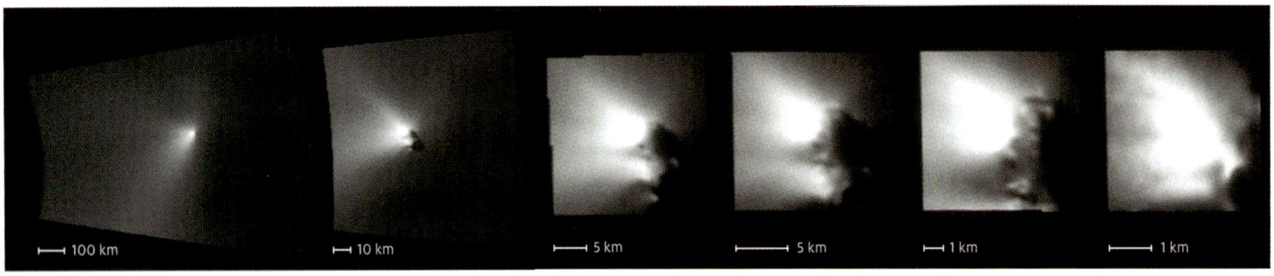

GIOTTO

(circa 1267 - circa 1337)

Giotto di Bondone, dit Giotto, était un peintre, sculpteur et architecte originaire de la région de Florence. Il est considéré aujourd'hui comme un des grands artistes de la Pré-Renaissance italienne. Il est connu surtout pour avoir peint les fresques somptueuses qui ornent les murs de plusieurs églises de Florence, d'Assise et de Padoue. Le cycle de fresques de Giotto dans la chapelle des Scrovegni à Padoue, un chef-d'œuvre qu'il a peint en 1305, figure parmi les trésors du patrimoine mondial. La comète de Halley est passée en 1301 ; donc il est probable que Giotto s'en soit inspiré pour représenter l'étoile de Bethléem en comète dans son tableau *L'Adoration des Mages*. Son style de peinture fut jugé très novateur parce qu'il rompait avec les représentations hiératiques du style byzantin, dont les artistes de la Péninsule s'étaient, jusque-là, beaucoup inspirés.

L'anecdote du cercle de Giotto : on raconte que le pape Benoît XI demanda à Giotto, par l'intermédiaire d'un émissaire, une preuve de son talent. Sur-le-champ, à main levée, Giotto traça sur une feuille destinée au souverain pontife un cercle parfait à l'encre rouge. Impressionné par son génie, le pape l'invita à réaliser plusieurs œuvres.

1998

Deep Space 1

CI-DESSOUS À DROITE
À plein régime, le moteur ionique de Deep Space 1 fournit une poussée capable de soulever… une feuille de papier. Cependant, cette force minuscule peut s'exercer de manière constante pendant plusieurs années, surpassant ainsi les capacités des moteurs chimiques sur des distances interplanétaires.

CI-DESSOUS À GAUCHE
La mission Deep Space 1 consistait à tester dans l'espace plusieurs avancées technologiques, dont un transpondeur et un moteur à propulsion ionique.

La mission Deep Space 1 inaugura le programme New Millenium de la NASA. Ce programme (1995-2008) dirigé par le JPL était destiné à tester des nouvelles technologies spatiales à la fois légères, économiques et fiables, qui pourraient bénéficier à plusieurs types de sondes d'exploration dans l'avenir. L'objectif de Deep Space 1 était de valider plusieurs technologies avancées tout en rapportant des données des survols de l'astéroïde Braille et de la comète de Borrelly. Testé pour la première fois sur une mission de la NASA, le moteur ionique NSTAR était utilisé comme moyen de propulsion. Un nouveau système de navigation autonome, « Autonav », devait permettre à la sonde, en utilisant les images d'objets célestes de

référence fournies par la caméra de navigation (suiveur stellaire), de moins dépendre des contrôleurs pour ajuster sa trajectoire. Le programme d'intelligence artificielle « Remote Agent » était testé pour diagnostiquer, puis corriger, les dysfonctionnements à bord sans intervention humaine. Un système innovateur de communication radio « Beacon Monitor » était basé sur des signaux codés reflétant l'état général de Deep Space 1. Il était expérimenté pour réduire le travail d'interprétation des signaux télémétriques sur Terre pendant les longs trajets interplanétaires. Les panneaux solaires de Deep Space 1 utilisaient la méthode de concentration des rayons solaires SCARLET (*Solar Concentrator Array of Refractive Linear Element Technologies*) pour produire plus d'énergie électrique (2 500 watts) avec moins de surface. Plusieurs équipements miniaturisés étaient aussi en phase de validation, dont le système d'imagerie numérique MICAS (*Miniature Integrated Camera And Spectrometer*), le détecteur de plasma PEPE (*Plasma Experiment for Planetary Exploration*) et le transpondeur SDST (*Small Deep Space Transponder*).

Deep Space 1 en configuration de croisière.

Deep Space 1 quitta la Terre le 24 octobre 1998 à bord d'une fusée Delta II 7326 pour se diriger vers le petit astéroïde Braille (immatriculé 1992 KD). Les responsables de la mission connurent des difficultés avec le moteur ionique qui s'éteignit après quatre minutes et 30 secondes. Heureusement, des efforts répétés pour le rallumer parvinrent à régler le problème définitivement. Une autre anicroche à la mission fut la perte de la caméra *startracker* qui priva le système de navigation de support visuel. Finalement, le canal ultraviolet du spectromètre du module MICAS tomba en panne. Le survol de Braille, le 29 juillet 1999, ne fut qu'un succès partiel. Deep Space 1 devait frôler Braille à 240 mètres d'altitude à la vitesse de 56 000 km/h. En fait, un bogue dans le logiciel de navigation et d'autres difficultés techniques lui firent croiser l'astéroïde à 26 kilomètres de distance. De surcroît, celui-ci étant trop sombre pour que le navigateur « Autonav » commande à la caméra une bonne mise au point,

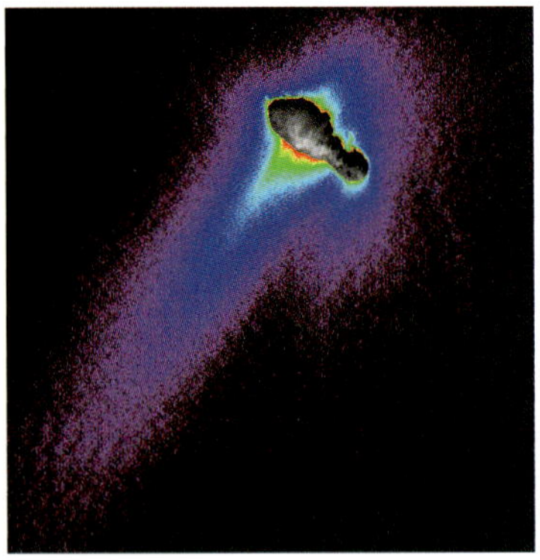

Image composite de la comète de Borrelly, située à 4 800 kilomètres de Deep Space 1. Les couleurs artificielles représentent la luminosité du coma et de la poussière éjectée du noyau de la comète.

les quelques images de Braille qui ont été prises sont floues. Cependant, le survol à 2 200 km de la comète de Borrelly, le 21 septembre 2001, fut un succès complet avec l'obtention des meilleures images, à l'époque, d'un noyau de comète. En dépit du fait que Deep Space 1 ne portait pas de bouclier de protection, la sonde a survécu sans dommages à la rencontre, parce que les jets de matière cométaire ne se trouvaient pas dans sa direction. Par la suite, Deep Space 1 étant à court de carburant pour contrôler son attitude, la NASA décida de suspendre les opérations le 18 décembre 2001. La mission Deep Space 1 a marqué les esprits par le nombre de progrès technologiques intégrés aux missions ultérieures. Par exemple, les sondes modernes de la NASA s'appuient maintenant sur un système de navigation optique semblable à Autonav pour ajuster leur trajectoire de manière autonome ; autre exemple, des moteurs ioniques hérités de NSTAR propulsent la mission Dawn (voir page 340).

PRINCIPAUX ÉLÉMENTS DE DEEP SPACE 1

1. Antenne à haut gain
2. Analyseur de plasma
3. Écran solaire pour imageur spectrométrique
4. Unité de conversion de voltage
5. Imageur spectrométrique
6. Unité de distribution électrique
7. Module électronique
8. Capteurs du moteur ionique
9. Module de propulsion
10. Unité de référence inertielle
11. Suiveur stellaire
12. Panneaux solaires (repliés)

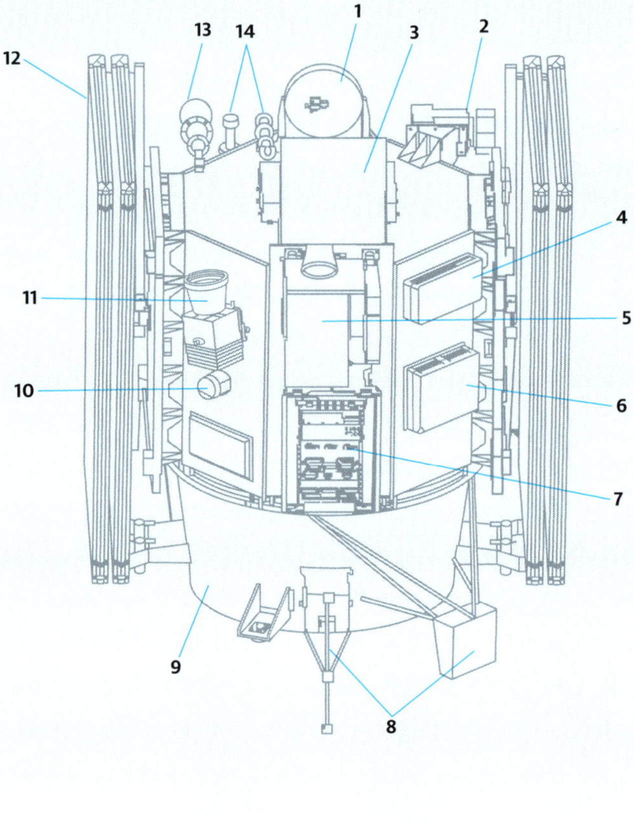

Stardust

1999

LA MISSION STARDUST de la NASA se donnait comme objectif d'aller étudier *in situ* la composition de la comète Wild 2, nommée d'après l'astronome suisse Paul Wild (prononcer *Vilt*) qui l'a découverte en 1978. De plus, c'était la première mission spatiale avec retour de matériel provenant d'un objet extraterrestre depuis Luna 24 en 1976 (voir page 58), c'est-à-dire depuis plusieurs décennies. Après avoir parcouru une boucle de 3 milliards de kilomètres, Stardust devait larguer sur Terre une capsule contenant des particules de la comète Wild 2 et des particules interstellaires.

La particularité de la charge utile de la mission Stardust résidait principalement dans la conception du collecteur de matière. Pour empêcher leur impact à haute vitesse sur

Un technicien de Lockeed Martin Astronautics fait les vérifications finales sur la sonde Stardust avant l'encapsulation.

CI-CONTRE

Le collecteur de particules cométaires et interstellaires de Stardust est constitué de cellules d'aérogel pour amortir les impacts.

Le Dr Peter Tsou du Jet Propulsion Laboratory démontre les propriétés mécaniques étonnantes de l'aérogel, un matériau isolant de très faible densité.

CI-DESSOUS
Rencontre entre Stardust et la comète Wild-2.

une surface solide, les particules étaient ralenties et conservées dans des cellules d'aérogel, un matériau spongieux à base de silicone remarquable pour sa très faible densité. De plus, un spectromètre de masse miniature similaire à celui à bord de Giotto (voir page 301) analysait la composition moléculaire des poussières captées en temps réel. Plusieurs écrans de Whipple protégeaient les panneaux solaires et le corps de la sonde pendant la rencontre avec la comète.

Le 7 février 1999, Stardust prit la direction de l'espace lointain sur une fusée Delta II. Ce type de lanceur ne fournissait pas assez de poussée pour propulser Stardust sur une trajectoire directe vers la comète Wild 2. La sonde se plaça d'abord sur une orbite héliocentrique, puis accéléra pour agrandir son orbite grâce à une manœuvre d'assistance gravitationnelle effectuée en survolant la Terre, le 15 janvier 2001. Quelque 17 heures plus tard, la sonde survole la Lune à une distance de 108 000 km et en prend 23 photos destinées à calibrer sa caméra. Sur la seconde orbite, la sonde s'approcha à 3 300 kilomètres de l'astéroïde Annefrank, le 2 novembre 2002, qu'elle photographia. Au cours de la troisième révolution, Stardust

PRINCIPAUX ÉLÉMENTS DE STARDUST

1. Antenne à haut gain
2. Antenne à gain moyen
3. Antenne à faible gain
4. Collecteur de poussière cométaire et interstellaire (déployé)
5. Capsule de récupération (ouverte)
6. Analyseur de poussière cométaire et interstellaire
7. Adaptateur de lancement
8. Boucliers protecteurs
9. Panneau solaire

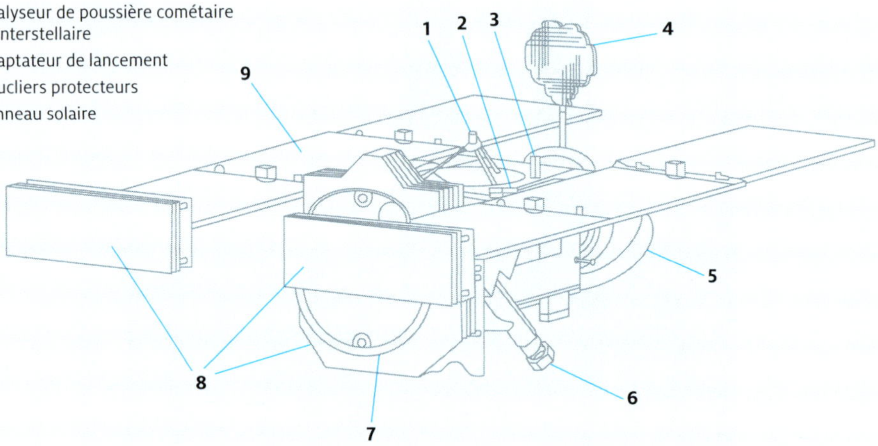

croisa la comète Wild 2, le 2 janvier 2004. La sonde transmit des images détaillées de son noyau et put collecter des échantillons en provenance de son coma. Pendant le trajet, le collecteur fut déployé et pivota pour recueillir des poussières interstellaires sur sa face inutilisée. À proximité de la Terre, Stardust largua la capsule de récupération. Celle-ci pénétra dans l'atmosphère à la vitesse fulgurante de 12,9 km/seconde (46 440 km/h !). Les spectateurs assistèrent à la descente d'une boule de feu accompagnée d'un boom supersonique, le 15 janvier 2006, au-dessus du Grand Lac Salé en Utah. Les vents déportèrent la capsule et son parachute de quelques kilomètres, mais l'atterrissage en douceur se fit à l'intérieur de la zone prévue, avec juste une minute de retard. La capsule fut transférée dans une salle blanche au Johnson Space Center à Houston, Texas, comme le furent les échantillons de sol lunaire à l'époque du programme Apollo. L'analyse physico-chimique du million de grains de poussière cométaire (de quelques microns à 1 millimètre de diamètre) et des 45 particules interstellaires est encore en cours. La recherche patiente des impacts microscopiques sur les images d'aérogel est confiée à des milliers de

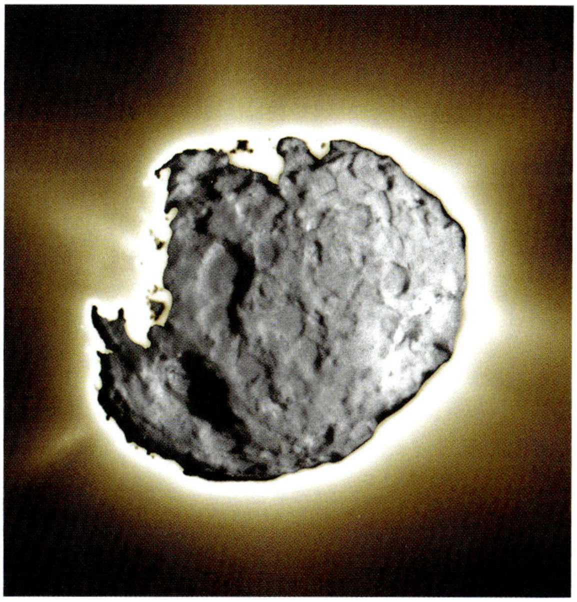

Image composite de la comète Wild-2 telle que vue par Stardust le 2 janvier 2004. Le noyau a un diamètre de 5 kilomètres.

TRAJECTOIRES DE LA SONDE STARDUST ET DE LA COMÈTE WILD-2

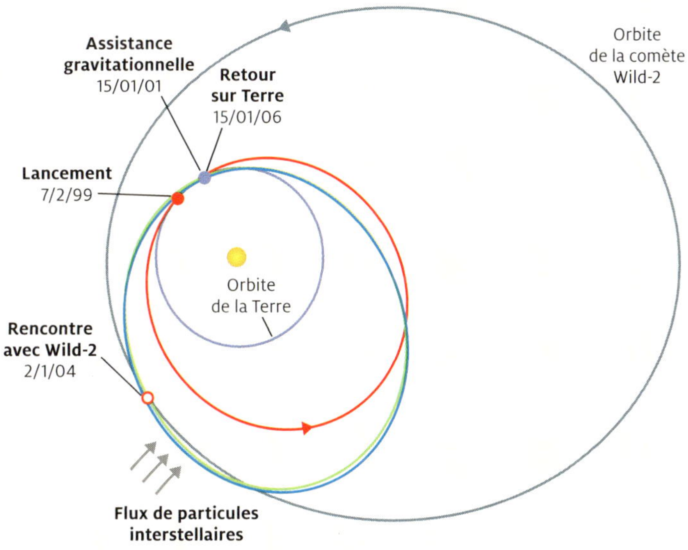

volontaires armés de leurs ordinateurs personnels selon une méthode de calcul distribué (le programme Stardust@Home). Les données publiées jusqu'à maintenant indiquent la présence de composés organiques azotés et d'hydrocarbures dans la matière cométaire. Ce qui revalorise l'hypothèse d'un ensemencement de la Terre en molécules pré-biotiques par les comètes.

Stardust fut mise en hibernation sur une orbite héliocentrique. Le 3 juillet 2007, la NASA approuva une prolongation de la mission, rebaptisée NexT (*New Exploration of Tempel 1*), afin de retourner, en 2011, vers la comète Tempel 1 que la sonde Deep Impact (voir page 318) n'avait pu observer dans de bonnes conditions après l'impact.

Un cratère d'impact révélateur, dans une cellule du collecteur. En bas : trace d'un impact de particule cométaire freinée par l'aérogel.

La capsule de rentrée atmosphérique atterrit sur un terrain militaire dans l'Utah, le 15 janvier 2006, (à gauche), puis fut transférée dans un laboratoire spécial du Johnson Space Center en Floride pour l'analyse des échantillons (à droite).

Le Dr Donald Brownlee, responsable scientifique de la mission Stardust, fait le signe de la victoire après avoir constaté que la récupération des échantillons s'est déroulée comme prévu.

Rosetta

2004

L'AMBITIEUSE MISSION européenne Rosetta, en cours actuellement, a comme objectif de visiter la comète 67P/Churyumov-Gerasimenko avec un orbiteur, puis de larguer l'atterrisseur Philae sur le noyau pour en analyser la surface. En chemin, Rosetta va survoler deux astéroïdes. « Rosetta » (Rosette) fait référence à la ville égyptienne où fut trouvée la pierre qui permit à Jean-François Champollion (1790-1832) de découvrir des éléments d'interprétation des hiéroglyphes. Par analogie, la mission spatiale espère dévoiler des éléments clés pour comprendre les origines du système solaire. « Philae » est le nom de l'île sur le Nil où fut découvert l'obélisque qui permit au savant français de parvenir au déchiffrage définitif de l'écriture égyptienne. Initialement, Rosetta devait partir en 2003 pour une rencontre avec la comète 46P/Wirtanen en 2011. Des problèmes de lanceur et d'autres retards obligèrent ses concepteurs à revoir complètement le plan et la trajectoire de la mission. Rosetta décolla le 2 mars 2004 sur le lanceur lourd Ariane 5, à partir du centre de lancement de l'ESA à Kourou.

CI-DESSOUS À GAUCHE
Vérification des gigantesques panneaux solaires de Rosetta dans les locaux du centre spatial de Guyane à Kourou.

CI-DESSOUS À DROITE
Le puissant lanceur européen Ariane-5 propulsa la sonde Rosetta vers l'espace lointain pour une longue mission qui va s'étendre sur plus d'une décennie (2004-2014).

PRINCIPAUX ÉLÉMENTS DE ROSETTA

1. Antenne à faible gain
2. Suiveurs stellaires
3. Spectromètre de masse
4. Analyseur de poussière cométaire
5. Sondeur radio
6. Panneau solaire
7. Atterrisseur Philae
8. Propulseurs de contrôle d'attitude
9. Sondeur radio
10. Antenne à haut gain
11. Imageur OSIRIS
12. Sonde Langmuir double
13. Analyseur ionique
14. Télescope micro-ondes

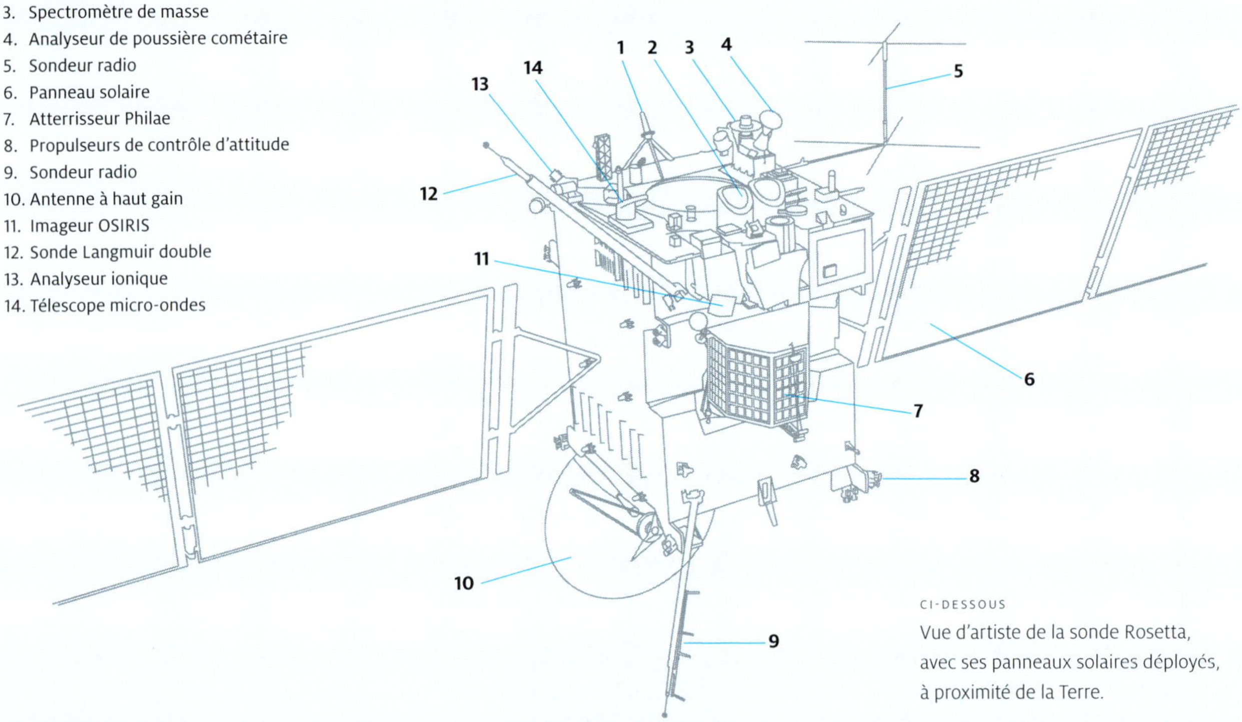

CI-DESSOUS

Vue d'artiste de la sonde Rosetta, avec ses panneaux solaires déployés, à proximité de la Terre.

Malgré la puissance d'Ariane 5, plusieurs assistances gravitationnelles planétaires auront été nécessaires pour atteindre la comète 67P/Churyumov-Gerasimenko en 2014. La sonde a déjà effectué deux survols de la Terre (le 4 mars 2005 et le 13 novembre 2007) et un survol de Mars (le 25 février 2007). Le survol de Mars à basse altitude (250 kilomètres) devint une opération très risquée car la sonde ne pouvait pas utiliser ses panneaux solaires dans l'ombre de la planète et se trouvait dans l'impossibilité de communiquer pendant quinze longues minutes. L'ayant placée en sommeil pendant le survol, les responsables de la mission ne garantissaient pas de pouvoir la réveiller. La manœuvre d'accélération fut néanmoins un succès et Rosetta réactivée continua sa route comme prévu. Un troisième survol de la Terre est prévu en novembre 2009. Pendant le trajet, le 5 septembre 2008, Rosetta a pu survoler, à une distance de 800 kilomètres, le petit astéroïde en forme de diamant 2887 Steins (5 km de diamètre) et le photographier. Le système de guidage autonome de la sonde vers Steins par navigation optique fut une bonne répétition de la méthode qui va être utilisée pour se diriger vers la comète. Le 10 juillet 2010, la sonde aura

TRAJECTOIRE DE ROSETTA

1. Lancement
   2/3/04
2. Assistance gravitationnelle de la Terre
   4/3/05
3. Assistance gravitationnelle de Mars
   25/2/07
4. Assistance gravitationnelle de la Terre
   13/11/07
5. Survol de Steins
   5/09/08
6. Assistance gravitationnelle de la Terre
   13/11/09
7. Survol de Lutetia
   10/7/10
8. Rendez-vous avec la comète Churyumov-Gerasimenko
   22/5/14
9. Atterrissage sur la comète
   10/11/14

ORBITES
- Terre
- Mars
- Astéroïde Steins
- Astéroïde Lutetia
- Comète Churyumov-Gerasimenko

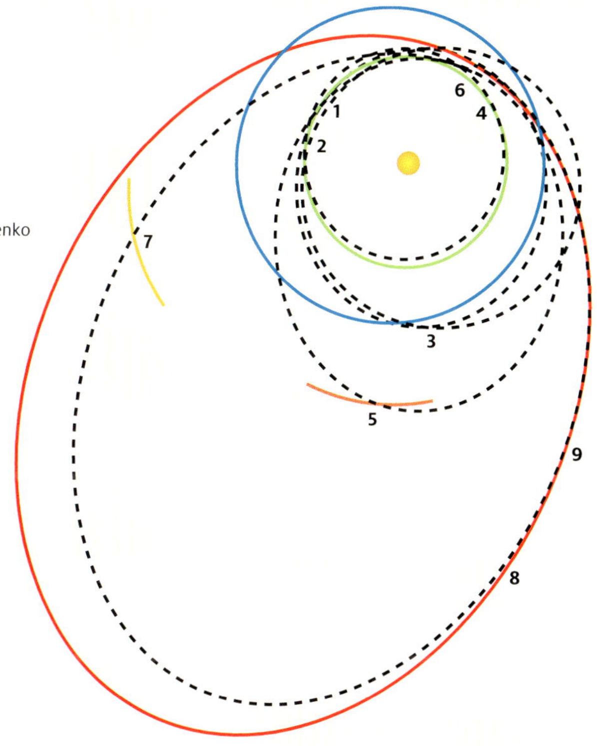

CI-DESSUS À GAUCHE
À 240 000 km de distance, la planète Mars vue par la caméra OSIRIS de la sonde Rosetta en approche.

CI-DESSUS À DROITE
La caméra CIVA de l'atterrisseur Philae, passager de Rosetta, a capté cette image de Mars quatre minutes avant la délicate manœuvre d'assistance gravitationnelle.

l'occasion de s'approcher d'un deuxième astéroïde, 21 Lutetia, de plus grande dimension (100 km de diamètre). L'orbiteur est équipé d'une panoplie d'instruments sophistiqués pour rapporter des données sur le noyau de la comète et son coma. En plus des deux caméras (avec grand angle et téléobjectif) d'OSIRIS (*Optical, Spectroscopic and Infrared Remote Imaging System*) et du spectro-imageur VIRTIS, utilisé aussi par Venus Express (voir page 124), l'équipement de Rosetta comprend différents types de spectromètres optiques, un spectromètre de masse et un microscope à force atomique pour visualiser les grains de poussière qui seront captés sur une plaque de silicone. L'atterrisseur Philae de 100 kg possède ses propres caméras. Sa caméra panoramique CIVA (*Comet nucleus Infrared and Visible Analizer*) a déjà démontré son utilité pendant le dangereux survol de Mars. Philae est, lui aussi, équipé de plusieurs types de spectromètres pour l'analyse *in situ* des éléments à la surface du noyau. Le module APXS (*Alpha Proton X-Ray Spectrometer*) est semblable à celui de Mars Pathfinder (voir page 166) et des rovers Spirit et Opportunity (voir page 176). Son module radar CONSERT (*Comet Nucleus Sounding Experiment by Microwave Transmission*) permettra de sonder l'intérieur profond du noyau de la comète et d'en connaître la topologie de surface pour choisir le meilleur site d'atterrissage. Selon le plan prévu, Rosetta devrait hiberner pendant son long voyage, entre juillet 2011 et janvier 2014, entreprendre ses manœuvres de rendez-vous avec la comète en mai 2014 et larguer l'atterrisseur Philae en novembre 2014.

L'atterrisseur Philae tel qu'il pourrait apparaître sur le noyau de la comète si tout se déroule selon le plan de l'ESA en novembre 2014.

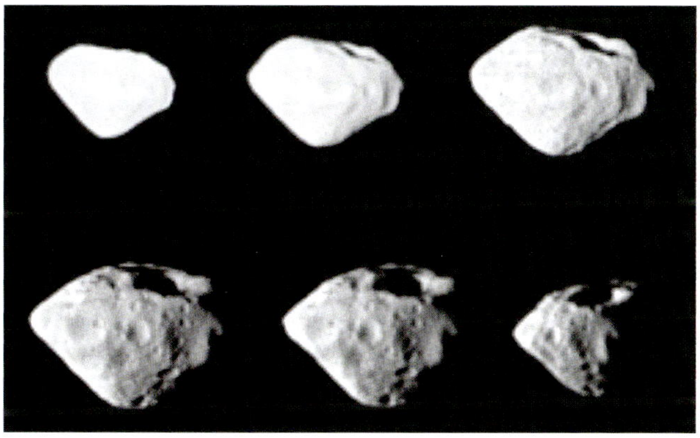

Rosetta s'est approchée à 800 km du petit astéroïde Steins en forme de diamant).

Détails du harpon qui servira à ancrer solidement l'atterrisseur Philae sur la comète 67P/Churyumov-Gerasimenko.

2005

Deep Impact

CI-DESSOUS À GAUCHE
La mission Deep Impact faisait partie du programme Discovery de la NASA. Le vaisseau spatial fut construit par la compagnie américaine Ball Aerospace and Technologies.

CI-DESSOUS À DROITE
Le 12 janvier 2005, une fusée Delta 2 propulsa la mission Deep Impact à la vitesse de 103 000 km/h afin qu'elle parcoure la distance de 429 millions de kilomètres en 174 jours vers sa cible, la comète Tempel 1.

OBSERVER les effets d'une collision avec une comète pour en connaître la composition ? Ce fut le pari fou de la mission Deep Impact de la NASA. La cible choisie était la comète 9P/Tempel 1 à courte période (6,5 ans). Par pure coïncidence, un film de science-fiction éponyme, réalisé par Mimi Leder et sorti en 1998, raconte comment la trajectoire d'une énorme comète est déviée pour éviter une collision fatale avec la Terre.

TRAJECTOIRES DE DEEP IMPACT ET DE LA COMÈTE TEMPEL 1

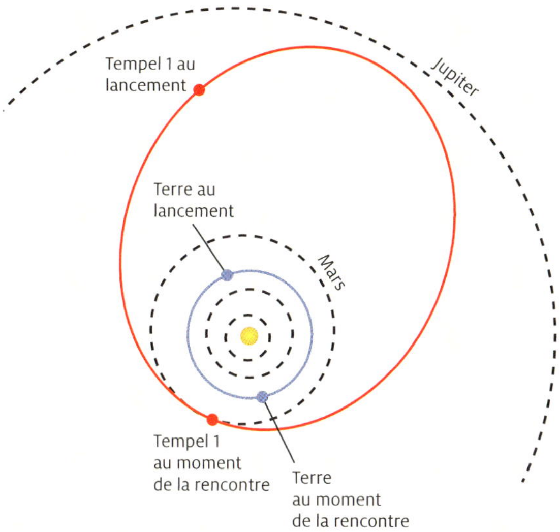

Vue d'artiste de l'impacteur quittant la sonde Deep Impact en direction de la comète Tempel 1. Le panneau solaire de la sonde spatiale joue le rôle d'écran de protection contre les poussières cométaires.

PRINCIPAUX ÉLÉMENTS DE DEEP IMPACT

1. Antenne à haut gain
2. Antenne à faible gain
3. Suiveur stellaire
4. Radiateur pour spectromètre infrarouge
5. Imageur à haute résolution et spectromètre infrarouge
6. Impacteur
7. Imageur à résolution moyenne
8. Panneau solaire-bouclier

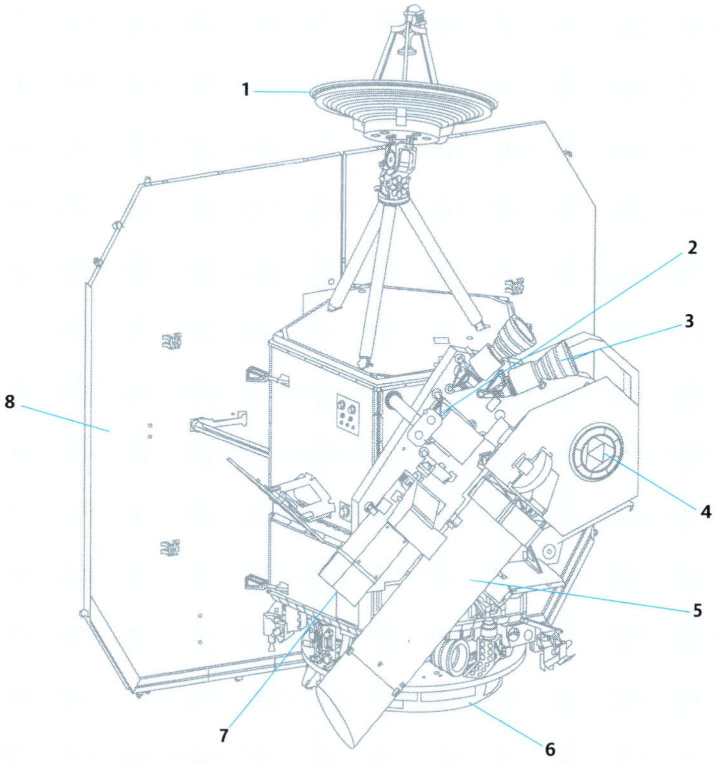

Le 12 janvier 2005, une fusée Delta II lance la sonde spatiale Deep Impact dans l'espace pour un voyage de cinq mois et 4 310 millions de km vers la comète 9P/Tempel à la vitesse de 103 000 km/h. Le vaisseau est constitué de deux éléments : un impacteur de 350 kg alourdi avec des plaques de cuivre groupées en dôme butoir et équipé d'une caméra d'approche, et une plate-forme spatiale qui lui sert de bus, équipée de deux caméras performantes et d'un spectromètre infrarouge. La caméra numérique branchée sur un télescope peut produire des images avec une résolution de 2 mètres/pixel tandis que celle qui comporte un objectif à plus grand angle offre une résolution de 10 mètres/pixel.

À proximité de la comète, le 3 juillet 2005, l'impacteur se sépara de son vaisseau-mère et alluma ses moteurs pour se diriger vers sa cible. Il ajusta sa trajectoire, grâce à son système de navigation autonome et à sa caméra, et finalement percuta le noyau, 24 heures plus tard, le 4 juillet, à la vitesse relative de 37 000 km/h. La collision libéra une énergie équivalant à l'explosion de 5 tonnes de TNT. La comète devint instantanément six fois plus brillante. La sonde survola la comète quelques minutes plus tard, transmit autour de 4 500 images de celle-ci, mais en raison de l'énorme nuage de

SÉQUENCE DES ÉTAPES DE LA COLLISION ENTRE L'IMPACTEUR ET LA COMÈTE TEMPEL 1

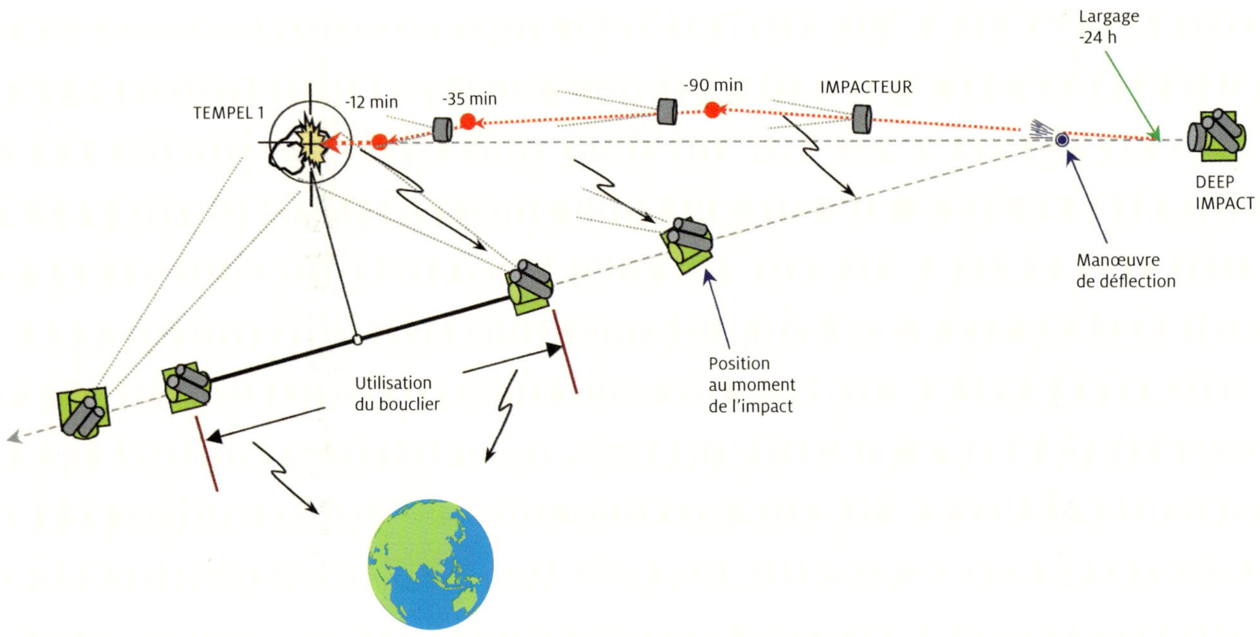

poussière fine comme du talc soulevée par l'impact, fut dans l'impossibilité d'observer le cratère. La sonde Rosetta (voir page 313), située à 80 millions de kilomètres, put observer le nuage de gaz et de poussière, de même que le télescope spatial Hubble et de nombreux télescopes terrestres, professionnels et amateurs. Les analyses spectroscopiques révélèrent la présence de glace, bien sûr, mais aussi d'argile, de silicates et de carbonates.

Image transmise 67 secondes après la collision à la vitesse de 37 000 km/h entre l'impacteur et le noyau de Tempel 1. L'énergie libérée fut équivalente à celle de 5 tonnes de TNT. La forte luminosité est due à la réflexion de la lumière du Soleil sur la matière éjectée. Celle-ci, composée principalement de poussière fine, a formé un nuage dense qui masqua la vue du cratère aux caméras de la sonde Deep Impact pendant son survol. La collision aurait formé un cratère de 100 mètres de diamètre.

Pour son côté spectaculaire, cette phase de la mission Deep Impact fut très médiatisée. Plus de 10 000 personnes suivirent « en direct » la collision grâce à un écran géant disposé sur la plage Waikiki à Hawaï, le jour de l'Indépendance. Les modèles mathématiques prévoyaient la formation d'un cratère de 50 à 100 mètres de diamètre. Il a été estimé plus tard qu'un cratère de 100 mètres de diamètre et de 30 mètres de profondeur a été excavé, et que 250 000 tonnes de glace et 15 000 tonnes de poussière ont été éjectées dans l'espace. Malgré les quantités apparemment gigantesques, l'impact se compare à celui d'une piqûre de moustique sur un éléphant. La déviation de trajectoire de la comète suite au choc a été estimée à … 10 cm.

La NASA approuva une prolongation de la mission. Sous le nom d'EPOXI (*Extrasolar Planet Observation and Deep Impact EXtended Investigation*), la sonde se dirige actuellement vers la comète Hartley 2 qu'elle va survoler en octobre 2010. En cours de route, son télescope servira à tenter d'observer des exoplanètes, connues pour orbiter autour de quelques étoiles proches, par la méthode de transit. De son côté, la sonde Stardust (voir page 309) visitera à nouveau la comète 9P/Tempel en 2011 pour documenter les effets de la collision avec l'impacteur dans de meilleures conditions d'observation.

Planètes Naines et Astéroïdes

Pluton et les planètes naines

Clyde W. Tombaugh (1906-1997) à l'observatoire astronomique Lowell près de Flagstaff, Arizona.

À la fin du XIXe siècle, les astronomes avaient cru remarquer de légères perturbations dans l'orbite de Neptune. Ces anomalies ne pouvaient être expliquées que par l'existence d'une planète plus éloignée, dénommée planète X par Percival Lowell qui la chercha désespérément depuis son observatoire à Flagstaff en Arizona, jusqu'à sa mort en 1916. Grâce à une nouvelle machine acquise par Lowell (un comparateur à clignotement) qui permet la recherche rapide des différences entre deux clichés photographiques du ciel pris à quelques jours d'intervalle, le jeune stagiaire Clyde W. Tombaugh (1906-1997) découvrit une neuvième planète le 18 février 1930. Elle deviendra Pluton, à la fois en référence au dieu romain des Enfers et aux initiales de Percival Lowell. Celles-ci forment son symbole astronomique. La recherche d'une planète X fut abandonnée, mais la découverte de plusieurs autres objets transneptuniens, dont Éris en 2005, plus grand et plus massif que Pluton, puis Makemake, Orcus et Sedna, a relancé le débat sur leur véritable identité. Le 24 août 2006, l'Union astronomique internationale décida de classer Pluton dans la catégorie des planètes naines selon plusieurs critères controversés. Le diamètre de Pluton et sa masse

DONNÉES SUR PLUTON

Diamètre équatorial : **2 306 km**
Masse : **0,002** (Terre = 1)
Distance moyenne du Soleil : **39,53 UA** (Terre = 1)
Période de rotation : **6,39 jours**
Période de révolution : **248 jours**
Température moyenne au sol : **-229 °C**
Gravité à la surface : **0,06 G**
Vitesse de libération : **1,27 km/s**
Lunes : **3 (Charon, Nix, Hydra)**

Après avoir analysé des milliers de paires de clichés pris à quelques jours d'intervalle grâce à un comparateur à clignotement, Tombaugh identifie une nouvelle planète, Pluton, en 1930.

CI-DESSOUS
Taille relative des plus grands objets transneptuniens connus.

sont des paramètres physiques difficiles à mesurer. Les dernières estimations révèlent que cette planète est plus petite (2 306 km de diamètre) et moins massive que la Lune et les satellites galiléens de Jupiter. Son principal satellite Charon, avec ses 1 200 km de diamètre, fut découvert en 1978. Pluton et Charon, du nom du passeur des Enfers dans la mythologie grecque, forment

de ce fait un système planétaire double, accompagné des petites lunes Nix et Hydra découvertes en 2005. Pluton sera la dernière planète à recevoir la visite d'une sonde spatiale quand New Horizons la survolera en 2015 (voir page 335).

La planète naine Sedna, d'un diamètre compris entre 1 200 km et 1 800 km, est un objet non cométaire avec l'orbite elliptique la plus excentrique. Sedna peut s'éloigner jusqu'à 897 UA du Soleil (voir schéma page 365) !

Éris, du nom de la déesse grecque de la discorde, est la plus grande planète naine du système solaire avec un diamètre mesurant entre 2 400 km et 3 000 km, ce qui la fit qualifier de dixième planète par ses découvreurs. Eris et sa lune Dysnomie sont situés à 97 UA du Soleil, au-delà de la ceinture de Kuiper, soit trois fois la distance Soleil-Pluton.

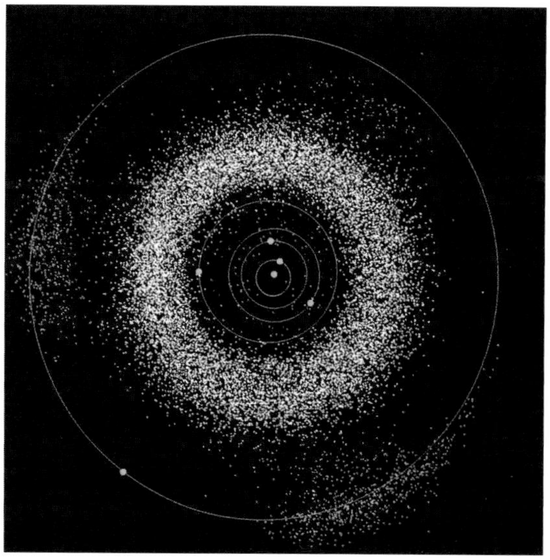

Répartition des astéroïdes de la ceinture principale (en blanc) et des astéroïdes troyens sur l'orbite de Jupiter (en vert).

Les astéroïdes

Entre l'orbite de Mars et celle de Jupiter gravitent des dizaines de milliers de petits objets, constitués de roche et de métal, qui forment la ceinture principale des astéroïdes. Le nom astéroïde signifie « qui ressemble à une étoile ». Mais ces objets proviennent des restes d'une protoplanète tellurique qui n'a pas réussi à accumuler assez de masse par accrétion au cours de la formation du système solaire. Ils appartiennent à la catégorie des planètes mineures ou planétoïdes. Cérès, le premier astéroïde découvert en 1801, représente à lui seul 25 % de la masse de la ceinture principale. Il n'existe qu'une dizaine d'astéroïdes ayant un diamètre supérieur à 150 km. Les petites lunes de Mars, Phobos et Déimos, seraient deux astéroïdes capturés par le champ gravitationnel de la planète rouge.

Les météorites sont des fragments d'astéroïdes qui pénètrent dans l'atmosphère. Plus de 2 000 petites météorites sont repérées chaque jour sous forme d'étoiles filantes se désintégrant par vaporisation avant de toucher le sol. Mais, dans le passé, au moins une grande météorite a contribué de manière significative à l'histoire biologique de la Terre. Il y a 65 millions d'années, l'extinction massive et rapide de 50 % des espèces animales et végétales, notammant les dinosaures, suivit la chute d'une météorite d'au moins 10 km de diamètre, du moins selon l'hypothèse d'Alvarez. L'immense cratère d'impact Chicxulub au large du Mexique date de cette période. Le choc définit la transition entre le Crétacé et le Tertiaire en raison de l'apparition d'une couche de sédiments riches en iridium, métal caractéristique des météorites. Cet événement majeur dans l'évolution de la vie a probablement ouvert la voie à la domination des mammifères et des oiseaux sur notre planète. Un certain nombre d'astéroïdes massifs, appelés géocroiseurs (900 ont été détectés jusqu'à maintenant), ont une trajectoire qui les rapprochent assez de la Terre pour qu'ils soient considérés comme des dangers potentiels. Les risques de collision sont quasiment nuls au cours des prochains millénaires mais la communauté internationale s'est néanmoins engagée, par précaution, à mettre en place un système de surveillance radar continue des NEA (*Near Earth Asteroids*).

Les astéroïdes sont une source unique d'informations sur la naissance du système solaire et son évolution. La mission Dawn actuellement en cours a pour objectif de placer une sonde en orbite autour de Vesta puis de Cérès en 2011-2015 (voir page 340).

La plus grande météorite découverte aux États-Unis, dite Willamette, pèse plus de 15 tonnes. Elle est actuellement exposée au musée d'histoire naturelle à New York.

Le célèbre Meteor Crater en Arizona est aussi appelé cratère Barringer en l'honneur de l'ingénieur américain Daniel Barringer (1860-1929) qui suggéra le premier qu'il résulte de l'impact d'une météorite géante tombée il y a 50 000 ans environ.

Galileo

1989

La mission Galileo vers Jupiter (voir page 229) suivait une trajectoire qui nécessitait des assistances gravitationnelles successives, fournies par des survols de Vénus et de la Terre. Cette trajectoire complexe a forcé Galileo à pénétrer deux fois dans la ceinture d'astéroïdes avant de se diriger vers Jupiter. Ces deux occasions d'observer de près, pour la première fois, des astéroïdes, furent mises à profit avec brio. Le 29 octobre 1991, Galileo s'approcha de l'astéroïde 951 Gaspra à la distance de 1 600 kilomètres. Plusieurs images de l'objet irrégulier furent prises et des mesures spectrométriques furent réalisées avant que la sonde ne s'en éloigne à la vitesse de 8 km/seconde (28 800 km/h). Le 28 août 1993, 22 mois après sa rencontre furtive avec 951 Gaspra, Galileo croisa l'astéroïde 243 Ida à 2 400 kilomètres. Les images de 243 Ida recélèrent une surprise : l'astéroïde est accompagné d'une lune minuscule, Dactyl. Le premier satellite naturel d'astéroïde découvert ne mesure que 1,4 kilomètre de diamètre. D'après les données spectrométriques de Galileo, Ida et Dactyl ont une composition rocheuse légèrement différente. Certains pensent que tous deux seraient néanmoins les produits d'un objet massif qui se désagrégea il y a plus d'un milliard d'années, mais cela reste une hypothèse.

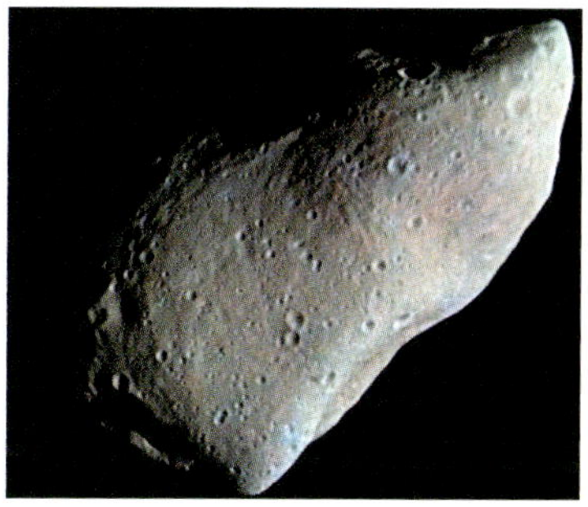

La mission spatiale Galileo fut la première à inclure une rencontre avec un astéroïde, en l'occurence Gaspra, un objet irrégulier de la ceinture principale qui mesure 19 km de long.

Galileo put se rapprocher d'Ida, un astéroïde de 56 km de long situé dans la ceinture principale découvert en 1884.

CI-CONTRE

La minuscule lune Dactyl orbite autour d'Ida.

1996

NEAR Shoemaker

La structure de NEAR est basée sur un prisme octogonal. Le laboratoire de physique appliquée de l'université Johns Hopkins à Baltimore prit en charge la conception et l'assemblage.

La mission NEAR (*Near Earth Asteroid Rendezvous*) faisait partie du programme Discovery de la NASA, un programme destiné à sélectionner des missions d'exploration spatiale ciblées, à faible coût (moins de 150 millions de dollars) et avec un temps de préparation maximal de 36 mois entre l'approbation et le décollage. L'objectif principal de NEAR était d'étudier les caractéristiques physiques de l'astéroïde Éros depuis une position orbitale basse sur une période d'une année. Éros est le premier NEA (Near Earth Asteroid) découvert, en 1898. Appartenant aux astéroïdes de type S (*Stony*, rocheux) et de forme allongée irrégulière (34,4 × 11,2 × 11,2 km), son orbite croise celle de Mars. Éros serait plus massif que l'astéroïde qui a créé le cratère de Chicxulub au Yucatan. N'ayant pas une orbite stable, Éros pourrait croiser l'orbite de la Terre dans quelques millions d'années.

Pour accomplir sa mission scientifique, la sonde disposait d'une caméra numérique multispectrale, d'un altimètre laser, d'un spectromètre à rayons X/gamma, d'un imageur spectrographe dans l'infrarouge et d'un magnétomètre. Après son décollage sur une fusée Delta 7925-8, le 17 février 1996, NEAR entra dans sa phase de croisière en état d'hibernation. Cette phase de sommeil se termina quelques jours avant son survol de l'astéroïde 253 Mathilde, à une distance de 1 200 km, le 27 juin 1997. D'un diamètre de 61 km, Mathilde, un astéroïde de classe C (carbone), est le plus gros astéroïde visité à ce jour par une sonde spatiale. Il se distingue par une période de rotation très lente – il met 17,4 jours à tourner autour de son axe. Puis, le 3 juillet, NEAR effectua une correction de trajectoire en allumant ses moteurs pour réduire sa vitesse et pour abaisser son périhélie. Le 23 janvier 1998, NEAR bénéficia d'une assistance gravitationnelle de la Terre en la frôlant à 540 km d'altitude. Le changement de trajectoire altéra son inclinaison orbitale, la faisant passer de 0,5 ° à 10,2 °, pour se rapprocher de celle d'Éros. Le premier allumage des moteurs prévu pour le rendez-vous avorta à cause d'un

Éros est le deuxième plus grand astéroïde de la catégorie NEA (*Near Earth Asteroid*).

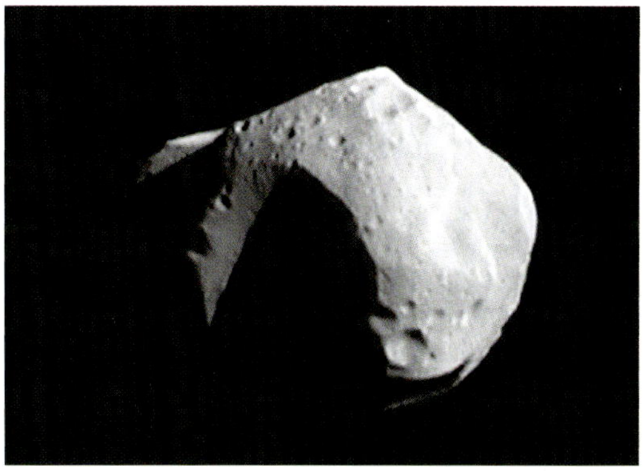

Mosaïque photographique de l'astéroïde Mathilde vu par NEAR d'une distance de 2 400 km. Le cratère central a une profondeur de 10 km.

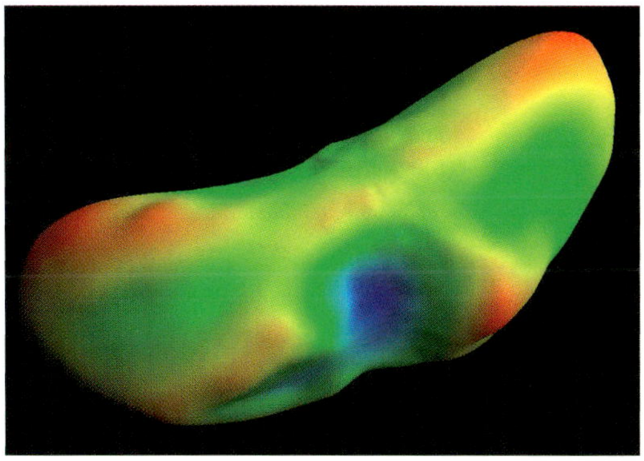

Modèle topographique de l'astéroïde Éros. Les dépressions sont indiquées en bleu, les élévations en rouge.

PRINCIPAUX ÉLÉMENTS DE NEAR SHOEMAKER

1. Antenne à haut gain
2. Panneau solaire
3. Magnétomètre
4. Détecteur de rayons X
5. Détecteur de rayons gamma
6. Altimètre laser
7. Imageur multispectral
8. Spectromètre proche infrarouge

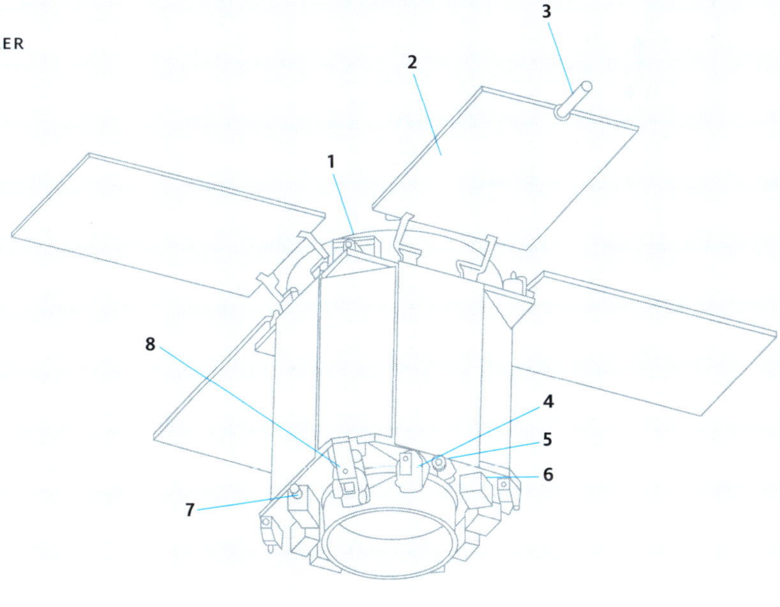

problème de logiciel : le contact fut perdu pendant plus de 24 heures. NEAR ne put s'approcher d'Éros que le 23 décembre 1998 à la distance de 3 827 km et à la vitesse de 965 mètres/seconde. Les responsables de la mission décidèrent de placer la sonde sur l'orbite d'Éros et d'attendre un tour complet autour du Soleil avant de tenter un autre rendez-vous. Treize mois plus tard, le 14 février 2000, NEAR se plaça en orbite (321 × 366 km) autour d'Éros après s'être assuré qu'il n'était pas accompagné de satellites qui auraient pu entrer en collision avec le vaisseau spatial. La sonde eut le loisir d'explorer et de documenter avec ses instruments toutes les facettes d'Éros depuis différentes orbites et différents angles pendant plusieurs mois. À partir du 24 janvier 2001, NEAR se rapprocha progressivement d'Éros jusqu'à se poser en douceur sur la surface, le 12 février. NEAR devint ainsi la première sonde à atterrir sur un astéroïde. Elle y réside depuis ce temps. À la grande surprise des contrôleurs, la sonde resta opérationnelle après l'impact.

Son dernier signal fut capté le 28 février 2001 ; puis la NASA décida de mettre un terme à la mission. Le 14 mars 2000, donc un mois après l'insertion orbitale, la NASA renomma officiellement le vaisseau spatial NEAR Shoemaker en l'honneur du géologue Eugene M. Shoemaker (voir page suivante).

Trajectoire d'atterrissage de la sonde NEAR sur Éros depuis son orbite d'observation à 35 km d'altitude.

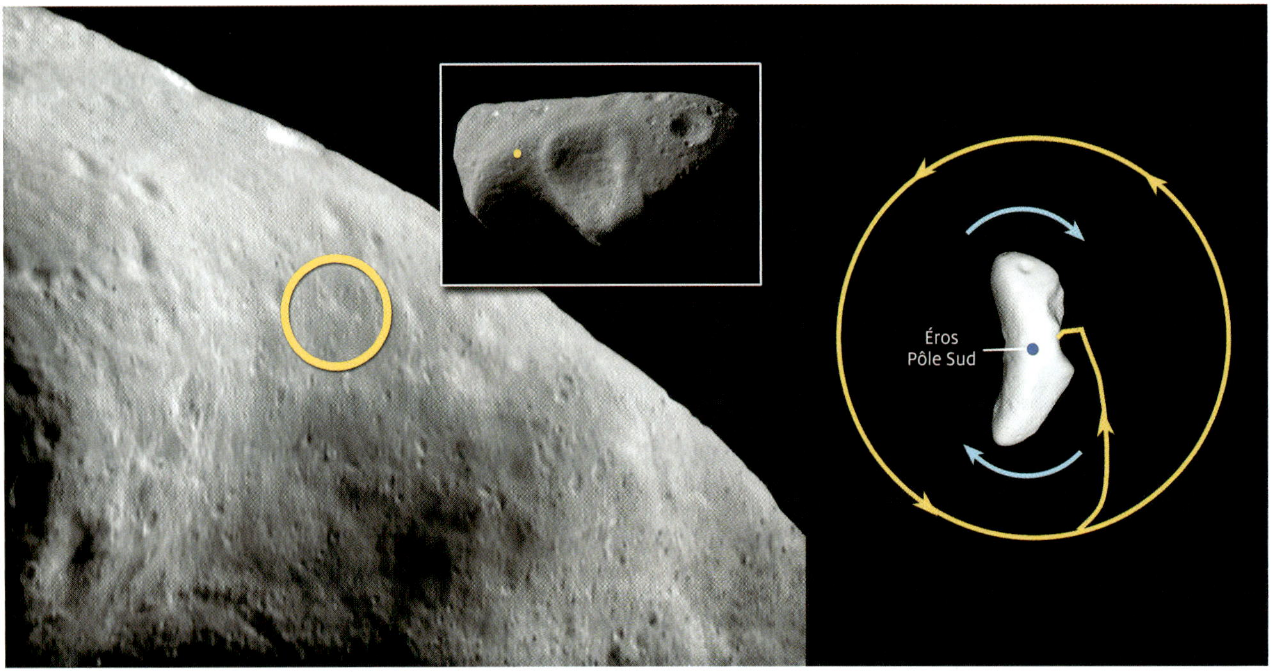

Eugene M. « Gene » SHOEMAKER

(1928-1997)

Le géologue américain Eugene M. Shoemaker fut un des fondateurs de la planétologie. C'est en étudiant le cratère d'impact de Barringer en Arizona, ainsi que ceux créés par les essais nucléaires souterrains, qu'il proposa l'idée de changements géologiques soudains causés par l'impact d'astéroïdes sur Terre. Très impliqué dans les missions Ranger de la NASA, qui démontrèrent que la surface lunaire est constellée de cratères, il participa à l'entraînement des premiers astronautes. Il est connu aussi pour avoir co-découvert, avec son épouse et David Levy, la comète Shoemaker-Levy 9 qui percuta Jupiter en 1994 (voir page 297). C'est pendant une de ses nombreuses expéditions à la recherche de cratères d'impact « cachés » qu'il perdit la vie dans un accident de voiture en Australie. Une capsule commémorative contenant une partie de ses cendres fut placée à bord de la sonde Lunar Prospector, ce qui fait d'Eugene M. Shoemaker la seule personne dont les cendres ont été dispersées sur la Lune.

2003

Hayabusa

D'une masse de 510 kg, la sonde MUSES-C-Hayabusa assemblée dans les locaux de JAXA. La capsule de rentrée atmosphérique, visible au centre droit de l'image, devrait atterrir sur Terre en juin 2010.

CI-CONTRE

Vue d'artiste de Hayabusa en phase de collecte d'échantillons à la surface de l'astéroïde Itokawa.

HAYABUSA (faucon en japonais), intitulée auparavant Muses-C, est une mission spatiale robotisée de JAXA (*Japan Aerospace Exploration Agency*), actuellement en cours. Elle a comme objectif principal le retour sur Terre d'un échantillon de la surface d'un astéroïde pour analyse. L'astéroïde choisi comme cible, 1998 SF36, est un géocroiseur et un aréocroiseur (son orbite croise celle de Mars) de type rocheux aux dimensions modestes (540 mètres de longueur). Il fut découvert par le programme américain LINEAR de surveillance des astéroïdes proches de la Terre, et renommé officiellement Itokawa en l'honneur du « père » de l'astronautique japonaise et humaniste Hideo Itokawa (1912-1999). Le 9 mai 2003, au centre spatial Kagoshima, Hayabusa s'élança vers l'astéroïde grâce à la poussée fournie par une fusée M-5 à carburant solide.

La sonde spatiale est équipée d'une caméra numérique utilisée pour documenter et pour naviguer, d'un altimètre laser et de spectromètres

pour mesurer les émissions dans l'infrarouge et dans les rayons X. Une trompe conique fut ajoutée pour transférer du matériel de surface dans une capsule de récupération d'échantillons hermétique. La mission disposait aussi d'un atterrisseur mobile miniature autonome, MINERVA (*Micro/Nano Experimental Robot Vehicle for Asteroid*), destiné à être déployé sur l'astéroïde.

La sonde est équipée de quatre moteurs à propulsion ionique pour ajuster sa trajectoire en vue du rendez-vous avec l'astéroïde Itokawa. Ceux-ci furent allumés et testés avec succès du 27 mai à la mi-juin 2003. Fin 2003, une violente éruption solaire endommagea les panneaux solaires photovoltaïques. Les moteurs ne pouvant plus fonctionner à leur puissance maximale, la vitesse de la sonde fut ralentie. La rencontre avec l'astéroïde fut retardée de juin à septembre 2005. Ce fâcheux incident eut pour conséquence de réduire sévèrement le temps passé à proximité de l'astéroïde. En effet, pour des raisons de mécanique céleste (distance Terre-Itokawa), Hayabusa se trouvait dans l'obligation de prendre le chemin du retour vers la Terre en novembre 2005. Le 12 septembre, la sonde ralentit pour prendre une position stationnaire à 20 km d'Itokawa, d'où elle effectua une première étude cartographique. Puis, le 4 octobre, Hayabusa se rapprocha à sept km pour une autre phase d'observation. Le 4 novembre, un essai de contact fut tenté, mais la tentative avorta en raison d'un problème décelé par le système de navigation optique de la sonde à 700 mètres d'altitude. Le 12 novembre,

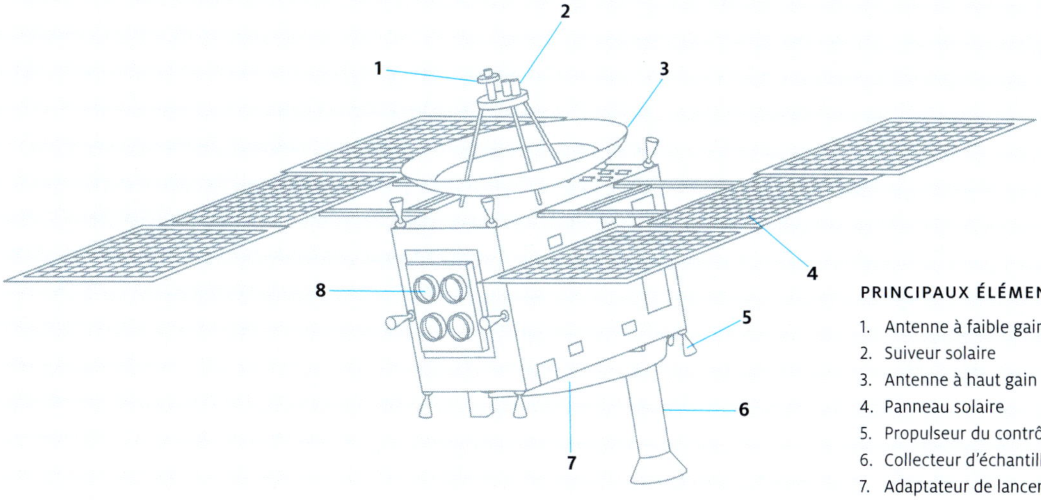

PRINCIPAUX ÉLÉMENTS DE HAYABUSA

1. Antenne à faible gain
2. Suiveur solaire
3. Antenne à haut gain
4. Panneau solaire
5. Propulseur du contrôle d'attitude
6. Collecteur d'échantillons de surface
7. Adaptateur de lancement
8. Moteur ionique

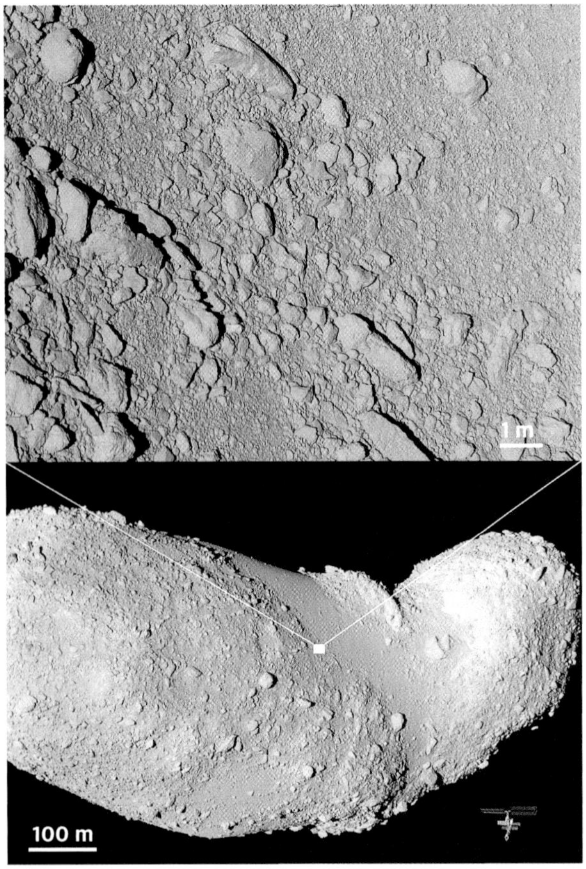

L'astéroïde Itokawa ne présente aucun cratère d'impact. Sa surface est constituée de fragments rocheux de différentes tailles. Le point de contact de Hayabusa correspond au rectangle blanc. La station spatiale internationale est illustrée pour indiquer l'échelle.

un autre essai ne se déroula pas comme prévu. Le petit atterrisseur MINERVA fut largué trop tard, à 55 mètres d'altitude, quand la sonde commençait à s'éloigner, et il fut condamné à flotter dans l'espace. Le 19 novembre, la sonde put toucher la surface d'Itokawa et se stabilisa après plusieurs rebonds, mais aucun échantillon ne put être prélevé. Le 25 novembre, un autre contact fut possible. Cette fois, deux projectiles furent supposément lancés pour soulever un nuage de poussière avant la collecte mais cela reste incertain. Hayabusa resta 30 minutes à la surface de l'astéroïde, puis prit de l'altitude. Malheureusement, le programme de collecte d'échantillons ne fonctionna toujours pas. Il n'en reste pas moins que Hayabusa fut le premier engin spatial à atterrir sur un objet céleste autre que la Lune avant de reprendre sa route. Le petit astéroïde Itokawa ayant une faible gravitation, les responsables de la mission sont convaincus qu'une petite quantité de poussière a pu pénétrer dans le collecteur d'échantillons pendant les contacts de la sonde avec la surface. La capsule fut donc scellée en vue de la récupération. Le 9 décembre 2005, le contact radio avec la sonde fut interrompu, il ne put être rétabli qu'en mars 2006. Les moteurs ioniques fonctionnèrent normalement, ce qui assura à Hayabusa une trajectoire de retour en direction de la Terre. La capsule devrait normalement se détacher de Hayabusa à 300 000 km de la Terre pour prendre une trajectoire balistique de rentrée. Au moment où sont écrites ces lignes, on prévoit que la capsule pénétrera dans l'atmosphère terrestre en juin 2010. Si tout se déroule comme prévu, elle devrait être capable de supporter des décélérations violentes de 25 G, son bouclier thermique devant la protéger d'un dégagement de chaleur trente fois supérieur à celui que subit une capsule Apollo. Un parachute se déploiera pour freiner sa descente, puis elle sera récupérée dans le désert de Woomera dans le sud de l'Australie.

New Horizons

2006

La mission robotisée New Horizons, de la NASA, est actuellement en route vers Pluton. Cela sera la première fois qu'une sonde spatiale visitera la planète naine et ses trois lunes Charon, Nix et Hydra. Le responsable principal de la mission, S. Alan Stern, a confirmé que des cendres de Clyde W. Tombaugh, le découvreur de Pluton, avaient été placées à bord *in memoriam.*

La rencontre entre la sonde New Horizons et Pluton est prévue pour le 14 juillet 2015. Durant la deuxième phase de la mission, elle continuera sur son élan vers la ceinture de Kuiper, où elle pourrait croiser un ou plusieurs objets transneptuniens intéressants non identifiés. New Horizons a été lancée de Cap Canaveral le 19 janvier 2006, empruntant une trajectoire directe vers le système solaire extérieur grâce au puissant lanceur Atlas

Les membres de l'équipe scientifique et technique de la mission New Horizons. Le chercheur principal, au premier rang au centre, est le Dr Alan Stern du Southwest Research Institute.

V-551 de Lockheed Martin assisté du troisième étage Star 48B de Boeing. Sa vitesse de libération de 16 km/seconde en fait la sonde la plus rapide à avoir quitté la Terre. Elle s'est approchée du système jovien le 28 février 2007 (voir page 254) afin de bénéficier d'une assistance gravitationnelle, et a croisé l'orbite de Saturne le 8 juin 2008. Pluton est trop éloignée du Soleil (à plus de 30 UA) pour envisager l'alimentation électrique de New Horizons par des panneaux solaires photovoltaïques de taille raisonnable. Un générateur thermoélectrique à radio-isotopes fut donc installé. En l'occurrence, les ingénieurs décidèrent de « recycler » un générateur de secours de la mission Cassini-Huygens (voir page 238) pour limiter les coûts. Il contient 11 kg de plutonium 238 et fournira 240 watts et 30 volts au moment du survol de Pluton. Les télécommunications entre le Deep Space Network et New Horizons se feront au débit modeste de 1 kilobit/seconde à la distance de Pluton, un débit qu'on peut qualifier de très lent en comparaison des 38 kilobits/seconde permis à la distance de Jupiter. L'antenne à haut gain d'un diamètre de deux mètres est fixée directement sur la plate-forme triangulaire, ce qui donne à New Horizons la taille et l'apparence étrange d'un piano à queue avec une antenne parabolique. La sonde est équipée de 16 moteurs pour les corrections de trajectoire et pour le contrôle d'attitude, qui repose

CI-DESSOUS À GAUCHE
Installation du générateur thermoélectrique à radio-isotopes sur le bus de New Horizons.

CI-DESSOUS À DROITE
Première mission d'exploration vers une nouvelle planète depuis Voyager, New Horizons s'envola le 19 janvier 2006 vers Pluton à bord d'une fusée Atlas V.

aussi sur la navigation optique avec des caméras *startrackers*. Le cerveau de New Horizons est composé de deux systèmes informatiques parallèles, l'un dédié à la gestion des commandes et des données scientifiques et l'autre en charge de la navigation et du contrôle d'attitude. Chacun des deux systèmes est dupliqué par souci de redondance ; les processeurs sont des Mongoose-V, des versions durcies des RISC R3000 de MIPS cadencés à 12 MHz. L'équipement scientifique de New Horizons comprend sept instruments. LORRI (*Long Range Reconnaissance Imager*) est un imageur CCD à haute résolution relié à un télescope pour observer les systèmes planétaires et autres objets célestes dans le domaine du visible. Le miroir du télescope de 21 cm d'ouverture a été construit en carbure de silicium. Ce matériau a été choisi pour ses propriétés de grande résistance mécanique et thermique. Le module PERSI (*Pluto Exploration Remote Sensing Investigation*) comprend trois instruments : un télescope de 6 cm d'ouverture et deux imageurs-spectromètres à haute résolution qui couvrent le proche-infrarouge et l'ultraviolet. Le spectromètre ultraviolet, dans une version améliorée de celui que l'on trouve à bord de Rosetta (voir page 313) sera particulièrement utile pour analyser la composition chimique de la mince atmosphère de Pluton par occultation de lumière stellaire. Deux spectromètres, SWAP (*Solar Wind Analyser around Pluto*) et

PRINCIPAUX ÉLÉMENTS DE NEW HORIZONS

1. Antenne à haut gain
2. Spectromètre de vent solaire et plasma
3. Télescope imageur
4. Capturs stellaires
5. Imageur spectrométrique visible et infrarouge
6. Imageur spectrométrique UV
7. Générateur thermoélectrique à radio-isotopes

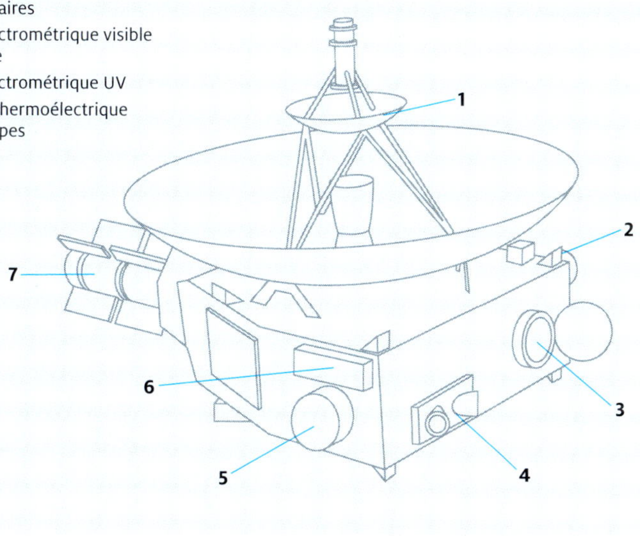

Vue d'artiste de New Horizons avec Pluton et ses trois lunes dans l'arrière-plan.

PEPSSI (*Pluto Energetic Spectrometer Science Investigation*), vont mesurer les interactions des différentes classes de particules de vent solaire avec l'atmosphère de Pluton. Le radiomètre passif REX (*Radio Science Experiment*) fournit l'oscillateur ultrastable nécessaire aux mesures d'occultation et d'effet Doppler des signaux radio envoyés à la sonde de la Terre. Un compteur de poussière cosmique a été ajouté, le VBSDC (*Venetia Burney Student Dust Counter*), mis au point par des étudiants de l'université du Colorado à Boulder en l'honneur de la britannique Venetia Burney (1919-) qui suggéra à Clyde W. Tombaugh, en 1930, de nommer la nouvelle planète Pluton.

Les premières observations de Pluton vont débuter environ six mois avant le survol, quand la planète n'occupera encore que quelques pixels sur l'image. Cela sera suffisant pour détecter des nouvelles lunes ou des anneaux afin d'ajuster la séquence des commandes pendant le survol ou de modifier la trajectoire en cas de risque de collision. Deux mois avant le survol, la résolution des images de Pluton et de Charon prises par LORRI sera supérieure à celle des images obtenues avec le télescope spatial Hubble. Quelques jours avant le survol, une cartographie de Pluton sera possible avec une résolution de 40 km. Pendant la phase de survol, à la distance de 10 000 km environ et à la vitesse de 11 km/seconde, des détails de 100 mètres pourront être visibles à la surface de Pluton. En raison de la très grande distance et de la puissance limitée d'un signal radio qui peut être produit par une sonde, New Horizons inaugurera la première expérience de radioscience en *uplink*, plutôt qu'en *downlink*. REX permettra de préciser la masse et le diamètre de Pluton grâce à des puissants signaux radio que la Terre enverra vers la sonde. Les premières images envoyées par New Horizons seront disponibles, sous forme hautement compressée, dans les jours qui suivront le survol, mais il faudra attendre plusieurs mois avant d'apprécier vraiment la qualité des photographies de Pluton et de ses lunes. Par la suite, presque à court de carburant, New Horizons aura peut-être la chance de s'approcher assez d'un objet massif dans la ceinture de Kuiper pour tenter des observations. Une fois passée la limite des 55 UA, son signal radio sera trop faible pour transmettre des données ; la sonde ne disposera plus alors d'assez d'énergie électrique pour fonctionner correctement.

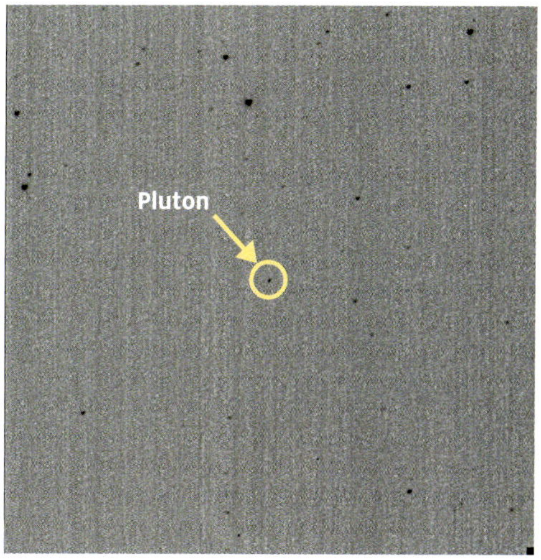

Première détection de Pluton avec la caméra télescopique LORRI en mode haute résolution. Quand ce cliché a été pris, le 6 octobre 2007, New Horizons se situait à 3,6 milliards de kilomètres de la planète !

Le 10 juin 2009, New Horizons, voguant à la vitesse de 16,96 km/seconde, se trouvait à 12,58 UA (1 881 940 000 km) de la Terre et son signal mettait 1,74 heure (104,6 minutes) pour y parvenir. Il lui reste encore 2 224 jours avant d'effectuer son survol de Pluton, dont elle est encore distante de 18,15 UA (2 715 200 000 km).

2007

Dawn

DAWN est une mission du programme Discovery de la NASA actuellement en phase de croisière vers sa première destination. Elle a pour objectif l'étude rapprochée de deux objets dans la ceinture principale d'astéroïdes : l'astéroïde Vesta en 2011-2012, puis la planète naine Cérès en 2015. Pour une première fois, une sonde spatiale tentera de se placer en orbite autour d'un objet céleste et de rejoindre une autre destination pour une deuxième insertion en orbite. Pour ce faire, Dawn dispose de son propre mode de propulsion, en l'occurrence trois moteurs ioniques au xénon hérités de la mission Deep Space 1 (voir page 306). Le nom de la mission Dawn (aube) fait référence au fait que l'exploration de Vesta et Cérès nous renseignera sur les conditions qui ont présidé à la formation des planètes, très tôt dans l'histoire du système solaire, à une époque où la lumière du Soleil perçait encore difficilement la poussière de la nébuleuse.

Inspection de la tubulure complexe du système de propulsion ionique sur la sonde Dawn.

Dawn, une sonde de 1 224 kg, a décollé le 27 septembre 2007 sur une fusée Delta 7925-H de Cap Canaveral. La vitesse de propulsion initiale fournie par la fusée était de 11,2 km/seconde. Les moteurs ioniques à xénon ajouteront 10 km/seconde, ce qui établira un record de gain de vitesse pour une mission spatiale. Sur sa réserve de 425 kg de xénon, Dawn consommera 275 kg pour se rendre à Vesta et un autre 110 kg pour visiter Cérès. Le 17 février 2009, Dawn a procédé avec succès à sa manœuvre d'assistance gravitationnelle à proximité de Mars. Le survol de la planète rouge à 550 km d'altitude a permis de calibrer la caméra principale. Cependant, une erreur dans le logiciel de navigation optique força la sonde à se configurer en mode de sûreté, interrompant ainsi la calibration des autres instruments. La sonde Dawn est aussi équipée d'un spectromètre dans le visible infrarouge

Dawn, assemblée, attend un test final dans la salle blanche de la compagnie Orbital à Dulles en Virginie.

Le matin du 27 septembre 2007, la fusée Delta II Heavy qui emporte Dawn vers la ceinture d'astéroïdes au-delà de Mars trace une parabole dans le ciel de Floride.

PRINCIPAUX ÉLÉMENTS DE DAWN

1. Suiveurs stellaires
2. Altimètre laser
3. Bras du magnétomètre (déployé, hors échelle)
4. Antenne à haut gain
5. Antenne secondaire à gain moyen
6. Propulseur ionique
7. Propulseur à hydrazine de contrôle d'attitude
8. Adaptateur de lancement
9. Panneau solaire
10. Radiateur
11. Spectromètre à neutrons et rayons gamma
12. Imageurs
13. Spectromètre cartographique

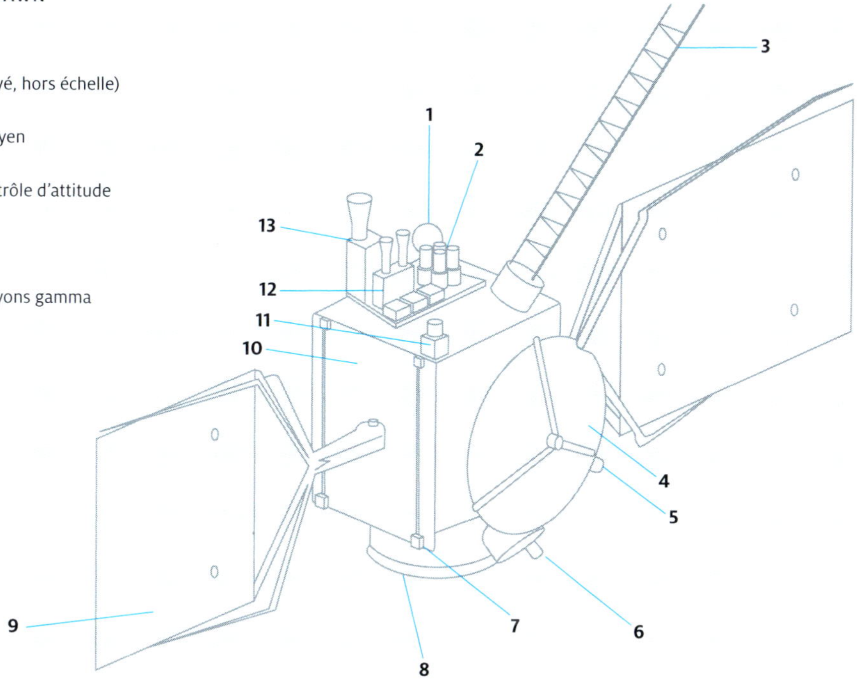

Vue d'artiste de Dawn avec ses panneaux solaires reflétant la Terre.

La manœuvre d'assistance gravitationnelle au-dessus de Mars a permis de calibrer la caméra de Dawn sur la surface de la planète.

et d'un spectromètre à neutrons et rayons gamma, deux instruments conçus pour cartographier les éléments chimiques à la surface de Vesta et Cérès.

Vesta et Cérès ont été choisis pour leurs structures contrastées. La surface de Vesta serait typique des astéroïdes riches en basaltes et pauvres en eau, alors que la massive Cérès serait composée de chondrites carbonacées riches en eau. Suite à de multiples collisions, Vesta a été reconnu comme étant la source de nombreux petits astéroïdes (vestoïdes) à l'origine de 5 % des météorites tombées sur Terre. La datation radio-isotopique de ces météorites indique que Vesta s'est différencié par fusion et solidification en trois millions d'années seulement, un temps très court à l'échelle cosmique.

La sonde devrait arriver à proximité de Vesta en septembre 2011, le quitter en avril 2012 après six mois d'observation en orbite, rejoindre Cérès en février 2015 pour terminer sa mission en juillet 2015.

TRAJECTOIRE PROGRAMMÉE DE LA MISSION DAWN VERS VESTA (ARRIVÉE EN 2012) ET CÉRÈS (ARRIVÉE EN 2015)

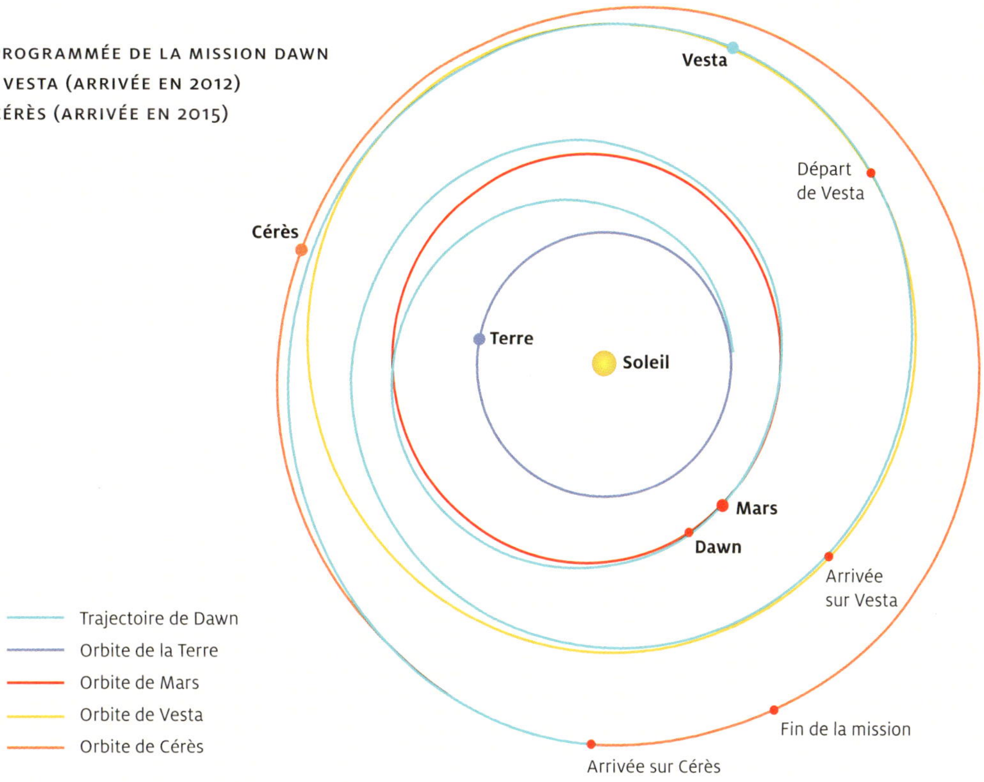

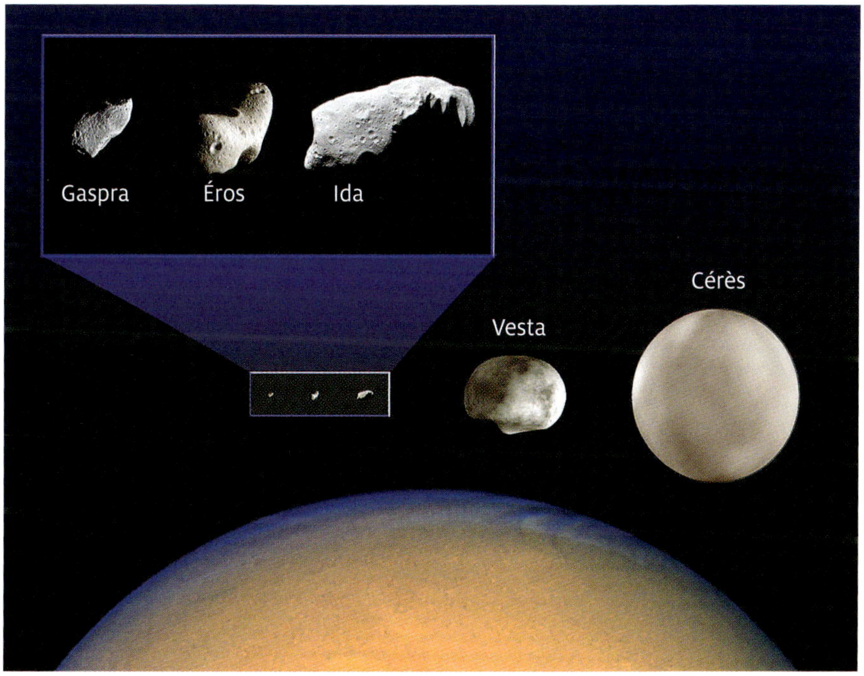

Tailles relatives de la planète naine Cérès et de l'astéroïde Vesta, qui seront visités au cours de la mission Dawn, par rapport à la planète Mars.

Les Missions Programmées

L'ENTHOUSIASME et la curiosité de la communauté astronautique ne connaissent pas de limites. Ainsi, chaque année, de nombreuses missions d'exploration sont proposées aux différentes agences spatiales. La sélection finale est basée sur des critères scientifiques et technologiques, mais aussi budgétaires et politiques. Il est donc impossible de prédire avec certitude quelles sont les missions qui auront la chance d'être lancées. Pour cette raison, nous ne mentionnerons ici que celles qui ont d'ores et déjà été approuvées et programmées.

2009

La mission interplanétaire russe Phobos-Grunt, conçue et mise au point par la société NPO Lavotchkine, ne manque pas d'ambition. Elle prévoit de poser un atterrisseur sur la lune martienne Phobos puis de collecter des échantillons du sol pour les ramener sur Terre dans une capsule de rentrée atmosphérique. Le lancement de Phobos-Grunt sur une fusée Zenit-Fregat, de Baïkonour, est programmé pour la fin de l'année 2009, mais vu la complexité technique de cet astronef, il pourrait finalement être reporté à la fenêtre de 2011.

2010

L'agence japonaise JAXA prévoit de lancer avec une fusée H-IIA l'orbiteur vénusien Venus Climate Orbiter (en bas) dénommé Planet-C à l'origine, pour une mission d'observation d'au moins deux ans. Équipé de plusieurs caméras infrarouges et autres imageurs, il tentera de déceler des preuves d'un volcanisme actif et d'orages atmosphériques. Sur Vénus, les vents soufflent à 60 fois la vitesse de rotation de la planète. Ce phénomène de super rotation reste un mystère que cette sonde essaiera de percer. Son orbite très elliptique (300 km × 60 000 km) lui permettra d'alterner vues rapprochées et vues d'ensemble pour mieux comprendre la météorologie de notre planète sœur.

2011

La mission Juno vers Jupiter fait partie du programme *New Frontiers* de la NASA qui sélectionne des missions à fort contenu scientifique, dans une enveloppe budgétaire de taille « modérée » située autour de 700 millions de dollars américains. La sonde Juno (en haut) sera placée en orbite polaire autour de la planète géante en 2016, après un voyage de cinq ans, pour étudier son origine, son intérieur (en bas), son atmosphère et sa magnétosphère. Grâce à sa caméra couleur, elle nous dévoilera les détails de ses pôles pour la première fois. La technologie des cellules photovoltaïques ayant fait des progrès depuis la mission Galileo, Juno sera alimentée en électricité grâce à la lumière captée par ses panneaux solaires, plutôt que par un générateur thermoélectrique à radio-isotopes.

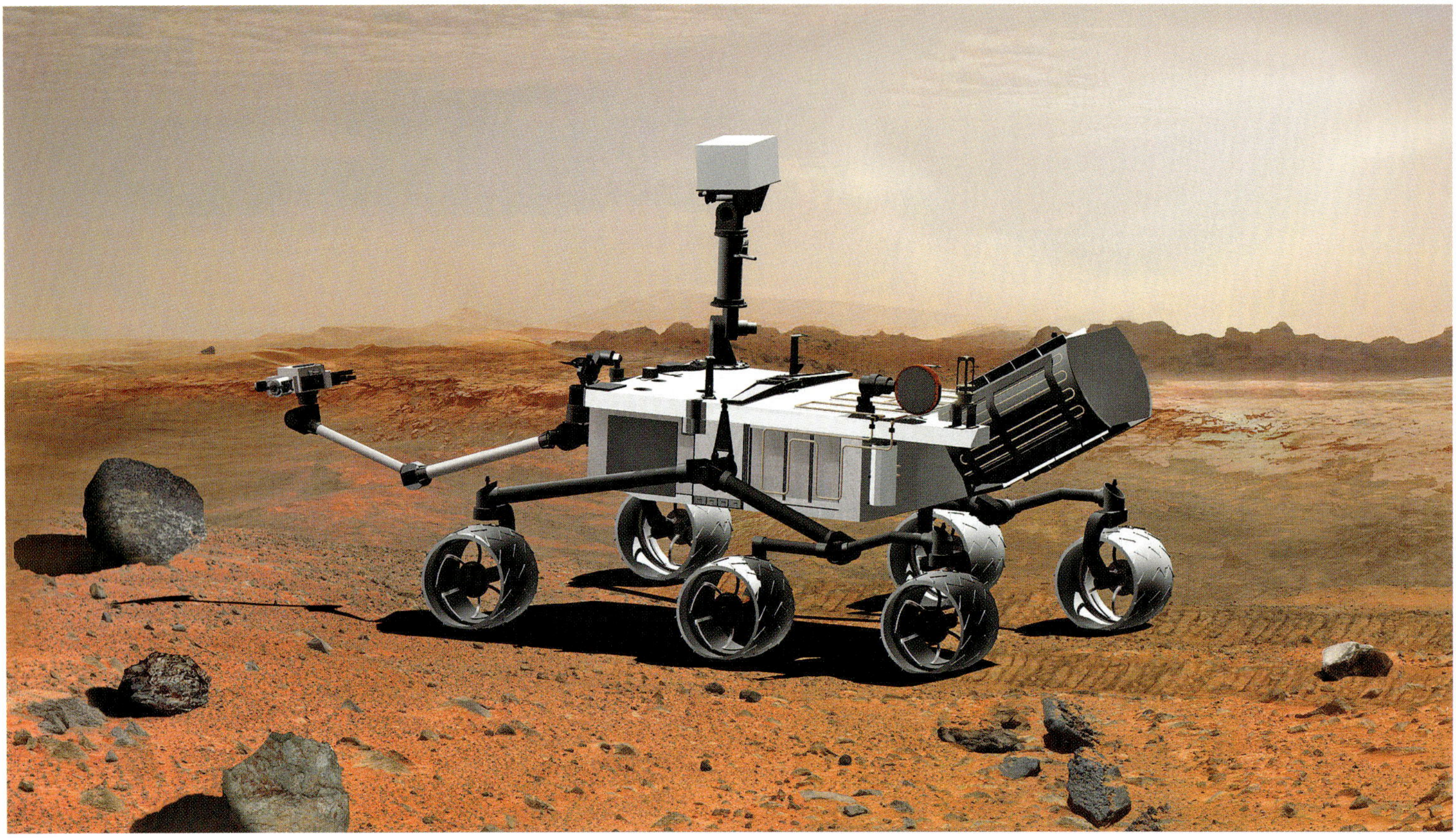

Le rover Mars Science Laboratory (en haut) de la NASA, baptisé Curiosity, est programmé pour un lancement fin 2011 sur une fusée Atlas V. Il tentera d'effectuer le premier atterrissage de précision sur la planète rouge. Trois fois plus lourd que Spirit ou Opportunity, il emportera plus d'instruments sophistiqués que toute autre mission martienne précédente. Son objectif principal sera de détecter des traces de vie extraterrestre, fossile ou actuelle, dans le sol. Le rover disposera d'un générateur thermoélectrique nucléaire pour fonctionner à n'importe quelle latitude, de jour comme de nuit. Conçu pour une autonomie d'au moins une année martienne, le coût de ce rover sophistiqué est estimé actuellement à plus de 2 milliards de dollars américains.

2012

Surfant sur la vague de son récent succès avec Chandrayaan-1, l'agence spatiale indienne ISRO projette d'envoyer la mission d'exploration lunaire Chandrayaan-2. La mission comprend, cette fois, un orbiteur et une plate-forme d'alunissage qui déploiera un rover dans une région polaire. L'agence spatiale russe Roskosmos a accepté, en 2007, de prendre en charge la conception et la construction du rover lunaire.

2013

La NASA planifie le lancement de la mission martienne MAVEN (*Mars Atmosphere and Volatile EvolutioN*), dans le cadre du programme Mars Scout, à la fin 2013, pour une mise en orbite pendant l'automne 2014. MAVEN (en haut) étudiera la composition ionique de la haute atmosphère de Mars et son interaction avec le vent solaire.

La mission BepiColombo (ci-contre) vers Mercure, du nom du scientifique italien Giuseppe (Bepi) Colombo (1920-1984) dont les idées brillantes ont conduit au succès de Mariner 10, est une collaboration entre l'ESA et JAXA. La configuration finale n'est pas encore déterminé. Le vaisseau spatial devrait être constitué de deux orbiteurs : le MPO (*Mercury Planet Orbiter*), construit par l'ESA, et le MMO (*Mercury Magnetospheric Orbiter*), construit par JAXA. Une attention particulière sera portée à la protection thermique des sondes, qui devront supporter des températures pouvant atteindre 350 °C. BepiColombo sera lancée en 2013 avec une fusée Soyouz-Fregat du centre spatial de Kourou, pour arriver à destination en 2019.

2015

L'objectif principal de la mission Solar Orbiter (en bas) de l'ESA est de fournir des nouvelles données sur l'activité de l'héliosphère dans les régions polaires de notre étoile, peu explorées jusqu'à présent. La NASA fournira la fusée Atlas V et la logistique du lancement, prévu en mai 2015. La sonde Solar Orbiter pourra effectuer des observations rapprochées du Soleil à une distance de 0,22 UA seulement, c'est-à-dire à l'intérieur de l'orbite de Mercure.

De son côté, la mission Solar Probe Plus (ci-contre) de la NASA tentera de répondre à deux énigmes : comment la couronne solaire peut-elle atteindre des températures beaucoup plus hautes que la photosphère ? Qu'est-ce qui propulse le vent solaire ? Sur des orbites successives de plus en plus proches du Soleil, la sonde entrera dans la zone extérieure de la couronne pour y prendre des mesures directes, là où aucune mission spatiale n'a encore osé s'aventurer.

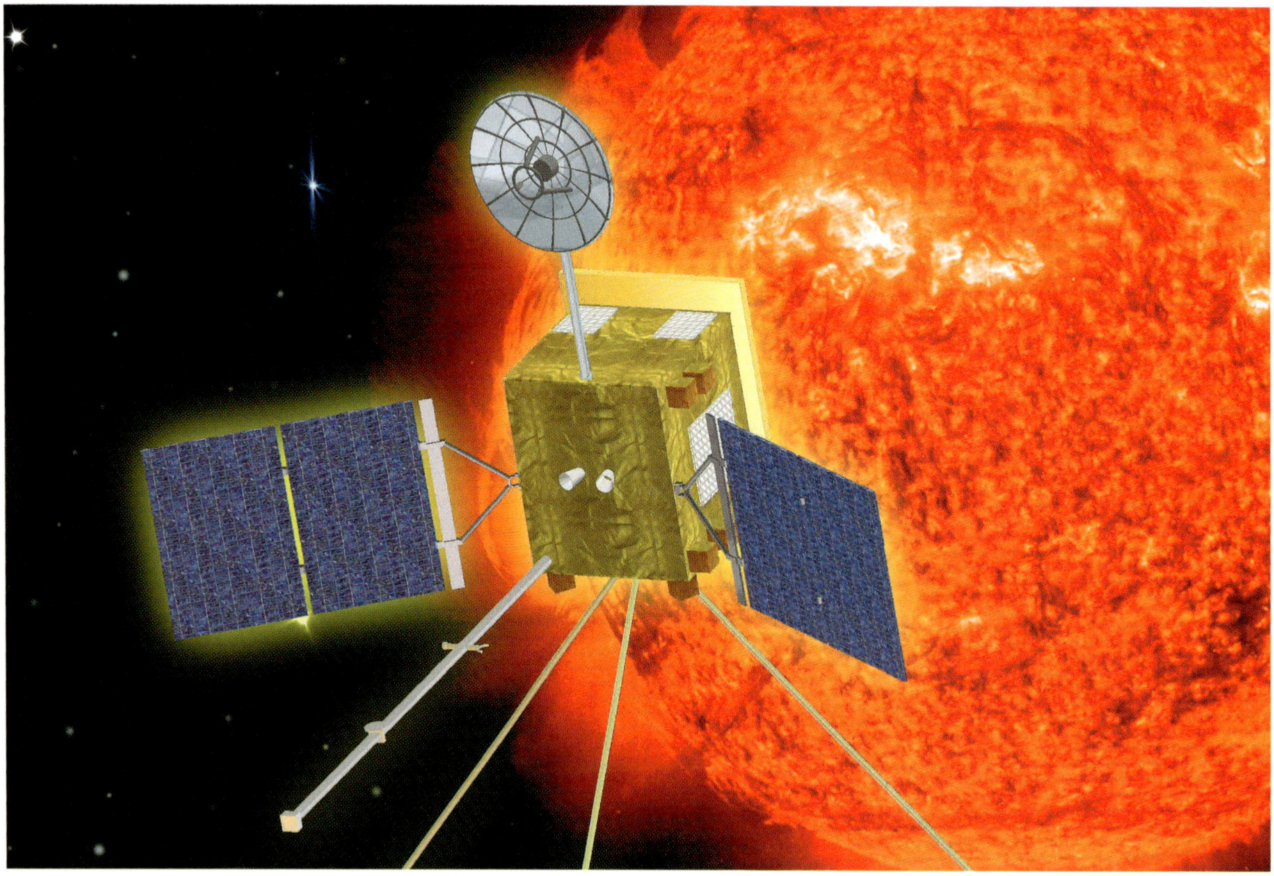

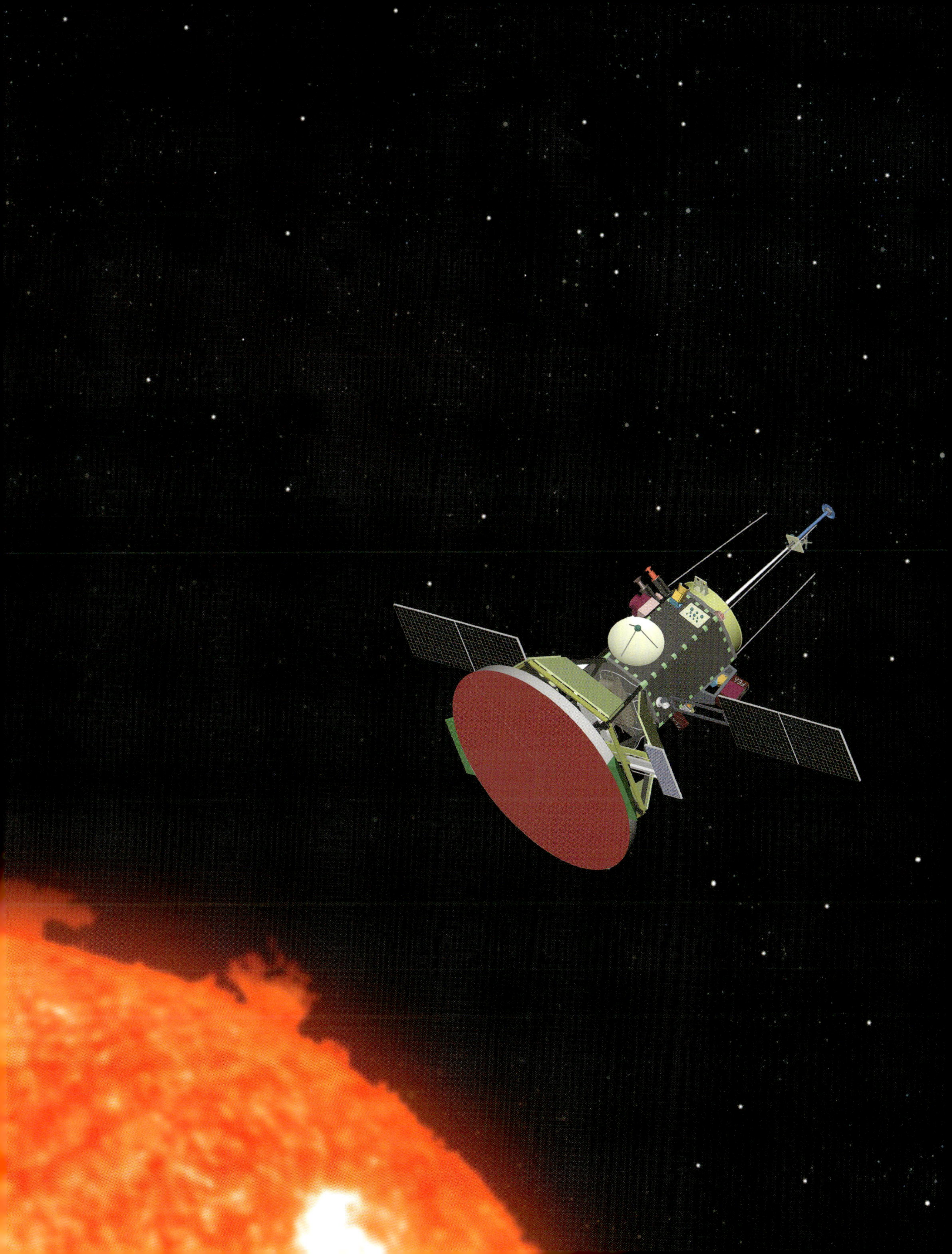

2016

L'ESA prépare actuellement la mission ExoMars, la première du vaste programme européen d'exploration planétaire *Aurora.* ExoMars assurera le déploiement d'un rover à six roues (en bas), de la taille des rovers américains Spirit et Opportunity et alimenté par énergie solaire. Le bus spatial va larguer le module de descente avec le rover après une période de plusieurs mois en orbite pour attendre la fin de la saison des tempêtes de sable. L'atterrisseur servira de station géophysique et météorologique. Le rover sera équipé d'un équipement scientifique conçu pour réaliser des expériences d'exobiologie et de géologie. ExoMars et Mars Science Laboratory prépareront le terrain pour une mission conjointe entre l'ESA et la NASA, dont le but sera le retour sur Terre d'échantillons de sol martien, à l'horizon de 2020-2025.

2020

L'habitabilité de l'océan souterrain d'Europe et l'origine du champ magnétique de Ganymède, ainsi que la présence possible d'un océan sous la surface de Ganymède, figurent parmi les questions les plus brûlantes actuellement en astronomie planétaire. Cela explique pourquoi, en février 2009, la NASA décida de donner priorité à une mission internationale d'exploration des lunes de Jupiter EJSM (*Europa Jupiter System Mission*), en collaboration avec l'ESA, plutôt qu'à un projet d'exploration de Titan, la lune de Saturne. La NASA aura la responsabilité de la sonde orbitale JEO (*Jupiter Europa Orbiter*) (en haut à gauche), qui étudiera en détail Europe et son océan, après avoir croisé Io à plusieurs reprises. De son côté, l'ESA construira la sonde orbitale JGO (*Jupiter Ganymede Orbiter*) (en haut à droite) qui va survoler Callisto 19 fois avant de se placer en orbite autour de Ganymède. Les vaisseaux spatiaux seront lancés séparément en 2020 sur des trajectoires indirectes de type VEEGA (*Venus-Earth-Earth Gravity Assist*), mais arriveront ensemble à destination en 2026. Les deux orbiteurs étudieront le système jovien au moins jusqu'en 2029.

Prospective

Les premiers 50 ans de l'exploration du système solaire (1959-2009) ont profondément transformé notre vision de la Terre et de l'univers. Il ne fait aucun doute que les sondes, ainsi que les télescopes spatiaux, ont joué un rôle prépondérant dans l'avènement de cette nouvelle ère. Mais le débat entre les partisans des missions habitées et ceux en faveur des missions robotisées restera animé. Nous ne trancherons pas cette controverse mais nous voulons exprimer le souhait que, dans l'avenir, un sage équilibre soit trouvé. Cela évitera les déboires causés par la dépendance du programme spatial américain à la navette spatiale. En service depuis 1981, la navette spatiale est une grande réussite technologique, mais elle n'a jamais répondu pleinement aux attentes de ses utilisateurs, car limitée à des activités en orbite basse et d'opération plus onéreuse que prédit initialement. Si elle représente un système de transport risqué qui a coûté la vie à deux équipages d'astronautes, il faut reconnaître qu'elle a rempli parfaitement sa mission première qui était de construire et de ravitailler la Station spatiale internationale, un laboratoire qui est indispensable pour apprendre à vivre de longues périodes en orbite terrestre, pour préparer l'être humain à s'aventurer plus loin dans l'espace. Le programme *Vision for Space Exploration* annoncé le 14 janvier 2004 par le président américain George W. Bush propose une réflexion lucide sur ce sujet. Ce nouvel agenda de la NASA culminera avec l'exploration de la planète Mars par des humains vers 2030, mais il fait aussi la part belle aux sondes robotisées.

Depuis la mission Luna 1 en 1959, les pays impliqués dans l'aventure astronautique ont pu acquérir une expertise considérable en tirant des leçons de leurs échecs cuisants comme de leurs succès historiques. Pendant cette période, la conception des sondes spatiales a bénéficié des progrès spectaculaires réalisés dans le domaine de l'électronique, de l'informatique et des télécommunications. Aujourd'hui, nous pouvons prédire quatre tendances technologiques lourdes qui auront une influence profonde sur la conception des sondes d'exploration de l'avenir :

Miniaturisation

La masse du vaisseau spatial étant un facteur critique au lancement dans le cas des missions interplanétaires, la miniaturisation croissante des caméras, des instruments scientifiques et des autres sous-systèmes permet de concevoir des sondes plus légères avec des trajectoires plus directes et avec une plus grande autonomie de navigation. À titre d'exemple, la panoplie de sept instruments scientifiques de la mission technologique SMART-1 (2003) de l'ESA ne pesait au total que 19 kg.

Modularité

L'utilisation de sous-systèmes déjà testés avec succès dans des missions précédentes (imagerie, télécommunication, alimentation, navigation optique, informatique) facilite leur intégration modulaire sur les nouvelles plates-formes. Cela se traduit par une période de mise au point plus courte et une diminution des coûts de préparation : la mission Venus Express, construite à partir des éléments de Mars Express et Rosetta.

Internationalisation

Les missions à forte valeur scientifique ajoutée seront de plus en plus complexes, donc de plus en plus coûteuses. Pour les voir se réaliser, il existe une tendance à partager les coûts et à diviser les responsabilités entre plusieurs agences spatiales. L'astronautique restera longtemps une activité risquée, mais les échanges d'expertise et les collaborations internationales augmentent les chances de succès. Conçue et gérée conjointement par la NASA et l'ESA, la mission Cassini-Huygens toujours en opération actuellement autour de Saturne, en est la parfaite illustration.

Autonomie

Les distances interplanétaires sont trop grandes pour pouvoir télécommander en direct la trajectoire d'une sonde en déplacement dans un environnement hostile. Notre proche voisine la planète Mars se trouve au minimum à cinq minutes de la Terre à la vitesse de la lumière. Envoyer une commande à une sonde martienne et recevoir une réponse implique donc un délai d'au moins 10 minutes. Les ordinateurs à bord étant de plus en plus performants, les ingénieurs ont conçu des programmes d'intelligence artificielle pour rendre les sondes plus autonomes. Grâce à des logiciels comme *Remote Agent* testé au cours de la mission Deep Space 1 (1998), elles peuvent auto-diagnostiquer leur état en cas de problème interne puis prendre les mesures urgentes appropriées avant d'en informer la Terre. Les phases de descente atmosphérique et d'atterrissage, ainsi que les déplacements des rovers sur des surfaces accidentées, bénéficient particulièrement des progrès de la robotique dans le domaine de la prise de décision. Le rover de la mission Mars Science Laboratory (2011) choisira son site d'atterrissage en fonction des données topographiques qu'il va acquérir lui-même pendant les dernières secondes de sa descente.

La première phase de l'exploration du système solaire étant pratiquement achevée, notre planète apparaît de plus en plus comme une oasis perdue dans le vaste désert cosmique. La mission Kepler, un télescope spatial lancé le 6 mars 2009, scrutera méthodiquement le ciel pendant 3 ans et demi à la recherche de planètes similaires à la Terre en orbite autour de 100 000 étoiles situées dans les constellations du Cygne et de la Lyre. Kepler nous renseignera sur le nombre probable de planètes oasis qui existent dans notre galaxie. Restera à savoir quelle proportion héberge une forme de vie évoluée, voire une civilisation avancée ! Les voyages interstellaires ne seront pas réalistes avant le développement de nouvelles technologies de propulsion. Celles-ci devront nous permettre d'atteindre des vitesses de dix à cent fois supérieures à celles des sondes spatiales actuelles, avant d'envisager de visiter les étoiles les plus proches.

Plus proche de nous, la possibilité qu'il existe des conditions propices à la vie dans le sol de la planète Mars ou dans l'océan de la lune de Jupiter Europe, suscite le plus grand intérêt. Deux missions d'exobiologie, les premières depuis l'échec de Beagle 2 en 2003, sont en préparation à la NASA et à l'ESA pour des lancements vers Mars au cours de la prochaine décennie. Le retour sur Terre d'un échantillon de sol martien (ci-dessus) reste une haute priorité. La découverte d'une vie extraterrestre dans le système solaire, ou plus loin, définira un moment unique dans l'histoire de l'humanité qui orientera les programmes spatiaux de l'avenir dans une direction imprévisible à l'heure actuelle.

« Ici la base de la Tranquillité, Eagle s'est posé ». Neil Armstrong a pris cette photographie de Buzz Aldrin près du module lunaire Eagle dans *Mare Tranquillitatis*.

ANNEXE

LE PROGRAMME APOLLO • 1963-1972

De nombreux ouvrages exhaustifs ont été publiés sur ce programme spatial historique. Nous nous contenterons ici de résumer son déroulement, pour la simple raison que, par définition, les vaisseaux des missions habitées ne constituent pas des sondes spatiales. Néanmoins, le défi de la course à la Lune lancé par le président Kennedy en 1961 fut un stimulus décisif qui a inspiré plusieurs missions d'exploration lunaire conduites par des engins robotisés. Ainsi, les sondes Ranger, Surveyor et Lunar Orbiter ont contribué de manière significative au programme Apollo en jouant le rôle d'éclaireurs pour repérer les meilleurs sites d'alunissage.

Pour situer le contexte de l'époque, l'Union soviétique cumulait les succès dans la conquête de l'espace : premier satellite artificiel Spoutnik-1 en 1957, la chienne Laika en orbite la même année, première sonde spatiale Luna 1 ainsi que premier objet à toucher la Lune avec Luna 2 en 1959. Le 12 avril 1961, le russe Youri Gagarine devenait le premier homme à voyager dans l'espace après avoir effectué une révolution complète en orbite autour de la Terre. Le monde entier voyait dans les succès spatiaux de l'Union soviétique une mesure de sa supériorité technologique et militaire. Une forte tension internationale régnait, quand, en avril 1961, les États-Unis subirent une humiliation internationale avec l'épisode de la baie des Cochons et l'échec de l'invasion de Cuba. En mal de prouesses,

La course à la Lune a commencé officiellement en 1961 quand John F. Kennedy a lancé son défi à la nation devant le Congrès des États-Unis.

CI-CONTRE

L'équipage de la mission historique Apollo 11 (de gauche à droite) : Neil A. Armstrong, Michael Collins et Edwin E. « Buzz » Aldrin.

CONFIGURATION D'UNE MISSION LUNAIRE HABITÉE APOLLO PENDANT LE LANCEMENT

1. Tour de sauvetage
2. Module de commande
3. Module de service
4. Tuyère du moteur de propulsion
5. Module lunaire
6. Troisième étage du lanceur Saturn V

Le 16 juillet 1969, la gigantesque fusée Saturn V décolle avec, à son bord, les trois astronautes de la mission Apollo 11. Soulever sa masse de 3 040 tonnes lui prend plusieurs secondes malgré la puissance de ses moteurs cryogéniques.

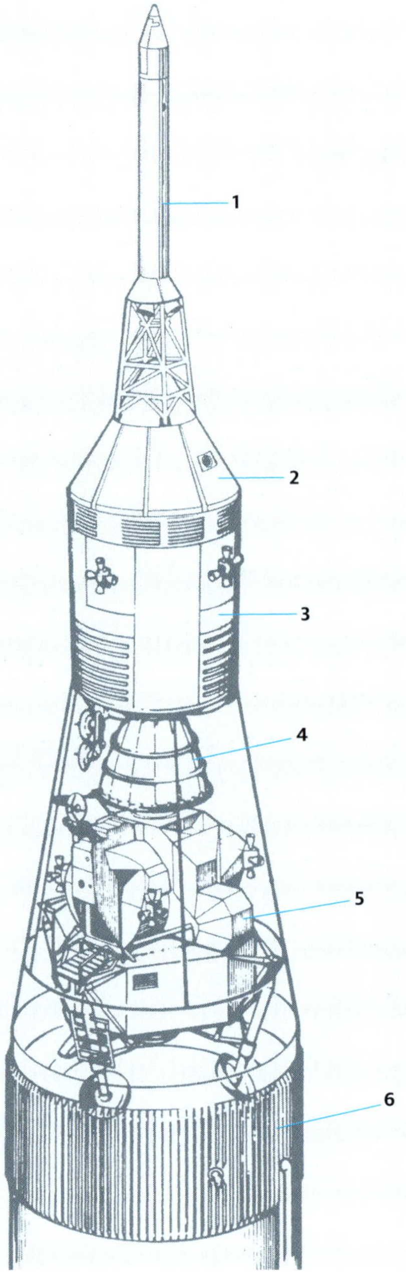

l'administration américaine décida de proposer à la nation un objectif à la fois ambitieux et rassembleur. Le 25 mai 1961, le président américain John F. Kennedy, dans un discours devant le Congrès, proposa le défi de la course à la Lune : « Notre nation doit s'engager à faire atterrir un homme sur la Lune et à le ramener sain et sauf sur la Terre avant la fin de cette décennie » (« I believe that this nation should commit itself to achieving the goal, before this decade is out, of landing a man on the moon and returning him safely to the Earth »).

En 1963, il confia la responsabilité de cette tâche jugée titanesque à la jeune NASA. Le programme Apollo était né. Son succès reposait sur deux nouveaux lanceurs lourds à trois étages de moteurs cryogéniques, les fusées Saturn IB puis Saturn V conçus par Wernher von Braun (voir page 23) et son équipe du Marshall Space Flight Center (Centre de Vol Spatial Marshall) de la NASA. Le programme Apollo put bénéficier aussi des avancées du programme Mercury (1959-1963), puis Gemini (1963-1966), qui ont validé plusieurs technologies cruciales pour des missions spatiales habitées. Le pari fut tenu avec brio. Avant la date limite fixée par le président des États-Unis, les astronautes Neil Armstrong et Buzz Aldrin posèrent les premiers pas de l'Homme sur la Lune en juillet 1969. Par la suite, les Américains se sont rapidement désintéressés des excursions lunaires de leurs astronautes. La dernière mission, Apollo 17, se conclut le 19 décembre 1972 par une promenade en jeep lunaire et par la collecte de 110 kg de roches ramenée sur Terre pour analyse. On a estimé que le programme mobilisa 400 000 personnes et qu'il coûta environ 100 milliards de dollars actuels. On peut conclure d'une analyse rétrospective que les Soviétiques ont perdu la course principalement parce qu'ils ont échoué dans la conception d'un lanceur fiable et puissant comme Saturn V. Depuis plus de 40 ans maintenant, aucun humain n'a eu la chance de laisser à nouveau son empreinte sur la surface de la Lune. Dans le cadre de son programme Constellation, la NASA met au point les éléments qui permettront un retour sur la Lune vers 2020 : le module de commande Orion et son lanceur Ares 1, ainsi que le module lunaire Altair et le lanceur lourd Ares 5.

La photographie de l'empreinte de Buzz Aldrin faisait partie d'une expérience portant sur les propriétés mécaniques du régolithe lunaire.

Vue d'ensemble du module de commande
et du module de service d'une mission Apollo.

Le module lunaire Eagle d'Apollo 11 pendant son retour de la surface lunaire, en phase d'approche pour s'arrimer au module de commande Columbia. Photographié par Michael Collins.

Pendant une activité extravéhiculaire de la mission Apollo 17, l'astronaute Harrison Schmitt, pilote du module lunaire et géologue de formation, inspecte un rocher à proximité du site d'alunissage dans la vallée Taurus-Littrow.

Opération maritime de récupération de la capsule
et de l'équipage d'Apollo 17, la dernière mission
du programme, le 19 décembre 1972.

Les étapes clés du programme Apollo

MISSIONS D'ESSAI

AS-201 (26 février 1966), premier test du lanceur Saturn IB.

AS-203 « Apollo 3 » (5 juillet 1966), test des réservoirs de carburant en apesanteur.

AS-202 « Apollo 2 » (25 août 1966), test sub-orbital du lanceur Saturn IB, du module de commande et de service.

Apollo 4 (9 novembre 1967), test du lanceur Saturn V.

Apollo 5 (22 janvier-12 février 1968), test du lanceur Saturn IB et du module lunaire.

Apollo 6 (4 avril 1968), test du lanceur Saturn V.

MISSIONS D'ESSAI HABITÉES

Apollo 1 (27 janvier 1967), perte de l'équipage en raison d'un incendie pendant des tests au sol. Équipage : Virgil Grissom, Edward White et Roger Chaffee

Apollo 7 (11-22 octobre 1968), premier vol habité Apollo, premier vol de 3 astronautes en orbite.
Équipage : Walter M. Schirra, Donn Eisele et Walter Cunningham

Apollo 8 (21-27 décembre 1968), premier vol autour de la Lune.
Équipage : Frank Borman, Jim Lovell et William A. Anders

Apollo 9 (3-13 mars 1969), premier vol habité avec module lunaire.
Équipage : James McDivitt, David Scott et Russel Schweikart

Apollo 10 (18-26 mai 1969), premier vol habité autour de la Lune avec module lunaire. Équipage : Thomas Stafford, John W. Young et Eugene Cernan

« La Bille Bleue » : la Terre vue d'Apollo 17. Il s'agit de la dernière photographie de la Terre prise par un humain à cette distance.

MISSIONS HABITÉES AVEC ALUNISSAGE

Apollo 11 (16-24 juillet 1969), premiers pas de l'Homme sur la Lune.
Équipage : Neil Armstrong, Michael Collins et Edwin « Buzz » Aldrin
Site d'alunissage : *Mare Tranquillitatis*

Apollo 12 (14-24 novembre 1969), première mission avec alunissage précis.
Équipage : Pete Conrad, Richard Gordon et Alan Bean
Site d'alunissage : *Oceanus Procellarium*

Apollo 13 (11-17 avril 1970), mission avortée à la suite d'une explosion dans le module de service. Équipage : Jim Lovell, Jack Swigert et Fred Haise

Apollo 14 (31 janvier-9 février 1971), première partie de golf lunaire.
Équipage : Alan Shepard, Stuart Roosa et Ed Mitchell
Site d'alunissage : cratère Fra Maurom

Apollo 15 (26 juillet-7 août 1971), première mission avec un véhicule lunaire.
Équipage : David Scott, Alfred Worden et James Irwin
Site d'alunissage : Rima Hadley

Apollo 16 (16-27 avril 1972), première mission à se poser sur les hauts-plateaux.
Équipage : John W. Young, T. Kenneth Mattingly Jr. et Charles M. Duke Jr.
Site d'alunissage : hauts-plateaux Descartes

Apollo 17 (7-19 décembre 1972), dernière mission lunaire habitée.
Équipage : Eugene A. Cernan, Ronald E. Evans et Harrison H. Schmitt
Site d'alunissage : vallée Taurus-Littrow

ANNEXE

LE SYSTÈME SOLAIRE • TAILLE RELATIVE DES PLANÈTES

DISTANCES RELATIVES

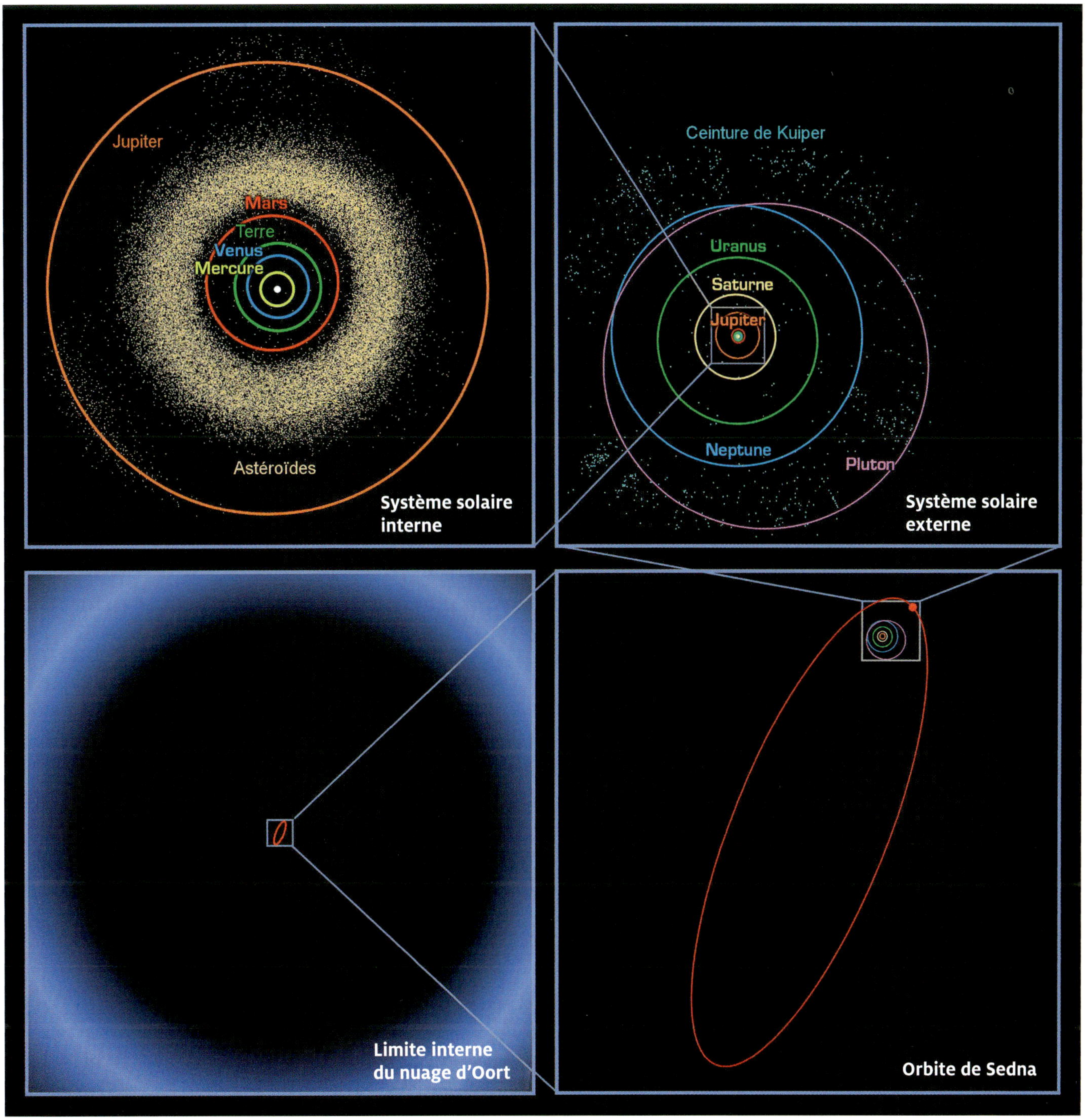

TABLEAU CHRONOLOGIQUE

1959-1960

DATE (lancement)	MISSION	ÉTAT	DESTINATION	PAGE
2 janvier 1959	Luna 1	URSS	la Lune	27
3 mars 1959	Pioneer 4	É.U.	la Lune	30
12 septembre 1959	Luna 2	URSS	la Lune	27
4 octobre 1959	Luna 3	URSS	la Lune	31
11 mars 1960	Pioneer 5	É.U.	Soleil, Espace Interplan.	270
10 octobre 1960	Mars 1960A (échec)	URSS	Mars	
14 octobre 1960	Mars 1960B (échec)	URSS	Mars	

1961-1970

12 février 1961	Venera 1 (échec)	URSS	Vénus	96
26 janvier 1962	Ranger 3 (échec)	É.U.	la Lune	34
23 avril 1962	Ranger 4 (échec)	É.U.	la Lune	93
22 juillet 1962	Mariner 1 (échec)	É.U.	Vénus	93
27 août 1962	Mariner 2	É.U.	Vénus	93
18 octobre 1962	Ranger 5 (échec)	É.U.	la Lune	34
24 octobre 1962	Mars 1962A (échec)	URSS	Mars	
1er novembre 1962	Mars 1 (échec)	URSS	Mars	
4 novembre 1962	Mars 1962B (échec)	URSS	Mars	
2 avril 1963	Luna 4 (échec)	URSS	la Lune	
30 janvier 1964	Ranger 6 (échec)	É.U.	la Lune	34
2 avril 1964	Zond 1 (échec)	URSS	Vénus	37
28 juillet 1964	Ranger 7	É.U.	la Lune	34
5 novembre 1964	Mariner 3 (échec)	É.U.	Mars	132
28 novembre 1964	Mariner 4	É.U.	Mars	132
30 novembre 1964	Zond 2 (échec)	URSS	Mars	37
17 février 1965	Ranger 8	É.U.	la Lune	34
21 mars 1965	Ranger 9	É.U.	la Lune	34
9 mai 1965	Luna 5 (échec)	URSS	la Lune	
8 juin 1965	Luna 6 (échec)	URSS	la Lune	
18 juillet 1965	Zond 3	URSS	la Lune	37
4 octobre 1965	Luna 7 (échec)	URSS	la Lune	
12 novembre 1965	Venera 2 (échec)	URSS	Vénus	
16 novembre 1965	Venera 3 (échec)	URSS	Vénus	96
3 décembre 1965	Luna 8 (échec)	URSS	la Lune	
16 décembre 1965	Pioneer 6	É.U.	Soleil, Espace Interplan.	271
31 janvier 1966	Luna 9	URSS	la Lune	40
31 mars 1966	Luna 10	URSS	la Lune	44
30 mai 1966	Surveyor 1	É.U.	la Lune	46
10 août 1966	Lunar Orbiter 1	É.U.	la Lune	50
17 août 1966	Pioneer 7	É.U.	Soleil, Espace Interplan.	271
24 août 1966	Luna 11	URSS	la Lune	54
20 septembre 1966	Surveyor 2	É.U.	la Lune	46
22 octobre 1966	Luna 12	URSS	la Lune	54
6 novembre 1966	Lunar Orbiter 2	É.U.	la Lune	50
21 décembre 1966	Luna 13	É.U.	la Lune	56
5 février 1967	Lunar Orbiter 3	É.U.	la Lune	50

1961-1970 (suite)

DATE (lancement)	MISSION	ÉTAT	DESTINATION	PAGE
17 avril 1967	Surveyor 3	É.U.	la Lune	46
4 mai 1967	Lunar Orbiter 4	É.U.	la Lune	50
12 juin 1967	Venera 4	URSS	Vénus	96
14 juin 1967	Mariner 5	É.U.	Vénus	98
14 juillet 1967	Surveyor 4	É.U.	la Lune	46
19 juillet 1967	Explorer 35	É.U.	Soleil, Espace Interplan.	273
1er août 1967	Lunar Orbiter 5	É.U.	la Lune	50
8 septembre 1967	Surveyor 5	É.U.	la Lune	46
7 novembre 1967	Surveyor 6	É.U.	la Lune	46
13 décembre 1967	Pioneer 8	É.U.	Soleil, Espace Interplan.	271
7 janvier 1968	Surveyor 7	É.U.	la Lune	46
7 avril 1968	Luna 14	URSS	la Lune	54
14 septembre 1968	Zond 5	URSS	la Lune	37
8 novembre 1968	Pioneer 9	É.U.	Soleil, Espace Interplan.	271
10 novembre 1968	Zond 6	URSS	la Lune	37
5 janvier 1969	Venera 5	URSS	Vénus	96
10 janvier 1969	Venera 6	URSS	Vénus	96
24 février 1969	Mariner 6	É.U.	Mars	136
27 mars 1969	Mariner 7	É.U.	Mars	136
13 juillet 1969	Luna 15	URSS	la Lune	58
7 août 1969	Zond 7	URSS	la Lune	37
17 août 1970	Venera 7	URSS	Vénus	99
12 septembre 1970	Luna 16	URSS	la Lune	58
20 octobre 1970	Zond 8	URSS	la Lune	37
10 novembre 1970	Luna 17	URSS	la Lune	62

1971-1980

8 mai 1971	Mariner 8 (échec)	É.U.	Mars	140
10 mai 1971	Kosmos 419 (échec)	URSS	Mars	
19 mai 1971	Mars 2 (semi-échec)	URSS	Mars	144
28 mai 1971	Mars 3 (semi-échec)	URSS	Mars	144
30 mai 1971	Mariner 9	É.U.	Mars	140
2 septembre 1971	Luna 18 (échec)	URSS	la Lune	
28 septembre 1971	Luna 19	URSS	la Lune	65
14 février 1972	Luna 20	URSS	la Lune	58
3 mars 1972	Pioneer 10	É.U.	Jupiter	212
27 mars 1972	Venera 8	URSS	Vénus	99
8 janvier 1973	Luna 21	URSS	la Lune	62
6 avril 1973	Pioneer 11	É.U.	Saturne	212
21 juillet 1973	Mars 4 (semi-échec)	URSS	Mars	146
25 juillet 1973	Mars 5	URSS	Mars	146
5 août 1973	Mars 6 (semi-échec)	URSS	Mars	146
9 août 1973	Mars 7 (échec)	URSS	Mars	146
3 novembre 1973	Mariner 10	É.U.	Vénus, Mercure	101
29 mai 1974	Luna 22	URSS	la Lune	65
28 octobre 1974	Luna 23 (échec)	URSS	la Lune	60
10 décembre 1974	Helios 1	É.U., Allemagne	Soleil, Espace Interplan.	274
8 juin 1975	Venera 9	URSS	Vénus	104
14 juin 1975	Venera 10	URSS	Vénus	104
20 août 1975	Viking 1	É.U.	Mars	148
9 septembre 1975	Viking 2	É.U.	Mars	148

1971-1980 (suite)

DATE (lancement)	MISSION	ÉTAT	DESTINATION	PAGE
15 janvier 1976	Helios 2	É.U., Allemagne	Soleil, Espace Interplan.	274
9 août 1976	Luna 24	URSS	la Lune	58
20 août 1977	Voyager 2	É.U.	Jupiter, Saturne, Uranus, Neptune	219
5 septembre 1977	Voyager 1	É.U.	Jupiter, Saturne	219
20 mai 1978	Pioneer Venus Orbiter	É.U.	Vénus	108
8 août 1978	Pioneer Venus Multiprobe	É.U.	Vénus	111
12 août 1978	ISEE/ICE	É.U.	Soleil, Espace Interplan.	276
9 septembre 1978	Venera 11	URSS	Vénus	104
14 septembre 1978	Venera 12	URSS	Vénus	104

1981-1990

30 octobre 1981	Venera 13	URSS	Vénus	104
4 novembre 1981	Venera 14	URSS	Vénus	104
2 juin 1983	Venera 15	URSS	Vénus	113
7 juin 1983	Venera 16	URSS	Vénus	113
15 décembre 1984	Vega 1	URSS	Vénus, Comète de Halley	
21 décembre 1984	Vega 2	URSS	Vénus, Comète de Halley	
7 janvier 1985	Sakigake	Japon	Comète de Halley	298
2 juillet 1985	Giotto	Europe	Comète de Halley	301
18 août 1985	Suisei	Japon	Comète de Halley	299
7 juillet 1988	Phobos 1	URSS	Mars	160
12 juillet 1988	Phobos 2	URSS	Mars	160
4 mai 1989	Magellan	É.U.	Vénus	118
18 octobre 1989	Galileo	É.U.	Jupiter	229,327
24 janvier 1990	Hiten-Hagoromo	Japon	la Lune	66
6 octobre 1990	Ulysse	É.U.	Soleil, Espace Interplan.	278

1991-2000

25 septembre 1992	Mars Observer (échec)	É.U.	Mars	162
25 janvier 1994	Clementine	É.U.	la Lune	67
1er novembre 1994	Wind	É.U.	Soleil, Espace Interplan.	282
2 décembre 1995	SOHO	É.U., Europe	Soleil, Espace Interplan.	283
17 février 1996	NEAR Shoemaker	É.U.	433 Éros	328
7 novembre 1996	Mars Global Surveyor	É.U.	Mars	162
16 novembre 1996	Mars 96 (échec)	URSS	Mars	161
4 décembre 1996	Mars Pathfinder	É.U.	Mars	166
25 août 1997	ACE	É.U.	Soleil, Espace Interplan.	286
15 octobre 1997	Cassini-Huygens	É.U., Europe	Saturne	238
6 janvier 1998	Lunar Prospector	É.U.	la Lune	71
3 juillet 1998	Nozomi (échec)	Japon	Mars	
24 octobre 1998	Deep Space 1	É.U.	9969 Braille, Comète Borrelly	306
11 décembre 1998	Mars Climate Orbiter (échec)	É.U.	Mars	172
3 janvier 1999	Mars Polar Lander (échec)	É.U.	Mars	172
3 janvier 1999	Deep Space 2 (échec)	É.U.	Mars	
7 février 1999	Stardust	É.U.	Comète Wild2	309

2001-

DATE (lancement)	MISSION	ÉTAT	DESTINATION	PAGE
7 avril 2001	Mars Odyssey	É.U.	Mars	172
8 août 2001	Genesis	É.U.	Soleil/Espace Interplan.	288
3 juillet 2002	CONTOUR (échec)	É.U.	Comètes Encke, S-M-3 d'Arrest	
9 mai 2003	Hayabusa	Japon	25143 Itokawa	332
2 juin 2003	Mars Express Beagle 2 (échec)	Europe	Mars	184
10 juin 2003	Spirit (MER-A)	É.U.	Mars	176
7 juillet 2003	Opportunity (MER-B)	É.U.	Mars	176
27 septembre 2003	SMART 1	Europe	la Lune	74
2 mars 2004	Rosetta	Europe	Comète 67P/C-G	313
3 août 2004	Messenger	É.U.	Mercure	262
12 janvier 2005	Deep Impact	É.U.	Comète 9P/Tempel 1	318
12 août 2005	Mars Reconnaissance Orbiter	É.U.	Mars	192
9 novembre 2005	Venus Express	Europe	Vénus	124
19 janvier 2006	New Horizons	É.U.	Pluton	254,335
25 octobre 2006	STEREO A et B	É.U.	Soleil, Espace Interplan.	291
4 août 2007	Phoenix	É.U.	Mars	200
14 septembre 2007	Kaguya (SELENE)	Japon	la Lune	77
27 september 2007	Dawn	É.U.	Vesta, Cérès	340
5 novembre 2007	Chang'e 1	Chine	la Lune	80
22 octobre 2008	Chandrayaan-1	Inde	la Lune	82
18 juin 2009	Lunar Reconnaissance Orbiter, LCROSS	É.U.	la Lune	86

GLOSSAIRE

Aérofreinage : en astronautique, technique de modification de trajectoire par frottement dans les hautes couches de l'atmosphère.

Altimètre : instrument de mesure de l'altitude et du relief.

Année-lumière : unité de distance basée sur la distance parcourue par la lumière dans le vide en 365 jours. La vitesse de la lumière étant de 299 792 km/seconde, une année-lumière est égale à 9 461 milliards de kilomètres.

Aphélie : point de l'orbite elliptique d'un objet céleste le plus éloigné par rapport au centre du Soleil autour duquel il orbite.

Apogée : point de l'orbite elliptique d'un objet céleste le plus éloigné par rapport au centre de la Terre autour de laquelle il orbite.

Assistance gravitationnelle : utilisation volontaire de l'attraction d'un objet céleste pour modifier en direction et en vitesse la trajectoire d'un engin spatial.

Astéroïde : petit planétoïde ou grosse météorite en orbite autour du Soleil.

Astronautique : sciences et techniques de la navigation dans l'espace.

Atmosphère : enveloppe de gaz stabilisée par gravitation autour d'un objet céleste.

Attitude : position dans l'espace d'un objet par rapport à une référence externe.

Caldeira (ou caldera) : dépression circulaire ou elliptique à fond plat d'origine volcanique.

Ceinture de Kuiper : zone du système solaire s'étendant au-delà de l'orbite de Neptune, entre 30 UA et 55 UA, qui contient les planètes naines Pluton, Makemake et Haumea ainsi qu'une multitude de petits corps rocheux.

Charge utile : équipement transporté par un véhicule spatial et destiné à remplir une mission spécifique.

Coiffe : partie supérieure aérodynamique et largable d'une fusée qui protège un véhicule spatial.

Comète : petit objet du système solaire constitué de glace et de poussière dont l'orbite héliocentrique est généralement une ellipse très allongée.

Cosmiques (rayons) : particules de haute énergie en provenance de l'espace interstellaire et intergalactique dont l'origine reste indéterminée. Les rayons cosmiques sont constitués de particules chargées (85-90 % de protons, 9-14 % de noyaux d'hélium) et de particules neutres (rayons gamma, neutrinos).

Doppler (effet) : décalage de fréquence d'une onde acoustique ou électromagnétique mesurable lorsque la distance entre l'émetteur et le récepteur varie au cours du temps.

Écliptique : plan de l'orbite terrestre, correspondant approximativement au plan du système solaire.

Exobiologie : étude de l'origine, de la structure et de l'évolution des formes de vie dans le système solaire et dans l'univers.

Fenêtre de lancement : intervalle de temps pendant lequel la position d'une planète par rapport à la Terre est favorable au lancement d'un engin spatial dans sa direction.

Gain : en télécommunication, capacité d'amplification du signal.

Gamma (rayons) : forme de rayonnement électromagnétique composé de photons de haute énergie (au-delà de 100 keV) à longueur d'onde très courte.

Gravitation : force d'attraction entre des corps sous l'effet de leur masse.

Gyroscope : appareil qui fournit une direction de référence invariable grâce à la rotation rapide d'une masse autour d'un axe.

Héliocentrique (orbite) : qui tourne autour du Soleil.

Hydrazine : propergol liquide de moteur-fusée de formule chimique N_2H_4.

Infrarouge : zone du rayonnement électromagnétique d'une longueur d'onde de 780 nanomètres à 1 millimètre, intermédiaire entre celle de la lumière visible et celle des micro-ondes.

Lagrange (point de) : position de l'espace où les champs de gravité de deux corps en orbite l'un autour de l'autre se compensent.

Magnétomètre : instrument mesurant l'intensité d'un champ magnétique.

Magnétosphère : domaine magnétique d'une planète ou d'une étoile.

Météorite : objet céleste qui atteint la surface de la Terre sans être complètement vaporisé.

Molécule organique : molécule composée d'au moins un atome de carbone lié à un ou des atomes d'hydrogène.

Nuage d'Oort : vaste ensemble sphérique de petits objets situé à environ 50 000 UA du Soleil, probablement à l'origine de la plupart des comètes. La limite externe du nuage d'Oort formerait la frontière du système solaire.

Orbite : trajectoire que décrit dans l'espace un objet céleste autour d'un autre sous l'effet de la gravitation.

Périgée : point d'une orbite elliptique d'un objet céleste le plus proche du centre de la Terre autour de laquelle il orbite.

Périhélie : point d'une orbite elliptique d'un objet céleste le plus proche du centre du Soleil autour duquel il orbite.

Photopolarimètre : instrument optique permettant de mesurer l'intensité et la polarisation de la lumière reflétée par des particules atmosphériques.

Pixel : plus petit élément d'une image.

Planète tellurique : planète rocheuse ayant une structure interne semblable à celle de la Terre.

Plasma : état de la matière constitué de particules chargées (ions et électrons).

Propergol : combinaison d'un ou de plusieurs ergols, liquides ou solides, qui, par réaction chimique d'oxydoréduction, est utilisée dans un moteur-fusée pour propulser un engin spatial.

Propulseur : moteur à réaction utilisé soit pour lancer un véhicule spatial, soit pour modifier sa trajectoire ou son attitude.

Proton : particule chargée positivement constituant, avec les neutrons, les noyaux atomiques.

Radar (*Radio Detection And Ranging*) : système utilisé pour détecter un objet ou mesurer sa vitesse, en exploitant la réflexion sur cet objet des ondes radio générées par un émetteur et détectées par un récepteur. La position est estimée grâce au temps de retour du signal et la vitesse est mesurée à partir du changement de fréquence du signal par effet Doppler.

Radio-isotope : élément chimique radioactif, naturel ou artificiel.

Radiomètre : instrument qui permet de mesurer l'intensité du rayonnement électromagnétique dans différents domaines spectraux (ultraviolet, visible, infrarouge).

Régolithe (ou régolite) : poussière fine produite par l'impact des météorites à la surface d'une planète ou d'une lune sans atmosphère. Le régolite recouvre la surface de la Lune sur plusieurs mètres.

Révolution : mouvement d'un astre ou d'un objet céleste autour d'un autre.

Rotation : mouvement d'un objet sur lui-même autour d'un de ses axes.

Satellite : objet, naturel ou artificiel, en orbite autour d'un objet plus massif.

Spectromètre : appareil de mesure qui permet de décomposer un rayonnement (spectroscopie) ou un mélange de molécules (spectrométrie de masse) en son spectre d'éléments simples.

Sublimation : passage d'un corps de l'état solide à l'état gazeux sans passer par l'état liquide.

Tache solaire : région sur la surface du Soleil d'intense activité magnétique, marquée par une réduction de température.

Télémétrie : en astronautique, mesure de la distance d'un objet lointain par utilisation de signaux radio.

Terminateur : ligne d'aube ou de crépuscule séparant la côté nuit du côté jour d'une planète ou d'une lune.

Thermoélectrique (générateur) : appareil qui transforme directement l'énergie thermique en énergie électrique.

Transit : passage d'un objet céleste devant un plus gros, par exemple celui de Vénus devant le Soleil.

Ultraviolet : zone du rayonnement électromagnétique d'une longueur d'onde de 10 à 400 nanomètres, intermédiaire entre celle des rayons X et celle de la lumière visible.

Unité astronomique (UA) : unité de distance basée sur la distance entre la Terre et le Soleil, donc proche de 150 millions de kilomètres.

Van Allen (ceinture de) : zone toroïdale de la magnétosphère terrestre autour de l'équateur magnétique contenant une grande densité de particules énergétiques.

Vent solaire : flux continuel de plasma, constitué principalement d'ions et d'électrons, éjecté de la haute atmosphère du Soleil.

ABRÉVIATIONS

CCD : *Coupled-Charge Device* (Dispositif à tranfert de charge)

CNES : Centre National d'Études Spatiales

CNSA : *China National Space Administration* (Agence spatiale chinoise)

DSN : *Deep Space Network* (réseau Espace profond)

ESA : *European Space Agency* (Agence spatiale européenne)

ISRO : *Indian Space Research Organisation* (Organisation indienne pour la recherche spatiale)

IUS : *Inertial Upper Stage* (Étage propulseur supérieur)

JAXA : *Japan Aerospace Exploration Agency* (Agence d'exploration aérospatiale japonaise)

JPL : *Jet Propulsion Laboratory* (Laboratoire de propulsion)

LIDAR : *Light Detection and Ranging* (Télédétection et altimètrie optique)

NASA : *National Aeronautics and Space Administration* (Agence nationale de l'aéronautique et de l'espace)

NEA : *Near Earth Asteroid* (astéroïde géocroiseur)

UA : unité astronomique

UHF : *Ultra High Frequency* (Ultra haute fréquence)

VEEGA : *Venus-Earth-Earth Gravity Assist* (Assistance gravitationnelle Vénus-Terre-Terre)

INDEX

Index thématique général

Index des sondes spatiales

Index des noms

CRÉDITS ICONOGRAPHIQUES

Couverture : ESA/DLR/FU Berlin, NASA, D.P. Mitchel
Quatrième de couverture : photographie de l'auteur par C. Walker
Réalisation des schémas : Jean-Michel Girard et Bruno Lamoureux

Pages intérieures :
pages 8-9 : NASA ; pages 10-11 : NASA, ESA ; page 12 : NASA ; page 17 : NASA, RIA Novosti ; page 20 : Aelfwine ; page 21 : RIA Novosti, NASA ; pages 22-23 : NASA ; page 24 : J.-P. Metsävainio ; page 25 : NASA ; page 26 : Chris 73 ; page 27 : Kucharek ; page 28 : D.P. Mitchell ; page 29 : RIA Novosti ; page 30 : NASA ; page 31 : NASA/NSSDC ; page 32 : RIA Novosti, D.P. Mitchell ; page 33 : NASA/NSSDC ; page 34 : NASA, NASA/JPL ; pages 35-36 : NASA ; page 37 : NASA, RIA Novosti ; page 38 : RIA Novosti, D. P. Mitchell, S. Yoshimoto ; pages 39-40 : RIA Novosti ; page 41 : ITAR-TASS ; page 42 : T. Stryk, D.P. Mitchell, RIA Novosti ; page 43 : Jodrell Bank ; page 44 : Poste de la Fédération Russe ; page 45 : RIA Novosti ; page 46 : NASA ; pages 48-53 : NASA ; pages 54-55 : RIA Novosti ; page 56 : NASA, D.P. Mitchell ; page 57 : RIA Novosti ; page 58 : NASA ; pages 59-63 : RIA Novosti ; page 64 : RIA Novosti, D.P. Mitchell ; page 65. ITAR-TASS, D.P. Mitchell ; page 66 : JAXA ; pages 67-69 : NASA ; page 70 : NASA, 20th Century Fox ; pages 71-73 : NASA ; pages 74-75 : ESA ; page 76 : ESA/SMART-1/Space Exploration Institute ; pages 77-78 : JAXA ; page 79 : JAXA/NHK ; pages 80-81 : CNSA ; pages 82-85 : ISRO ; page 86 : NASA/Goddard Space Flight Center ; page 87 : NASA, NASA/Goddard Space Flight Center/Arizona State U. ; page 88 : NASA/Goddard Space Flight Center/Arizona State U. ; pages 89-90 : NASA ; page 91 : Domaine public, NASA ; page 92 : S. Walker ; pages 93-95 : NASA ; page 96 : RIA Novosti ; page 97 : NASA ; page 98 : NASA, NASA/JPL ; page 99 : RIA Novosti ; page 100 : D.P. Mitchell ; page 101 : NASA/KSC ; page 103 : NASA/JPL ; page 104 : NASA, ITAR-TASS ; page 105 : NSSDC/GSF/NASA, D.P. Mitchell ; page 107 : J. Whatmore/ESA ; pages 108-111 : NASA/JPL/USGS ; page 113 : RIA Novosti, NASA ; page 114 : D.P. Mitchell ; pages 115-116 : RIA Novosti ; page 117 : NASA/JPL ; page 118 : NASA/KSC, NASA/JPL ; pages 119-122 : NASA/JPL ; page 123 : Domaine public ; pages 124-126 : ESA ; page 127 : NASA, ESA/VIRTIS/INAF-IASF/Obs. de Paris-LESIA, Domaine public ; page 128 : NASA/JPL ; page 129 : NASA ; page 130 : Domaine public ; page 131 : A. Corrêa ; page 132-143 : NASA/JPL ; pages 144-145 : RIA Novosti ; page 146 : M. Wade ; page 147 : D.P. Mitchell ; pages 148-156 : NASA/JPL ; pages 158-159 : NASA/JPL ; page 160 : RIA Novosti ; page 161 : D.P. Mitchell, T. Stryk ; page 162 : NASA/JPL ; page 163 : NASA/JPL/MSSS, NASA/JPL ; page 164 : NASA/JPL ; page 165 : NASA/JPL/MSSS ; pages 166-171 : NASA/JPL ; page 172 : NASA ; page 173 : C. Waste/NASA ; page 174 : NASA/JPL/MSSS, NASA/JPL/Goddard Space Flight Center ; page 175 : Mamyjomarash, R. Guidice/NASA Ames Research Center ; pages 176-183 : NASA/JPL-Caltech/Cornell U. ; page 184 : J.-L. Atteleyn/ESA, S. Corjava/ESA/STARSEM ; pages 185-186 : ESA ; page 187 : NASA/JPL/ASI/ESA/U. Rome/MOLA Science Team/USGS ; pages 188-191 : ESA/DLR/FU Berlin ; page 192 : NASA/KSC, NASA ; page 193 : NASA/JPL ; pages 194-199 : NASA/JPL-Caltech/U. Arizona ; page 200 : NASA/JPL ; page 201 : NASA/G. Shelton, NASA/JPL ; page 202 : NASA-G. Fergus, NASA/JPL-Caltech/U. Arizona ; page 203 : NASA/JPL ; pages 204-207 : NASA/JPL-Caltech/U. Arizona/Texas A&M U. ; page 208 : NASA/JPL/Space Science Institute ; page 209 : IAU/M. Kornmesser ; page 210 : NASA/ESA/I. de Pater & M. Wong (UC Berkeley), NASA/JPL/Space Science Institute ; pages 211-212 : NASA/JPL ; page 213 : E. Long/NASM ; pages 215-228 : NASA/JPL ; page 229 : NASA ; page 231 : NASA/JPL ; pages 232-236 : NASA/JPL/U. Arizona/U. Colorado ; pages 238-239 : NASA ; pages 240-243 : NASA/JPL/Space Science Institute ; page 244 : D. Monniaux, NASA, ESA ; pages 245-252 : ESA/NASA/JPL/U. Arizona ; page 253 : Observatoire de Paris ; pages 254-255 : NASA/JHUAPL/SwRI/GSFC ; pages 256-257 : NASA/JHUAPL ; page 258 : F. Schmutzer ; pages 259-260 : NASA/JPL ; page 261 : USGS ; pages 262-265 : NASA/JHUAPL/CIW ; page 266 : SOHO/ESA/NASA ; pages 270-271 : NASA ; page 273 : NASA ; page 274 : ESA ; pages 275-280 : NASA ; page 281 : NASA/ESA ; page 282 : NASA ; page 283 : ESA ; pages 284-285 : SOHO/ESA/NASA ; pages 286-287 : NASA ; pages 288-290 : NASA/JPL-Caltech ; page 291 : NASA ; page 292 : JHUAPL ; page 293 : NASA/JHUAPL ; page 294 : T. Rector/Z. Levay/L. Frattare/STSI/NOAO/AURA/NSF ; page 295 : E. Weiss ; page 296 : ESO/S. Deiries ; page 297 : NASA/HST Comet Team ; page 298 : RIA Novosti, IKI ; page 299 : JAXA ; page 300 : NOAO/AURA/NSF ; pages 301-304 : ESA ; page 305 : Frieda ; pages 306-312 : NASA/JPL ; pages 313-317 : ESA ; page 318 : Ball Aerospace & Technologies Corp., NASA ; page 319 : NASA/JPL ; page 321 : NASA/JPL-Caltech/UMD ; page 322 : ESO ; page 323 : Lowell Observatory Archives ; page 324 : Lowell Observatory Archives, NASA ; page 325 : NASA ; page 326 : D. Alighieri, USGS ; page 327 : NASA/JPL ; page 328 : NASA ; pages 329-330 : NASA/JPL/JHUAPL ; page 331 : NASA ; page 332 : JAXA ; page 334 : JAXA ; page 335 : JHUAPL ; page 336 : NASA/KSC ; pages 338-339 : JHUAPL/SwRI ; page 340 : NASA/JPL ; page 341 : NASA/JPL, G. Shelton/NASA ; page 342 : McREL/NASA, NASA/JPL/MPS/DLR/IDA & Dawn Flight Team ; page 343 : NASA/JPL/JHUAPL/HST ; page 344 : JPL-Caltech ; page 345 : ITAR-TASS ; page 346 : JAXA ; pages 347-348 : NASA/JPL ; page 349 : NASA, ESA ; page 350 : ESA, NASA/JHUAPL ; page 352 : ESA ; page 353 : NASA/JPL ; page 354 : ESA ; pages 357-363 : NASA ; page 364 : M. Kornmesser/IAU ; page 365 : R. Hurt/NASA/JPL-Caltech.

Remerciements

Toute ma gratitude va à Benoît Patar sans qui cet ouvrage n'aurait pu voir le jour et qui m'a fait l'honneur de devenir son ami, ainsi qu'à mon éditeur Michel Maillé pour avoir appuyé le projet avec enthousiasme. Sans oublier Gianni Caccia, le directeur artistique de Fides, pour la mise en page, ainsi que Bruno Lamoureux pour son beau travail infographique et son efficacité.

Je remercie aussi chaleureusement Marc Garneau, dont la participation a été déterminante dans la poursuite de ma démarche, et Olivier-Louis Robert pour les nombreuses suggestions constructives et pour les discussions techniques qui ont considérablement enrichi le contenu de ce livre.

Je ne serai jamais assez reconnaissant envers mon épouse Corinne pour son soutien, sa patience de première lectrice, et envers mes enfants Maxime et Jade pour leur compréhension pendant les longs mois d'écriture où j'étais encore plus « dans la lune » que d'habitude.

J'aimerais souligner le rôle décisif joué par mes amis Christian Chevrier, Régis Loisel et Marie-Hélène Loisel, qui ont cru à mon idée dès le début et m'ont encouragé à publier. En passant, un grand merci à Régis pour avoir mis à ma disposition l'atmosphère créative de l'Atelier 1606 et à Christian Hébert pour avoir fait la chasse aux coquilles et autres incongruités dans le texte !

Je n'oublierai pas non plus le support de tout l'Institut neurologique de Montréal, et en particulier celui de mes proches collaborateurs Ariel Ase, Dominique Blais, Louis-Philippe Bernier, Gary Mo, Zizhen Zhang et de mon collègue Daniel Guitton.

Enfin, je remercie les agences spatiales gouvernementales (NASA, ESA et JAXA) pour la généreuse politique de libre accès à leurs archives.

Je dédie ce livre à tous ceux que j'aime, ils se reconnaîtront.

CET OUVRAGE A ÉTÉ ACHEVÉ D'IMPRIMER EN OCTOBRE 2009
SUR LES PRESSES DE L'IMPRIMERIE TRANSCONTINENTAL (CANADA)

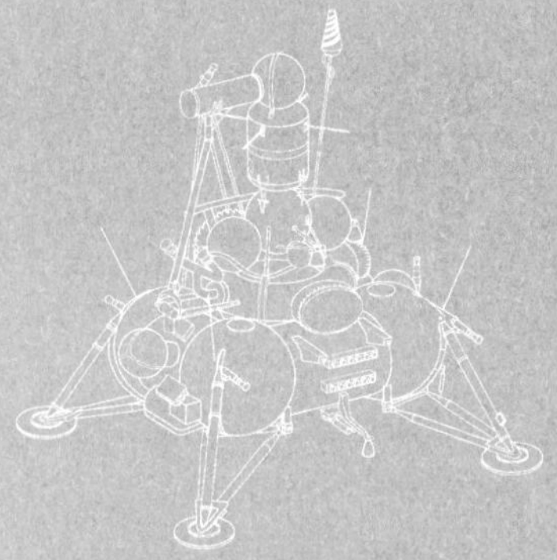
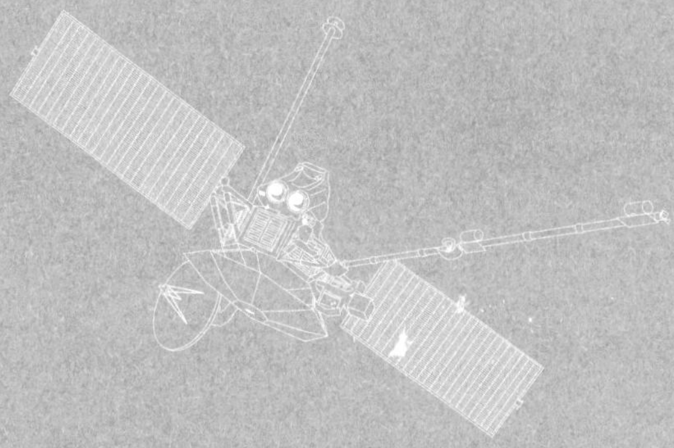
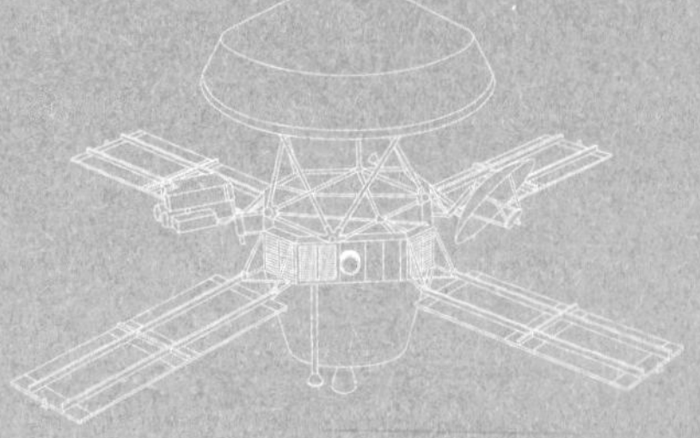
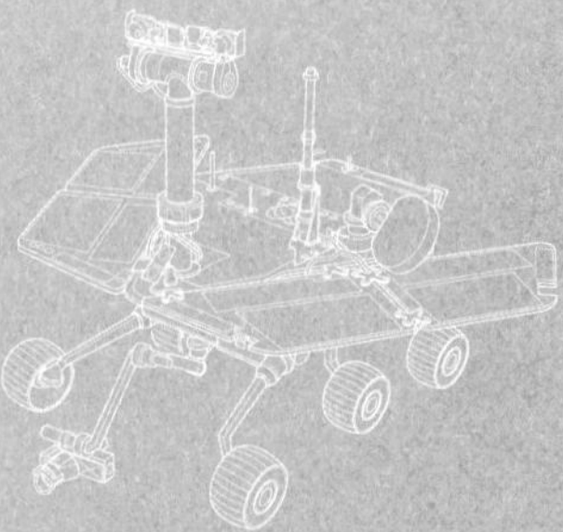
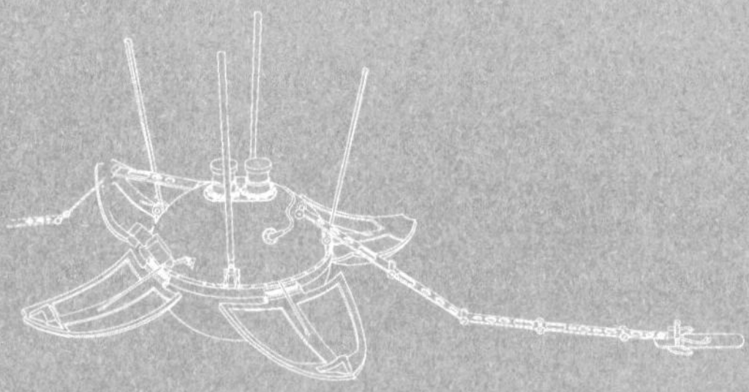

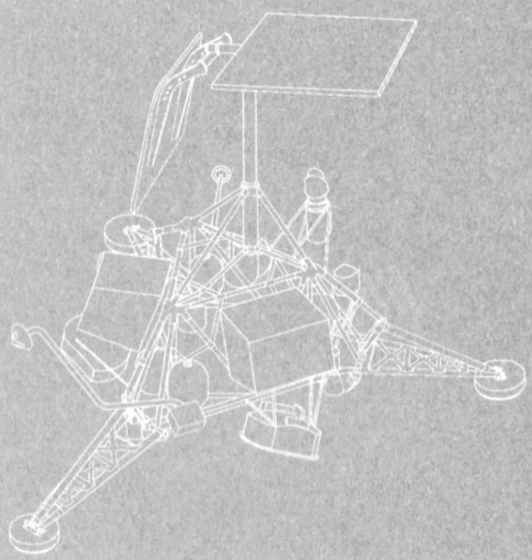

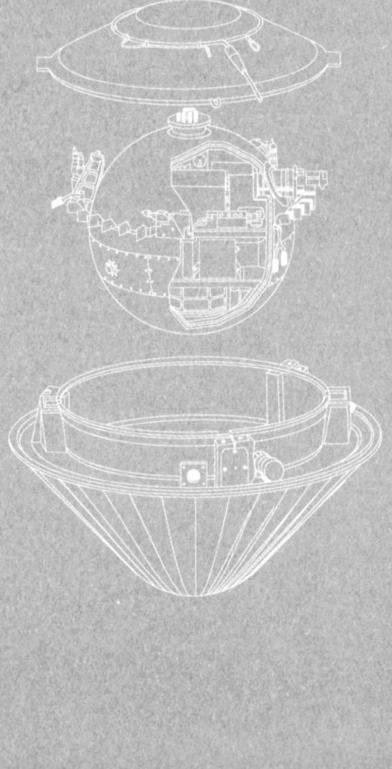